"十一五"国家重点图书　　计算机科学与技术学科前沿丛书

计算机科学与技术学科研究生系列教材（中文版）

知识工程与知识管理
（第二版）

陈文伟　陈　晟　编著

清华大学出版社
北京

内 容 简 介

知识工程是利用智能技术(人工智能、计算智能和商务智能)来建造高性能的知识系统,知识工程来源于知识管理中成熟的知识应用和知识创造,知识工程又是知识管理的技术支柱;而计算机进化规律的发掘对提高计算机应用能力和进一步促进计算机进化都有积极意义,它是介于知识工程与知识管理之间的有意义的课题。本书以"原理、实现、应用"的讲述方式,系统地介绍知识工程中的原理和开发技术、知识管理中的理论和实例,以便读者能够从理论和实践两个方面较扎实地掌握知识工程和知识管理,初步达到既掌握知识又能利用书中介绍的实现技术去开发知识系统的目标。

本书适合用作计算机科学与技术专业、信息管理与信息系统专业和系统工程专业的研究生教材,也可为大学本科高年级学生所用,同时本书也可供有关教师和科研技术人员学习参考。

图书在版编目(CIP)数据

知识工程与知识管理/陈文伟,陈晟编著. -2版. --北京:清华大学出版社,2016(2024.7重印)
计算机科学与技术学科研究生系列教材(中文版)
ISBN 978-7-302-42207-5

Ⅰ. ①知… Ⅱ. ①陈… ②陈… Ⅲ. ①知识工程-研究生-教材 Ⅳ. ①TP182

中国版本图书馆 CIP 数据核字(2015)第 279192 号

责任编辑:白立军　徐跃进
封面设计:傅瑞学
责任校对:李建庄
责任印制:曹婉颖

出版发行:清华大学出版社
　　网　　　　址:https://www.tup.com.cn,https://www.wqxuetang.com
　　地　　　　址:北京清华大学学研大厦 A 座　　　　邮　　编:100084
　　社　总　机:010-83470000　　　　　　　　　　　邮　　购:010-62786544
　　投稿与读者服务:010-62776969,c-service@tup.tsinghua.edu.cn
　　质　量　反　馈:010-62772015,zhiliang@tup.tsinghua.edu.cn
　　课　件　下　载:https://www.tup.com.cn,010-83470236
印　装　者:三河市龙大印装有限公司
经　　销:全国新华书店
开　　本:185mm×260mm　　　印　张:22.75　　　字　数:565 千字
版　　次:2010 年 5 月第 1 版　　2016 年 1 月第 2 版　　印　次:2024 年 7 月第 8 次印刷
定　　价:69.00 元

产品编号:059345-02

序

　　未来的社会是信息化的社会,计算机科学与技术在其中占据了最重要的地位,这对高素质创新型计算机人才的培养提出了迫切的要求。计算机科学与技术已经成为一门基础技术学科,理论性和技术性都很强。与传统的数学、物理和化学等基础学科相比,该学科的教育工作者既要培养学科理论研究和基本系统的开发人才,还要培养应用系统开发人才,甚至是应用人才。从层次上来讲,则需要培养系统的设计、实现、使用与维护等各个层次的人才。这就要求我国的计算机教育按照定位的需要,从知识、能力、素质三个方面进行人才培养。

　　硕士研究生的教育须突出"研究",要加强理论基础的教育和科研能力的训练,使学生能够站在一定的高度去分析研究问题、解决问题。硕士研究生要通过课程的学习,进一步提高理论水平,为今后的研究和发展打下坚实的基础;通过相应的研究及学位论文撰写工作来接受全面的科研训练,了解科学研究的艰辛和科研工作者的奉献精神,培养良好的科研作风,锻炼攻关能力,养成协作精神。

　　高素质创新型计算机人才应具有较强的实践能力,教学与科研相结合是培养实践能力的有效途径。高水平人才的培养是通过被培养者的高水平学术成果来反映的,而高水平的学术成果主要来源于大量高水平的科研。高水平的科研还为教学活动提供了最先进的高新技术平台和创造性的工作环境,使学生得以接触最先进的计算机理论、技术和环境。高水平的科研也为高水平人才的素质教育提供了良好的物质基础。

　　为提高高等院校的教学质量,教育部最近实施了精品课程建设工程。由于教材是提高教学质量的关键,必须加快教材建设的步伐。为适应学科的快速发展和培养方案的需要,要采取多种措施鼓励从事前沿研究的学者参与教材的编写和更新,在教材中反映学科前沿的研究成果与发展趋势,以高水平的科研促进教材建设。同时应适当引进国外先进的原版教材,确保所有教学环节充分反映计算机学科与产业的前沿研究水平,并与未来的发展趋势相协调。

　　中国计算机学会教育专业委员会在清华大学出版社的大力支持下,进行了计算机科学与技术学科硕士研究生培养的系统研究。在此基础上组织来自多所全国重点大学的计算机专家和教授们编写和出版了本系列教材。作者们以自己多年来丰富的教学和科研经验为基础,认真研究和结合我国计算机科学与技术学科硕士研究生教育的特点,力图使本系列教材对我国计算机科学与技术学科硕士研究生的教学方法和教学内容的改革起引导作用。本系列教材的系统性和理论性强,学术水平高,反映科技新发展,具有合适的深度和广度。同时本系列教材两种语种(中文、英文)并存,三种版权(本版、外版、合作出版)形式并存,这在系列教材的出版上走出了一条新路。

　　相信本系列教材的出版,能够对提高我国计算机硕士研究生教材的整体水平,进而对我国大学的计算机科学与技术硕士研究生教育以及培养高素质创新型计算机人才产生积极的促进作用。

第 二 版 前 言

知识工程是利用人工智能、计算智能和商务智能技术来建造高性能的知识系统,是智能技术中的最实用的部分。智能技术重在原理,知识工程重在实践,二者相辅相成。人工智能的特点是符号推理,专家系统是典型代表。计算智能的特点是对仿生物的数学模型进行计算推理,神经网络是典型代表。商务智能的特点是从数据中获取知识,应对商务活动中随机出现的问题,基于数据仓库的决策支持系统是典型代表。

知识管理强调知识的交流和共享,特别是知识创造,可以提高社会中组织或个人的知识水平和解决问题的能力,使其适应随机变化的环境。知识工程与知识管理虽然处于两个不同的层次,但二者也是相辅相成的。知识工程是知识管理的技术支柱。知识工程能够帮助组织(或个人)充分利用计算机中的知识系统来解决实际问题。

当知识管理中的知识应用和知识创造逐步成熟并形式化后,通过数字化就可以成为知识工程的内容。专家系统就是将人类专家利用知识解决实际问题的过程,形式化(知识用规则形式表示)并数字化(计算机中运行)后形成的。神经网络是用数学模型模拟人脑信息传递过程(形式化),在计算机中运行(数字化),完成模式识别的任务。基于数据仓库的决策支持系统,利用了大量数据(包括数据仓库中的详细数据、综合数据、历史数据等),通过多维数据分析和数据挖掘获取知识,达到决策支持的效果。这是人类善于从数据中辅助决策,在计算机应用中的具体体现。知识工程与知识管理相互结合将能增强二者的关系,并能相互促进、共同发展。

本书详细介绍知识工程建造知识系统的具体过程和相关技术,既介绍原理又介绍实现方法和实例。这些开发方法和应用实例,均是作者在科研中的经验总结。

作者长期从事专家系统和决策支持系统及其工具的开发和应用:研制了专家系统工具TOES 和马尾松毛虫防治决策专家系统、决策支持系统工具 GFKD-DSS、基于客户/服务器的决策支持系统快速开发平台 CS-DSSP 以及全国农业投资空间决策支持系统等。

在数据挖掘的研究中,作者领导的课题组研制的基于信道容量的 IBLE 方法,比国外的基于信息增益的 ID3 方法在识别率上高出 10 个百分点。作者研制的经验公式发现系统FDD,比国外的 BACON 系统在发现公式上更为广泛。

作者提出的一种适应变化环境的"变换规则"新知识表示形式,扩充了规则知识的应用范围;作者还证明了变换规则的挖掘、推理的定理和变换规则链挖掘的定理,为获取变换规则和变换规则链提供了依据和方法;作者还提出了用变换规则作为一种适应变化环境的元知识表示形式,它更能有效地描述具有变化特点的领域知识。

本书更强调"知识创造"的内容。除了介绍知识创造模型外,还介绍了开源软件,开源软件是知识管理的典范。在互联网上互不相识的人们可以进行知识交流和共享,大家共同协作完善开源软件,这种集体协作创造知识的方式形成了新潮流。开源软件的成功,极大地促进了软件的发展,也是对知识私有的一次巨大冲击。

计算机(包括软件、硬件)和网络虽然是非生物,但在人类的帮助下,计算机在模拟人的能力方面得到了飞速发展。作者针对计算机和网络进化过程进行了研究,发掘了一些进化规律,以便能更清楚地认识计算机和网络的本质,这对于提高我们对计算机的使用效果,以及进一步促进计算机的进化起积极作用。计算机进化规律的发掘是介于知识工程与知识管理之间的有意义的课题,希望能够唤起有兴趣者发掘更多的计算机和网络的进化规律,加速计算机和网络的进化,使计算机和网络更有效地为人类服务。

本书不同于第一版在于:增加了商务智能技术;突出了知识创造的内容,特别是相关分析的知识创造,这也是大数据时代强调的内容;增加了各章中部分思考题和计算题的答案(附录 A 和附录 B),这些答案是书中各章内容的补充,也是值得探讨的问题。欢迎有兴趣的读者进行交流。

陈文伟(E-mail：chenww9@21cn.com)

2015 年 11 月

目 录

第 1 章

知识工程与知识管理综述

信息社会正在改革智力劳动,越来越多的人成为知识工作者,涌现了一些新兴学科,知识工程和知识管理就是其中的新兴学科。

知识工程是利用计算机来建造和使用知识系统,充分发挥知识的作用。知识管理即社会中组织或人之间进行知识的交流、共享以及创造,可以提高组织或个人的知识水平和解决问题的能力,使其适应随机变化的环境。

知识工程与知识管理处于两个不同的层次。知识工程作为方法学是一种工具,知识系统是知识工程的产品,它应用于知识管理。

1.1　知识工程与人工智能

1.1.1　知识工程概念

1. 知识工程定义

知识工程最早的定义是使用人工智能的原理和方法构造专家系统的一门工程性学科。随着计算智能和商务智能的出现,知识工程已经是利用计算机智能(人工智能、计算智能和商务智能)构造各类高性能的知识系统。专家系统只是知识系统的一种类型。知识工程的具体定义为:

知识工程是以知识为处理对象,研究知识系统的知识表示、处理和应用的方法和开发工具的学科。

可以说,知识工程是利用计算机智能(广义的人工智能)技术去开发知识系统。知识工程比人工智能等具有更强的实用性。知识系统包括专家系统、知识库系统、智能决策系统等。专家系统(ES)是利用专家知识解决特定领域问题的计算机程序系统。知识库系统(KBS)是把知识以一定的结构存入计算机,进行知识的管理和问题求解,实现知识的共享。智能决策系统(IDS)是智能化决策支持系统(DSS),由数据库、模型库、知识库、人机交互等组成的系统,以解决半结构化决策问题,提高科学决策的水平。

知识工程是人工智能、计算智能、商务智能和认知科学等多学科交叉发展的结果。

知识工程的研究使广义人工智能学科发生了重大改变,它实现了广义人工智能从理论研究走向实际应用、从一般推理策略探讨转向运用专门知识的重大突破。

知识工程主要研究知识获取、知识表示、推理策略以及开发方法和环境。为了使计算机能运用专家的知识解决问题,首先要获取知识,包括经验知识和书本知识,采用一定的形式表示知识,建立知识库。利用知识通过推理来求解问题。

知识工程概念是美国斯坦福大学的 E. A. Feigenbaum 于 1977 年在第五届国际人工智能会议上,以《人工智能的艺术:知识工程的课题及实例研究》为题首先提出的。

20 世纪 60 年代初,出现了运用逻辑学和模拟心理活动的一些通用问题求解程序(GPS),它们可以证明定理和进行逻辑推理。但是这些通用方法无法解决大的实际问题,很难把实际问题改造成适合于计算机解决的形式,并且对于解题所需的巨大的搜索空间也难于处理。人们解决实际问题并不全靠推理,需要利用一些不精确的和不确定的经验规则,专家正是大量运用这些知识做出有用的结论。1965 年 Feigenbaum 和生理学家 J. Lederberg 合作,用光谱与分子结构关系规则表示知识,研制了世界上第一个专家系统 DENDRAL,它能从光谱仪提供的信息中推断出分子结构。同时代出现了一批有影响的专家系统,如 PROSPECTOR 系统、MYCIN 系统等。这些专家系统的研制成功,为知识工程概念的确立奠定了基础。

E. A. Feigenbaum 对知识工程的定义为:知识工程是一门艺术,它应用人工智能原理和方法求解那些需要用专家知识才能解决的问题。专家知识的获取、表达和合理地应用这些知识以构造及解释推理过程,是设计知识系统的重要技术问题。

此后,知识工程这个术语便为全世界广泛使用。Feigenbaum 教授也被誉为"专家系统与知识工程之父"。

2. 知识工程研究内容

知识工程的目标是构造具有良好的体系结构,并易于使用和维护的知识系统。知识工程的研究内容包括以下 3 个方面。

1) 基础研究

基础研究包括知识工程中基本理论和方法的研究,比如关于知识的本质、分类、结构和效用的研究,关于知识表示方法(用于人理解)和语言文法(用于计算机存储)的研究,关于知识获取和学习方法的研究,关于知识推理和控制机制的研究,关于推理解释和接口模型的研究,以及关于认知模型的研究,等等。

2) 实际知识系统的开发研究

实际知识系统的开发强调建造知识系统过程中的实际技术问题,它以知识系统的实用化和商品化为最终目标。研究内容有实用知识获取技术,知识系统体系结构,实用知识表示方法和知识库结构,实用推理和解释技术,实用知识库管理技术,知识系统调试、分析与评价技术,知识系统的硬件环境等。

3) 知识工程环境研究

知识工程环境研究主要是为实际系统的开发提供一些良好的工具和手段。好的环境可以缩短知识系统的研制周期,提高知识系统的研制质量,使知识系统的研制从个人手工作坊方式转变为工业化生产方式,加速知识系统的商品化进程。环境研究包括知识工程的基本支撑硬件和软件、知识工程语言(包括知识描述语言和系统结构构造语言)、知识获取工具、系统骨架工具和知识库管理工具等。

知识工程开发的知识系统能带来什么好处? Martin 等人所做的调查结果表明知识系统能够实现:

（1）更快的制定决策；

（2）生产率的提高；

（3）决策质量的提高。

知识系统特别有助于及时传输知识，例如缩短产品上市的时间并加快对顾客的响应。

1.1.2　人工智能概念和发展过程

1. 人工智能概念

人工智能是使计算机具有人的智能行为。

1）人的智能行为

人的智能行为表现如下：

（1）通过学习获取知识。

（2）利用知识进行逻辑思维（推理）。

（3）通过自然语言理解进行人际间交流。

（4）通过图像理解进行形象思维（联想）。

（5）利用启发式（经验）方法解决随机变化问题。

（6）利用试探性（创新性）方法解决新问题。

智能行为概括为获取知识，进行知识推理、联想或交流，解决随机问题或新问题。

2）关于人工智能的定义

英国数学家阿兰·图灵（A. Turing）1950 年在论文《计算机能思维吗？》中提出，交谈能检验智能，如果一台计算机能像人一样对话，它就能像人一样思考。

（1）Turing 定义。

如果机器在某些现实的条件下，能够非常好地模仿人回答问题，以致使提问者在相当长时间内误认为它不是机器，那么机器就可以被认为是能思维的。具体说明为：

一个房间放一台机器，另一房间有一人，当人们提出问题，房间里的人和机器分别作答。如果提问的人，分辨不了哪个是人的回答，哪个是机器回答，则认为机器有了智能。

美国科学家兼慈善家休·勒布纳 20 世纪 90 年代初设立人工智能年度比赛，把图灵的设想付诸实践，比赛分为金、银、铜三等奖。如果程序不仅能以文本方式通过交谈测试，在音频和视频测试中也能过关，则获金奖，赢得 10 万美元和一枚 18K 黄金制金牌；如果它能在更长时间以文本方式交谈中迷惑住至少半数裁判，则获银奖；如果未达到以上标准，则每年测试中迷惑住最多裁判的程序赢得 2000 美元和一枚铜牌。

作为裁判的 12 位经遴选的志愿者同时与不见面的两方以文本方式交谈，其中一方是人，另一方是程序。交谈 5 分钟后，他们要判断哪方是人，哪方是机器。获最多裁判认同为"人"的程序即获胜。裁判一再用今日的天气、全球金融动荡和他们的眼睛的颜色等问题迷惑计算机。

1991 年进行了首届比赛。2008 年 10 月 12 日勒布纳奖（图灵测试奖）比赛在英国雷丁大学展开，计算机程序"艾尔博特"则凭借迷惑 3 人的战绩笑到最后。艾尔博特的创造者弗雷德·罗伯茨赢得 2000 美元和比赛铜牌。

2014 年 6 月 7 日是图灵逝世 60 周年纪念日。这一天,在英国皇家学会举行的"2014 图灵测试"大会上,聊天程序"尤金·古斯特曼"(Eugene Goostman)首次"通过"了图灵测试。按照大会规则,如果在一系列为时 5 分钟的键盘对话中,某台计算机被误认为是人类的比例超过 30%,那么这台计算机就被认为通过了图灵测试。此前,从未有任何计算机达到过这一水平。2014 图灵测试大会共有 5 个聊天机器人参与,其中"尤金"成功地被 33%的评委判定为人类。

它表明我们进入了一个难以区分聊天机器人和真人的时代。但是,"尤金·古斯特曼"这种聊天机器人并不懂得感性的思考,它仍然只是一个用文字模拟人类对话的模拟器。

图灵测试比赛的意义堪比国际商用机器公司(IBM)超级计算机"深蓝"1997 年打败国际象棋大师加里·卡斯帕罗夫。

伦敦大学伯贝克学院的葛雷林教授则认为图灵测试非常粗糙,人们以为进行的是人机斗智,实则是人与程序设计师斗法。

(2) Feigenbanm 定义。

只告诉机器做什么,而不告诉怎样做,机器就能完成工作,便可说机器有了智能。

这个定义比较实际,也容易达到。专家系统就具有这种定义的智能。

3) 人工智能的研究范围

人工智能研究的基本范围如下。

(1) 问题求解:如下棋程序。

(2) 逻辑推理和定理证明:如数学定理的证明。

(3) 自然语言处理:如语言翻译、语音的识别及语言的生成和理解。

(4) 自动程序设计:"超级编译程序",能从高级形式的描述,生成所需的程序。

(5) 学习:归纳学习和类比学习。

(6) 专家系统:利用专家知识进行推理达到专家解决问题的能力。

(7) 机器人学:完成人部分工作的机器人。

(8) 机器视觉:研究感知过程。

(9) 智能检索系统:具有智能行为的情报检索。

(10) 组合调度问题:如最短旅行路线。

(11) 系统与表达语言:用人工智能来深化计算机系统(如操作系统)和语言。

4) 人工智能的主要研究领域

F. Hayes-Roth 总结人工智能的主要研究领域为 3 大方面:自然语言处理、视觉和机器人学及知识工程。

(1) 自然语言处理:语音的识别与合成,自然语言的理解和生成,机器翻译等。

(2) 机器人学:从操纵型、自动型转向智能型。在重、难、险、害等工作领域中推广使用机器人。日本在机器人研究中走在前列,我国机器人研究在发展,如国防科技大学的两足步行机器人和哈尔滨工业大学的焊接机器人等。

(3) 知识工程:研究和开发专家系统。目前人工智能的研究中,最接近实用的成果是专家系统。专家系统在数学中符号推理、医疗诊断、矿床勘探、化学分析、工程设计、军事决策、案情分析等方面都取得明显的效果。

2. 人工智能发展过程

人工智能的发展历史可分为以下 6 个阶段。

1) 第一阶段：20 世纪 50 年代人工智能的兴起和冷落

人工智能概念是在 1956 年由麦卡锡(J. McCarthy)、明斯基(M. L. Minsky)、信息论创始人申农、IBM 公司的塞缪尔(A. L. Samuel)、卡内基·梅隆大学(CMU)的艾伦·纽厄尔(A. Newell)和赫伯特·西蒙(H. Simon)等 10 名学者在美国达特莫斯(Dartmouth)大学召开的长达 2 个月的研讨会上首次提出来的。这次智能学研讨会被公认是人工智能学科诞生的标志。当时，相继出现了一批显著的成果。

(1) 1956 年纽厄尔、西蒙和肖(J. C. Shaw)等人提出逻辑理论机 LT(Logic Theorist)程序系统，证明了罗素(Russell)与怀特海的名著《数学原理》第 2 章 52 条定理中的 38 条，1963 年终于完成全部 52 条定理的证明。这是计算机模拟人的高级思维活动的一个重大成果，是人工智能的真正开端。

(2) 1956 年塞缪尔研制了西洋跳棋程序 Checkers。该程序能积累下棋过程中所获得的经验，具有自学习和自适应能力。这是模拟人类学习过程的一次卓有成效的探索。该程序 1959 年击败 Samnel 本人，1962 年击败了一个州冠军，此事引起了世界性的大轰动。这是人工智能的又一个重大突破。

(3) 1960 年纽厄尔、肖和西蒙等人通过心理学实验，发现人在解题时的思维过程大致可以分为 3 个阶段：

① 首先想出大致的解题计划；

② 根据记忆中的公理、定理和解题规划，按计划实施解题过程；

③ 在实施解题过程中，不断进行方法和目标分析与修改计划。

这是一个具有普遍意义的思维活动过程，其中主要是方法和目的的分析。基于这一发现，他们研制了"通用问题求解程序 GPS"，用来解决不定积分、三角函数、代数方程等 11 种不同类型的问题，并首次提出"启发式搜索"概念。

(4) 1960 年麦卡锡成功地研制了著名的 LISP 表处理语言，成了人工智能程序语言的重要里程碑。

还有很多例子，这个时期兴起了人工智能热。但是不久，人工智能走向低潮。主要表现在：

(1) 1965 年发明了消解法，曾被认为是一个重大的突破，可是很快发现消解法能力有限，证明两个连续函数之和还是连续函数，推导了十万步还没有推导出来。

(2) 塞缪尔的下棋程序，赢了州冠军后，没能赢全国冠军。

(3) 机器翻译出了荒谬的结论，如从英语→俄语→英语的翻译中，有一句话："心有余而力不足"，结果变成了"酒是好的，肉变质了"。

由于人工智能研究遇到了困难，使得人工智能走向低落。英国 20 世纪 70 年代初，对 AI 的研究经费被大量削减，人员流失，美国 IBM 公司也出现类似的现象。

这一阶段的特点是：重视问题求解的方法，忽视了知识的重要性。

2) 第二阶段：20 世纪 60 年代末到 20 世纪 70 年代，专家系统的出现，使人工智能研究出现了新高潮

(1) 1968 年斯坦福大学 E. A. Feigenbaum 和生物学家莱德伯格(J. Lederberg)等人合作研制了 DENDRAL 专家系统，该系统是一个化学质谱分析系统，能根据质谱仪的数据和核磁谐振的数据及有关知识推断有机化合物的分子结构，达到了帮助化学家推断出分子结构的作用。这是第一个专家系统，系统中用了大量的化学知识。

(2) 1974 年由 E. H. Shortliffe 等人研制了诊断和治疗感染性疾病的 MYCIN 系统，它的特点是：

① 使用了经验性知识，用可信度表示，进行不精确推理。

② 对推理结果具有解释功能，使系统是透明的。

③ 第一次使用了知识库的概念。以后的专家系统受 MYCIN 的影响很大。

(3) R. O. Duda 等人于 1976 年研制矿藏勘探专家系统 PROSPECTOR 系统。该系统用语义网络表示地质知识，并且在华盛顿州发现一处钼矿，获利一亿美元。

(4) 卡内基－梅隆(Carnegie-Mellon)大学研制了语音理解系统(Hearsay-Ⅱ系统)，它完成从输入的声音信号转换成字，组成单词，合成句子，形成数据库查询语句，再到情报数据库中去查询资料。该系统是采用"黑板结构"这种新结构形式的专家系统。

1969 年，成立了国际人工智能联合会议(International Joint Conferences on Artificial Intelligence, IJCAI)。

这一阶段的特点：重视了知识，开始了专家系统的研究，使人工智能走向实用化。

3) 第三阶段：20 世纪 80 年代，随着第五代计算机的研制，人工智能得到很大发展

日本 1982 年开始了"第五代计算机的研制计划"，即"知识信息处理计算机系统 KIPS"，它的目的是使逻辑推理达到数值运算那样快。

日本的十年计划在政府的支持下大力开展，形成了一股热潮，推动了世界各国的追赶浪潮。英国的阿尔维计划、西欧的尤里卡计划、美国的 STARS 计划等相继推出，我国也有相应的 863 计划，当然这些计划不限于计算机和人工智能，但是这些计划都以人工智能(特别是知识工程)为基本的重要组成部分。这说明国际上已经公认人工智能是当代高技术的核心部分之一。

十年后，日本的第五代机并没有生产出来，只取得了部分成果。1984 年完成了串行推理机 PSI 和操作系统 SIMPOS。1988 年完成了并行推理机 Multi-PSI 和操作系统 PIMOS。

4) 第四阶段：20 世纪 80 年代末，神经网络的再次兴起和计算智能的形成

神经元网络实际上于 20 世纪 40 年代就开始了，心理学家 W. S. McCulloch 和数理逻辑学家 W. Pitts 于 1943 年提出了一个人工神经元网络模型。1958 年 Rosenblatt 提出了感知机模型，由于感知机具有分类器和学习器的作用，激起了人们的研究热情，形成了神经元网络的第一次高潮。1969 年 M. Minsky 和 S. Papert 在《感知机(Perceptron)》一书中证明了感知机的局限性，即它不适合于非线性样本而使神经网络走向低潮(时间达 10 多年之久)。

1982 年美国霍普菲尔德(Hopfield)在神经元交互作用的基础上引入一种反馈型神经网络，它既可用硬件实现，又能解决运筹学的巡回售货商 TSP 问题。由此萌发了人们对神经网络的兴趣。1985 年 Rumelhart 等人提出 BP 反向传播模型，解决了非线性样本问题，从

而扫除了神经网络的障碍,兴起了神经网络的第二次高潮。目前,神经网已在从家用电器到工业对象的广泛领域找到它的用武之地,主要应用涉及模式识别、图处理、自动控制、机器人、信号处理、管理、商业、医疗和军事等领域。

1987 年美国召开了第一次神经网络国际会议,宣布新学科的诞生。1988 年日本称为神经计算机元年,提出研制第六代计算机计划。

另一个模拟生物遗传的算法,是 1967 年由 J. D. Baglay 首次提出的"遗传算法"这一术语和选择、交叉和变异操作的概念。1975 年,J. H. Holland 的专著《自然系统和人工系统的适应性》问世,系统地阐述了遗传算法的基本理论和方法,他提出的模式理论为遗传算法奠定了理论基础。他被公认为遗传算法的创始者。

1992 年贝兹德克(Bezdek)提出了计算智能的定义。他认为,计算智能提供的是数值数据,而不依赖于知识;主张用神经网络、遗传算法的原理,结合大量计算来实现人工智能。这条途径通常称为计算智能,它借鉴了生物学中的某些原理。

在计算智能思想指导下还诞生了一个新的研究分支,称为软计算。它除了神经网络、演化算法以外,还包括模糊数学和粗糙集理论等一些处理不确定性的方法。

5) 第五阶段:行为智能的兴起

1991 年 R. Brooks 研制了具有某种自适应能力的机器昆虫,可以在船体表面爬行并清除牡蛎。本来他的研究属于机器人领域,主张:"无表示的智能",即没有表示(Representation)、没有推理(Reasoning)的非传统人工智能。智能系统与环境交互,一方面要从所运行的环境中获得信息(感知),一方面要通过自己的动作(作用),对环境施加影响。

他的思想属于行为主义的范畴:只看行为,不看思维。我们可以称在这种思想指导下的人工智能研究为行为智能,开辟了一种新的智能。

6) 第六阶段:人脑研究计划

2013 年年初,欧盟宣布了"人脑工程"(HBP),从脑连接图谱方面以超级计算机技术来模拟脑功能。同年,美国也启动了脑科学研究计划"脑计划"(BAM),将探索人类大脑工作机制、绘制脑活动全图、针对目前无法治愈的大脑疾病开发新疗法;2014 年,日本也启动了大型脑研究计划,研究各种脑功能和脑疾病的机理。

2015 年 3 月"中国脑计划"获国务院批示。专家建议中国脑计划从认识脑、保护脑和模拟脑三个方向展开研究。所谓认识脑,就是要认识脑功能的工作原理及机制;保护脑就是阐明若干脑的重大疾病的致病机理,研发脑在于对重大疾病的早期干预和后期治疗与康复的新医疗技术;模拟脑就是开发类脑计算机和人工智能系统。

2011 年,"谷歌大脑"项目通过对哺乳动物视觉皮层的神经网络和信息处理过程的模拟,首次实现了机器系统通过学习而对各种不同类型猫图像的自动识别,正确率与人类似。这一令人瞩目的进展意义在于,这种依赖于大数据和强大计算能力的自动识别被称为"深度学习"。

2015 年 1 月,百度公司首席科学家吴恩达讲了"人工智能与深度学习"的最新进展,现在百度搭建的神经网络已经达到 1000 亿个连接点,已经能够比较深度地识别图像,他展示了一组图片,下面配有中文图片说明(识别图像的语义说明),他告诉大家:"这是计算机写的"。

3. 人工智能的回顾与展望

1) 人工智能的回顾

回顾人工智能发展的历史进程,从科学方法论的角度分析,其发展有三条途径,在学术观点上有三大学派。

(1)"符号主义"学派。

"符号主义"学派主要观点:思维的基元是符号,思维过程即符号运算;智能的核心是知识,利用知识推理进行问题求解;智能活动的基础是物理符号系统,人脑、计算机都是物理符号系统;知识可用符号表示,可建立基于符号逻辑的智能理论体系,代表性成果是专家系统。

(2)"联结主义"学派。

"联结主义"学派主要观点:智能活动的基元是神经细胞,智能活动过程是神经网络的状态演化过程,智能活动的基础是神经细胞的突触联结机制,智能系统的工作模式是模仿人脑模式;主要方法是基于神经生理学的以神经系统结构模拟为重点的数学模拟与物理模拟方法;代表性成果是神经网络 MP 模型、Hopfield 网络和 BP 神经网络。

(3)"行为主义"学派。

"行为主义"学派主要观点:智能行为的基础是"感知-行动"的反应机制,智能系统的智能行为,需要在真实世界的复杂境遇中进行学习和训练,在与周围环境的信息交互与适应过程中不断进化和体现。主要科学方法:基于智能控制系统的理论、方法和技术,以生物控制系统的智能行为模拟为重点,研究拟人的智能控制行为,代表性成果是布鲁克斯演示的新型智能机器人。

人工智能的三个学派、三种途径,在学术观点与科学方法上,有严重的分歧和差异。联结主义学派反对符号主义学派关于物理符号系统的假设,认为人脑神经网络的联结机制与计算机的符号运算模式有原则性差别;行为主义学派批评符号主义学派、联结主义学派对真实世界做了虚假的、过分简化的抽象,认为存在"不需要知识"、"不需要推理"的智能。

应该认为:"符号主义"学派、"联结主义"学派、"行为主义"学派各有侧重。三大学派、三条途径是历史形成的,各有所长,各有所短,不应该相互否定,而应该相互结合、取长补短、综合集成,才能使人工智能得到更大的发展。

2) 人工智能的展望

人工智能的研究是个长期的任务。目前,人们逐步认识到揭开人的智能之谜是发展人工智能的关键。当今全世界的科学家已认识到,实现人工智能必须以生物技术、信息技术和新材料技术三大高技术为手段。生物技术负责解开智能之谜,为人工智能的发展提供方向;信息技术负责用人工方式来模拟人类智能;而新材料技术是为人工智能的实现提供物质基础。

人工智能需要同主流的计算机技术有机结合起来,即同数值计算、信息管理、多媒体、计算机网络、云计算和大数据等有机结合起来,使人工智能融入信息技术中,既促进信息技术的发展又促进人工智能的发展。

美国人工智能学会(AAAI)提出了一项"21世纪智能系统"的报告,指出国家的竞争力量,取决于信息分析、决策、柔性的设计与创造能力的增强。报告提出的这四种类型的应用系统能产生真实仿真世界的"智能模拟"。它们的研究成果将会使人工智能在社会中发挥更大的作用。

1.1.3　知识系统的结构和知识工程的基础

1. 知识系统的结构

知识工程的目标是构建知识系统,知识系统的结构包括以下几种。

1) 知识系统的基本结构

知识系统的基本结构一般包含以下 4 个基本部分。

(1) 知识库:它由事实和规律两类知识组成,知识有不同的知识表示形式。

(2) 推理子系统:它完成对知识库中的知识进行推理。不同的知识表示形式有不同的推理方式。

(3) 人机接口:它将用户的要求输入推理子系统中,也将推理的结果进行解释说明并输出给用户。

(4) 知识获取子系统:它是把专家的知识经过整理并形式化后,输入知识库中。

一般的专家系统就是采用这种结构形式。

2) 元知识和领域知识组合而成的系统结构

元知识的概念由戴维斯(R. Davis)于 1976 年提出,元知识就是关于知识的知识,即关于领域知识的说明、使用的知识。元知识系统可看成是由元级知识和领域级知识两级知识组合而成的系统。知识系统利用元级知识进行高层的推理,指导领域级知识的运行。领域级的知识系统就是通常意义上的专家系统,它利用领域的知识解决问题。

3) 多层知识组合而成的系统结构

多层知识组合而成的系统结构,至少包括表层、深层两层系统。表层系统包含各领域中基本知识和经验性、判断性知识。深层系统包含原理性知识和常识。这两个层次的关系是:表层知识直接用于解决问题;深层知识可用于弥补表层知识的不足,即在用表层知识不能解决和说明一个问题时,再使用相关的深层知识,完成进一步的补充和说明。

4) 多智能主体(Agent)系统结构

随着互联网(Internet)和万维网(World Wide Web,WWW)的出现与发展,Agent 和多 Agent 系统的研究成为分布式人工智能研究的一个热点。Minsky 在《思维的社会》一书中提出了 Agent,认为 Agent 是具有智能的个体,具有社会交互性和智能性。Agent 经过协商之后可求得问题的解。多 Agent 系统(multi-agent system,MAS)采用自底向上的设计方法,首先定义各自分散自主的 Agent,然后研究 Agent 之间进行智能行为的协调,完成实际任务的求解。各个 Agent 之间的关系主要是协作,也可能是竞争甚至是对抗的关系。

2. 知识工程的基础

知识工程和大多数工程领域一样,在理论的指导下进行实践,利用或创造技术完成知识系统项目。目前,这门学科的特点和基础是:人类的知识如何存入计算机的问题并完成知识推理。

人类的知识大多是以文本形式表示,它可以存入计算机中,但计算机无法理解自然语言,即无法利用自然语言解决问题。利用人类的知识进行推理,产生智能行为,这需要将问题进行形式化和数字化。形式化是用简单的符号形式描述问题(如形式逻辑或产生式规则等)。数字化是将形式化的问题用二值数据表示,这才能存入计算机,在计算机中完成知识推理。知识工程师首先要向专家获取知识,再将知识形式化和数字化,存入知识库中,再编制推理机,完成知识系统。

1.2　知识工程的核心问题

1.2.1　知识概念与逻辑推理

1. 知识概念

知识是人们在社会实践活动中所获得的认识和经验的总和。具体而言,知识是人们对客观世界的规律性的认识。

人类社会的知识表示主要是以文字、图表等形式记载在图书、档案、报纸、杂志、音像等媒体上。早在 300 多年前,英国著名哲学家弗兰西斯·培根说过"知识就是力量"。这句话被无数事实所反复证明。知识与物质和能源一起共同构成了现代社会的三大支柱资源。

在人工智能中,对知识概念有很多定义,比较典型的定义有。

(1) Feigenbaum(费根鲍姆)定义知识是信息经过加工整理、解释、挑选和改造而形成的。

(2) Bernstein(Hayes-Roth 引用)定义知识是由某一特定域的表达式、关系和过程构成的。

(3)《人工智能辞典》定义知识是人们对客观世界的规律性的认识。

可见,知识是对信息进行加工,得到如表达式、关系等规律性的信息。知识是对信息进行浓缩,找出事物中存在的规律。

2. 知识分类

知识的表示与知识的分类有密切的关系。人工智能中的知识分类包括事实性知识、过程性知识、规则性知识、启发式知识、实例性知识以及元知识等。具体说明如下。

(1) 事实性知识　一般采用叙述语句形式,例如,北京有一千多万人口,张三是男人,等等。在计算机中,如果事实性知识是单属性的,一般采用"变量的取值"表示;如果事实性知识是多属性的,则以"数据库中记录"形式表示。知识工程中,事实是问题求解的已知条件、中间结果或结论。

(2) 过程性知识　描述做某件事的过程,使人或计算机可以照此去做,例如,标准程序库就是常见的过程性知识。标准程序一般是按模型的求解过程编制的,体现了求解的步骤。在数学和物理学中,模型是用表达式或者方程的形式来描述的,它体现了方程中变量之间的关系。

(3) 规则性知识　也称产生式规则(production rule),规则描述为 IF＜前提＞THEN＜结果＞,即规则通常由两部分组成,一部分是前提,另一部分是结论。前提部分是执行该规则时必须满足的条件,故也称为先决条件。当前提部分成立,则规则的结论就成立。有些规则由三部分组成：IF<前提>THEN<结论>ELSE<结论>。ELSE 部分表示如果不满足前提部分所列的先决条件时该执行的动作。

（4）启发式知识　对指导整个问题求解过程很有帮助的经验法则、技术或者知识，称为启发式知识。有些实际问题，由于现行条件非常复杂，根本不存在有效的算法；有些实际问题，即使有算法，但是由于运行时间过长或占用存储空间过多而无法实际运行。所以，人们常常采用某种搜索策略，根据启发式知识，逐步地试探性地求出其最佳解或近似最佳解。这种方法称为启发式技术。启发式技术在人工智能中占有很重要的地位。但是启发式技术本身的有效性和效率，也有待于深入开发，也是人工智能的主要课题之一。

（5）实例性知识　实例表示对一个事物的整体描述，如已经发生的大量案件或者大批的观察数据都是典型的实例性知识。人们感兴趣一般不是单个实例本身，而是在大批实例后面隐藏的规律性知识。

（6）元知识　也称为关于知识的知识，即对领域知识进行描述、说明和使用的知识。在专家系统中，利用元知识告知用户系统能解决什么问题，不能解决什么问题。利用元知识指导系统如何运行和推理。元知识经常以控制知识的形式出现。

3．逻辑推理

1）数理逻辑

人工智能的重要理论基础是数理逻辑，也称符号逻辑。数理逻辑是用符号和数学方法研究人的思维形式及其规律的科学。

逻辑学的基础研究是形成概念，做出判断，进行推理。

（1）概念。概念是反映事物的特有属性和它的取值，例如，氢气是无色无味的气体，数学课成绩为良好。概念是用语言来表达，如汉语、英语、计算机语言等。语言又由名词、动词、形容词、数词、代词等实词及介词、连词等虚词组合来表达概念。

（2）判断。判断是对概念的肯定或否定。判断本身又存在真假，即判断是对或者是错的。

判断有全称（∀，所有的）肯定（或否定）判断和特称（∃，有些）肯定（或否定）判断。

（3）推理。推理是从一个或几个判断推出一个新判断的思维过程。

2）推理的种类

推理的种类有以下 3 种。

① 演绎推理：从一般现象到个别（特殊）现象的推理。

② 归纳推理：从个别（特殊）现象到一般现象的推理。

③ 类比推理：从个别（特殊）现象到个别（特殊）现象的推理。

（1）演绎推理。

目前专家系统的研究基本上属于演绎推理范畴，演绎推理的核心是假言推理。

假言推理：以假言判断为前提，对该假言判断的前件或后件的推理。

① 肯定式：

$$p \rightarrow q, \quad p \vdash q \quad 或 \quad \frac{p \rightarrow q, p}{q} \tag{1.1}$$

② 否定式：

$$p \rightarrow q, \quad \neg q \vdash \neg p \quad 或 \quad \frac{p \rightarrow q, \neg q}{\neg p} \tag{1.2}$$

③ 三段论：

$$p \rightarrow q, \quad q \rightarrow r \vdash p \rightarrow r \tag{1.3}$$

注：符号 $\vdash$ 表示"推出"。横线上方为条件，下方为结论。

（2）归纳推理。

人能够从许多个别事物的认识中概括出这些事物的共同特点，得出一个一般性认识。它使人们获得一些新的知识。目前，机器学习和数据挖掘中采用的方法属于归纳推理。

① 数学归纳法。

用逻辑形式表达为：

A 包含 $B_1, B_2, \cdots$

$$\frac{B_1 \text{ 真}, B_n \rightarrow B_{n+1}}{A \text{ 真}} \tag{1.4}$$

这种推导是严格的，结论是确实可靠的。

② 枚举归纳推理。

枚举归纳推理是由所见的某一类事物的部分分子具有某种属性，而且没有遇到相反的情况，于是得出这一类事物都是具有这种属性的一般性结论。推理形式为：

$$\left. \begin{array}{l} S_1 \text{ 是 } P \\ S_2 \text{ 是 } P \\ \vdots \\ S_n \text{ 是 } P \\ \hline S_1 \cdots S_n \text{ 是 } S \text{ 类事物中的部分分子，而且没有遇到相反事例} \\ \text{所以，} S \text{ 类事物都是 } P \end{array} \right\} \tag{1.5}$$

枚举归纳推理的结论是或然的，它的可靠程度是和事例数量相关的。

（3）类比推理。

类比推理是由两个（或两类）事物在某些属性上相同，进而推断它们在另一个属性上也可能相同的推理。

一般类比推理形式：

$$\frac{A \text{ 事物有 } abcd \text{ 属性，} B \text{ 事物有 } abc \text{ 属性（或 } a'、b'、c' \text{ 相似属性）}}{\text{所以，} B \text{ 事物也可能有 } d \text{ 属性（或 } d' \text{ 相似属性）}} \tag{1.6}$$

类比推理的结论带有或然性。若相类比事物的相同属性和推理的结论属性之间的联系，越是带有必然性，结论的可靠程度就越高。

机器学习与数据挖掘中的方法，基本采用了枚举归纳推理和类比推理。

3）小结

（1）演绎推理的结论没有超出已知的知识范围。而归纳推理和类比推理的结论超出已知的知识范围。

演绎推理只能解释一般规律中的个别现象。而归纳推理和类比推理创造了新的知识，使科学得到新发展，是一种创造思维方式。

（2）演绎推理中由于前提和结论有必然联系，只要前提为真，结论一定为真。

归纳推理和类比推理中前提和结论，不能保证有必然联系，具有或然性（合情性）。这样推理的结论未必是可靠的。机器学习和数据挖掘中采用的归纳方法，受限于所选择的数据库，它获取的知识不一定适合数据库之外的数据。

有人把归纳推理和类比推理称为合情推理。它是一种可能性推理，是根据人们的经验、知识、直观与感觉得到的一种可能性结论的推理。对于一般的应用，这种或然性推理是能够满足人们的现实需求。

1.2.2　知识表示与知识推理

人类之间互相交往都是用自然语言形式描述和表达。要让计算机来理解和推理，就必须将自然语言知识形式化和数字化，变成计算机能使用的形式。

知识表示（Representation of knowledge）是知识工程和人工智能研究中的中心课题。知识表示是利用计算机能够接受并进行处理的形式化方式（如符号）来表示人类的知识。这样才能使知识方便地在计算机中存储、检索、使用和修改。经过人工智能学者的研究，现已成功运用的知识表示的主要形式有数理逻辑、产生式规则、语义网络、框架、剧本和本体。

1. 数理逻辑

数理逻辑中的符号表示是知识表示的重要方法。利用逻辑公式人们能描述对象、性质、状况和关系。

数理逻辑是以命题逻辑和谓词逻辑为基础，研究命题、谓词及公式的真假值。数理逻辑用形式化语言（逻辑符号语言）进行精确（没有歧异）的描述，用数学的方式进行研究，例如，用 $\land$ 表示“与”，$\lor$ 表示“或”，$\rightarrow$ 表示“如果……那么……”等。

1）命题逻辑

命题分为简单命题和复合命题，简单命题是基本单位，复合命题是由简单命题通过联结词组合而成的。命题逻辑研究复合命题所具有的逻辑规律和特征，它能够把客观世界的各种事实表示为逻辑命题并验证其真假。

举例：

（1）如果 a 是偶数，那么 a^2 是偶数。

p：a 是偶数，g：a^2 是偶数，它们的关系用 $\rightarrow$（蕴含）表示。即 $p \rightarrow q$。

（2）“人不犯我，我不犯人；人若犯我，我必犯人”。

p：人犯我，　　q：我犯人；

表示：$(p \rightarrow q) \land (\sim p \rightarrow \sim q)$ 或 $p \leftrightarrow q$

在命题逻辑中，有 5 种关系：$\land$（与）、$\lor$（或）、$\sim$（非）、$\rightarrow$（如果……那么……，即蕴含）、$\leftrightarrow$（等价，即当且仅当）。

这 5 个关系称为联结词，它们之间有优先关系，从高到低有 $\sim$、$\land$、$\lor$、$\rightarrow$、$\leftrightarrow$。

同级联结词，先出现者优先。

定义 1　由命题（$p, q, r, \cdots$）或用联结词（$\sim$、$\land$、$\lor$、$\rightarrow$、$\leftrightarrow$）连接的命题，组合而成的公式称为合适公式。

命题逻辑的公式有：

（1）析取交换律 $p \vee q \leftrightarrow q \vee p$。

（2）合取交换律 $p \wedge q \leftrightarrow q \wedge p$。

（3）析取结合律$(p \vee q) \vee r \leftrightarrow p \vee (q \vee r)$。

（4）合取结合律$(p \wedge q) \wedge r \leftrightarrow p \wedge (q \wedge r)$。

（5）$\vee$ 对 $\wedge$ 的分配律 $p \vee (q \wedge r) \leftrightarrow (p \vee q) \wedge (p \vee r)$。

（6）$\wedge$ 对 $\vee$ 的分配律 $p \wedge (q \vee z) \leftrightarrow (p \wedge q) \vee (p \wedge z)$。

（7）双重否定 $p \leftrightarrow \sim\sim p$。

（8）德摩根律 $1 \sim(p \vee q) \leftrightarrow \sim p \wedge \sim q$。

（9）德摩根律 $2 \sim(p \wedge q) \leftrightarrow \sim p \vee \sim q$。

（10）蕴含转换 $1(p \rightarrow q) \leftrightarrow \sim p \vee q$。

（11）蕴含转换 $2(p \rightarrow q) \leftrightarrow (\sim q \rightarrow \sim p)$。

（12）等价转换 $1(p \leftrightarrow q) \leftrightarrow (p \rightarrow q) \wedge (q \rightarrow p)$。

（13）等价转换 $2(p \leftrightarrow q) \leftrightarrow (\sim p \leftrightarrow \sim q)$。

（14）$\wedge$ 转 $\vee (p \wedge q) \leftrightarrow \sim(\sim p \vee \sim q)$。

定义 2　公式的标准形式称为范式。

有两种基本范式：合取范式和析取范式。

（1）合取范式：它是一些简单析取式的合取式，即该合取式中，其子命题都是简单析取式。

一般形式为 $a_1 \wedge a_2 \wedge \cdots \wedge a_n$，其中每个 a_i 是简单析取。例如：

① $(\sim p \vee q) \wedge (p \vee \sim q)$。

② $(p \vee q \vee r) \wedge (p \vee \sim q \vee r) \wedge (p \vee \sim q \vee \sim r)$。

（2）析取范式：它是一些简单合取式的析取式，即该析取式中，其子命题都是简单合取式。

一般形式为 $a_1 \vee a_2 \vee \cdots \vee a_n$，其中每个 a_i 是简单合取。例如：

① $(p \wedge q) \vee (p \wedge r)$。

② $(p \wedge \sim p \wedge q) \vee (p \wedge q \wedge r \wedge \sim r)$。

2）谓词逻辑

谓词逻辑是对简单命题的内部结构作进一步分析，在谓词逻辑中，把反映某些特定个体的概念称为个体词，而把反映个体所具有的性质或若干个体之间所具有的关系称为谓词。对谓词逻辑的研究主要研究一阶谓词逻辑。

定义 3　在谓词 $p(x_1, x_2, \cdots, x_n)$ 中，如果个体 x_i 都是一些简单的事物，则称 p 是一阶谓词。若有些变元本身就是一阶谓词，则称 p 为二阶谓词。在谓词逻辑中，需要考虑到一般与个别、全称和存在，并引入"全称"和"存在"两个量词。

$\forall$　全称量词：表示对所有的或对任一个。

$\exists$　存在量词：表示至少存在一个。

例如，每个储蓄的人都获得利息。

表示成谓词公式为

$$\forall x[(\exists y)(S(x,y)) \wedge M(y)] \rightarrow [(\exists y)(I(y) \wedge E(x,y))]$$

式中，x 表示人；y 表示钱；$S()$ 表示储蓄；$M()$ 表示有钱；$I()$ 表示利息；$E()$ 表示获得。

谓词公式如下:

(1) $\sim(\forall x)\varphi\leftrightarrow(\exists x)\sim\varphi$ 或 $(\forall x)\varphi\leftrightarrow\sim(\exists x)\sim\varphi$。

(2) $\sim(\exists x)\varphi\leftrightarrow(\forall x)\sim\varphi$ 或 $(\exists x)\varphi\leftrightarrow\sim(\forall x)\sim\varphi$。

定义 4　由单个谓词或由连接词($\sim$、$\wedge$、$\vee$、$\rightarrow$、$\leftrightarrow$)连接的多个谓词中或含有$(\forall x)$或$(\exists x)$的谓词,以及其组合公式称为谓词逻辑的合适公式。

定义 5　谓词公式范式有以下两个:

(1) 前束范式。谓词公式中一切量词都未被否定的处于公式的最前方,且其管辖域为整个公式。

例如,$(\forall x)(\exists y)(p(x,y)\rightarrow q(x,y))$。

(2) $\exists$-前束范式(司柯林 skolem 范式)。所有存在量词都在全称量词之前的前束范式称为$\exists$-前束范式。

3) 命题逻辑归结原理 1:把公式转换成子句型

归结原理使用反证法来证明语句,即归结是从结论的非,导出已知语句的矛盾。

利用命题逻辑公式和谓词逻辑公式,把逻辑表达式化成合取范式、前束范式,再化成子句。一子句定义为由文字的析取组成的公式,这里只讨论命题逻辑的归结原理。

把公式转换成子句型的转换过程如下:

(1) 消去蕴含符号$\rightarrow$。

$$用\sim A\vee B\quad替换\quad A\rightarrow B$$

(2) 用德摩根律缩小$\sim$的辖域,让$\sim$进入括号内。

$$用\sim A\vee\sim B\quad代替\quad\sim(A\wedge B)$$
$$用\sim A\wedge\sim B\quad代替\quad\sim(A\vee B)$$

(3) 把公式化成合取范式。

可以反复应用分配律,把任一公式化成合取范式。例如,

$$A\vee(B\wedge C)\leftrightarrow(A\vee B)\wedge(A\vee C)$$

(4) 消去连接词符号$\wedge$。

在合取范式中,每一个合取元,取出成为一个独立子句。用子句集来代替原来子句的合取($\wedge$)。每个子句实际上是文字的析取。例如,

$$(A\vee B)\wedge(C\vee D)\leftrightarrow\{A\vee B,C\vee D\}$$

4) 命题逻辑归结原理 2:归结过程

归结过程为:对两个称为母子句的子句进行归结,以产生一个新子句。归结时,对一个子句中以"正文字"形式出现,一个以"负文字"形式出现,归结后就删除这两个"正负文字",合并剩下的文字。

若最后产生空子句,则存在矛盾。没有产生空子句就一直进行下去。

例如,假言推理的归结过程如下:

$$P\wedge(P\rightarrow Q)\leftrightarrow P\wedge(\sim P\vee Q)$$
$$\rightarrow子句集\{P,\sim P\vee Q\}\rightarrow归结为\{Q\}$$

5) 命题逻辑中的归结

对公理集 F、命题 S 的归结:

(1) 把 F 的所有命题转换成子句型。

(2) 把否定 S 的结果转换成子句型。

(3) 重复下述归结过程,直到找出一个矛盾或不能再归结。

① 挑选两个子句,称为母子句。其中一个母子句含 L;另一个母子句含 $\sim L$。

② 对这两个母子句作归结,结果子句称为归结式。从归结式中删除 L 和 $\sim L$,得到所有文字的析取式。

③ 若归结式为空子句,则矛盾已找到;否则原归结式加入该过程中的现有子句集。

例如,从公理集 $p,(p \land q) \rightarrow r,(s \lor t) \rightarrow q,t$

证明结果 r。

(1) 把公理集转换成子句型。

① $(p \land q) \rightarrow r \leftrightarrow \sim(p \land q) \lor r \leftrightarrow \sim p \lor \sim q \lor r$

② $(s \lor t) \rightarrow q \leftrightarrow \sim(s \lor t) \lor q \leftrightarrow (\sim s \land \sim t) \lor q \leftrightarrow (\sim s \lor q) \land (\sim t \lor q)$

这个合取式分为两个子句 $\sim s \lor q,\sim t \lor q$。

这样子句集为 $p,\sim p \lor \sim q \lor r,\sim s \lor q,\sim t \lor q,t$。

(2) 证明命题的非为 $\sim r$。

(3) 归结过程。

子句 $\sim p \lor \sim q \lor r$ 与 $\sim r$ 归结为 $\sim p \lor \sim q$,它和 p 归结为 $\sim q$,再和子句 $\sim t \lor q$ 归结为 $\sim t$,与 t 子句归结为空语句。

通过归结最后得到空语句,产生矛盾,故可得出结论:t 从公理集中可以推出 r。

2. 产生式规则

产生式规则知识一般表示为 if A then B,即表示为如果 A 成立则 B 成立,简化为 $A \rightarrow B$。

产生式规则知识有正、逆(反)向两种推理方式。

1) 正向推理

逐条搜索规则库,对每一条规则的前提条件,检查事实库中是否存在。前提条件中各子项,若在事实库中不是全部存在,则放弃该条规则。若在事实库中全部存在,则执行该条规则,把结论放入事实数据库中。反复循环执行上面过程,直至推出目标,并存入事实库中为止。

(1) 正向推理举例。

在产生式规则库中有 3 条规则,在事实库中存在 B、C、E 3 个事实,且它们均为真。希望通过正向推理证明目标 G 为真(成立)。

产生式规则库和事实库的初始状态如图 1.1 所示。

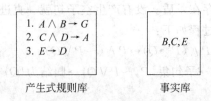

产生式规则库   事实库

图 1.1   产生式规则与事实库的初始状态

（2）推理过程。

推理过程是：逐条搜索规则库时，第一条规则的前提 A 和 B，其中只有 B 在事实库中存在，而 A 还未知，该规则不能被激发。第二条规则同样如此。对第三条规则 $E \rightarrow D$ 的前提 E 在事实库中存在，且为真。激发该规则，通过假言推理可以得出结论 D 为真，并放入事实库中，这一轮对规则库的搜索和推理（匹配）只激发了一条规则的推理。再进行新一轮的规则库的搜索和推理时，第一条规则仍不能被激发（前提条件未全部满足），第二条规则的前提 C 和 D（刚进入事实库）都在事实库中，即该规则的前提均满足，通过假言推理可以得出结论 A 为真，并放入事实库中。第三条规则已被激发过（通过做标记得知），此次规则库的搜索就不对它进行检查和匹配。第三轮对规则库的搜索和推理时，对第一条规则检查其前提 A（刚进入事实库）与 B 均在事实库中，都为真。按假言推理可以得出结论 G 为真，即目标 G 验证为真，完成正向推理。

事实库的最后状态如图 1.2 所示。

2）逆（反）向推理

逆向推理用得较多，主要是目标明确，推理快。逆向推理是从目标开始，寻找以此目标为结论的规则，并对该规则的前提进行判断，若该规则的前提中某个子项是另一规则的结论时，再找以此结论的规则，重复以上过程，直到对某个规则的前提能够进行判断。按此规则前提判断（"是"或"否"）得出结论的判断，由此回溯上一个规则的推理，一直回溯到目标的判断。

在计算机上实现逆向推理是利用规则栈来完成的。规则栈由"规则编号、前提表、结论"3 项组成。

逆向推理举例。

对上面的例子，采用逆（反）向推理时，循环搜索规则库中每条规则时，不是先看前提，而是先看结论，即先找与目标 G 相同结论的规则。这样，找到第一条规则的结论是 G，这时再检查前提 A 与 B 是否都在事实库中存在，现只有 B 存在，A 不在事实库中。为此，以 A 作为新目标，重新在规则库中找以 A 为结论的规则。这时，找到第二条规则，其结论是 A，再检查该规则的前提 C 与 D 是否都在事实库中，现只有 C 在，而 D 不在事实库中。为此，以 D 为新目标，重新在规则库中找以 D 为结论的规则。这时，找到第三条规则，其结论是 D，检查该规则的前提 E 在事实库中，该条规则成立。这样，将结论 D 写入事实库中。推理回退到以 A 为结论的第二条规则，这时该规则前提 C 与 D（新加入事实库）均在事实库中，则该条规则成立。将结论 A 写入事实库中，推理机回退到以 G 为结论的第一条规则，这时该条规则的前提 A（新加入事实库）与 B 均在事实库中，则该条规则成立，将结论 G 写入事实库中。由于 G 是我们所求的最终目标，推理结束。事实库最后状态如图 1.2 所示。

从逆向推理可以看出，每次推理的目标改变过程如图 1.3 所示。

<table>
<tr><td>B, C, E, D, A, G</td></tr>
</table>

图 1.2　事实库的最后状态　　　　图 1.3　逆向推理的目标改变过程

为了求得目标 G，需要求目标 A，为了求 A，需要求 D。由于 E、C、B 是已存在事实，反过来求得 D，再求得 A，再求得 G。

3．语义网络

语义网络最初是由 Quillian 和 Raphael 分别提出的,它是以网络形式把概念之间用弧线连接起来,构成知识的一种表示形式。

语义网络把问题中的概念用结点表示,概念之间的关系用弧来表示。这样,语义网络把概念以及它们之间的关系表示成一种结构图形式。

语义网络推理表现为对结点的访问以及结点间关系的检索,即体现为对语义网络的联想过程。在语义网络中,寻找概念之间的内在联系,通过推理可以回答两类问题:

(1) 从概念结点间问它们之间关系是什么?

(2) 通过概念和关系问有关结点是什么?

例如,有如图 1.4 所示的语义网络。

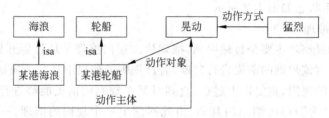

图 1.4　语义网络的推理

它是把"海浪猛烈地晃动轮船"这句话,进行分解形成的语义网络。通过语义网络能回答如下提问。

问：海浪和轮船有什么关系?（寻找概念间的关系）

答：某港海浪晃动某港轮船。（通过中间概念结点建立起关系）

问：怎样晃动?（通过概念和关系寻找其他结点）

答：猛烈地晃动。

问：晃动哪些轮船?（寻找概念间的关系）

答：晃动某港轮船。

4．框架

框架由一组描述物体的各个方面的槽(属性)所组成。每个槽(属性)又可包含若干侧面所组成,每个侧面都有自己的名字和填入的值。一般框架结构为

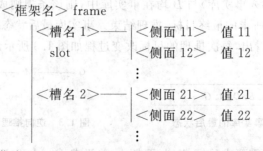

没有侧面的框架简化为

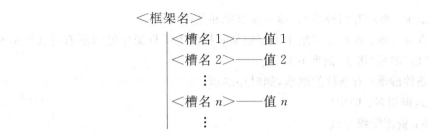

其中某些槽值可默认。

槽值可以有如下几种类型：

（1）具体值 value。

（2）默认值 default。

槽值是按一般情况给定的，对于某个实际事物，具体值可以不同于默认值。

（3）过程值 procedure。

过程值是一个计算过程，它利用该框架的其他槽值，按给定计算过程（公式）进行计算得出具体值。

（4）另一框架名。

当槽值是另一框架名时，就构成了框架调用，这样就连成了一个框架链。有关框架聚集起来就组成框架系统。

（5）空（待填入）。

框架链是一种复杂结构的语义网络，语义网络中的推理在框架中也同样可以进行。

框架推理的主要形式为填充槽值。

填充槽值有几种办法实现，主要的有匹配和继承两种。

① 匹配：框架是一类事物的完整描述，事物之间匹配只能是部分相同槽的匹配。

例如，王强的行动和音量像消防车。要知道王强的行动和音量究竟是什么，应该对两个框架进行匹配。

框架 1：王强

是	人
性别	男
行动	—
音量	—
进取心	中等

框架 2：消防车

是	车辆
颜色	红
行动	快
音量	极高
载物	水

匹配此两框架的槽：行动和音量。王强框架没有此槽值，而消防车框架有此槽值。匹配的结果是填充王强框架的两个槽值，得到王强的行动是快的，音量是极高的。

② 继承：继承有两种继承，即直接继承和条件继承。

- 直接继承：在框架网络中下层框架直接从上层框架中继承所有的属性值和条件，如"墙"继承"房子"的所有属性。
- 条件继承：有条件的继承，如时序继承。

例如，框架名：旧中国

政体：资产阶级专政

面积：960 万平方公里

人口：4 亿 5 千万

领导党派：国民党

框架名：新中国

政体：人民民主专政

面积：960 万平方公里

人口：4 亿 5 千万(当时 1949 年)

领导党派：共产党

其中，面积和人口是相同的，其他槽值就改变了。这就是有条件的继承。

5. 剧本

剧本是描述一定范围内一串原型事物的结构。

1) 剧本的组成

剧本由以下 6 部分组成。

(1) 开场条件：事件发生之前必须满足的条件。

例如，肚子饿了需要进餐，且有钱等。

(2) 结局：事件发生之后，通常会成为现实的情况。

例如，肚子不再饿了，花了钱等。

(3) 道具：用来表示与剧本所述的事件有关的物体。

例如，餐桌、菜单、食物等。

(4) 角色：剧本中描述事件中的人物。

例如，经理、顾客、服务员等。

(5) 线索：剧本表达事件的时序模式。

例如，小食店、餐厅、酒家等。

(6) 场次：事件发生的顺序，每个场次可用框架描述。

剧本的特点：剧本能把现实世界中发生的事件的起因、因果关系以及事件间的联系，构成一个大的因果链。人们能通过剧本来理解发生的有关故事。

2) 实例

这里用"饭店"剧本作为例子说明。

剧本：饭店

演员：顾客、服务员

第一场：进入饭店

事件：走进饭店

　　　　　寻找空桌

　　　　　走到桌旁

　　　　　坐下

　　第二场：点菜

　　事件：服务员送菜单

　　　　　顾客读菜单

　　　　　选定菜

　　　　　告诉服务员

　　第三场：吃饭

　　事件：服务员上菜、饭

　　　　　顾客吃饭

　　第四场：离开

　　事件：服务员送来账单

　　　　　顾客付钱

　　　　　顾客离开饭店

　　该剧本描述了饭店的正常业务过程,而对于一个实际的就餐故事省略了很多正常过程,只突出某个特定事件。

　　如有故事情节如下：

　　李杰来到饭店,找到一个位置,要了半只烤鸭,一菜一汤。李杰又吃又喝,一小时后醉醺醺地离开了饭店。

　　现在利用剧本来回答一些提问(由计算机来完成)：

　　问：李杰吃了什么?(故事中只提了"要"没提"吃")

　　答：烤鸭、菜和汤。(由故事通过剧本而得出)

　　问：谁给李杰菜单?(故事未提及)

　　答：服务员。(由剧本中得出)

　　问：谁上的菜?

　　答：服务员。(由剧本中得出)

　　问：李杰付钱没有?

　　答：付了钱。(由剧本得出)

　　从上例中可以看出,剧本能充实故事,解释故事。

　　3) 剧本的推理

　　从上面的例子可见剧本的推理为解释故事。具体说明如下：

　　(1) 解释故事中没有提及的发生事件。

　　(2) 说明连贯事件之间的关系。

　　剧本通过推理,具有如下用途：

　　(1) 预见不直接观察到的事件,如故事中未提及的服务员送菜单和上菜。

　　(2) 能建立一种连贯事件的解释,如上故事中"要菜"跟"吃"是连贯的事件。

　　(3) 能集中注意特殊的事件(意外情况)。

6. 本体

1) 本体概念

本体论的研究最早起源于哲学领域。在西方哲学史中,本体论是指关于存在及其本质和规律的学说。在 20 世纪的分析哲学中,本体论正式成为研究实体存在性和实体存在的本质等方面的通用理论。在中国古代哲学中,本体论又称为"本根论",是指探究天地万物产生、存在、发展变化的根本原因和根本依据的学说。

近年来,关于本体论的研究正在计算机科学界兴起。把现实世界中某个应用领域抽象或概括成一组概念及概念间的关系。构造出这个领域的本体,会使计算机对该领域的信息处理大为方便。

为了区分哲学界和知识工程界对本体论的研究,以大写 O 开头的 Ontology 表示哲学领域中的"本体论"这一概念。以小写 o 开头的 ontology 是知识工程领域(或更广泛地说,是信息技术领域)广泛使用的概念,翻译为本体。

2) 本体定义

关于本体的定义有如下 3 个典型的定义:

(1) Gruber 于 1993 年指出,"本体是概念化(conceptualization)的一个显示(explicit)的规范说明或表示"。

(2) Guarino 和 Giaretta 于 1995 年给出如下定义,即"本体是概念化的某些方面的一个显示的规范说明或表示"。

(3) Borst 于 1997 年给出了一个类似的定义:"本体可定义为共享的概念化的一个形式的规范说明"。

这 3 个定义后来成为经常被引用的定义,它们都强调了对"概念化"给出形式解释的可能性。同时,反映出本体描述的是共享的知识,不是被个人私有的,而是被一个群体所接受的。形式化是指本体应该是在机器上可运行的。

3) 本体表示

本体的具体表示在最简单的情况下,本体只描述概念的分类层次结构(也称概念树)。在复杂的情况下,本体可以在概念分类层次的基础上,加入一组合适的关系、公理、规则来表示概念之间的其他关系,约束概念的内涵解释。

一个完整的本体应由概念、关系、函数、公理和实例 5 类基本元素构成。因此,这里把本体表示为如下形式: $O::=\{C,R,F,A,I\}$,其中

C:概念,本体中的概念是广义上的概念,它除了包括一般意义上的概念外,还包括任务、功能、行为、策略、推理过程等。本体中的这些概念通常按照一定的关系形成一个分类层次结构。

R:关系,表示概念之间的一类关系,如概念之间的 subclass-of(子类)关系、part-of(部分)关系等。一般情况下,可以用关系 R: $C_1 \times C_2 \times \cdots \times C_n$ 表示概念 C_1、C_2、$\cdots$、C_n 之间存在 n 元关系 R。

F:函数,是一种特殊的关系,其中第 n 个元素 C_n 相对于前面 $n-1$ 个元素是唯一确定的。函数可以用如下形式表示: F: $C_1 \times C_2 \times \cdots \times C_{n-1} \rightarrow C_n$。如函数"球的体积",定义球的体积由圆周率和球的半径唯一确定。

A：公理，概念或者概念之间的关系所满足的公理，是一些永真式，如概念乙属于概念甲的范围。

I：实例，属于某概念类的基本元素，即某概念类所指的具体实体。

在有些本体模型中，概念的实例不被看成是本体的组成部分。

从语义上分析，实例表示的就是对象，概念表示的则是对象的集合，关系对应于对象元组的集合。基本的关系有 4 种：part-of（部分）、subclass-of（或 kind-of，子类）、instance-of（实例）和 attribute-of（属性）。即 part-of 表示概念之间部分与整体的关系。subclass-of 表示父类与子类之间的关系。instance-of 表示概念的实例和概念之间的关系，类似于面向对象中的类和对象之间的关系。attribute-of 表示某个概念是另一个概念的属性，如概念"价格"可作为概念"车"的一个属性。

4）本体实例

用一个例子来说明本体的表示，如图 1.5 所示。

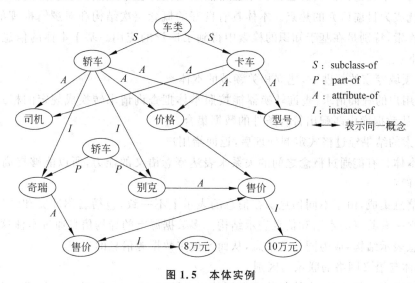

图 1.5　本体实例

从上面的例子可以看出本体的概念层次关系如下：

$$类 \xrightarrow{S} 子类 \xrightarrow{P} 个体 \xrightarrow{A} 属性 \xrightarrow{I} 实例$$

层次关系中可省略某个中间层概念，如省略"个体"或"实例"。"实例"相当于"属性"的取值。

在本体的概念层次关系中，下层概念实质上是上层概念的语义解释。

5）本体应用

一个本体定义了一个领域的公共词汇集，利用这个公共词汇集，可实现信息共享和知识共享。在知识工程领域中研究本体的目的是解决人与机器之间或机器与机器之间的交互问题。

本体的应用主要有本体在语义 Web 中的应用，信息检索和异构信息的互操作问题。

（1）语义 Web。

在 2000 年的世界 XML 大会上，万维网创始人伯纳斯·李做了语义的演讲，提出了语义 Web 的体系结构。其中，本体层用于描述各种资源之间的联系，本体揭示了资源本身以及资源之间更为复杂和丰富的语义信息,从而将信息的结构和内容相分离,对信息作完全形式化的描述,使网上信息具有计算机可理解的语义。因为本体定义了不同概念间的关系,所以本体层能够对字典(或词汇,vocabularies)的变迁提供支持。

语义 Web 不是一个新的、独立的万维网,而是对现有万维网的扩展,与当今的基于超文本的信息表达不同的是,它是基于本体和元数据的语义和知识的表达。语义 Web 将会给有意义的网页内容提供结构,从而为网络提供一个具有足够信息的环境。引入语义学的形式化表达体系和逻辑推理能力,万维网的性质将从根本上得到改变,从一个仅仅是显示信息的结构改变为一个可以对信息进行解释、交换和处理的结构。能够进行语义分析的搜索代理可以从多种来源收集机器可读的数据,对它们进行处理并推出新的事实,使得互不兼容的程序可以共享原先不相容的数据。

(2) 信息检索与信息集成。

常规的基于关键词的信息检索技术已不能满足用户在语义上和知识上的需求,寻找新的方法也就成为目前研究的热点。本体具有良好的概念层次结构和对逻辑推理的支持,因而在信息检索,特别是在基于知识的检索中得到了广泛的应用。基于本体的信息检索的基本思想如下:

① 在领域专家的帮助下,建立相关领域的本体。

② 对用户的查询请求,查询转换器能按照本体把查询请求转换成规定的格式,在本体的帮助下,从数据库中匹配出符合条件的数据集合。

③ 检索的结果经过格式定制处理后,返回给用户。

由于本体具有能通过概念之间的关系来表达概念语义的能力,所以能够提高检索的查全率和查准率。

对于信息集成,由于不同信息源在信息的表示上不一致,包括名称冲突和结构冲突等。本体是建立一套共享的术语和信息表示结构。多数据源上的异构信息通过本体这套共享的术语和信息表示结构,成为同构的信息,从而实现多数据源信息的集成。

6) 本体与语义网络的联系与区别

作为知识表示的工具,本体与前面介绍的语义网络(Semantic Network)非常相似,它们均可以通过带标记的有向图(矢量图)来表示知识,并具有逻辑推理功能。但从描述的对象与范畴而言,本体与语义网络又有所区别。本体是共享概念体系的规范说明,其中的概念模型是至少在某个领域里得到公认的。一般情况下,本体是面向特定领域的,描述特定领域的概念模型。

语义网络是 Quillian 根据人类联想记忆的一个显示心理学模型提出的。他主张在处理问句时,将语义放在首位。Simmon 于 1970 年正式提出了语义网络的概念,并讨论了它和一阶谓词逻辑的关系。按照数学的观点,语义网络是一种带有标记的有向图,它最初用于表示命题信息。语义网络上的结点表示物理实体、概念或状态,连接结点的"边"用于表示实体间的关系。语义网络中对结点和边没有其他特殊规定,因此语义网络描述的对象或范围比本体更广。

语义网络的主要特点是:

(1) 相关事实可以从直接相连的结点推导出来,不必遍历整个庞大的知识库。

(2) 能够利用 is-a 和 subset-of 链在语义网络中建立属性继承的层次关系。

（3）能够利用少量基本概念的记号建立状态和动作的描述。

本体显然有别于语义网络类型的知识表示，它侧重于表示整体的内容，如某个概念的内部构成等。在表示的深度上，语义网络则不及本体。语义网络对建模没有特殊的要求，但本体通常有 5 个建模元语（primitive）："概念、关系、函数、公理、实例"。其中公理可以看作是本体中知识表示的限制条件。本体就是通过这五个要素来严格地规范描述对象。语义网络的建立可以不需要相关领域的专业知识，因此相对容易。而本体的构建必须有专家参与，相对来说更加困难和严格。

1.2.3　知识获取

1. 知识获取概念

知识获取是将某种知识源（如人类专家、教科书、数据库等）的专门知识转换为计算机中知识采用的表示形式。这些专门知识是关于特定领域的特定事实、过程和判断规则，而不包括有关域的一般性知识或关于世界的常识性知识。

一般情况下，知识获取需要由知识工程师（分析员）与专家配合，共同来完成工作。早期的人工智能中所采用的知识都是手工处理的。知识工程师往往把专家知识和推理结合到整个程序中，而不是把知识和推理过程分开。手工处理知识要求知识工程师必须学到这一领域内足够多的知识，以便和专家有共同的语言，因为知识工程师所掌握的专业知识远比专家要少，专家和初学者谈有关专业问题所用的基本词，在问题求解时往往不适用。

现在知识系统一般把知识和推理过程分开，知识集中放入知识库中。知识工程师的工作是帮助专家建立一个知识系统，重点在于知识获取。因此知识工程师和专家一定要联合，以便扩充和改进知识系统。知识工程师最困难的任务是帮助专家完成知识的转换，构造领域知识，以及对领域中概念的统一和形式化。

知识获取是构造知识系统的"瓶颈"。没有完整的、一致的知识库，就无法构建知识系统。知识系统中的推理机的原理比较成熟，相对容易实现。知识获取成为了构造知识系统的关键和主要工作。

知识获取的方式有 3 种。

1）通过知识工程师获取

专家通过知识工程师将他的知识（人能理解的自然语言表示形式）转换成计算机中能运行的知识。

2）通过智能编辑程序获取

如果专家通晓计算机技术，那他可以通过智能编辑程序直接进行对话，将他的知识转换成计算机中能运行的知识。编辑程序必须具备启发式的对话能力，并能组织获取的知识，并存入知识库中。

3）通过数据挖掘方法获取知识

数据挖掘方法中包括从数据库、文本（书本）中获取知识等多种技术，数据挖掘是从机器学习中分出来的新技术，近年来发展迅速，已取得了很大发展。这是一种自动获取知识的方法。

2．知识获取的主要步骤

知识获取的主要步骤包括识别阶段、概念化阶段、形式化阶段、实现阶段、测试阶段 5 个阶段。

1) 识别阶段

知识获取是专家和知识工程师合作的过程,专家把知识通过容易接受的方式教给知识工程师。

对于问题识别来说,需要回答下列问题:

知识系统所希望解决的是哪一类问题? 如何描述或定义这类问题? 它有什么子问题以及任务的划分? 有哪些数据? 有哪些重要的概念? 它们之间的关系如何? 问题的解会是什么样的? 在解决这些问题时,需要用到专家哪方面的知识? 有关知识的广度和深度会怎样? 妨碍解决问题的情况可能会有哪些?

2) 概念化阶段

问题概念化过程从实际问题的原型系统中得到基本概念、子问题和信息流特征。概念是实际问题的基础。只有掌握实际问题的基本概念以及它们之间的关系,才能把握住实际问题的实质。具体要解决的问题如下:

智能问题中含有哪些基本概念? 各子问题含哪些概念? 概念详细到什么程度(粒度是粗还是细)? 概念间的关系是什么(特别是因果关系和时间关系)? 概念中哪些是已知? 哪些需要推理? 概念是否有层次结构?

3) 形式化阶段

在知识形式化过程中,首先要对概念形式化,即将概念转换成计算机所要求的形式,再将形式化的概念连接起来形成问题求解的空间。建立领域问题求解模型是知识形式化的重要一步,求解模型有行为模型和数学模型。数学模型是利用算法来完成的,行为模型是利用推理来完成的。对概念信息流和各子问题元素的形式化,其结果将形成知识库模型。在知识形式化过程中,还要确定数据结构、推理规则和控制策略等内容。

4) 实现阶段

实现阶段主要是建造知识库,它是对整个智能问题的知识库框架填入各子问题的形式化知识,并保持整个问题知识的一致性和相容性。将知识库与智能问题推理求解结合起来,建立知识系统。

5) 测试阶段

测试阶段是用若干实例来测试知识系统,以确定知识库和推理结构中的不足之处。通常造成错误的原因在于输入输出特性、推理规则、控制策略或考核的例子等方面。

输入输出特性错误主要反映在数据获取和结论输出方面。对用户来说,问题可能很难理解、不明确或表达不清楚、对话功能不很完善等造成错误。

推理错误最主要产生于推理规则集。规则可能不正确、不一致、不完全或者遗漏。搜索顺序的不当是控制策略问题,主要表现在搜索方式以及时间效果上。

测试例子的不当也会造成失误。例如,某些问题超出了知识库知识的范围,测试中发现的错误需要进行修改。修改包括概念的重新形式化,表达方式的重新设计,调整规则及其控制结构,直到获得期望的结果。

1.3　知识管理与知识工程

1.3.1　知识管理综述

知识管理(Knowledge Management,KM)是 20 世纪 90 年代后期西方企业管理界和经济界总结和实践的一种新的企业管理办法。知识管理学家认为,知识管理是对知识获取、存储、学习、共享、创新的管理过程,目的是提高企业的生产力、提高企业的应变能力和反应速度,使企业能顺应市场的挑战,并且能够保持领先的地位。

目前,知识管理已经成为西方企业管理的热点和重点。许多跨国公司尤其是高科技公司,如微软、英特尔等,都将知识管理理念、方法引入自己的企业,并且产生了非常显著的效益,很多企业都建立了自己的知识管理战略,世界 500 强大企业中已经有一半以上建立了知识管理体系,大力推行知识管理。

目前,我国在加快实施知识管理战略,从战略的高度重视知识管理,把它放到企业能否在今后生存的高度来认识;重视和强调企业内知识的共享,努力做到个人知识转化为企业知识,减少企业的命运掌握在少数几个关键人手里的风险;转变组织中资本和权力决定一切的思想观念,树立起对知识的尊重;对高科技企业尽快将自己建成学习型组织,塑造一个基于共同价值观的优良企业文化。

知识管理是企业的理念和企业的文化,也是企业的一种信息技术。

1. 知识管理概念

美国生产和质量委员会(APQC)对知识管理的定义为:"知识管理应该是组织有意识采取的一种战略,它保证能够在最需要的时间将最需要的知识传送给最需要的人。这样可以帮助人们共享知识,并进而通过不同的方式付诸实践,最终达到提高组织业绩的目的。"

美国的管理大师彼得・F. 德鲁克(Peter F. Druker)认为,"知识管理是提供知识,去有效地发现现有的知识怎样能最好地应用于产生效果,这是我们所指的知识管理。"

达文波特(T. H. Davenport)指出:"知识管理真正的显著方面分为两个重要类别:知识的创造和知识的利用。"

比尔・盖茨指出:知识管理不是从技术开始的,它始于商务目标过程和对共享信息需要的认识。知识管理只不过是管理信息流,把正确的信息传送给需要它的人,好让他们迅速地就这种信息采取行动。他还指出:知识管理可以在四个领域里帮助任何企业:规划、顾客服务、培训及项目协作。

卡尔・费拉保罗认为:"知识管理就是运用集体的智慧提高应变和创新能力。"

国外对知识管理的定义还有:

"知识管理是通过知识共享,运用集体的智慧提高应变能力和创新能力。"

"知识管理是关于有效利用公司的知识资本创造商业机会和技术创新的过程。"

国内学者对知识管理含义的观点有:

(1) 知识管理的含义有广义和狭义两种,广义的知识管理是指知识经济环境下管理思想与管理方法的总称。狭义的知识管理是指对知识及知识的作用进行管理。

(2) 知识管理就是对人的管理,因为一切知识都必须通过人去掌握,才能发挥效用,推动企业的发展,所以知识管理必须通过对人的管理才能实现。

(3) 知识管理的内涵包括两个层次:一是要不断创新、不断积累新知识,并通过新知识本身的传播、交流和应用,使知识资产不断增值;二是通过将先进的知识,全面应用于管理,使之改进产品,不断提高质量;改革管理模式,不断提高管理效能。概括起来就是运用新知识,对企业实施科学管理。因此,就要建立学习文化、知识文化,并通过建立学习型组织使其制度化、规范化,才能确保企业获得可持续发展的能力,与时俱进、不断创新。

概括起来,知识管理是社会中的组织(企业或政府等)和个人完成知识获取、存储、交流、共享、应用和创新的管理过程。知识管理是一种观念,把利用知识作为提升企业竞争力的关键;知识管理也是一种文化,要求企业机构具有组织学习能力,并建立知识共享机制。通过知识管理提高企业员工的素质,从而提高员工的工作效率,为公司创造更高的收益。

达尔文说过:"既不是那些最强壮的,也不是那些最智慧的,而是那些最快适应变化的生物得以生存。"如果将资金比作动能,那么知识就像是一种势能,知识管理就是如何使企业势能变得更高,同时不断地将势能转换成动能以及将动能转换成势能的一种企业方法论。知识管理思想就是通过文化道德、管理制度和信息化手段达到知识共享,完成知识利用和实现知识创新。

2. 知识管理研究的 3 个学派

各国学者对知识管理的研究可以分为 3 个学派:技术学派、行为学派和综合学派。

技术学派的基本思想是"知识管理就是对信息的管理"。这个领域的研究者和专家们一般都有着计算机科学和信息科学的教育背景。他们常常被卷入对信息管理系统、人工智能、重组和群件等的设计、构建过程中。对他们来讲,知识等于对象,并可以在信息系统中被标识和处理。美国处于这个学派的前沿。

行为学派认为"知识管理就是对人的管理"。这个领域的研究者和专家们一般都有着哲学、心理学、社会学或商业管理的教育背景。他们经常卷入对人类个体的技能或行为的评估、改变或是改进过程中。这些人在传统上,要么是像一个心理学家那样热衷于对个体能力的学习和管理方面进行研究,要么就像一个哲学家、社会学家或组织理论家那样在组织层面上开展研究。日本和欧洲处于这个学派的前沿。

综合学派认为"知识管理不仅要对信息和人进行管理,还要将信息和人连接起来进行管理;知识管理要将信息处理能力和人的创新能力相互结合,增强组织对环境的适应能力"。组成该学派的专家既对信息技术有很好的理解和把握,又有着丰富的经济学和管理学知识。他们推动着技术学派和行为学派互相交流、互相学习从而融合为自己所属的综合学派。由于综合学派能用系统、全面的观点实施知识管理,所以能很快被企业界接受。该学派是近几年来知识管理发展的主流。

3. 知识管理的现状

20 世纪 80 年代以来,知识管理受到广泛关注并成为浪潮。在激烈的商业竞争环境下,企业必须不断提高自身效率才能获得更多的利润,因而企业不断地运用各种先进的管理思想以期获得竞争优势。在国外,麦肯锡公司、安永会计师事务所、惠普公司等许多大型跨国公司纷纷实施知识管理并取得了巨大的成就,知识管理成为热潮。KPMG 公司 1998 年的调查表明,在英国 100 家大公司中,已有 43% 的公司开始推行知识管理。2000 年,这个比例就高达 85%,年平均增长率为 50%。2005 年全球 MAKE 报告显示,亚洲地区的知识驱动型企业已达到与欧洲、北美地区同行的同等水平。

根据英国知识管理杂志统计,知识管理效益情况是:提高决策效果 89%,提高应对顾客的能力 84%,提高员工及业务效率 82%,提高创新能力 73%,提高产品服务质量 73%。

1.3.2　信息管理与知识管理

1. 信息与信息管理

1) 信息与知识

在信息科学中,对信息概念有很多定义,比较典型的有:

(1) Shannon(香农)的定义　信息是事物不确定性减少或消除。

(2) Wiener(维纳)的定义　信息是系统与外界相互交换的内容。

(3)《人工智能辞典》的定义　信息是数据中所蕴含的意义。

对信息的通俗理解是,信息是数据的含义。而对数据的理解是,数据是客观事物的符号表示,数据一般用数字、字符来表示。例如,45、高山等是数据。而对数据的含义,如某书的价格为 45 元,张三的年龄是 45 岁,某人的姓名是高山,那座高山风景很好等是信息。

有些书对信息的理解是数据要经过加工以后才能成为信息。这种加工实质上是赋予数据的含义。

信息在计算机中典型的表现形式是数据库,数据库是以数据的形式存储,但对数据库的使用是利用数据库记录中的信息,即数据的含义。

在《人工智能辞典》中,知识是人们对客观世界规律性的认识,即知识是能代表规律性的信息,是有价值的信息。利用知识可以解决比较困难的问题,例如,人们看病时只告诉医生出现的症状,医生就能判断出得了什么病以及如何治疗。医生的判断主要是利用病理知识,对症状信息进行知识推理,得出具体的病名信息。知识比信息更有价值。

2) 信息资源

信息资源是人类发展的三大资源(物质资源、能量资源和信息资源)之一,并且是信息社会中人类发展的主要资源。对信息资源的理解有多种:

(1) 信息资源是指以文字、声音、图像等形式表达的媒体资源,以印刷品、电子信息等记录的文献资源,以数据库表示的数据资源等信息的集合。

(2) 信息资源是信息活动中各种要素的总称。这既包含了信息本身,也包括了与信息相关的人员、设备、技术和资金等各种资源。

(3) 信息资源是经过人类开发与组织的信息、信息技术、信息人才等要素的有机集合。

对信息资源的理解是,信息资源是信息、信息技术和信息人才的有机整体。

3) 管理与管理科学

管理是指按照一定的计划和步骤,服从一定的指挥和原则,从而使个人和各个方面的活动协调一致,用最小的代价实现既定目标的活动。

管理是人类的一种基本社会实践活动,是人们进行社会活动,实现某种目标的必要手段。管理活动存在于人类一切社会实践活动中,大至一个国家,小至群体活动都需要管理。由于生产活动是人类最基本的社会活动,因此,对生产活动及各种经济活动的管理便成为管理的主要内容。管理活动是在分工协作基础上产生的一种社会劳动。分工协作是支配人类社会活动的普遍规律,分工能提高社会活动的效率,而协作则使社会活动能够有组织、有秩序地进行。管理劳动既是社会分工的有机组成部分,又是连接社会分工各环节的纽带。

随着当代技术进步和生产社会化的进一步发展,人们越来越认识到,管理的水平、质量和科学化程度,关系到一个国家、一个部门、一个企事业单位的兴衰存亡,具有举足轻重的地位。

管理科学是以系统论、信息论和控制论为其理论基础,应用数学模型和电子计算机手段来研究解决各种管理问题,其目的在于实现管理思想的现代化,管理方法的科学化,管理手段的自动化。管理科学的传统名字叫运筹学。管理科学是用数学模型方法研究经济、国防等部门在环境的约束条件下,合理调配人力、物力、财力等资源,通过模型的有效运行,来预测发展趋势,制定行动规划或优选可行方案。

管理科学已经成为同社会科学、自然科学并列的第三类科学。

4) 信息管理

人类社会的早期形成的自然语言和文字进行信息交流,利用甲骨、兽皮、竹片直到纸张等用来记载信息。古代信息管理的方式是藏书楼式的孤立管理。近代信息管理方式已发展成图书馆方式。现代的信息管理是以计算机技术和网络技术结合的信息管理系统。

信息管理是用计算机将各种各样的信息以一定的结构形式汇总、组织和存储,即实现信息资源的有序化和结构化,便利人们利用计算机和网络进行查询、共享和使用。

国外一般将"信息管理"与"信息资源管理"看作是同一概念,如在北美,往往只提信息资源管理,他们将"信息资源管理"定义为以信息为主,以数据处理技术(软件和硬件)为辅的信息处理;而在英国,则常以信息管理替代信息资源管理。

国内的研究学者认为信息管理有两种:一是信息管理等同信息资源管理;二是信息管理是包括对信息、信息技术(信息系统、信息产业)和信息人才的管理。

应该这样来理解:

(1)"信息管理等同信息资源管理",主要在于用计算机实现对信息资源的管理。

(2)"信息管理是包括对信息、信息技术和信息人才的管理",这就不单是用计算机实现对信息资源的管理,而且上升到人参与信息管理中。

人和计算机共同进行信息管理,将提高信息管理的效果,这是发展的趋势。但它的基础是计算机对信息资源的管理。随着技术的发展,计算机对信息资源的管理范围会逐步扩大。

2. 信息管理到知识管理

在社会中到处是信息,但知识较少。目前,用信息技术(如数据库、信息系统、信息产业等)对信息的管理,已经取得了显著的效果。

信息管理不管是对"信息资源管理",还是对"信息、信息技术和信息人才的管理",它的目的都是提高效率,即节省人力,提高自动化程度。

现在兴起的知识管理,不仅利用信息技术对知识进行管理,而且强调了组织(企业或政府等)和个人对知识的管理。利用信息技术对知识的管理主要体现在知识工程。组织和个人对知识的管理,就要发挥组织和个人充分利用知识解决随机出现的问题。

由于知识管理是社会中的组织和个人完成知识获取、存储、交流、共享、应用和创新的管理过程。知识管理的目的是提高效益,即提高竞争能力并获得最大的利润。

信息管理是知识管理的基础,只有在有效的信息管理上才能提高到知识管理。知识管理要求建立学习型组织,以提高组织整体掌握知识的水平。知识管理强调对人力资源管理,在于充分发挥人的积极性。知识管理是信息管理的更高层次。

知识管理的知识获取,能解决信息过多而知识贫乏的问题;知识共享将提高组织和个人的知识的水平;利用知识创新来适应变化的环境,提高企业竞争力,产生正确的决策并获得利润和效益。

1.3.3　知识工程与知识产业

1. 知识产业概念

计算机和人合作创造知识,已经成为一种产业,称为"知识产业"。这种产业的雏形至少在 20 世纪 80 年代初期就出现了。美国一些在知识工程方面有所创新的教授和博士创办知识公司。最早的知识产业就是在此基础之上发展起来的。他们或有自己研制的专家系统开发工具,或有一批经验丰富的专业人员。在那段时期取得了不小的成功。

E. A. Feigenbaum 早就指出:"在这门产业(指知识产业)中,知识本身将成为可以出售的商品,像食品和石油一样,知识本身将成为国家的新财富。"现在,"知识产业"已不是媒体上罕见的名词了,但是知识产业的含义却有不同的理解。

第一种理解把知识产业看成为知识的生产、加工处理和传播服务的产业。持这种观点的代表人物之一是第一个提出"知识产业"概念的美国经济学家、普林斯顿大学教授 Fritz Machlup。根据他的看法,知识产业应该包括 6 个部门,它们是教育、研究与开发、艺术创造和通信、通信媒体、信息服务和信息机器。按照他的测算,美国在 1947—1958 年期间,知识产业以平均每年 10.6% 的速度递增,是国民生产总值增长率的两倍;Machlup 根据 1958 年对 30 个部门的统计,认定这些知识产业占美国国民生产总值的 29%,从事知识产业的人数占社会就业总人数的 32%(1959 年)。这使他认为美国已经步入了信息社会。他使用的主要指标是 GDP 的比例。

Machlup 的知识产业概念是一种广义的概念,实际上是信息产业和知识产业的混合体。按照他的定义,电话机和打字机的生产也是知识产业的一部分。其原因之一是他并不区分知识产业和信息产业。

第二种理解把知识产业看成"基于知识的产业"。人们通常也称"知识密集型产业"。在这里起作用的主要是知识,而不是机器设备等其他生产资料。很显然,在这类产业中举足轻重的是所谓的知识工人。知识工人是 Peter Drucker 在研究知识社会时提出的概念。他把知识工人定义为掌握某类专门知识(包括专门技能)的人群,或某个特定领域的专家。和所有的就业人员(包括蓝领工人)相比,知识工人仍然是少数,但却是一个举足轻重的少数。Nuala Beck 指出,一个组织中知识工人的比重决定了这个组织的"基于知识"程度有多高。在这一点上专家的意见不尽一致,有的认为可以用 40% 作为基于知识产业的界限,也有的认为应采用 50% 为界限。在这里使用的指标是知识工人所占的比例。

我国人工智能学者陆汝钤的第三种理解：把知识产业看成是"(通过计算机、网络等现代信息设备大规模地)生产知识的产业"。广义定义是"知识的生产、加工处理和传播"产业。首先，它区别了信息和知识，例如，一般的新闻报道只是信息而不是知识。其次，区别硬件和软件，例如，常规的印刷和出版不列入知识产业。再次，区分不产生新知识的教育、传播和产生新知识的研究、创造。最后，区分完全由人从事的知识创造和由机器或人机合作完成的知识创造，例如，完全由人从事的科学活动不属于知识产业。

2．知识工程到知识产业

陆汝钤认为，知识工程的历史使命进入了一个新的时代。这个新时代的标志有两个：一是把处理对象从规范化的、相对好处理的知识进一步深入到非规范化的、相对难处理的知识；二是把处理规模和方式从封闭式扩大为开放式，从小手工作坊式的知识工程扩大为能进行海量知识处理的大规模工程。

大规模地铺设光缆是一种信息工程，大规模的知识共享则是一种现代化的知识工程。人们早就认识到知识共享的重要性。数据库和知识库这两项技术就是为了数据和知识共享而诞生的。但是，当初人们创建这两门学科的时候，还远远没有想到今天世界上知识共享的规模。如今知识大规模共享主要以两种方式进行：一是构筑海量知识库，Lenat 领头的 CyC 工程和曹存根博士领头的 CNKI 工程是这方面的两个代表作，收集的知识均已达到百万条的数量级。在国外已引起军界和企业界的高度关注，曹存根的海量知识库已经积累了 200 万条以上的知识，能够提供广泛的知识服务。二是大家到开放的因特网上来淘金，这是海量的、动态的、开放的知识天地。

为了寻找从知识工程到知识产业的切入点，陆汝钤从智能计算机辅助教学(ICAI)开始，领导设计和实现了一种能够自动地执行包括获取知识、整理知识、编写教材、生成个性化计算机辅助教学系统等一系列任务的完整技术。这项技术的最大特点是提供一种适合于描述科技知识的类自然语言(非常接近于自然语言的领域知识描述语言)。用户只需对书本和技术资料中的书面文字按这种类自然语言的规格略加修改，即得到了一个既便于人阅读，又能够被计算机编译加工的知识文本。

智能化的软件系统，通常用 ICAX(智能计算机辅助 X 系统)表示。这里 X 可以是设计 D(ICAD)，也可以是教学 I(ICAI)，或其他什么。这类软件能够体现出智能(I)，是因为它们无一例外地有知识库的支持。用公式表示就是：CAX 基本框架＋X 知识库＝ICAX。

为了能批量开发 ICAX 系统，关键是要能批量开发 X 知识库。我们采用一种类自然语言理解技术。类自然语言(PNL)是一种规范化的科技文献常用语言或领域知识描述语言，既可被领域专家方便使用，又可被计算机识别和编译。把书面资料改造成 PNL 十分容易。一旦改造成这种形式，下面的工作，包括文本理解、X 知识抽取、X 知识库组织、ICAX 系统生成等就都可以自动完成。目前，利用这项技术实现了 ICAC(智能咨询专家系统)自动生成软件 CONBES、ICAI 自动生成软件 Kongzi。不难看出，这项技术有利于大规模地获取和生成知识，以及批量地生成各类基于知识的应用软件。

3．知识产业的核心是知件产业

为了发展知识产业，应该使 X 知识库商品化和规范化。为此，陆汝钤提出"知件"的概念。通过知件的形式,我们可以把软件中的知识含量分离出来,使软件和知件成为两种不同的研究对象和两种不同的商品,使硬件、软件和知件在 IT 产业中三足鼎立。确切地说,知件就是独立的、计算机可操作的、商品化的、可被某一类软件调用的知识模块。前面所说的X 知识库具备了知件的最基本条件:独立的和计算机可操作的知识模块。但是它还不是知件,因为它还没有商品化,还不具备标准的调用接口。我们的目的是使用可任意更换的 X知件,更换知件就像更换计算机上的插件一样方便。需要指出的是,尽管知件在许多方面很像专家系统,但是专家系统是一种软件,不是知件。

对软件开发过程施以科学化和工程化的管理,就形成了软件工程。类似地,对知件开发过程施以科学化和工程化的管理,就形成了"知件工程"。二者有某些共同之处,但也有很多不同。利用计算机发现知识,或计算机和人合作发现知识,已经成为一种产业:知识产业。而如果计算机生成的是规范化的、包装好的、商品化的知识,即知件,那么这个生成过程可以称为知件工程。它与软件工程既有共同之点,也有许多不同的地方,从某种意义上可以说,知件工程是大规模生产形式的知识工程。

知件工程也有自己的开发模型和生命周期,并且与软件工程一样,知件工程的开发模型和生命周期也不会只有一种,因为知识的获取、加工和应用本来就是有多种不同的模式的。

知件工程典型的开发模型有以下两种:

第一种模型是陆汝钤提出的熔炉模型,它适用于存在着可以批量获取知识的知识来源的情况。在上文介绍 ICAX＝CAX＋X 知识库的应用软件快速开发模式时,曾经提到可以采用类自然语言理解(PNLU)的方法,让计算机把整本教科书或整批技术资料自动地转换为一个知识库,当然也可以把一个专家的谈话记录自动地转换为知识库。这种知识自动转换(或自动编译)的原理还需要两项技术的补充,才能做到比较完备。第一种技术是逐步求精,即不断用实际的例子去考核和测试知识库,使知识库能够更加准确地反映客观世界。第二种技术是把从多个来源(多本教科书,或多批技术资料,或多位专家,以及它们的组合)获取的知识综合起来,甚至融合成一体。我们把熔炉中的知识称为知识浆。熔炉模型从LUBAN(鲁班)模型发展而来,后者是单知识来源的,而熔炉模型是多知识来源的。这里遇到的问题就是复杂知识融合的困难,但是这个问题是必须解决的。

第二种模型是知识创造的螺旋模型。这是由野中郁次郎和竹内广孝在 1995 年作为知识的创建过程提出的,该模型反映了学术界区分显性知识和隐性知识的观点,认为知识创建的过程体现为显性知识和隐性知识的不断互相转换,螺旋上升。它包括四个阶阶段:外化(通过建模等手段使隐性知识变为显性知识)、组合(显性知识的系统化)、内化(运用显性知识转化为隐性知识)和社会化(交流和共享隐性知识)。这个模型可以用来描述经验知识的形成过程(将在 7.2.1 节有详细描述)。

1.3.4　知识工程和知识管理相互促进

1. 知识工程是知识管理的技术支柱

知识工程利用计算机来建造知识系统,并应用知识系统解决智能问题。其中的一个核心部件是知识库,知识库的重要作用是知识共享。知识工程在知识的获取、共享和应用等方面取得了显著效果。而知识管理是对社会中的组织(企业、政府等)以及个人的知识进行管理。知识管理也要求实现知识获取、知识共享、知识应用及知识创新。虽然知识管理和知识工程属于两个不同层次,即知识管理是对人与组织而言的,知识工程是在计算机之上的。但知识管理要求实现的知识获取、知识共享、知识应用可以由知识工程来完成,即知识工程是知识管理的重要技术支柱。

1) 知识获取工具和方法

知识获取有两种途径:对各类专家通过对话获取专家知识,对数据或文本进行挖掘获取知识。

(1) 人机交互获取专家知识。

人机交互是一种直接从各类专家那里获取知识的方法,这种最原始的方法获取知识的效果最低。有经验的知识工程师会利用启发式方法,引导专家讲述他的领域知识和经验,并用规范化(形式化)语言进行描述,存入计算机的知识库中。由于这种方法代价很高,效果较低,从而形成知识获取的瓶颈。

(2) 从数据或文本中挖掘出知识。

从数据或文本中挖掘出知识是一种人工智能的机器学习方法,现在明确定义为数据挖掘(Data Mining,DM)或文本挖掘(Text Mining,TM)方法。

数据挖掘方法是利用一些算法从数据库中找出数据项之间的关系,自动形成决策树知识或规则知识。目前,国内外已研究出不少数据挖掘方法,如 ID3、C4.5、IBLE、AQ、Rough Set、关联规则、BACON、FDD 等影响较大、效果较好的方法。其中,ID3、C4.5、IBLE 等方法是利用信息论原理,建立决策树知识。AQ、Rough Set、关联规则等方法是利用集合论原理找出规则知识。BACON、FDD 方法是从数值型数据库中发现公式。

文本挖掘方法是对文档、文章、报告等资料进行有序结构化,这样能便利用户对文档进行检索。结构化过程分为:

① 由计算机按一定算法自动建立有序的结构,并将文档归入该结构中。IBM 公司的 Text Miner 和 Autonomy 公司的 Concepe Agent 均采用这种方法。

② 人工建立结构,再由人工将文档归入结构,这种方法采用树状分类表结构,检索时按树状结构一层一层地向下找到文档。

③ 主题词表,即将本领域的主要概念(主题词)收集在一起,并给出概念间的关系(如并列、上下位等)。对各文档按其内容所涉及的主题词,从主题词表中选出若干个概念,作为该文档的标识,并存入文档库中。检索时,只要从主题词表中选出合适的主题词,就可以提取文档。

④ 全文检索,这是由用户输入检索词或短语,由计算机对各文档进行匹配,按检索词在各文档中出现频率的统计规则提供给用户,这就是全文检索。

小型知识管理项目,采用全文检索加文档管理就可以了。中大型知识管理项目应该采用结构化方法,采用人工建立结构方法或采用主题词表法。

2) 资料库和知识库的建立

资料库中存放各类文档、报告、文章、规章制度等资料。它们一般用正文(TXT)形式或 XML(语言)形式表示和存放。这些资料包括企业内部工作中产生的资料和企业外部竞争对手的资料以及市场资料等。对这些资料的查询一般采用文本检索方法。

知识库中存放企业中管理决策知识和经验知识,一般采用人工智能的规则、框架、语义网络等形式化表示和存放。这些知识用来解决(知识推理)实际中出现的问题。

3) 知识库管理

(1) 知识录入和分类。

对企业从外部和内部获取的知识,提供录入知识库中的功能,包括编辑与编译(转变成内部表示形式)。对录入知识库的知识进行分类,便于对知识的管理、查询和使用。

(2) 知识更新。

为适应形势的变化,需要用新知识来更新旧知识,保持知识库中知识的一致性。

(3) 知识查询和检索。

为提高知识查询和检索的速度,一般对知识进行索引,该功能起到知识共享的效果。

(4) 知识图。

知识图指明了知识的位置,并不是知识本身,通过知识图容易找到用户所需的知识,它是知识的一种索引。知识图不是公司组织结构图,但在某些方面有一定的联系。微软公司的知识地图中构造了 200 多种类型的知识能力,每种知识能力又分为基础、作业、领导和专家四种层次上工作所需要的知识以及推荐学习的课程。微软要让雇员明白他们需要什么样的知识,他们会成为优秀的知识使用者。

2. 知识管理的方法数字化后形成知识工程

知识管理是社会中的个人和组织完成知识获取、存储、交流、共享、应用和创新的管理过程。当知识管理中的知识获取、共享、应用等工作形式化后,再数字化(能用二值数据表示和处理)就可以成为知识工程的内容。目前知识工程的成熟技术都是从人对知识的处理方法在数字化后演变而来的。对于知识创新过程,还难于形式化和数字化。目前,知识创新只能靠人的智慧来完成。

1) 人类专家解决问题的方法数字化后形成专家系统

专家系统是知识工程的主要内容。专家系统的产生是典型的按人类专家解决问题的方法数字化后形成的。专家系统中的大量知识直接来自于人类专家。专家系统的推理,是采用了人的演绎推理进行的。

专家系统是知识工程中的一种有效的知识应用技术。专家系统在几十年的发展中已在广大领域发挥了很大作用,取得了很大的经济效益。

专家系统的知识表示主要采用规则形式,这是人类专家容易表达的方式。知识之间的链接关系,形成了知识树结构。解决实际问题的知识推理,就是在知识树中进行深度优先的搜索,在知识树叶结点处向用户提问,最后回溯到知识树根叶结点的某个取值,得到实际问题的解。

专家知识的获取是开发的难点。专家的大量隐性知识需要转变成显性知识,以规范化和数字化的方式(如规则表示形式)存入知识库中,很多人类专家还不适应对自己掌握的知识进行数字化表示,这需要知识工程师的帮助。

2) 人用对比方法解决问题的数字化后形成基于案例推理

在解决各类实际问题时,有很多成功的或失败的案例,这些案例可以作为解决新的类似问题的借鉴。利用"基于案例推理(Case Based Reasoning CBR)"技术,建立案例库,在解决新问题时,进行相似案例的查询和匹配,并通过相似案例的修改,作为当前事例的解决方案。

由于案例库中存放大量解决问题的案例，用户通过查询，找出与当前问题相似的案例，作为解决当前问题的参考和指导，这正适合人常规的解决问题方法。

CBR 技术能较好地推动知识应用和创新活动，它是一项知识管理的有效知识应用技术。

3）人在决策中建立多方案的方法数字化后形成决策支持系统

人在决策前都先要利用决策资源建立多个方案，通过比较后再进行决策。计算机的决策支持系统就是针对实际决策问题，利用数据、模型、知识等决策资源，建立系统方案，并组合数据处理、模型计算和知识推理，得出多个方案的结果，再由人来决策。决策支持系统是在计算机上模拟人的决策过程。

数据、模型、知识等决策资源都是知识。数据可以看成是事实性知识，统计数据能够反映宏观信息和知识。模型是过程性知识，它能利用企业有限资源取得最优目标。知识可以来源于专家的领域知识和经验知识，知识也可以从数据中挖掘出来。知识可以直接或经过推理获得辅助决策效果。

专家系统、基于案例推理（CBR）、决策支持系统都是利用计算机完成知识管理的知识应用技术。

知识管理中的知识创新，目前还只能由人来完成。只有在总结知识创新的规律以后，再完成数字化后，就可以让计算机来完成。随着技术的发展，更多的人的工作在逐步由计算机来代替。

习题 1

1. 知识工程与人工智能的关系是什么？研究意义是什么？
2. 从人工智能的发展中如何理解人工智能？
3. 知识工程的核心问题主要是什么？
4. 为何要研究知识表示？人对知识的利用与计算机对知识的利用的区别是什么？
5. 从知识管理的现状来说明研究知识管理的意义。
6. 说明信息、知识、管理的概念及它们之间的关系。
7. 知识工程与知识产业有什么关系？
8. 说明知识工程与知识管理的不同与关系。

第 2 章

专家系统及其开发

2.1 专家系统综述

2.1.1 专家系统概念

专家系统是人工智能中最具有实用价值的研究领域,开发技术也很成熟。

1. 专家系统定义

专家系统是利用大量的专门知识,通过知识推理来解决特定领域中实际问题的计算机程序系统。

也就是说,专家系统中已经存放了大量的专家知识,这些知识在特定领域中已经解决了很多实际问题,对于那些不具有这些知识的人,专家系统可以帮助用户,针对实际问题中出现的现象(已知事实)推断出产生这种现象的本质原因。例如,医疗诊断专家系统能够通过病人的症状,推断出病人得了什么病,需要进行什么样的治疗。从出现的现象(已知事实)推断出产生这种现象的本质原因是运用知识推理的方法来完成的。

计算机专家系统这样的软件已经达到了人类专家解决问题的能力,因为专家系统中的知识就是这些专家所提供的知识。

2. 专家系统的特点

专家系统需要大量的知识,这些知识是属于规律性知识,它可以用来解决千变万化的实际问题。它使计算机应用得到更大的推广。

计算机的应用发展概括为:

$$数值计算 \longrightarrow 数据处理 \longrightarrow 知识处理$$
$$(算法) \qquad (数据库) \qquad (推理)$$

用一个通俗的例子来说明:

求解微积分问题,是利用 30~40 条微分、积分公式来求解千变万化的函数的微分、积分问题,得出各自的结果。其中微积分公式就是规律性知识,求解微积分问题就是对不同的函数反复地利用微积分公式进行公式推导,最后得出该问题的结果。这个推理过程是一个不固定形式的推理,即前后用哪个公式,调用多少次这些公式都随问题变化而变化。

由于函数和微积分公式都是用符号表示,故知识处理属于符号处理。

知识处理完全不同于数值计算和信息处理。它们之间的区别如下:

1) 对比信息处理

信息处理主要是对数据库进行操作,数据库中存放的记录可以看成是事实性知识。如果把检索数据库记录看成是推理,它也是一种知识推理。它与专家系统的不同在于:

(1) 知识只含事实性知识,不包含规律性知识。

(2) 推理是对已有记录的检索,记录不存在,则检索不到。不能适应变化的事实,推理不出新事实。

2) 对比数值计算

数值计算是用算法解决实际问题,对不同的数据可以算出不同的结果。如果把数据看成是知识(事实性知识),算法看成推理,它也是一种知识推理。它与专家系统的不同在于:

(1) 算法(推理过程)是固定形式的,算法一经确定,推理过程就固定了。而专家系统的推理是不固定形式的,随着问题不同,推理过程也不一样。

(2) 数值计算只能处理数值,不能处理符号。

从上面分析可见,数值计算、信息处理是知识处理的特定情况,知识处理则是它们的发展。

知识处理的特点如下:

① 知识包括事实和规则(状态转变或者是因果关系)两种形式;

② 适合于符号处理;

③ 推理过程是不固定形式的;

④ 能得出未知的事实。

2.1.2　专家系统结构和原理

专家系统的结构包括知识库、推理机、知识获取和人机接口四个基本模块。专家系统结构如图 2.1 所示。

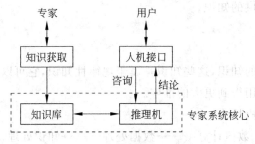

图 2.1　专家系统结构

知识获取是完成把专家的知识按一定的知识表示形式输入专家系统的知识库中。专家一般不懂计算机,需要知识工程师将专家的知识翻译和整理成专家系统需要的知识。

人机接口是将用户的咨询以及专家系统推出的结论进行人机间的翻译和转换。

推理机根据用户的咨询去搜索知识库中的知识,找到相应的知识后进行推理,得出结论,该结论可能要继续在知识库中反复地去搜索新知识和推理,一直推理到问题的目标结论,再反馈给用户。

专家系统的核心是知识库和推理机,这样就可把专家系统概括为

专家系统＝知识库＋推理机

1. 知识库

知识库中有两个主要问题：一是知识的表示形式；二是知识的精确程度。

1）知识的表示形式

目前，知识表示形式较常用的有：

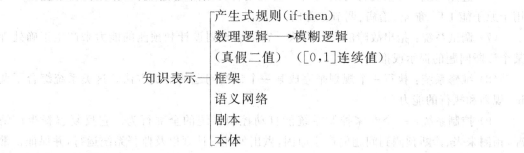

知识表示——
产生式规则(if-then)
数理逻辑——→模糊逻辑
（真假二值） （[0,1]连续值)
框架
语义网络
剧本
本体

2）知识的精确程度

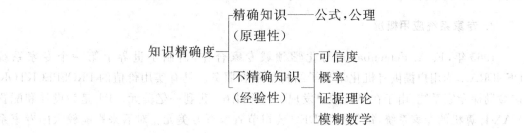

知识精确度——
精确知识——公式,公理
（原理性）
不精确知识——可信度
（经验性） 概率
证据理论
模糊数学

2. 推理机

不同的知识表示形式有不同的推理机制，具体说明如下：

(1) 产生式规则的推理机制是假言推理，即 $p, p \rightarrow q \vdash q$。

(2) 数理逻辑的推理机制是归结原理(反证法)。

后来发展的模糊逻辑的推理机制是模糊推理(模糊集的合成运算)。

(3) 框架的推理机制是填槽。

(4) 语义网络的推理机制是联想。

(5) 剧本的推理机制是对情节的解释。

(6) 本体的推理机制是对概念的细化。

2.1.3 专家系统的应用与困难

1. 专家系统的应用领域

(1) 翻译系统：根据获得的数据，用已设定的含义来解释它，如语言翻译、语言理解、化学结构说明、信号翻译等。

(2) 预测系统：在给定条件下推出可能的结果，如天气预报、人口预测、交通预测、军事预报等。

(3) 诊断系统：从可观测现象中推出系统的故障，即从所观测的不正常行为找出潜在的原因,如医学、电子学、机械、软件诊断等。

(4) 设计系统:制定满足设计要求的目标方案,即根据各自目标间的相互关系,构成目标方案,并证明这些方案和提出的要求相一致,如电路设计、建筑设计以及预算的编制。

(5) 规划系统:设计行为动作,即利用对象的行为特征模型来推论对象的行为动作,如自动程序设计、机器人、计划、通信、实践和军事等规划问题。

(6) 监控系统:对系统行为的观测指出规划行为中不足之处,如计算机辅助监控系统用于原子能工厂、航空、治病、调节等部门。

(7) 调试系统:指出故障的补救方法。它依靠规划设计和预测的能力来产生正确处理某个诊断问题的提示或推荐方案。

(8) 维修系统:执行一个规划来完成某一个诊断问题的解决方法。这类系统综合了调试、规划和执行的能力。

(9) 控制系统:一个专家控制系统能自动控制系统的全部行为。它反复解释当前情况,预测未来、诊断预测到问题的产生原因,做出处理的计划以及监督系统运行,并保证正常的操作。控制系统已应用在航空控制、商务管理、战场指挥等方面。

2. 专家系统应用概况

1965 年,E. A. Feigenbaum 与化学领域专家合作,研制了世界上第一个专家系统DENDRAL,为用户提供有机化学分子结构的解释服务。具有实用价值的 PROSPECKTOR 矿藏勘探专家系统,由于在华盛顿州发现了一个钼矿,获利一亿美元。R1 是为设计和配置VAX 计算机的专家系统,每年都为 DEC 公司节省数百万美元。对后来影响较大的专家系统是 MYCIN 治疗细菌感染疾病专家系统。

现在,专家系统以及专家系统工具已经越来越多,已经成为人工智能的基础技术,如中国科学院合肥智能所承担的国家"863"重大项目中国农业专家系统,该系统包括水稻、棉花、小麦等的施肥、灌溉等生产管理专家系统,鸡、鸭、猪、鱼病等防治专家系统等,已经在全国27 个省市 500 个县推广应用,应用土地面积超过了 1 亿亩。

北京中医学院开发的关幼波肝病诊断专家系统;胡桐清领导的课题组完成的作战决心军事专家系统;陈文伟领导的课题组完成的马尾松毛虫防治专家系统以及 TOES 专家系统工具等。它们在各个领域中都发挥了很大的作用。

3. 专家系统开发的困难

1) 知识获取的困难

建造专家系统的主要任务是知识的形式化和知识库的实现。这是一个重要而困难的问题。许多专家系统所需的成百条规则和大量事实往往是靠访问有关领域专家来获取的。把专家的知识表示成事实和规则是枯燥而费时的过程。知识获取是专家系统构成的"瓶颈"。主要困难在于:

(1) 专家陈述知识的一般方法和计算机程序表达之间存在差异,甚至于有些问题连专家自己也无法表示已掌握的知识。专家总是用他理解的方式陈述知识,这些知识包含背景、概念、关系、问题等,这很难用计算机程序形式进行描述。

(2) 专家知识又存在主观性、不确定性(部分正确)等问题,为专家系统带来困难。对于同一问题的解决方式,不同的专家有不同的看法。知识的不一致性主要包括知识的冗余、蕴涵、矛盾、遗漏等方面。这对于专家系统是不可忽视的问题。

目前,专家系统的知识表示主要集中在产生式规则、数理逻辑、语义网络、框架和本体知识等几种形式。后来兴起了"神经网络"模型,这也是一种新的知识表示,它扩大了专家系统的应用范围。

知识获取的一种有效方法是:根据产生式规则之间的关系,按逆向推理方式(参见 2.2.1 节)连接有关知识,形成推理树(知识树)的思想。由知识工程师向专家进行启发式提问,从问题的总目标结点开始,逐层向下扩展树的分支和下层结点,从中提取规则知识。这种向下扩展知识树的方法,能有效地获取解决该目标问题的全部规则知识。

2) 专家系统解决问题的能力受知识库中知识范围的约束

专家系统解决问题的能力取决于知识库中知识的范围,专家系统解决不了知识库中知识范围以外的问题。

专家系统除了扩充知识库中的知识以外,还应该增加常识,这种更广泛的知识能使专家系统解决问题的能力更强。

2.2　产生式规则专家系统

目前,用产生式规则知识形式建立的专家系统是最广泛和最流行的。重要原因在于:

(1) 产生式规则知识表示形式容易被人理解。

(2) 它是基于逻辑推理中的演绎推理。这样,它保证了推理结果的正确性。

(3) 大量产生式规则所连成的推理树(知识树),可以是多棵树。从树的宽度看,反映了实际问题的范围。从树的深度看,反映了问题的难度。这使专家系统适应各种实际问题的能力很强。

计算机各种语言的编译系统,虽然人们没有把它说成是专家系统。但是,从编译方法的处理过程看,它事实上就是专家系统。编译系统的词法分析利用单词的三型文法来实现对单词的识别。语法分析利用语句的二型文法实现对语句的识别和产生中间语言。计算机语言的这些文法(二型和三型)本身就是产生式。在单词识别和语句识别的过程中,是反复地利用这些文法进行推导(正向推理)或归约(逆向推理)而完成的。编译系统从知识的表示(文法)和推理两方面,都是和专家系统一致的。任何人用计算机语言编制任何问题的计算机程序(源程序),只要它符合语言的文法要求,而不管它是哪个领域的问题求解程序,编译系统一定能把该程序编译成机器语言或中间语言(目标程序)。这就体现了智能的效果,即用知识推理的方法解决变化的源程序。

2.2.1　产生式规则知识与推理

1. 产生式规则知识的特点

产生式规则知识一般表示为 if A then B,即如果 A 成立则 B 成立,简化为 $A \rightarrow B$。

产生式规则知识有如下的特点:

(1) 相同的条件可以得出不同的结论。例如：

$$A \to B \quad A \to C$$

注：这样的规则有时允许,有时不允许。

(2) 相同的结论可以由不同的条件来得到。例如：

$$A \to G \quad B \to G$$

(3) 条件之间可以是与(AND)连接和或(OR)连接。例如：

$$A \land B \to G$$
$$A \lor B \to G(相当于 A \to G, B \to G)$$

(4) 一条规则中的结论,可以是另一条规则中的条件。例如：

$$F \land B \to Z, \quad C \land D \to F$$

其中,F 在前一条规则中是条件,在后一条规则中是结论。

由于以上特点,规则集能做到：

(1) 描述和解决各种不同的灵活的实际问题(由前 3 个特点形成)。

(2) 把规则集中的所有规则连成一棵"与、或"推理树(知识树),即这些规则集之间是有关联的(由后两个特点形成)。

2. 产生式规则知识的推理

推理是从已知事实出发,通过运用相关的知识逐步推出目标结论的过程。

产生式规则知识推理时,需要在大量的规则知识中进行搜索,找到所需要的规则知识,这种搜索的代价远超过了对规则知识的匹配(假言推理),搜索就成了推理机中的重要组成部分。更明确地说：

推理机＝搜索＋匹配(假言推理)

在推理过程中,是一边搜索一边匹配,其中的匹配是利用已知的事实来完成一条规则的假言推理,这条规则需要在规则库中去搜索并找到。已知的事实来自于向用户提问,或来自于假言推理的结论。搜索和匹配可能会出现成功或不成功,对于不成功的匹配将引起搜索中的回溯,重新向另一条路径搜索,可见在搜索过程中包含了回溯。

推理中的搜索和匹配过程,如果进行跟踪并显示,就形成了向用户说明的解释机制。好的解释机制不显示那些失败路径的跟踪。

产生式规则知识推理有正向和反向两种推理,推理前需要把已知的事实放入事实库中,推理后得到的结论也要放入事实库中。

1) 正向推理

逐条搜索规则库,对每一条规则的前提条件,检查事实库中是否存在。前提条件中各子项,若在事实库中不是全部存在,则放弃该条规则。若在事实库中全部存在,则执行该条规则,把结论放入事实库中。反复循环执行上面过程,直至推出目标,并存入事实库中。

2) 逆(反)向推理

逆向推理是从目标开始,寻找以此目标为结论的规则,并对该规则的前提进行判断,若该规则的前提中某个子项是另一规则的结论时,再找以此结论的规则,重复以上过程,直到对某个规则的前提能够进行判断。按此规则前提判断("是"或"否")得出结论的判断,由此回溯到上一个规则的推理,一直回溯到目标的判断。

逆向推理用得较多,主要原因是目标明确,推理快。

3. 推理树(知识树)

规则库中的各条规则之间一般来说都是有联系的,即某条规则的前提是另外一条规则的结论。我们按逆向推理思想,把规则的结论放在上层,规则的前提放在下层,规则库的总目标(它是某些规则的结论)作为根结点,按此原则从上向下展开,连接成一棵树。这棵树一般称为推理树或知识树,它把规则库中的所有规则都连接起来。由于连接时有"与"关系和"或"关系,从而构成了"与或"推理树。

下面通过一个示意图形式画出一棵推理树。该推理树是逆向推理树,是以目标结点为根结点展开的。

例如,若有规则集为

$$A \lor (B \land C) \to G$$
$$(I \land J) \lor K \to A$$
$$X \land F \to J$$
$$L \to B$$
$$M \lor E \to C$$
$$W \land Z \to M$$
$$P \land Q \to E$$

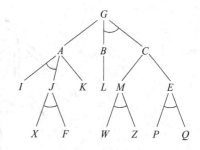

图 2.2　规则集的逆向推理树

其中目标为 G,按逆向推理画出"与或"推理树如图 2.2 所示。

用规则的前提和结论形式画出一般的推理树形式如图 2.3 所示。

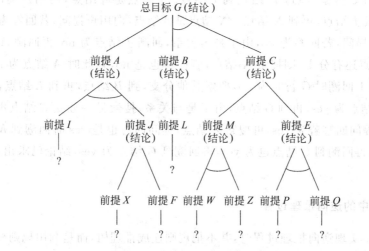

图 2.3　逆向推理树的一般形式

逆向推理树的叶结点的取值(yes、no),对不同的问题是不同的,需要向用户提问。根据用户的回答,反推出目标根结点的结果(yes、no)。

该"与或"推理树的特点是:

(1) 每条规则对应的结点分支有与(AND)关系、或(OR)关系。

（2）树的根结点是推理树的总目标。

（3）相邻两层之间是一条或多条规则连接。

（4）每个结点可以是单值(yes、no)，也可以是多值(如"优、良、中、可、劣")。若结点是多值时，各值对应的规则将不同。

（5）所有的叶结点都安排向用户提问，或者把它的值直接放在事实数据库中。

4. 推理树的逆向推理过程

逆向推理过程在推理树中反映为推理树的深度优先搜索过程。以上面的推理树为例，表现如图2.4所示。

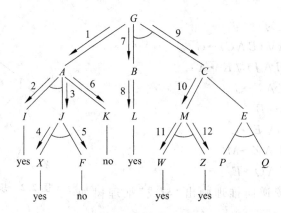

图 2.4　逆向推理的搜索过程

从根结点开始搜索，经过 A 结点到 I 结点。I 结点是叶结点，向用户提问，若回答为 yes，则继续搜索 J 结点，再到 X 结点。X 结点是叶结点，向用户提问，若回答为 yes，再搜索 F 结点，向用户提问，若回答为 no，由于是与关系，回溯 J 结点为 no，再回溯 A 结点暂时为 no。由于 A 结点还有分支，则搜索 K 结点，若回答也是 no，则此时 A 结点为 no(因已没有其他分支)。向上回溯时 G 暂时为 no，搜索其他分支，到 B 结点，再到 L 结点，提问回答为 yes，回溯到 B 结点为 yes，再到 G 结点，由于是与关系，搜索另一分支 C 结点再到 M 结点，再到 W 结点，提问回答若为 yes，再搜索 Z 结点，提问回答也是 yes 时回溯到 M 结点为 yes(由于与关系)，再回溯到 C 结点也为 yes，再回溯到 G 结点为 yes，结论已求出，E 分支就不再搜索了。

5. 计算机中的逆向推理过程

在计算机中实现逆向推理过程时，并不把规则连成推理树，而是利用规则栈来完成。当调用此规则时，把它压入栈内(相当于对树的搜索)，当此规则的结论已求出(yes 或 no)时，需要将此规则退栈(相当于对树的回溯)。利用规则栈的压入和退出的过程，相当于完成了推理树的深度优先搜索和回溯过程。规则栈的结构如图2.5所示。

规则号	前提表	结论
		I
3	I,J	A
1	A	G

图 2.5　规则栈的结构

6. 结点的否定

从上例可见,每个结点有两种可能,即 yes 和 no,叶结点为 no 是由用户回答形成的。中间结点为 no 是由于叶结点为 no,回溯时引起该结点为 no。对中间结点的否定需要注意的是,若当该结点还有其他"或条件"分支时,不能立即确定该结点为 no,必须再搜索另一分支,当另一分支回溯为 yes 时,该结点仍为 yes。中间结点只有所有或分支的回溯值均为 no 时,才能最后确定该中间结点为 no。

7. 目标的多值求解

当目标有多个值时,目标求解分为以下两种情况。

1) 多值间互斥

目标可取多值时(如成绩"优、良、中、可、劣"),这些值之间是互斥的,即目标只能取其中一个值。这种情况下对目标的搜索求解,按顺序搜索目标的各个取值。前一个目标值不成立时,搜索后一个目标值,直到搜索求解出一个目标值成立为止,不再往下搜索其他目标值。

2) 多值间不互斥

目标取多值时,这些值之间不互斥。这样,对目标的搜索求解取得一个值后,搜索不能停止,还需继续进行,对目标的所有取值都必须搜索求解到。当目标取值采用可信度时,所有目标取值(如"肺炎、肺结核"等)都是不互斥的,必须对所有取值都搜索到,得到每个取值的可信度(如"肺炎"可信度 0.8、"肺结核"可信度 0.6),然后按可信度大小排序。当目标取某值的可信度为 100(或 1)时,将排斥目标取其他值。

2.2.2　不确定性推理

1. 不确定性推理概念

不确定性推理主要研究由于知识的不确定性(包括事实的不确定性和规则的不确定性),在推理过程中,引起结论的不确定性的传播情况。人类专家大部分决策中,都是在知识不确定的情况下做出的,如对病人病情的诊断。专家系统也必须具备在信息不完全的情况下进行推理。

1) 事实的不确定性

"事实"有时称为"证据",它有不确定性因素,如含糊性(事实的意义不明确或有歧义,需要上下文才能确定)、不完全性(如变化的市场,获得完整的信息是不可能的)、不正确性与不精确性(事实的观测结果与真实情况有差别)、随机性和模糊性等。

事实的不确定性一般用可信度 CF(Certainty Factor)值表示,它的取值范围为

$$0 \leqslant CF \leqslant 1 \quad 或 \quad 0 \leqslant CF \leqslant 100$$

例如,"肺炎 CF＝0.8"表示某病人患肺炎的可信度为 0.8。

2) 规则的不确定性

规则反映了客观事物的规律性。大量的实际问题中,专家掌握的规则大多是经验性的,不是精确的。精确规则主要是公式、公理以及定律、定理等。经验性规则是不确定性的,规则的不确定性也用可信度 CF 值来表示。

例如,"如果 听诊＝干鸣音　则　诊断＝肺炎　CF＝0.5"表示对病人的听诊是干鸣音而诊断该病人患肺炎的可信度只有 0.5(50%)。

2. 推理的不确定性计算

不确定性推理的方法主要有可信度、主观 Bayes、证据理论等方法。用得最多的是可信度方法,它来源于 MYCIN 系统,现对其计算公式进行简化。MYCIN 系统中可信度 CF 值为 $-1\sim1$ 之间,现简化 CF 值为 $0\sim1$ 之间,不再使用信任增长度和不信任增长度概念,再去掉 CF 值为负值的计算公式,这样不确定性计算公式就很简单和实用。目前大多数专家系统和工具都采用这种简化的不确定性计算公式。

推理是利用事实(证据)和规则结合起来得出结论。由于事实和规则的不确定性,从而产生了结论的不确定性。它反映不确定性的传播过程。

规则中事实(证据)之间的连接有两种形式,即"与(AND)"连接和"或(OR)"连接。

1) 前提中 AND(与)连接时,结论可信度的计算公式

规则形式:

$$\text{IF}\quad E_1 \wedge E_2 \wedge \cdots \wedge E_n \quad \text{THEN}\quad H\quad \text{CF}(R)$$

结论 H 的可信度为

$$\text{CF}(H)=\text{CF}(R)\times\min\{\text{CF}(E_1),\text{CF}(E_2),\cdots,\text{CF}(E_n)\} \tag{2.1}$$

该公式表示,由于每个证据 E_k 的不确定性,可信度为 $\text{CF}(E_k)$,$k=1,2,\cdots,n$,以及规则不确定性,可信度为 $\text{CF}(R)$,利用该规则的推理,得到结论 H 的不确定性,可信度为 $\text{CF}(H)$。

2) 前提中 OR(或)连接时结论的可信度计算公式

规则形式:

$$\text{IF}\quad E_1 \text{ OR } E_2 \quad \text{THEN}\quad H\quad \text{CF}(R)$$

对于 OR 连接的规则,需要把它转化成等价的两条规则,分别单独计算,然后再合并,即

$$\text{IF}\quad E_1 \quad \text{THEN}\quad H\quad \text{CF}(R)$$
$$\text{IF}\quad E_2 \quad \text{THEN}\quad H\quad \text{CF}(R)$$

此两条规则可信度均为 $\text{CF}(R)$,这是由于从一条规则中拆开后形成的。如果一开始就是单独两条规则,而且有不同的可信度,例如:

$$\text{IF}\quad E_1 \quad \text{THEN}\quad H\quad \text{CF}(R_1)$$
$$\text{IF}\quad E_2 \quad \text{THEN}\quad H\quad \text{CF}(R_2)$$

则它们不能合并成一条规则(用 OR 连接),因为可信度不能合并成一个。

对于两条规则的情况,结论 H 的可信度分别有

$$\text{CF}_1(H)=\text{CF}(R_1)\times\text{CF}(E_1)$$
$$\text{CF}_2(H)=\text{CF}(R_2)\times\text{CF}(E_2)$$

合并为

$$\text{CF}(H)=\text{CF}_1(H)+\text{CF}_2(H)-\text{CF}_1(H)\times\text{CF}_2(H) \tag{2.2}$$

对于 3 条规则,例如:

$$\text{IF} \quad E_1 \quad \text{THEN} \quad H \quad \text{CF}(R_1)$$
$$\text{IF} \quad E_2 \quad \text{THEN} \quad H \quad \text{CF}(R_2)$$
$$\text{IF} \quad E_3 \quad \text{THEN} \quad H \quad \text{CF}(R_3)$$

先按两条规则合并,计算出:

$$\text{CF}_{12}(H) = \text{CF}_1(H) + \text{CF}_2(H) - \text{CF}_1(H) \times \text{CF}_2(H)$$

再将它和第三条规则合并:

$$\text{CF}(H) = \text{CF}_{12}(H) + \text{CF}_3(H) - \text{CF}_{12}(H) \times \text{CF}_3(H)$$

其中 $\text{CF}_3(H) = \text{CF}(R_3) \times \text{CF}(E_3)$。

对多于 3 条规则,类似于上面方法逐步合并直到包含所有规则(即所有规则中前提不相同而结论相同)。这些规则有不同的可信度,如果这些规则有相同的可信度,它们可能合并成一条以"OR(或)"连接的复合规则。

3) 不确定性计算公式的讨论

由于可信度 CF 的值在 0～1 之间,前提中 AND(与)连接时可信度计算公式(2.1),会使结论的可信度小于前提的可信度,累积计算会使可信度的值越来越小。而前提中 OR(或)连接时结论的可信度计算公式(2.2)会使结论的可信度增加,累积计算不会使可信度的值超过 1,可以证明公式(2.2)具有如下性质:

(1) $\text{CF}(H) \geqslant \text{CF}_1(H)$,$\text{CF}(H) \geqslant \text{CF}_2(H)$

(2) $\text{CF}(H) \leqslant 1$

可见,不确定性计算公式(2.1)和公式(2.2)是合理的。

4) 推理过程中的阈值

一般规定,阈值定为 0.2。

当 $\text{CF} < 0.2$ 时,置 $\text{CF} = 0$;当 $\text{CF} \geqslant 0.2$ 时,CF 才有意义。

3. 推理过程说明

不确定性推理和确定性推理是有区别的。除了有可信度的差别外,推理过程也有差别。对于不确定性推理,当某个结论的可信度不为 1 时(即 $\text{CF} \neq 1$),对于相同结论的其他规则仍然要进行推理,求该结论的可信度,并和已计算出该结论的可信度进行合并。

例如,有两条相同结论的规则:

$$R_1: A \rightarrow G$$
$$R_2: B \wedge C \rightarrow G$$

对于确定性推理过程如下:

先引用规则 R_1,提问 A? 当回答为 yes 时,推得结论 G 成立(yes),这样就不再搜索规则 R_2 对结论 G 的推理。

对于不确定性推理时,该两规则均含可信度。

$$R_1: A \rightarrow G \qquad \text{CF}(0.8)$$
$$R_2: B \wedge C \rightarrow G \qquad \text{CF}(0.9)$$

推理时,先引用规则 R_1,提问 A? 当回答为 yes 时,还须给定可信度,设为 $\text{CF}(0.7)$,按公式求得 G 的可信度为

$$\text{CF}_1(G) = 0.8 \times 0.7 = 0.56$$

由于 G 的可信度不为 1,还必须对结论 G 的其他规则进行推理,再引用规则 R_2,提问 B 和 C?

设回答 B 为 yes,CF(0.7),回答 C 为 yes,CF(0.8),计算 G 的可信度为

$$CF_2(G) = 0.9 \times \min\{0.7, 0.8\} = 0.63$$

合并 G 的可信度为

$$CF(G) = CF_1(G) + CF_2(G) - CF_1(G) \times CF_2(G) = 0.56 + 0.63 - 0.56 \times 0.63 = 0.84$$

要说明一点,当某个证据用户回答为 no 时,不用给可信度,它的可信度 CF $= 0$(即 CF(0))。

2.2.3 解释机制和事实数据库

1. 事实数据库

事实数据库中每一个事实,除该命题本身,它还应该包含更多的内容,每个事实有如下属性,构成了关系型结构(见表 2.1)。

表 2.1   事实数据库

事实	yn 值	规则号	可信度
A_{11}	n	0	
A_{12}	y	0	
A_1	y	4	

"事实"栏中放入命题本身;"y、n 值"表示是 y(yes)还是 n(no)。对 no 值事实,之所以记录它是为了减少重复提问。"规则号"表示该事实取 y 或 n 的理由,规则号为 0 表示向用户提问得到。具体规则号表示由该规则推出事实是 y 或 n。"可信度"表示该事实的可信度,它是一个度量值。

如果事实可以取多值,则事实栏就为变量栏,"yn 值"栏就是"值"栏,同一变量取多个值时,就应该建立多条记录,每个记录表示一个特定值。

事实数据库在推理过程中是逐步增长的,对不同的问题,事实数据库的内容也不相同,故也称事实数据库为动态数据库。

2. 解释机制

解释机制是专家系统中重要内容,它把推理过程显示给用户,让用户知道目标是如何推导出来的,消除用户对目标结论的疑虑。

解释机制有两种实现方法:一种是推理过程的全部解释;另一种是推理过程中正确路径的解释。下面分别介绍。

方法 1:中间过程的全部解释。该方法是解释随推理机同步进行,即在推理过程中同时进行解释。

(1) 每当提取一条规则,并压入规则栈时,就显示"引用"该规则和"正在寻找"该规则前提中某项事实。推理按规则前提中所寻找的该项事实作为结论,压入规则栈顶,继续搜索

规则。

（2）当栈顶目标在规则库中找不到以此目标为结论的规则，它就是叶结点，需要向用户提问。

用户回答：

① 该变量的值。当它是逻辑值时，回答是 yes(y)或者是 no(n)。当它是具体值时，要显示该变量的合法值，可以回答多值，每个值以一个事实表示，记入事实数据库（动态数据库）中，同时记入该值的可信度。

② why。即用户不明白为什么问这个问题，此时系统要说明和显示规则栈中次栈顶的规则，正在搜索栈顶的结论。

（3）当规则栈中退出一条规则时，就要说明和显示该规则是"成功"的，还是"失败"的。

规则前提中所有的各项事实都成立，则该规则是成功的，结论事实就成立。它将被记入到事实数据库中。

规则前提中有某项事实不成立，则该规则是失败的。

（4）当求得最后结果，即目标时，作最后说明时需要把事实数据库中所有取值为 y 的事实提出来逐个显示。

这些事实中规则号为 0 者，显示"因为你说过"，表示是用户回答的（即它是叶结点）；规则号非 0 者，显示"引用 RULE ＊"，表示是由该规则推导出来的结果（＊表示规则号）。

方法 2：成功路径的解释。该方法不随推理机同步进行，而是在推理机找到目标完成推理后，再进行一次成功路径的搜索和推理。这次推理不需要大范围的搜索规则库，只需要利用事实库（动态数据库）中保留的各中间事实的结果进行推理。此时，要求事实库增加一个标记项，表示推理过程中，是否对该事实验证过，标记△表示该事实已验证过。具体算法步骤如下：

（1）把总目标压入规则栈的结论中。

（2）按规则栈中结论找事实库中该事实的规则号（可能多个）：

① 当规则号非 0 时，顺序查找各条规则，把该规则前提中可信度不为 0 的事实和该规则号压入规则栈中（可信度为 0 的事实和该规则号不压入规则栈中），转步骤（3）。

② 当规则号为 0 时，转步骤（4）。

（3）逐一把栈顶前提表中未作标记的事实压入规则栈的结论中（新目标），转步骤（2）循环（递归循环）。

（4）由于规则号为 0，取出该事实，并显示：该事实名，可信度和"用户回答的事实"。将此栈顶退栈。在事实库中该事实做标记△，转步骤（5）。

（5）检查栈顶中前提事实是否都做标记△。

① 若栈顶前提中，还有未做标记的事实，转步骤（3）循环。

② 若栈顶前提中所有事实都做了标记△，则把事实取出，显示：该事实名、可信度和"由 RULE ＊ 推出"（多个规则时显示"由 RULE ＊，＊……推出"）。栈顶退栈，退栈后：

● 若栈空，则停止处理，解释完毕。

● 若栈非空，则在事实库中对刚处理的结论事实做标记△，转步骤（5）循环。

注：（1）规则栈的规则号栏中可以存放多个规则号。

（2）RULE ＊是规则栈中规则号栏中的规则号，其中的 ＊表示具体的规则号。

2.2.4　产生式规则知识推理简例

有如下规则集和可信度。

$$R_1: A \wedge B \wedge C \rightarrow G \qquad CF(0.8)$$
$$R_2: D \vee E \rightarrow A \qquad CF(0.7)$$
$$R_3: J \wedge K \rightarrow B \qquad CF(0.8)$$
$$R_4: P \vee Q \rightarrow C \qquad CF(0.9)$$
$$R_5: F \vee (R \wedge S) \rightarrow D \quad CF(0.6)$$

已知事实及可信度

$$F(0.4), R(0.5), S(0.6), E(n), J(0.4), K(0.6), P(n), Q(0.4)$$

下面进行推理求解：

首先，把规则分解为只含 AND($\wedge$)连接的规则，消去 OR($\vee$)连接的规则：

$$R_1: A \wedge B \wedge C \rightarrow G \quad CF(0.8)$$
$$R_{21}: D \rightarrow A \qquad CF(0.7)$$
$$R_{22}: E \rightarrow A \qquad CF(0.7)$$
$$R_3: J \wedge K \rightarrow B \qquad CF(0.8)$$
$$R_{41}: P \rightarrow C \qquad CF(0.9)$$
$$R_{42}: Q \rightarrow C \qquad CF(0.9)$$
$$R_{51}: F \rightarrow D \qquad CF(0.6)$$
$$R_{52}: R \wedge S \rightarrow D \qquad CF(0.6)$$

利用规则栈和事实数据库进行逆向推理，从目标 G 开始先压入规则栈顶结论部分，开始搜索规则库，其推理解释过程(中间推理过程全部解释)如下：

(1) 引用 R_1 规则(将 R_1 规则压入规则栈顶)，求 A。

(2) 引用 R_{21} 规则(将 R_{21} 规则压入规则栈顶)，求 D。

(3) 引用 R_{51} 规则，求 F。

提问 F? 回答 yes，CF(0.4)。

计算 D 的可信度为

$$CF_1(D) = 0.4 \times 0.6 = 0.24$$

R_{51} 规则成功(R_{51} 规则退栈)。

(4) 引用 R_{52} 规则(将 R_{52} 规则压入规则栈顶)求 R 和 S。

提问 R? 回答 yes，CF(0.5)。

提问 S? 回答 yes，CF(0.6)。

$$CF_2(D) = 0.6 \times \min\{0.5, 0.6\} = 0.3$$

R_{52} 规则成功(R_{52} 规则退栈)。

合并 D 结点的可信度为

$$CF(D) = 0.24 + 0.3 - 0.24 \times 0.3 = 0.468 \approx 0.47$$

(5) 回溯到规则 R_{21}，计算 A 的可信度。

$$CF_1(A) = 0.47 \times 0.7 = 0.329 \approx 0.33$$

R_{21} 规则成功(R_{21} 规则退栈)。

(6) 引用 R_{22} 规则(将 R_{22} 规则压入规则栈顶)求 E。

提问 E？回答 no，即 CF(0)，计算 A 的可信度。

$$CF_2(A) = 0 \times 0.7 = 0$$

R_{22} 规则失败（R_{22} 规则退栈）。

合并 A 的可信度为

$$CF(A) = 0.33 + 0 - 0.33 \times 0 = 0.33$$

(7) 回溯到 R_1 规则，求 B。

(8) 引用 R_3 规则（将 R_3 规则压入规则栈顶），求 J 和 K。

提问 J？回答 yes，CF(0.4)。

提问 K？回答 yes，CF(0.6)。

计算 B 的可信度为

$$CF(B) = 0.8 \times \min\{0.4, 0.6\} = 0.32$$

R_3 规则成功（R_3 规则退栈）。

(9) 回溯到 R_1 规则求 C。

(10) 引用 R_{41} 规则（将 R_{41} 规则压入规则栈顶）求 P。

提问 P？回答 no，即 CF(0)，计算 C 的可信度。

$$CF_1(C) = 0.9 \times 0 = 0$$

R_{41} 规则失败（R_{41} 规则退栈）。

(11) 引用 R_{42} 规则（将 R_{42} 规则压入规则栈顶）求 Q。

提问 Q？回答 yes，CF(04)，计算 C 的可信度。

$$CF_2(C) = 0.9 \times 0.4 = 0.36$$

R_{42} 规则成功（R_{42} 规则退栈）。

合并 C 的可信度为

$$CF(C) = 0 + 0.36 - 0 \times 0.36 = 0.36$$

(12) 回溯到 R_1 规则。

$$CF(G) = 0.8 \times \min\{0.33, 0.32, 0.36\} = 0.256$$

R_1 规则成功（R_1 规则退栈）。

目标 G 成立的可信度为 0.256。

该问题的成功推理路径的解释如下：

(1) F 成立的可信度为 0.4，用户回答的事实。

(2) R 成立的可信度为 0.5，用户回答的事实。

(3) S 成立的可信度为 0.6，用户回答的事实。

(4) D 成立的可信度为 0.47，由规则 R_{51} 和 R_{52} 推出。

(5) A 成立的可信度为 0.33，由规则 R_{21} 推出。

(6) J 成立的可信度为 0.4，用户回答的事实。

(7) K 成立的可信度为 0.6，用户回答的事实。

(8) B 成立的可信度为 0.32，由规则 R_3 推出。

(9) Q 成立的可信度为 0.4，用户回答的事实。

(10) C 成立的可信度为 0.36，由规则 R_{42} 推出。

(11) G 成立的可信度为 0.256，由规则 R_1 推出。

逆向推理开始部分的规则栈与事实数据库如图 2.6 所示。

规则号	前提表	结论
		F
R_{51}	F	D
R_{21}	D	A
R_1	A、B、C	G

事实	yn值	规则号	可信度
F	yes	0	0.4
R	yes	0	0.5
S	yes	0	0.6
D	yes	R_{51}, R_{52}	0.47
⋮	⋮	⋮	⋮

规则栈   事实数据库

图 2.6 逆向推理的规则栈和事实数据库

2.3 元知识与两级推理

2.3.1 元知识概念

专家系统是直接从领域知识中进行推理求出问题的目标。专家系统的发展感到单纯地利用领域知识是不够的,从而提出了元知识概念,它扩大了专家系统的能力和使用范围。

1. 什么是元知识

简单地说,元知识(Meta Knowledge)是关于知识的知识。更明确地说,元知识是关于领域知识上的概括性知识、总结性知识、关联性知识,也就是对领域知识进行描述、说明、处理的知识称为元知识。

2. 知识分成两级:领域级知识和元级知识

(1) 领域知识是特定领域的知识。医疗诊断知识是根据病人症状诊断疾病和治疗疾病的知识。防治虫害知识是对森林虫害的预测、防治、施药等目标的知识。概括地说,领域知识是关于具体领域的事实、规则、方程、实验对象等知识。

(2) 元知识是说明如何运用领域知识的知识。启发式知识带有经验性和模糊性,它扩大了知识的范围,它属于元知识。

3. 元知识的表示及例

元知识一般用产生式规则表示,即 if<条件>then<结论>。例如

MR$_1$:如果一段编码经常被调用,则应该对它进行优化。

MR$_2$:把使用效率高的规则移到规则库前面容易匹配的地方。

MR$_3$:如果经过长期运行,一条规则从没有被触发,则询问专家该规则是否有用。

元知识对领域知识的运用起指导作用。元知识是人类认识活动(记忆、推理、理解、学习)的核心。

4. 元知识的获取

元知识的获得比领域知识广泛,它不仅从领域专家中获得,而且靠知识工程师自己提

供,还可以从程序的动态执行过程中得到。

1) 从领域专家获取

领域专家不但具有领域知识,也具有如何使用这些领域知识的元知识。越是经验丰富的专家,元知识也越丰富。在获取领域知识的同时,应该获取元知识。

2) 知识工程师在开发实际系统过程中获取

在获取领域知识以及领域背景后,要逐步提出该问题的专家系统方案、系统结构、推理机及知识表示等,同时产生该专家系统的元知识,如图 2.7 所示。

相对于领域专家,知识工程师是"元专家"。

3) 元知识从系统的运行结果中获取

系统运行中得到领域知识的规律性:什么情况下系统是正常的,什么情况下出现异常情况,哪些知识用得多或用得少。

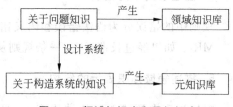

图 2.7　领域知识库和元知识库

2.3.2　元知识分类

元知识有如下几类。

1. 指导规则的选择

在专家系统推理中,隐含着对规则选择的元知识。为了提高系统的效率,把这些元知识整理出来,用它来指导推理。这样,推理机就更灵活些。变化或增加元知识也就改变了原来的推理或扩充原来推理的功能。

解决冲突(有一条以上规则的前提部分和当前事实匹配)的元知识。

MR_1:如果某一规则的前提比另一规则的前提更专门,且两条规则冲突,则先选用更专门的规则。

MR_2:按规则排列顺序,先选用前一条规则。

MR_3:优先选用被满足的条件较多的规则。

如有两条规则 $A \rightarrow H$,$A \wedge B \rightarrow K$,若 A,B 成立,应先选第 2 条。

这种元知识是一种规则,可以称为元规则。

2. 记录与领域知识有关的事实

(1) 记录某种处理方法的平均运行时间;

(2) 统计一个程序在运行过程中询问用户的次数;

(3) 统计规则的成功与失败的比率等,提供有关与领域知识的信息。

这种元知识属于事实,可以称为元事实。

3. 规则的论证

对一条规则提出存在的理由,也是元知识。例如

R_1:如果溢出液是硫酸,则用石灰。

理由:石灰能中和硫酸,且所形成的化合物是不溶于水的,因此能沉淀出来。

R_2：如果没有石灰,则可考虑用碱液代替。

理由：碱液能中和酸。

对规则增加"理由",就可以使用户更能接受和相信专家系统提供的结论。这种元知识也属于事实,称为元事实。

4. 检查规则中的错误

规则中的错误分为语法错误和语义错误。可建立一些检查规则中错误的元知识。例如

MR_4：如果经过长期运行,一条规则从没有被触发,则询问专家该规则是否有用。

5. 描述领域知识表示的结构

对知识库中领域知识的结构表示,是一种描述性的元知识。一般用 BNF 方式表示。例如：

<知识库>→<知识库项>|<知识库项><知识库>

<知识库项>→<标号>：<事实>|<标号>：<规则>|<元知识>

<事实>→<变量>=<值>〔CF 值〕

<规则>→if<前提>then<结论>

<前提>→<命题>

<命题>→<简单命题>|<命题>and<命题>|<命题>or<命题>

<结论>→<变量>=<值>〔CF 值〕|<结论>and<结论>

注：其中|表示"或"的含义。

这些元知识是知识库中领域知识的文法,用于对领域知识进行语法检查。

6. 论证系统的体系结构

用户有时提问知识工程师：为什么采用深度优先搜索策略？为什么选用上下文树的系统结构？为什么选用黑板模型？等等。这些问题涉及专家系统的体系结构,可以提供一些元知识对此进行一些解释。例如,

MR_5：如果搜索空间不大,则穷举搜索法是可行的。

MR_6：如果搜索树深度不深,则用深度优先搜索法是合适的。

MR_7：如果问题目标是多个子目标的随机组合,而且每个子目标都有自己的知识表示和推理形式,则选用黑板模型是有效的求解形式。

7. 辅助优化系统

这类元知识使系统能够在运行过程中进行优化,提高系统本身的性能。

MR_8：如果一段编码经常被调用,则应该对它进行优化。

MR_9：把使用率高的规则移到先被匹配到的地方。

8. 说明系统的能力

这类元知识说明系统所具有的能力：系统知道什么,不知道什么,能处理什么任务,不能处理什么任务,解决问题所需的时间多长等。

这类元知识使专家系统在遇到一个不能求解问题时,尽量给出答案,避免经过很长时间的运行之后再做出失败的结论。

以上元知识包括元事实和元规则。它们对检查、抽象、运用领域知识起决定性作用,对于扩大专家系统的处理能力和实际应用,起着重要的作用。

2.3.3　领域知识和元知识的两级推理

元知识由元事实和元规则所组成。完成知识推理的元事实如下。

(1) 目标:GOAL(目标)。

(2) 对变量向用户的提问:QUESTION(变量)="提问句"。

(3) 变量的多值说明:MULTIVALUED(变量)。

(4) 变量的合法值:LEGALVALS(变量)="合法值"。

元事实在专家系统中指导领域知识的推理。在逆向推理中从目标开始求解,在搜索树中搜索直到叶结点,向用户提问,然后进行回溯,直到目标求出为止。

元规则类同于领域规则。同样,它也要进行推理,这种推理称为元级推理。它起到实现系统的控制的作用。在增加元级推理后,就形成如图 2.8 所示的两级知识推理的专家系统结构。

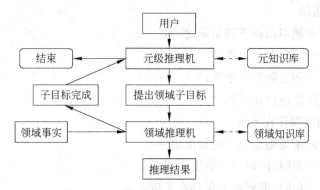

图 2.8　两级知识推理的专家系统结构

这种结构将扩大了原来的专家系统的能力和效果。能解决更复杂的实际问题,把专家系统的水平提高了一个等级。

2.3.4　元知识的应用

下面通过三个例子来说明元知识的应用。

1. 多推理树形式的专家系统

多推理树形式的专家系统的实例是马尾松毛虫防治专家系统(实例见 2.5.4 节),该专家系统是由五棵知识树所组成。在实现五棵知识树之间有机联合推理时,采用元规则如下:

(1) if 防治目标=不防治 then 推理结果

(2) if 防治目标=预测 then 推理进入预测树

(3) if 防治目标=防治 then 推理进入防治方法树

　　⋮

对这些元规则的推理以及各知识树的推理就能完成多棵知识树的有机组合,达到多目标的多知识树的推理。

2. 黑板结构形式的专家系统

黑板结构模型是对多知识源完成多子目标(任务)随机组合的推理。其中各子任务之间的调度程序,是一种元级推理。它要利用黑板上生成的信息来调度各知识源的推理。可以认为:

黑板上的信息是领域事实,各任务的调度需要利用元规则来完成,其元规则为:if 激活条件 K 成立(黑板 K 层位置有值)then 调用知识源 K,并进行该知识源的推理。

黑板结构专家系统是具有元级知识和元级推理的专家系统。

3. 利用元知识完成对领域知识的语法、语义、一致性检查

1) 检查语法错误

MR_1:如果知识采用规则表示,那么所有规则的前后件都应有以 if 和 then 为关键字。

MR_2:如果知识采用框架表示,那么框架的关键字为 unit 和 end。

2) 检查语义错误

MR_3:如果某条规则出现下列情形之一:

(1) 规则前件子句间存在矛盾;

(2) 规则后件子句之间存在矛盾;

(3) 规则前后件之间存在矛盾。

则显示该规则内部存在矛盾。

MR_4:如果有两条规则出现下列情况之一:

(1) 规则前后件相同,但规则可信度不同;

(2) 规则的前件相同,但后件子句存在矛盾子句。

则显示此两条规则存在直接语义矛盾。

3) 一致性和完备性检验

MR_5:如果两条规则的前件有等价部分,且后件相同,则显示存在冗余。

MR_6:如果两条规则的前件有逻辑非关系且后件相同,则显示这两条规则的前件与后件无关。

MR_7:如果两条规则前件有"包含"或"含于"关系,则指出有"包含"或"含于"错误。

MR_8:如果在系统$>n$次运行中,某知识从未启动过,则建议检查该条知识。

2.4　专家系统的黑板结构

黑板结构最早是在 HEARSAY-Ⅱ 口语理解系统中提出的,该系统是由 L. D. Erman、F. Hayes-Roth 等人研制的。随着科技的发展,黑板结构得到了广泛的应用。现在,黑板系统结构已经成为一种有效的系统构造。

2.4.1　基本原理

黑板系统是模拟一组(围坐在桌子边讨论一个问题的)人类专家,对于同一个问题或者是一个问题的各个方面,每一位专家都根据自己的专业经验提出自己的看法,写在黑板上,其他专家都能看到,随意使用,共同解决好这个问题。当然,这需要一个协调者,使两个专家不同时发言,或不同时在黑板的同一地方书写。

根据这种思想,把需要求解的问题,分解成一个任务树,即一个问题由多个任务组成,每个任务又可以分成子任务。对每一个具体任务分别用不同的知识源求解,每个知识源用到的推理机可以相同,也可以不同。每个知识源解决的具体任务可以看成是一个小专家系统。可见黑板结构是使各种专家系统实现联合操作,共同解决复杂问题的一种结构形式。

问题分解的任务树如图 2.9 所示。

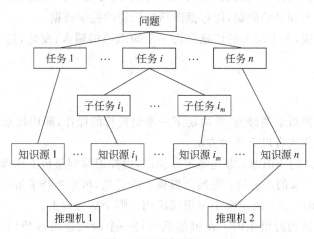

图 2.9　问题分解的任务树

问题任务树需要所有任务共同协作求解,问题才得以解决。在任务树中,对每一个具体的任务项(任务、知识源、推理机)可以用一个框架来说明,其框架的槽值指明该任务调用的知识源、推理机、该任务执行的前提条件以及任务之间的互相联系。

控制各个任务的执行是由一个调度程序来完成的。调度程序根据各任务前提条件满足的情况以及任务之间的相互关系来控制任务的执行或者悬挂。

黑板是存放问题求解中各种状态数据的全局数据库工作区,它分成不同的层次,各知识源(KS)所利用和修改的数据分别放在黑板的不同层次上。下层的信息经过相应的知识源处理后的结果,放入黑板的上一层中,由调度程序激发上一层知识源进行处理。逐级上升,最后在黑板的最顶层得到问题的最后解答。黑板结构如图 2.10 所示。

黑板系统由以下 3 部分组成。

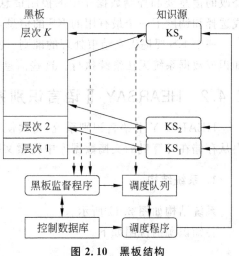

图 2.10　黑板结构

1．知识源

一般知识源表示为规则集或过程(求解程序)，利用知识源知识来修改黑板上的当前信息，各知识源共同来求出问题的解。每个知识源都存在激活条件，只有当该先决条件满足时，该知识源才能修改黑板。这样，把一个知识源看成是一个大规则。大规则的条件部分称为知识源先决条件，而动作部分称为知识源体。当要激活该知识源时，在黑板上必须存在该知识源的先决条件。

2．黑板

黑板的目的是保存计算状态或求解状态的公共数据。这些数据由知识源产生，且被知识源利用。知识源使用黑板上的数据进行相互间的间接交互。黑板上的数据可以是输入数据、部分解、选择对象和最后的解，还包括激活知识源的控制数据。

黑板按分层组织，一个层上的信息作为一个知识源的输入；反之，这个知识源为另一个层提供新的信息。

3．控制

控制模块监督黑板上的修改，并决定下一步要进行的操作，即用控制信息来决定注意的焦点。决定注意的焦点有以下 3 种方法。

(1) 下一步激活的知识源：即先确定知识源，由知识源到黑板上选择能处理的信息。

(2) 下一步要寻求的部分解：先确定黑板上的信息，再来选择求解该信息的知识源。

(3) 上面二者的结合：决定哪个知识源应用于哪个部分解上。

解是一步一步地构造出来的。在解形成的每一个阶段都可以使用任何类型的推理机(事实驱动——正向推理，目标驱动——逆向推理，模型驱动——过程求解)。知识源的调用序列是动态的且是适时的，而不是事先规定的。

一个知识源 KS 修改黑板上的信息所引起的变化，可以激活多个知识源 KS，这些 KS 都放入"调度队列"信息体中(存放的是 KS 的说明框架，不是 KS 实体)。同时，黑板上这个修改的信息要和控制数据库中的控制信息(说明每个 KS 能够解决具体问题的解信息)，组成选择和调度下一个最有用的 KS 的信息，由"调度程序"调用和执行新的 KS。

一个 KS 要提供它结束处理的准则，说明它必须找到一个可接受的解，或者是因为缺乏知识或数据系统无法继续执行。这些信息应该放在控制数据库中。

2.4.2 HEARSAY-Ⅱ语言识别系统

HEARSAY-Ⅱ语言识别系统，首次使用黑板。该系统能理解用户用语音提出的问题，再从存储在计算机的文摘数据库中检索文摘。

1．系统结构

系统结构如图 2.11 所示。

各知识源的说明如下。

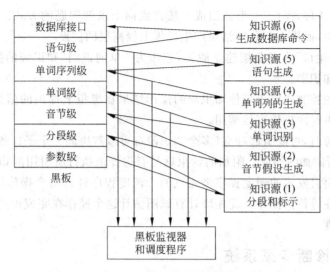

图 2.11　HEARSAY-Ⅱ 结构

1）分段和标示

取出音响参数,根据这个参数把声音分类(即分段),分完段后,再加上如 AE、B、T 等的音素标号。

2）音节假设的生成

由 AE、B、S、T 等音素级的排列来生成音节假设。

3）单词识别

从词典中找出适于音节排列中的单词,生成可选择的单词。

4）单词列的生成

从单词和单词排列中去掉没有被使用的单词,再根据单词连接的发音变形知识(音形规则)等,生成单词列假设。

5）语句生成

用语法结构分析单词列来生成句子,删除在语法上没有被接受的单词列。再详细区分"名词"等语法范畴。根据所使用("主题"、"作者"、"年"等)的意义范畴(被称为意义语法),把意义的及实用的约束直接填补在语法结构中。

6）生成数据库命令

利用语句假设解释用户的询问,生成诸如"取出某著作的参考文献"等这样的数据库命令。

2．系统运行

知识源的控制是数据驱动型,而非同步进行的。各知识源由"条件,操作"对组成。当满足其条件时就产生与其对应的操作,得出结果后记录在黑板上或者修正已经写在黑板上的假设。

控制部分一直都监视着黑板,如果满足某个知识源的激活条件,就起动这个知识源。

黑板有两种作用:

(1) 表示求解过程中的中间状态。

(2) 把信息(假设)从一个知识源传递到其他知识源。

知识源是由"条件,操作"对形式组成。按自底向上求解问题的方式。条件部分表示黑板上较低层的假设,而操作部分的结果产生黑板上较高层的假设。

如"音节假设生成"在音节层建立假设,它作为"单词识别"知识源的执行条件,触发并操作"单词识别"知识源。

知识源操作的控制决定于其他知识源的操作结果在黑板上提供的信息,而不是由其他知识源或某个中央时序机构直接调用。

在起动知识源时,可能引起冲突(多个知识源都可以解决同一个子任务)。因此,对问题解决过程必须实行附加的约束。附加的约束就是有选择地执行所引用的知识源。Hearsay-II中这样的选择是由启发式的调度程序来完成的。调度程序计算每个操作的优先级,并执行优先级最高的正在等待的操作。优先级计算试图估计这个操作在完成识别语音讲话的整体目标中的有用程度。

2.4.3　医疗诊断专家系统

医疗诊断专家系统由初诊、确诊和治疗 3 部分组成。利用黑板结构模型,设计如下。

1. 问题分解的任务树

医疗诊断系统的任务树如图 2.12 所示。

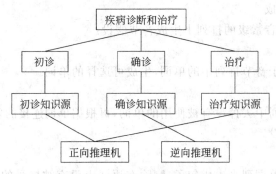

图 2.12　医疗诊断系统的任务树

各知识源均用规则形式表示。初诊、治疗都采用正向推理,确诊采用逆向推理,推理树宽度较宽、深度较浅。

2. 黑板结构

利用黑板结构模型进行设计,整个系统由知识源、黑板和调度程序 3 部分组成。

知识源和推理机:初诊知识源(CZ)和治疗知识源(ZL)连接正向推理机程序。确诊知识源(QZ)和反向推理机程序连接。

1) 系统结构

医疗诊断系统的黑板结构如图 2.13 所示。

2) 系统运行控制

为了实现该系统的运行控制,先设计一个任务框架,说明任务的激活条件、知识源、黑板位置、目标值以及和其他任务的关系,再利用该任务框架编制调度程序。

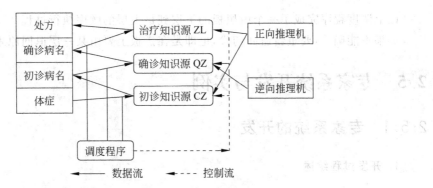

图 2.13 医疗诊断系统的黑板结构

任务说明框架用一个任务表统一说明,如表 2.2 所示。

表 2.2 医疗诊断系统任务表

任务名	激活条件	知识源	黑板位置	目标值	下一任务名
初诊	0	CZ	1	初诊病名	确诊
确诊	0	QZ	2	确诊＝病名 确诊≠病名	治疗 初诊
治疗	0	ZL	3	治疗处方	空

3. 调度程序

调度程序的流程图如图 2.14 所示。

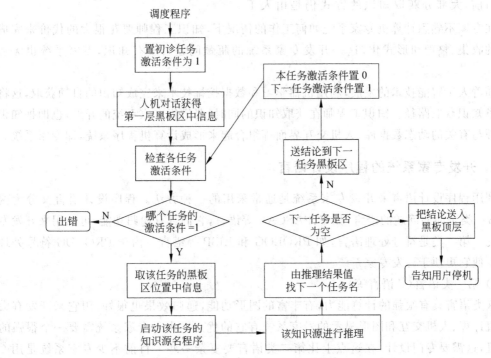

图 2.14 黑板结构调度结构图

以上调度程序完成了一个由黑板的下层到最上层的顺序执行过程。

如果不能确诊,要重新退回初诊,也即是在黑板上要由某一层退回原来层。

2.5 专家系统开发与实例

2.5.1 专家系统的开发

1. 开发过程综述

专家系统的开发一般是由知识工程师和专家共同配合研制完成的。知识工程师是懂专家系统原理并具有编制专家系统能力的人。专家可以不懂计算机,但他一定是某个实际领域经验丰富的人。知识工程师和专家进行讨论,例如采用知识获取的一种有效的方法:由知识工程师向专家进行启发式提问,从问题的总目标结点开始,逐层向下扩展知识树的分支和下层结点,从中提取规则知识。即按逆向推理方式(参见 2.2.1 节)连接有关知识,形成知识树的思想。这种向下扩展知识树的方法,能有效地获取解决该目标问题的全部规则知识。

专家提供他解决实际领域中问题的基本知识和经验,知识工程师则按专家系统中知识的要求对上述知识进行整理,形成专家系统中的知识库,再利用开发专家系统的高级语言(如 PROLOG、C 语言)编制推理机,以及人机交互界面等有关模块,形成专家系统,如图 2.15 所示。

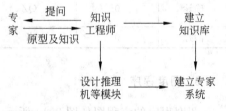

图 2.15 专家系统开发过程

目前,大部分获取知识的方式仍是由人工方式。在专家不熟悉计算机专家系统如何工作的情况下,知识工程师要花很大的代价来完成知识的收集、整理和形式化,这是开发专家系统的瓶颈问题。没有知识,专家系统也无从搞起。

随着人工智能技术的发展,利用机器学习和数据挖掘技术来完成知识的自动获取,这将是一条知识获取路径。知识工程师在获取知识的同时,要进行专家系统的开发,也即把知识和推理与有关的动态数据库、人机交互界面等组合起来形成计算机程序系统,即专家系统。

2. 开发专家系统的程序设计语言

利用程序设计语言来开发专家系统是通常采用的一种方法。程序设计语言又分为两类:第一类是面向问题的语言,如 C、PASCAL 等语言,它们具有递归功能,可以用来开发专家系统。第二类是符号处理语言,如 PROLOG 和 LISP 等语言。由于 PROLOG 符号处理的特点使它更便于开发专家系统。

1) 第一类语言(C 语言等)

这类语言具有很强的计算能力,有丰富的图形功能,递归效果也很好,用它来开发有大量数值计算、人机交互和图形显示的专家系统有它的优点。由于专家系统需要一个很强的推理机,这需要专门设计,在这点上比第二类语言要复杂一些。目前不少专家系统是用 C 语言来完成的,且用 C 语言开发专家系统的趋势越来越大,主要在于它的运行速度较快,人机交互和图形显示功能很强,它和其他语言的接口,特别是汇编语言接口很好,这样扩大了它的适应范围。

2) 第二类语言(PROLOG、LISP 等语言)

这类语言是为人工智能而设计的,它们具有如下共同功能。

(1) 搜索和匹配功能。智能问题需要进行大面积的搜索和匹配。这种搜索过程需要用递归方式来完成。

(2) 回溯功能。回溯过程是在搜索过程中进行的,当搜索某值不成功,或求解多值时,需要有回溯功能。

(3) 解释说明功能。在推理过程中,需要对推理进行解释说明。

国外很多专家系统是用 PROLOG 语言或 LISP 语言完成的。

2.5.2　专家系统工具

专家系统开发工具是专门用于开发专家系统的软件。目前,国外专家系统工具已有了不少商品软件,如 OPS5、M.1、CLIPS、KEE、LOOPS 等,在国内这些软件也较为流行。我国自行研制的专家系统工具也逐渐在增多,如 ZDEST、KMIX 等。笔者也研制了 TOES 专家系统开发工具。

各种专家系统工具的差异在于以下两方面:

(1) 知识表示形式的差异。现在大部分专家系统工具都以规则知识为主体,再根据实际问题的不同将增加其他知识表示形式,如语义网络、框架、剧本、过程性知识等。

(2) 开发环境中功能模块的差异。各种工具根据自身的需要增加和减少某些功能模块,同样一个功能模块在各工具中支撑能力也有差异。推理机是针对一定形式的知识而研制的。

1. 专家系统开发工具结构

这里介绍的是一种比较实用的专家系统外壳型的专家系统开发工具,它是专家系统结构,开发者只要把获取的领域知识按工具要求的知识表示形式填入知识库,即可形成一个面向具体领域的专家系统。在美国,绝大多数专家系统是使用外壳型开发工具实现的。

例如,EMYCIN 专家系统工具就是一个典型的专家系统结构,在输入肺病诊断医疗知识后,就形成了肺病诊断医疗专家系统 PUFF;在输入地下岩石标识知识后就形成了地下岩石标识专家系统 LITHO;EMYCIN 专家系统工具还生成了玉米虫害预测专家系统 PLANT/CDP;工程结构分析专家系统 SACON 等多个专家系统。

专家系统开发工具一般包括两部分:开发环境和运行环境。

开发环境是由知识的编辑、编译模块,知识库查询、维护模块,数据库查询、维护模块等组成。知识的编辑完成知识的输入,输入的知识称为外部知识,它适合人的理解。知识的编译把外部知识变换成内部知识,即计算机便利运行的知识形式。知识库查询具有对知识库中知识查询的能力。知识库维护能完成对知识库中知识的增加、删除、修改。数据库查询具有对数据库中数据查询的能力,专家系统的数据库是动态数据库,即它是在不断变化的,在推理前要放入已知的事实,推理后放入推出的结果,随着推理的深入,数据库中的事实在不断增加。数据库维护能完成对数据库中数据的增加、删除和修改。

运行环境由推理机、解释器、人机交互等模块组成。这3个模块都是预先做好的,推理机完成对知识的搜索和匹配,由已知事实推出结论事实。解释器完成推理过程的解释,使用户能知道结果是怎样推理出来的。人机交互需要完成专家系统与用户的对话,包括推理前已知事实的输入,推理中叶结点的提问和用户的回答,最后输出专家系统的推理结果。

知识库和事实数据库都是空着的,但知识库和事实数据库都有一定的格式要求,它们是由开发环境输入,当知识库和事实数据库充实后,它们和专家系统的运行环境一起形成了一个具体领域的专家系统,具体结构如图2.16所示。

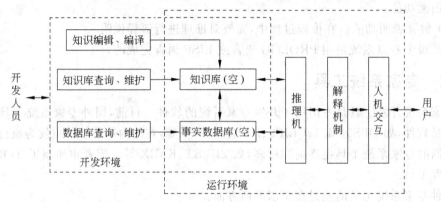

图 2.16 专家系统开发工具结构

专家系统工具与专家系统的对比如下所示。

1) 工具由开发环境与运行环境组成

(1) 开发环境用于建立知识库、事实数据库,并修改、查询知识库等。工具一般都指定知识表示形式。

(2) 对指定知识表示形式的推理机和解释器预先做好。

(3) 运行环境目的在于支持实际系统的运行。在知识库中知识输入完成以后,它和推理机结合起来就形成了实际专家系统。

2) 工具的语言体系

专家系统工具需要提供一套语言,用于开发专家系统。

(1) 知识表示语言。

工具中的知识库是空的,但知识是具有一定格式标准要求,用语言文法描述(如产生式规则的描述)。知识进入知识库以后,进行语法检查,完成外部知识到内部知识的编译。

(2) 工具操作语言。

通过工具操作语言运行开发环境和运行环境的各功能,主要是对知识库的建立以及专家系统的运行和解释等。

由于专家系统工具提供了一套语言体系,有些书中将专家系统工具称为知识工程语言。

2. 专家系统工具 TOES 及其应用

我们研制的专家系统工具 TOES(Tool Of Expert System)是用 LISP 和 PROLOG 两种语言同时研制的,形成了两个版本,基本效能相同。由于语言本身的特点,局部稍有差别。

1）系统结构和功能

（1）系统结构。

TOES 专家系统工具从结构上讲包括知识获取系统、专家系统框架、人机交互使用环境 3 部分。知识获取部分包括知识编辑和知识编译；专家系统框架由推理机、解释器及动态数据库组成。人机交互使用环境由专家系统生成器及系统操作的有关命令组成。

TOES 专家系统工具结构如图 2.17 所示。

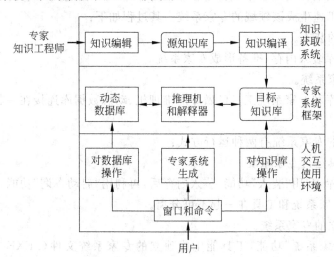

图 2.17　TOES 专家系统工具结构

（2）系统功能。

系统的主要功能包括知识获取、专家系统、人机交互环境 3 个方面。重点介绍知识获取功能。

知识获取是形成特定领域专家系统的主要工作。本系统提供的知识获取功能如下。

① 知识编辑。

由专家和知识工程师总结整理出的知识按工具规定的知识表示形式，通过编辑的功能输入和建立源知识库，这种知识表示形式简单易懂，称为外部表示形式。知识外部表示形式为：

$$\text{IF　前提　THEN　结论　CF　可信度}$$

前提是由 AND 和 OR 连接的表达式。对以 OR 连接的表达式，系统将它自动分解成多条规则。

② 知识编译。

将源知识库的外部表示形式编译成专家系统要求的内部表示形式。这种内部表示形式主要是为在知识库推理过程中提高对知识搜索的运行过程。一个专家系统的知识库通常是很大的，推理时间主要是耗费在知识的搜索中。这种内部表示的知识库称为目标知识库。编译的另一个目的是检查外部知识的语法错误。

由于语言的不同特性，内部表示形式对不同的语言有不同的形式，编译处理也将不同。

例如，外部表示的知识为：

$$\text{RULE 2　IF } A_1 = B_1 \text{ AND } A_2 = B_2 \text{ THEN } C_1 = D_1 \text{ CF 70}$$

LISP 语言的内部形式为:

$$(\text{RULE } 2(\text{IF}(A_1=B_1)(A_2=B_2))(\text{THEN}((C_1=D_1)70)))$$

PROLOG 语言的内部形式为:

$$\text{SUGGEST}(\text{RULE } 2,[\text{CON}(C_1,D_1,70)][A_1,B_1,A_2,B_2])$$

2) 专家系统的生成

专家系统工具的作用在于生成特定领域的专家系统。在建立一个领域的知识库之后, TOES 工具就能迅速生成该领域的专家系统。其过程如下:

(1) 知识库的装入。

将目标知识库装入内存,准备形成专家系统。

(2) 生成专家系统。

将目标知识库和专家系统工具已做好的推理机、动态数据库连接在一起,形成特定领域的专家系统。

TOES 生成的专家系统有两种运行方式:

(1) 利用工具运行专家系统。

将目标知识库,利用"装入"功能,装入内存后,再利用"启动咨询"功能,直接运行专家系统。这种形式,专家系统和工具在一起不可分离。

(2) 生成独立的专家系统。

利用"生成专家系统"功能,工具能生成独立的专家系统文件(.EXE 文件),和工具脱离。可在操作系统下,直接运行该专家系统。

3) TOES 工具语言系统

(1) 知识表示。

知识用 BNF 描述为:

〈知识库〉∷=〈知识库项〉|〈知识库项〉〈知识库〉

〈知识库项〉∷=〈标号〉:〈事实〉|〈标号〉:〈规则〉|〈元知识〉

〈标号〉∷=〈项〉

〈事实〉∷=〈变量〉=〈值〉{cf〈整数〉}|〈变量〉=〈值〉

〈值〉∷=〈项〉

〈规则〉∷=if〈前提〉then〈结论〉

〈前提〉∷=〈命题〉

〈命题〉∷=〈简单命题〉|〈命题〉and〈命题〉|〈命题〉or〈命题〉

〈结论〉∷=〈变量〉=〈值〉{cf〈整数〉}|〈结论〉and〈结论〉

〈项〉∷=〈常量〉

〈简单命题〉∷=〈事实〉

〈常量〉∷=〈整数〉|〈原子〉

〈整数〉∷=〈数字〉

〈原子〉∷=〈字母数字原子〉|〈符号原子〉|〈引号原子〉

〈字母数字原子〉∷=字母〈字母数字〉

〈符号原子〉∷=符号字符

〈引号原子〉∷="任意顺序的字符串"

（2）元知识。

专家系统中预先定义的起控制作用的知识，一般称为元知识。具体如下：

① 目标 GOAL＝EXPRESSION。

EXPRESSION 描述咨询的目标，给定 GOAL 命令后，专家系统首先寻找这个表达式（变量）的值。

② 多值 MULTIVALUED(EXPRESSION)。

EXPRESSION 可以有多值，当一个确定的值求得后，专家系统将继续寻找下一个值。

③ 提问句 QUESTION(EXPRESSION)＝TEXT。

TEXT 是提问句（它必须是符号串），它直接显示在屏幕上，对用户的回答将受到合法值域的检查。

④ 合法值 LEGALVALS(EXPRESSION)＝LIST。

LIST 表中的元素是该表达式可接受的值。

⑤ 改变推理路径 WHENFOUND(EXPRESSION)＝LIST。

一个 WHENFOUND 知识库项允许改变 TOES 的推理过程，即当求得 EXPRESSION 的值后，推理立即转向求 LIST 表中的值（在多推理树中完成推理树的转换）。

⑥ 屏蔽提问 PBASKD(LIST)。

屏蔽掉 LIST 表中的事实的提问。目的是在专家系统推理过程中，对某问题无关的事实省去提问，对于大知识库的搜索，该功能特别有用，它将加快搜索速度。LIST 表可以是全屏蔽（即 QPB）也可以是部分事实屏蔽。全屏蔽时，需要回答的事实，先要输入动态数据库中。推理时，只向数据库中查事实，不再向用户提问。部分屏蔽时，将要屏蔽的变量放入 LIST 表中，当推理过程中遇到 LIST 表中变量需要提问时，由于屏蔽作用，系统就不提问。

⑦ 目标修改 MODIGOAL＝（目标 K，目标 I，…，目标 J）。

当目标 GOAL 有多个目标且每一个目标各有一棵推理树及在 GOAL 求得目标值 K 时，推理机只在目标 K 的推理树中进行推理，而不再进行其他目标，如目标 I……目标 J 等的推理树中的推理。

⑧ 目标增加 ADDGOAL＝（目标 K，目标 I，…，目标 J）。

当目标 GOAL 有多个目标，且每个目标各有一棵推理树及在 GOAL 求得目标值 K 时，推理机要增加对目标 I……目标 J 等的推理。

4）工具的应用

我们利用 TOES 工具，对不同领域的专家知识生成了多个专家系统。

（1）实例专家系统。

对已完成的专家系统（取自论文和资料）所提供的知识，我们用 TOES 工具重新生成专家系统，对比原专家系统，效果相同。

① 弹簧振动建模专家系统。

弹簧振动建模专家系统的知识由清华大学自动化系熊光楞同志的论文《计算机辅助专家系统》而来。发表在《计算机仿真》杂志 1986 年第 3 期上。

用 TOES 工具生成的专家系统的推理效果和论文中的实例相同。

② 北方暴雨预报专家系统。

北方暴雨预报专家系统的知识取自北京市气象局吴高任同志的论文《北京地区区域性

暴雨专家系统》。

暴雨是北京地区夏季重要的灾害性天气,该专家系统能对北京地区夏季(7 月、8 月)08 时气象资料来预报未来 24 小时(08~08 时)的区域性暴雨。

用 TOES 工具生成的专家系统达到相同的效果。

③ WINE(酒的选择咨询)。

WINE 实例是 M.1 工具列举的主要实例,对 WINE 的知识,用 TOES 工具生成的系统,达到和 M.1 工具生成的系统相同的效果,且每步推导过程,TOES 的速度都比 M.1 快。

④ MEDIA ADVISOR(训练工具咨询)。

用 TOES 工具生成的专家系统,达到了上述文献中实例的效果。

通过以上实例的验证,充分说明 TOES 专家系统工具的有效性和实用性。

(2) 实际专家系统——马尾松毛虫防治决策专家系统。

马尾松毛虫防治决策专家系统是笔者和中南林学院合作完成的。王淑芬教授和张真同志对马尾松毛虫综合管理的种群动态研究多年,对马尾松毛虫与天敌、寄主、环境之间的关系,防治方法与整个松林内昆虫群落结构的影响,以及抽样技术、预测预报及经济阈值的研究,积累了大量的第一手资料,又广泛地收集了多年来各地松毛虫研究的资料及最新成果,吸收了很多专家长期工作的实践经验,进行系统的整理、总结,形成了马尾松毛虫防治决策的系统知识。陈亮、张明安同志利用 TOES 工具生成了该专家系统。

2.5.3   单推理树形式的专家系统

专家系统的知识库中所有的规则连接成推理树(知识树)。当知识库的规则构成一棵推理树时,则称该专家系统是单推理树形式的。当知识库的规则构成多棵推理树,各推理树相对独立,但各树之间有一定的联系,则称该专家系统为多推理树形式。下面用实际例子进行说明。

1. 弹簧振动建模专家系统

弹簧振动建模专家系统是解决弹簧在不同受力情况下(包括冲力、摩擦力等)应该满足那种类型的微分方程模型。该专家系统的知识库取自于《计算机仿真》杂志上的论文《计算机辅助建模专家系统》。

弹簧振动建模专家系统进行简化说明如下:

模型   MODEL   共 12 种,$M_1, M_2, \cdots, M_{12}$

规则   20 条

$$R_1 : A \wedge B \wedge C \wedge D \rightarrow M_1$$
$$R_2 : A_1 \rightarrow A$$
$$R_3 : A_{11} \rightarrow A_1$$
$$R_4 : A_{12} \rightarrow A_1$$
$$R_5 : A \wedge B \wedge E \wedge F \wedge D \rightarrow M_2$$
$$R_6 : C_1 \rightarrow C$$

$$R_7 : E_1 \rightarrow E$$

$$R_8 : A \wedge B \wedge E \wedge F \wedge G \rightarrow M_3$$

$$R_9 : A \wedge B \wedge C \wedge G \rightarrow M_4$$

$$R_{10} : B_1 \rightarrow B$$

$$R_{11} : H_1 \rightarrow H$$

$$R_{12} : A_2 \rightarrow A$$

$$R_{13} : H \wedge B \wedge C \wedge D \rightarrow M_5$$

$$R_{14} : H \wedge B \wedge C \wedge G \rightarrow M_6$$

$$R_{15} : H \wedge B \wedge E \wedge F \wedge D \rightarrow M_7$$

$$R_{16} : H \wedge B \wedge E \wedge F \wedge G \rightarrow M_8$$

$$R_{17} : A \wedge B \wedge E \wedge I \wedge D \rightarrow M_9$$

$$R_{18} : A \wedge B \wedge I \wedge G \rightarrow M_{10}$$

$$R_{19} : H \wedge B \wedge E \wedge I \wedge D \rightarrow M_{11}$$

$$R_{20} : H \wedge B \wedge E \wedge I \wedge G \rightarrow M_{12}$$

各模型微分方程为

$$M_1 : X'' + (C_2/M)X = 0$$

$$M_2 : X'' + (C_1/M)X' + (C_2/M)X = 0$$

$$M_3 : X'' + (C_1/M)X' + (C_2/M)X = F(T)/M$$

$$M_4 : X'' + (C_2/M)X = F(T)/M$$

$$M_5 : X'' + F(X)/M = 0$$

$$M_6 : X'' + F(X)/M = F(T)/M$$

$$M_7 : X'' + (C_1/M)X' + F(X)/M = 0$$

$$M_8 : X'' + (C_1/M)X' + F(X)/M = F(T)/M$$

$$M_9 : X'' + (G/M)X' + (C_2/M)X = 0$$

$$M_{10} : X'' + (G/M)X' + (C_2/M)X = F(T)/M$$

$$M_{11} : X'' + (G/M)X' + F(X)/M = 0$$

$$M_{12} : X'' + (G/M)X' + F(X)/M = F(T)/M$$

其中，X'' 表示 X 对 T 的二阶导数；X' 表示一阶导数。

规则中各项英文字母含义如下。

A：弹簧满足胡克定律

B：弹簧质量可以忽略

C：可以忽略摩擦力

D：没有冲力

A_1：弹簧有线性恢复力

A_{11}：弹力与位移成正比

A_{12}：位移量很小

E：要考虑摩擦力

F：摩擦力与速度之间为线性关系

C_1：若振动为自发时振幅为常数

E_1：若振动为自发时振幅是递减的

G：有冲力 $F(T)$

B_1：弹簧具有质量 N 并且 N/M 远远小于 1

H_1：弹簧势能不是关于平衡位置对称

H：弹簧不满足胡克定律

A_2：弹簧势能与函数 $X(T)$ 成正比

I：摩擦力与速度之间为非线性关系

知识库的推理树画成标准形式(单推理树)如图 2.18 所示。

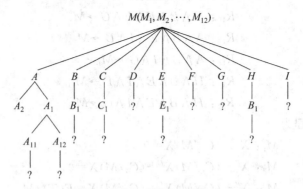

图 2.18   弹簧振动推理树的标准形式

每个叶结点提问的回答为：y(yes),n(no)

当用户不明白专家系统为什么要提出该问题时,可以回答 w(why),专家系统将解释为证实某条规则而安排的提问。

2.专家系统的应用

对于任意一个实际弹簧要了解它满足 12 个模型(微分方程)中哪个模型时,利用该专家系统进行逆向推理。当推理进入叶结点提问时,要回答实际弹簧对该叶结点的事实是否成立,如"弹簧与位移成正比(A_{11})"叶结点的提问时,需要回答 y 或者 n。对多个叶结点提问回答完后,该专家系统在推理回溯时,能得出该弹簧实际满足的模型(微分方程)是哪一个。

例如,在专家系统推理过程中,对叶结点 H_1(弹簧势能不是关于平衡位置对称)、B_1(弹簧具有质量 N 并且 N/M 远远小于 1)、C_1(若振动为自发时振幅为常数)、G(有冲力 $F(T)$)均回答为 y,其他叶结点提问回答为 n 时,专家系统会告诉用户该弹簧满足模型 6(M_6)的微分方程。

2.5.4   多推理树形式的专家系统

单推理树形式的专家系统结构单一,推理机容易实现。在大量的实际问题中,还存在多推理树形式的专家系统。

马尾松毛虫防治专家系统是一个以多目标构成的多推理树形式专家系统。整个系统由 5 棵推理树组成,即防治目标、防治方法、施药方法、防治时期和预测 5 棵推理树。各推理树具体情况如图 2.19~图 2.23 所示。

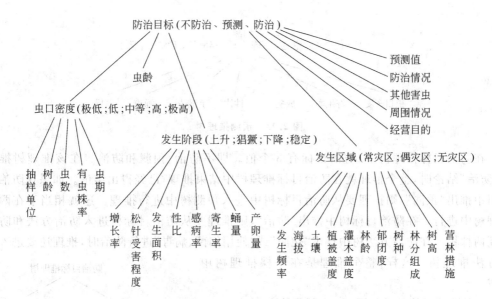

图 2.19　防治目标推理树

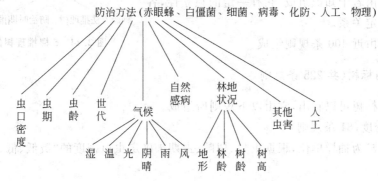

图 2.20　防治方法推理树

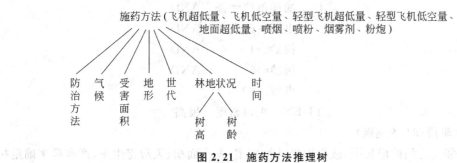

图 2.21　施药方法推理树

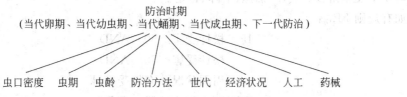

图 2.22　防治时期推理树

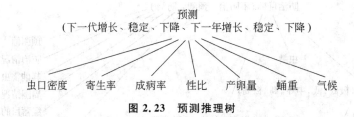

图 2.23　预测推理树

在防治目标推理树中,防治目标有 3 个值。即不防治、预测和防治。在该推理树推出"不防治"结论时,整个推理就在防治目标推理树中结束推理,已经得出结论。如果在防治目标树中推出"预测",则推理要从防治目标树中进入预测树中进行推理。这就相当于在两棵推理树中进行。在防治目标树中推出"防治",则推理要从防治目标树进入防治方法和防治时期两棵树。在防治方法树中得出"化防"或"使用细菌、病毒"进行防治时,推理还要进入施药方法推理树。这样,整个推理是在 5 棵推理树中完成。

5 棵推理树的关系如图 2.24 所示。

每棵树均由若干知识组成,它有一定的独立性,各树之间又有一定关系。

全部知识由近 400 条规则组成。

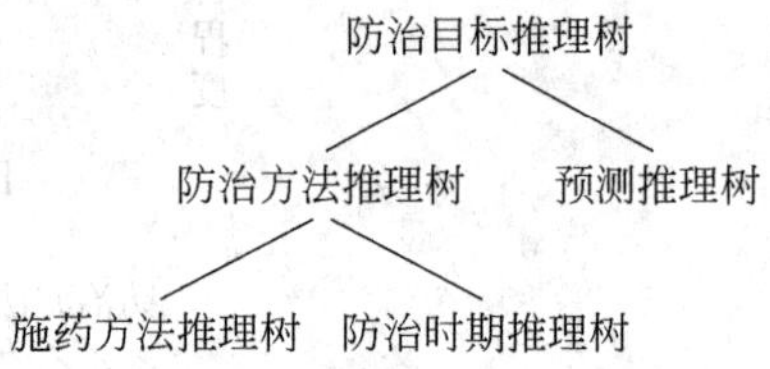

图 2.24　5 棵推理树的关系

1. 防治目标树(共 225 条规则)

从防治目标树可以看出,它由以下规则所组成。

1) 虫口密度(81 条规则)

以株(或枝)为抽样单位,根据虫数、树龄、虫期来确定虫口密度的"极低、低、中等、高、极高" 5 个级别。

如有规则 CR_{15}:

$$
\begin{aligned}
&IF\quad 抽样单位=株\quad AND\\
&\qquad 虫期=幼虫\quad AND\\
&\qquad 树龄>1\quad AND\\
&\qquad 树龄\leqslant 5\quad AND\\
&\qquad 虫数>30\\
&THEN\quad 虫口密度=极高
\end{aligned}
$$

2) 发生阶段(34 条规则)

根据相邻代之间的增长率,或根据松针被害率、发生面积、天敌寄生率、产卵量来确定松毛虫的 4 个发生阶段:上升、猖獗、下降、稳定。

如有规则 FR_{17}:

$$
\begin{aligned}
&IF\quad 松针受害>50\quad AND\\
&\qquad 松针受害<75\quad AND\\
&\qquad 周围状况=有轻受害林\\
&THEN\quad 发生阶段=猖獗
\end{aligned}
$$

3）发生区域（24 条规则）

根据历史发生频率或根据海拔、土壤状况、植被盖度、林龄、林型、郁闭度等区分松毛虫发生的区域为常灾区、偶灾区、无灾区。

如有规则 QR_{16}：

IF　海拔＜150　　　　　AND

坡向＝阳坡　　　　　AND

土壤状况＝贫瘠　　　AND

林下灌木＜50　　　　AND

植被盖度＜70　　　　AND

郁闭度＞20　　　　　AND　郁闭度＜70　　　AND

林分组成＝纯林　　　AND

树种＝马尾松　　　　AND

树龄＜20　　　　　　AND

树高＜8

THEN　区域＝常灾区

4）防治目标的其他情况

除以上 3 个条件外，还有经营目的、周围状况和其他害虫等情况（具体规则省略）。

5）防治目标

防治目标（该推理树的总目标）含 3 个值：不防治、预测、防治。

如规则 R_{13A}：

IF　虫口密度＝中等　　AND

虫龄＝三四龄　　　AND

发生阶段＝上升

THEN　防治目标＝防治

2. 防治方法树（共 79 条规则）

根据不同的虫口密度、虫期、虫龄、世代、气候及林地状况等情况来选择用天敌（赤眼蜂、白僵菌等）、化学、物理、人工等不同的防治方法。

如有规则 ZR_{23B}：

IF　虫口密度＝低密度　AND

虫期＝幼虫期　　　AND

世代＝第三代

THEN　防治方法＝病毒

3. 防治时期树（共 56 条规则）

根据当时的虫口密度、虫期、危害时期及其人工、经济状况等选择合适的防治时期。

如有规则 SR_4：

IF   虫口密度＝极高   AND
   虫期＝卵期   AND
   药械＝无
THEN   防治时期＝当代幼虫期防治

4. 施药方法树(共 21 条规则)

根据不同的防治方法,结合气候、受害面积、地形、世代、发生状况等因素选择不同的施药方法,如各种容量的喷雾、喷烟、烟雾剂、喷粉、粉炮等方法。

如有规则 YR_{12B}:

IF   防治方法＝白僵菌   AND
   世代＝第三代   AND
   防治面积≥10 000
THEN   施药方法＝飞机喷粉

5. 预测树(共 9 条规则)

根据虫口密度、气候、寄生率、性比、产卵量等因子得出下一代虫口密度增长的情况。
如有规则 YCR_6:

IF   蛹成活率×性比×产卵量＞800 000   AND
   蛹成活率×性比×产卵量＜1 000 000
THEN   预测值＝下一代稳定

6. 元事实与元规则

为了实现多推理树的联合推理,我们建立元知识的推理,元知识包括:

1) 多目标元事实

   AIM＝(防治目标　防治方法　防治时期　施药方法　预测值)

这是 5 棵推理树各自的目标,也是整个问题的全部目标。

2) 元规则

MR_1	if	防治目标＝不防治	then	推理结束
MR_2	if	防治目标＝预测	then	推理进入预测树
MR_3	if	防治目标＝防治	then	推理进入防治方法树
MR_4	if	防治方法＝人工防治	then	推理进入防治时期树
MR_5	if	防治方法＝化学防治	then	推理进入施药方法树
MR_6	if	防治方法＝病毒 or 防治方法＝细菌 or 防治方法＝白僵菌	then	推理进入施药方法树
MR_7	if	防治时期＝任一目标值	then	推理结束
MR_8	if	施药方法＝任一目标值	then	推理结束
MR_9	if	预测＝任一目标值	then	推理结束

整个问题的知识推理,是由元知识的推理以及领域知识的推理联合组成。元知识推理完成推理树间的联合。领域知识推理完成各推理树的目标推理(求目标值)。

7. 专家系统应用

马尾松毛虫防治专家系统对湖南、广西等地区的 11 个林场进行了知识推理,根据各林场的实际情况专家系统能够推出该林场是否需要防治;需要防治时,防治方法是什么;防治时期是何时;施药方法又是什么;现举例说明:

(1) 湖南长沙县干杉乡林场　专家系统推出,虫口密度极高,需要防治,防治方法为人工防治或诱杀,防治时期是当代成虫期或当代蛹期。

(2) 广西大青山哨平林场　专家系统推出,虫口密度极高,需要防治,防治方法是化防,防治时期是当代成虫期,施药方法是地面超低量喷雾。

习题 2

1. 专家系统如何体现人工智能?

2. 计算机语言编译程序是专家系统吗?

3. 研究推理树(知识树)的意义是什么?

4. 在逆向推理中,对结论的否定要注意什么问题?

5. 不确定性推理和确定性推理过程中有什么差别?

6. 请证明式(2.2)的两个性质:

(1) $CF(H) \geqslant CF_1(H), CF(H) \geqslant CF_2(H)$

(2) $CF(H) \leqslant 1$

7. 研究解释机制的作用是什么?

8. 有如下规则集和可信度:

$$R_1: A \vee B \vee C \rightarrow G \quad 0.8$$
$$R_2: D \wedge E \rightarrow A \quad 0.9$$
$$R_3: F \rightarrow B \quad 0.7$$
$$R_4: H \vee P \rightarrow C \quad 0.8$$
$$R_5: Q \rightarrow E \quad 0.9$$

已知事实及可信度:$D(0.8), Q(0.9), F(0.7), H(N), P(0.8)$。

请用逆向推理推出结论 G 成立的可信度,给出动态数据库的详细内容。

9. 有如下规则集和可信度:

$$R_1: A \wedge B \rightarrow G \quad 0.9$$
$$R_2: C \vee D \vee E \rightarrow A \quad 0.8$$
$$R_3: F \wedge H \rightarrow B \quad 0.8$$
$$R_4: I \rightarrow D \quad 0.7$$
$$R_5: K \rightarrow H \quad 0.9$$

已知事实和可信度:$C(0.8), I(0.9), E(0.7), F(0.8), K(0.6)$。请用逆向推理求得结论 G 成立的可信度,给出动态数据库的详细内容。

10. 对松毛虫防治专家系统说明两级(元级、领域级)推理过程。

11. 说明专家系统工具中知识表示语言文法的作用。

12. 编制弹簧振动建模专家系统程序,对书中的知识和实例完成推理和解释。

13. 请按逆向推理方式形成推理树的思想,向专家进行启发式提问,从问题的总目标结点开始,逐层向下扩展树的分支和下层结点,从中提取规则知识的方法,编制知识获取程序(用弹簧振动建模专家系统的知识为例)。

第 3 章

决策支持系统与商务智能

3.1 决策支持系统与智能决策支持系统

3.1.1 决策支持系统与商务智能综述

决策支持系统(Decision Support System,DSS)是 20 世纪 70 年代末在管理信息系统和管理科学/运筹学的基础上发展起来的。管理信息系统重点是对大量数据进行处理,并完成管理业务工作。管理科学与运筹学是运用模型辅助决策。决策支持系统是将多个模型组合起来并利用大量的数据形成方案,通过人机交互达到支持决策的作用。

20 世纪 60 年代末兴起了以知识推理辅助决策的专家系统(ES),这是一种以定性方式辅助决策,完全不同于以模型和数据组合的决策支持系统。20 世纪 90 年代初,诞生了决策支持系统与专家系统结合的智能决策支持系统(IDSS),它采用了定性和定量结合方式辅助决策,即以模型、知识和数据结合进行决策支持。它区别于后来发展的基于数据仓库的决策支持系统,称它为传统决策支持系统。

20 世纪 90 年代中期,兴起了数据仓库(DW)、联机分析处理(OLAP)和数据挖掘(DM)3 项新技术,从而开始了以数据辅助决策的新途径,人们称这 3 项新技术结合的决策支持系统为基于数据仓库的决策支持系统或称新决策支持系统。同时人们把新决策支持系统辅助决策的技术称为商务智能(Business Intelligence,BI),将在 3.3 节中详细讨论。

由于 Internet 网络的迅速发展,数据库、数据仓库、联机分析处理、数据挖掘等均以服务器形式在网络上向多用户同时提供服务,从而形成了网络环境的决策支持系统(Net-DSS)。

1. 决策支持系统

管理科学与运筹学是运用模型辅助决策,体现在模型辅助决策上,模型所需要的数据在计算机中以文件形式存储。随着新技术的发展,所需要解决的问题会越来越复杂,所涉及的模型越来越多,不仅是几个而是十多个,几十个,以至上百个模型来解决一个大问题。这样,对多模型辅助决策问题,在决策支持系统出现之前是靠人来实现模型间的联合和协调。决策支持系统的出现是要解决由计算机自动组织和协调多模型的运行和数据库中大量数据的存取和处理,达到更高层次的辅助决策能力。决策支持系统的特点就是增加了模型库和模型库管理系统,它把众多的模型有效地组织和存储起来,并且建立了模型库和数据库的有机结合。这种有机结合适应人机交互功能,自然促使新型系统的出现,即决策支持系统的出现。

决策支持系统结构如图 3.1 所示。

决策支持系统是 3 个部件的有机结合,即综合部件(人机交互与问题综合系统)、数据部件(数据库管理系统和数据库)、模型部件(模型库管理系统和模型库)的有机结合。

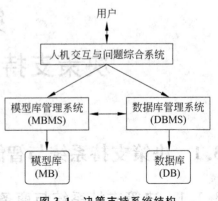

图 3.1 决策支持系统结构

这种结构是为达到 DSS 目标的要求而形成的。管理信息系统 MIS 可以看成是综合部件和数据部件组合而成的,而 DSS 是 MIS 的进一步发展,即增加了模型部件。DSS 也不同于运筹学的单模型辅助决策,它具有存取和集成多个模型的能力,而且具有模型库和数据库集成的能力。DSS 具有为各个层次的管理决策者提供决策支持,它不同于管理信息系统的数据处理,也不同于单模型的数值计算,而是它们的有机集成。它既具有数据处理功能又具有模型的数值计算功能。

决策支持系统的特性:

(1) 用定量方式辅助决策,而不是代替决策。

(2) 使用大量的数据和多个模型。

(3) 支持决策制定过程。

(4) 为多个管理层次上的用户提供决策支持。

(5) 能支持相互独立的决策和相互依赖的决策。

(6) 用于半结构化决策领域。

结构化决策是指决策目标是确定的,可选的行动方案是明确的,或者方案数量较少。非结构化决策其目标之间往往是相互冲突的,可供决策者选择的行动方案很难加以区分,且某些行动方案可能带来的影响有高度不确定性。决策支持系统适合于半结构化决策领域,即在解决结构化决策的基础上扩大多种决策方案,通过人机交互由人的选择和判断解决某些不确定因素,得到人未预想到的辅助决策信息。

2. 专家系统

20 世纪 60 年代末兴起的专家系统是 20 世纪 50 年代人工智能的进一步发展。专家系统利用专家的知识在计算机上进行推理,达到专家解决问题的能力。专家系统的出现使人工智能走到了实用化阶段,它是以定性方式辅助决策的系统,它区别于以定量方式辅助决策的决策支持系统。

专家系统也是一种很有效的辅助决策系统,它利用专家的知识,特别是经验知识经过推理得出辅助决策结论。对于专家知识,它不限定是数值的,更多的是不精确的定性知识。因此,专家系统辅助决策的方式属于定性分析。

专家系统的特性:

(1) 用定性方式辅助决策。

(2) 使用知识和推理机制。

(3) 知识获取比较困难。

（4）知识包括确定知识和经验知识。

（5）解决问题的能力受知识库内容的限制。

（6）专家系统适应范围较宽。

专家系统的发展使它逐步深入各个领域，并取得了很大的经济效益。

3. 智能决策支持系统

专家系统和决策支持系统刚开始，各自沿着自己的道路发展。它们都能起到辅助决策的作用，但辅助决策的方式完全不同。专家系统辅助决策的方式属于定性分析，决策支持系统辅助决策的方式属于定量分析。把这二者结合起来，辅助决策的效果将会大大改善，即达到定性辅助决策和定量辅助决策相结合。这种专家系统和决策支持系统的结合形成的系统是最早的智能决策支持系统。经过发展，智能决策支持系统（IDSS）形成了以决策支持系统为主体，结合了人工智能技术的系统。

在 IDSS 结构中，模型库系统（模型库与模型库管理系统）和数据库系统（数据库与数据库管理系统）是 DSS 的基础。人工智能技术包括专家系统、神经网络、遗传算法、机器学习和自然语言理解等。其中专家系统的核心是知识库和推理机；神经网络涉及样本库和网络权值库（知识库），神经网络的推理机是 MP 模型；遗传算法的核心是"选择、交叉、突变"3 个算子，可以看成它是遗传算法的推理机，它处理的对象是群体，通过遗传算法从初始种群逐步生成最优解或次优解。这些解可以看成是知识。机器学习包括各种学习算法，学习算法可以看成是一种推理，它对实例库进行算法操作获取知识；自然语言理解需要语言文法库（知识库），处理的对象是语言文本，对语言文本的推理采用推导和归约两种方式。可见，这些人工智能技术可以概括为

人工智能技术＝知识库＋推理机

智能决策支持系统结构如图 3.2 所示。

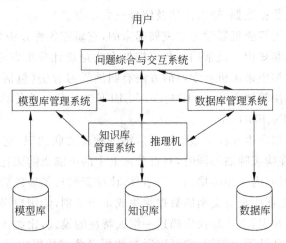

图 3.2　智能决策支持系统结构

智能决策支持系统中的人工智能技术种类较多，这些智能技术也都是决策支持技术，它们可以独立开发出各自的智能系统，发挥各自的辅助决策作用。智能技术和决策支持系统结合起来形成了智能决策支持系统。各种智能技术在智能决策支持系统中发挥的作用是不

同的,一般智能决策支持系统中的智能技术只有一种或两种。

4. 商务智能——基于数据仓库的决策支持系统

1) 数据仓库的兴起

20 世纪 90 年代中期兴起的数据仓库是支持决策的新技术,数据仓库从大量的数据中提取综合信息和预测信息辅助决策。数据仓库(Data Warehouse,DW)把企业内部的运作数据和事务数据经过清理、转换、综合和编辑,转换成商务信息,帮助企业解决许多不同的复杂商务难题。数据仓库对整个企业各部门的数据进行统一和综合,这实际上是实现决策支持的一次革新。企业可以用它来取得各个重要方面的数据与分析结果,例如商品利润、市场分析和风险管理等,进而改善企业的自身管理。举例来说,数据仓库用户可以立即得到其单位当前所处地位的准确报告;了解其公司面临的风险,包括各项事务及整个企业所有业务面临的风险;并对市场和法规条例的需要迅速做出反应。

数据仓库是在数据库的基础上发展起来的,它将大量的数据库的数据按决策需求进行重新组织,以数据仓库的形式进行存储;它将为用户提供辅助决策的随机查询,综合数据以及随时间变化的趋势分析信息等。

数据仓库是一种存储技术,它的数据存储量是一般数据库的 100 倍左右,它包含大量的历史数据、当前的详细数据以及综合数据;它能为不同用户提供不同决策所需的数据和信息。

2) 数据挖掘的兴起

数据挖掘从大量数据中提取出隐藏在数据中的有用知识,为人们的正确决策提供帮助。

数据挖掘(Data Mining,DM)是在大型数据库中知识发现(Knowledge Discovery in Database,KDD)中的一个步骤,它主要是利用某些特定的知识获取算法,在一定的运算效率的限制内,从数据库中发现有关的知识。KDD 是一个多步骤的对大量数据进行分析的过程,包括数据预处理、数据挖掘、知识评估及解释三大步骤。

数据挖掘是从人工智能机器学习中发展起来的,它研究各种方法和技术,从大量的数据中挖掘出有用的信息和知识。最常用的数据挖掘方法是统计分析方法、神经网络方法和机器学习方法。数据挖掘中采用机器学习的方法有归纳学习方法(包括覆盖正例排斥反例方法,如 AQ 系列算法;决策树方法,如 ID3、C4.5、IBLE 方法等)、遗传算法、发现学习算法(如公式发现系统 BACON、FDD)等。

数据挖掘技术可以产生 5 种类型的知识。第一种是关联知识,它可以显示与某个事件相关联的知识,比如在购买啤酒的同时,有百分之七十的可能也购买花生。第二种是序列知识,它可以显示一段时间内互相链接的一些事件,比如新购买了地毯后又购买了新窗帘。第三种是聚类知识,它把那些没有类别的数据聚集成多个类别,给用户提供"物以类聚"的宏观观念。第四种是分类知识,主要是找出描述一组人特性的模式,比如找出一组信用卡已作废的客户的特征。第五种是预测知识,它可以通过使用隐藏在数据中的回归模型来估计一些连续变量(如库存周转量)的未来值。

3) 商务智能(基于数据仓库的决策支持系统)的出现

数据仓库(DW)、联机分析处理(OLAP)与数据挖掘(DM)都是决策支持新技术。商务智能要求在数据仓库中获得综合信息、预测信息和多维数据分析信息,利用数据挖掘获取知识,解决商业中决策问题。把数据仓库、联机分析处理与数据挖掘三部分结合起来组成的决策支持系统称为基于数据仓库的决策支持系统,它们采用的技术归为商务智能(BI)。

它们三者有着完全不同的辅助决策方式。数据仓库(DW)中存储着大量辅助决策的数据,它为不同的用户随时提供各种辅助决策的随机查询、综合数据或趋势分析信息。紧跟数据仓库一起兴起的联机分析处理(OLAP)的数据组织是多维数据结构形式,它与数据仓库的数据组织是一致的。联机分析处理和多维数据分析主要手段是对多维数据的切片、切块、旋转、钻取等操作。联机分析处理和数据仓库的结合提高了数据仓库的辅助决策能力。

数据挖掘技术也是 20 世纪 90 年代中期兴起的,它虽然是对数据库中数据的挖掘,但它应用于数据仓库后,在数据仓库中获取知识,也提高了数据仓库的辅助决策能力。

数据仓库与联机分析处理和数据挖掘三者结合起来辅助决策能力有极大的提高,它们应用于实际决策问题而形成的决策支持系统是一种新型决策支持系统。这种新决策支持系统的典型特点是从数据中获取辅助决策信息。它们以数据仓库中的大量数据为对象,数据仓库本身能提供综合信息和预测信息;联机分析处理提供多维数据分析信息;数据挖掘提供所获取的知识,共同为实际决策问题辅助决策。

基于数据仓库的决策支持系统,或称为新决策支持系统,它不同于以模型和知识结合的智能决策支持系统(传统决策支持系统)。在数据仓库系统的前端的分析工具中,多维数据分析与数据挖掘是其中重要工具。它可以帮助决策用户进行多维数据分析并挖掘出数据仓库的数据中隐含的规律性。

5. 综合决策支持系统

传统决策支持系统是以模型和知识为决策资源,通过模型的计算和知识推理为实际决策问题辅助决策。在管理科学与运筹学中研究了大量的数学模型,为辅助决策发挥了显著的效果。管理科学与运筹学在应用于实际问题时都是用单个模型辅助决策的。每个模型使用的数据是以数据文件形式存储的。计算机的高级语言(数值计算语言,如 C 等)正适合于模型的编程和运行,而传统决策支持系统是组合模型辅助决策的。大量的模型存放在模型库中,模型与模型间的连接是通过数据来完成的,模型之间的连接数据一定是共享数据,它必须存放在数据库中。

知识推理是人工智能技术,以专家系统为代表的知识推理完成了定性分析辅助决策。决策支持系统和人工智能技术的结合形成了智能决策支持系统,实现了定量分析辅助决策与定性分析辅助决策的结合,即达到更高的辅助决策效果。

新决策支持系统和传统决策支持系统几乎没有什么共同之处,它们是从不同的角度发展起来,辅助决策的方式也不相同。由于二者不是覆盖关系,也就不存在相互代替的问题,而是相互补充和相互结合的问题。

(1) 新决策支持系统中数据挖掘获取的知识与传统决策支持系统的知识推理中的知识是不相同的。

传统决策支持系统的知识来源于专家的领域知识和经验知识,而新决策支持系统的知识来源于数据仓库中的数据,它们的结合将扩大知识面。数据挖掘获取的知识也可用推理机来进行定性分析,也就是说,数据挖掘可以和专家系统结合起来。

(2) 新决策支持系统中没有充分利用模型和模型组合来辅助决策。

模型中的数学模型是管理科学/运筹学几十年来研究的成果,它们为各企事业单位的决策问题提供了广泛的辅助决策信息,取得了显著的决策效果。

新决策支持系统中联机分析处理主要是进行多维数据分析,若增加数学模型的计算,将能增加辅助决策能力。

(3) 决策支持系统的技术还没有完全成熟。

传统决策支持系统虽然发展了二十多年,有很多研究成果,但没有完全成熟的产品,如模型库系统就是一个典型的例子。新决策支持系统刚发展起来,需要在实践中逐步完善。

新决策支持系统与传统决策支持系统在本质上是不一样的,也就是说不能用新决策支持系统来代替传统决策支持系统。为了更有效地辅助决策,应该将新决策支持系统和传统决策支持系统结合起来,我们把这种结合的决策支持系统称为综合决策支持系统(Synthetic-Decision Support System,S-DSS)。

把数据仓库、联机分析处理、数据挖掘、模型库、数据库、知识库结合起来形成的综合决策支持系统是更高级形式的决策支持系统。其中数据仓库能够实现对决策主题数据的存储和综合以及时间趋势分析,联机分析处理实现多维数据分析,数据挖掘从数据库和数据仓库中获取知识,模型库实现多个模型的组合辅助决策,数据库为辅助决策提供数据,知识库中知识通过推理进行定性分析。它们集成的综合决策支持系统将相互补充和依赖,发挥各自的辅助决策优势,实现更有效的辅助决策。

6. 网络环境的决策支持系统

Internet 技术推动了决策支持系统的发展,网络上的数据库服务器,使数据库系统从单一的本地服务上升为网络上的远程服务,而且能对远地多个用户的不同客户机,同时并发地提供服务。新发展起来的数据仓库也是以服务器形式在网络上提供共享、并发服务。数据库和数据仓库都是数据资源。同样,将模型资源和知识资源也以服务器的形式在网络上为远地的客户机提供并发和共享的模型服务和知识服务。

模型服务器中可以集成大量的数学模型、数据处理模型、人机交互的多媒体模型等,为用户提供不同类型的模型服务,也可以为用户提供组合多种类型模型的综合服务。

知识服务器中可以集中多种智能问题的知识库,或者不同知识表示形式的知识(规则知识、谓词知识、框架知识、语义网络知识等)和多种不同的推理机,如正向推理机、逆向推理机、混合推理机等。

决策支持系统的综合部件(问题综合与交互系统)是由网络上的客户机来完成的,即在客户机上编制决策支持系统控制程序,由它来调用或者组合模型服务器上的模型,完成模型计算;知识服务器上的知识完成知识推理;从数据仓库服务器获取综合信息,或用历史数据进行预测。这样,就形成了网络环境的决策支持系统。

网络环境的决策支持系统(Net-Decision Support System,Net-DSS)是利用网络的决策支持系统。由于 Internet 技术的成熟和普及,目前数据库产品、数据仓库产品均采用服务器形式在网络上向多用户提供共享服务。联机分析处理和数据挖掘产品也都采用服务器形式在网络上提供服务。模型服务器和知识服务器还没有正式的产品。作者领导的课题组研制了模型服务器,它在网络上提供模型服务的效果远远强于单机的模型库系统,并实现了网络环境的决策支持系统。

3.1.2　决策资源与决策支持

计算机系统中的资源分为：

(1) 共享资源，能被多个用户享用的资源，如操作系统、编译程序等；

(2) 非共享资源，只能被单个用户使用的资源，如专用程序等。

为决策服务的资源主要是数据资源、模型资源、知识资源等。决策支持系统是利用模型库中的模型资源和数据库中的数据资源支持决策。专家系统是利用知识库中的知识资源支持决策。数据仓库实质上是利用数据仓库中的数据资源支持决策。数据资源、模型资源和知识资源均是共享资源，它们分别从不同的角度支持决策。

1. 数据资源与决策支持

1) 数据资源

数据是对客观事物的记录，用数字、文字，图形、图像，音频、视频等符号表示。数据经过数字化后能够被计算机存储、处理和输出。

按照对事物测量的精确程度，由粗到细将数据分为四种类型：定类数据（依据事物的属性或性质进行分类的数据）、定序数据（依据事物的某种关系排序或分级的数据）、定距数据（对事物的属性进行精确的划分，明确指出事物的不同）和定比数据（能进行比值、比率计算来对比事物差别的数据）。

前两类数据（定类数据、定序数据）描述的是事物的属性，只能表示事物性质类别（有限个数），它们属于离散数据，称为定性数据，适合进行定性分析。后两类数据（定距数据、定比数据）说明事物的数量特征，能够用明确的数值来表现，能进行数学运算，它们属于连续数据，可以取连续变化的任何数值，也称定量数据，适合进行定量分析。

为了有效地利用数据，对数据资源的管理主要为数据库与数据仓库。

数据库的特点是：

(1) 数据共享；

(2) 最小冗余；

(3) 数据的独立性；

(4) 数据由数据库管理系统(DBMS)统一管理和控制。

由于数据库的优点，目前大部分信息系统都是建立在数据库的基础上，它已成为计算机信息系统与应用系统的核心技术和主要基础。

数据仓库是面向主题的、集成的、稳定的、不同时间的数据集合，用于支持决策制定过程。

数据库是为事务处理服务的，而数据仓库是明确为决策支持服务的。

2) 数据的决策支持

(1) 用图表与曲线直观展示数据中的含义。

图表与曲线是一种直观展示数据中的含义（即信息）的工具，典型的有曲线图、条形(柱形)图、饼图、面积图、散点图、箱线图、茎叶图等。

(2) 数据是决策的依据。

决策是为了达到某一预定目标，在掌握充分、必要的数据的前提下，按照一定的评判标准,运用数学和逻辑的方法,对几种可能采取的方案做出合理的选择。可见,数据是决策的依据。

2．模型资源与决策支持

1）模型资源

模拟是人类了解世界的手段,模拟的原理就是化繁为简,建立一个与真实或者虚拟系统相关联的模型,通过模型来研究系统。模型反映了实际问题最本质的特征和量的规律,即描述了现实世界中有显著影响的因素和相互关系。

按照模型的表现形式可以分为物理模型(实体模型,又分为实物模型和类比模型)、数学模型(用数学语言描述的模型)、结构模型(反应系统的结构特点和因素关系的模型)和仿真模型(通过计算机运行程序表达的模型)等。

辅助决策显著的数学模型有统计学模型、运筹学模型、经济数学模型和预测模型等。

(1) 统计学是研究从不确定性中做出明智决定的一门学科。统计学中应用较多的模型有回归分析、假设检验、聚类分析、主成分分析等。

(2) 运筹学模型主要用于制订生产计划,包括物资储备、设备更新、任务分派等方面,主要模型有线性规划与非线性规划、动态规划、网络理论、决策论、统筹法等。

(3) 经济数学模型是研究和分析经济系统的动态过程和结构特性,预测经济变量的变化规律,制订经济发展规划,提出国民经济宏观控制和调节的最优方案。经济数学模型主要有计量经济模型、投入产出模型、经济控制论模型和系统动力模型等。

(4) 预测是对尚未发生或目前还不明确的事物进行预先的估计和推测。预测可以提供未来的信息,为当前人们做出有利的决策提供依据。预测模型与方法主要有特尔斐法、回归法、时间序列法、增长曲线法等。

2）模型的决策支持

模型是对客观事物的特征和变化规律的一种科学抽象,通过研究模型来揭示客观事物的本质。在科学研究中,往往是先提出正确的模型,然后才能得到正确的运动规律和建立较完整的理论体系。它在探索未知规律和形成正确的理论体系过程中,是一种行之有效的研究方法。

对于数学模型,需要建立变量与参数构成的方程式。通过模型的算法,求出变量的值和方程的值。在实际中,若能实现和达到模型求出的值(变量的值和方程的值),就能取得模型方程所追求的目标。数学模型辅助决策就是要求决策者按模型所求出的值进行决策。

对一个决策问题在没有掌握它的本质和规律时,它是一个非结构化决策问题,通过人们不懈的努力,建立该问题的模型,找到它的本质和规律后,该问题就变成了一个结构化决策问题。

3．知识资源与决策支持

1）知识资源

知识是人们对客观世界的规律性的认识。知识资源是由人类的智力创造与发现的。知识资源是可以重复使用的,也是一种共享资源。知识资源可以不断地再生出来,并与原有的知识资源重新组合,扩大知识资源。知识资源具有价值和使用价值。知识资源与物质结合,可以转化为物质财富。

人类社会的知识表示主要是以文字、图表等形式记载在图书、档案、报纸、杂志、音像等媒体上。这里主要研究的知识是计算机能够接受并进行处理的符号,它形式化表示人类在改造客观世界中所获得的知识。

计算机中的知识表示有数理逻辑、产生式规则、语义网络、框架、剧本、本体等。

(1) 数理逻辑是以命题逻辑和谓词逻辑为基础,研究命题、谓词及公式的真假值。数理逻辑用形式化语言(逻辑符号语言)进行精确(没有歧义)的描述,用数学的方式进行研究。

(2) 产生式规则知识一般表示为 if A then B,即表示为如果 A 成立则 B 成立,简化为 A→B。产生式规则知识有正向、逆(反)向两种推理方式。

(3) 语义网络把问题中的概念用结点表示,概念之间的关系用弧来表示。这样,语义网络把概念以及它们之间的关系表示成一种结构图形式。语义网络推理表现为对结点的访问以及结点间关系的检索,也即体现为对语义网络的联想过程。

(4) 框架由一组描述物体的各个方面的槽(属性)所组成。每个槽(属性)又可包含若干侧面所组成,每个侧面都有自己的名字和填入的值。

(5) 剧本是描述一定范围内一串原型事物的结构。剧本能把现实世界中发生的事件的起因、因果关系以及事件间的联系,构成一个大的因果链。可以通过剧本来理解发生的有关故事。

(6) 本体把现实世界中某个应用领域抽象或概括成一组概念及概念间的关系。本体的表示在最简单的情况下,本体只描述概念的分类层次结构(也称概念树)。在复杂的情况下,本体可以在概念分类层次的基础上,加入一组合适的关系、公理、规则来表示概念之间的其他关系,约束概念的内涵解释。

2) 知识的决策支持

知识的决策支持主要体现在人工智能中,利用知识进行推理解决实际问题或新问题。在人工智能中,主要的方法和技术是专家系统、智能决策支持系统、神经网络、自然语言理解、机器学习等。

(1) 专家系统的决策支持:专家系统通过对专家知识的推理达到人类专家解决问题的能力。

(2) 智能决策支持系统是决策支持系统与人工智能技术结合的系统,典型的是决策支持系统与专家系统的结合。智能决策支持系统是利用决策支持系统的模型计算的定量分析和人工智能技术的知识推理的定性分析相结合来解决实际问题。

(3) 计算机语言的翻译(即编译程序)将计算机各类语言程序翻译成机器语言程序(二进制表示的机器指令代码),使计算机能完成任意复杂的数值计算、任意庞大的数据库处理以及递归运算的知识处理。

3.1.3　模型实验与模型组合方案

1. 模型实验的决策支持

模型是客观世界的抽象,在抽象过程中,会省略一些次要因素。可以说模型是客观世界的一种近似描述。模型越接近实际,辅助决策的效果就越显著。若建立的模型偏离了实际,它就会使决策失败。为此,应该对建立的模型进行实验,通过实验来检验模型的正确性和决策效果。这里介绍两种模型实验,即建立模型的 What-if 分析和模型组的定性分析。

1) 建立模型的 What-if 分析

一般模型方程中的变量个数和方程个数比较好确定,但方程中的系数和常数是难于确定的。采用 What-if(如果,将怎样)分析来讨论这些系数和常数的变化会引起什么样的结果,将能有效地解决系数和常数的不确定性问题。

2) 模型组的定性分析

在对一个实际决策问题做方案时,往往会采用对同一问题的多个不同模型进行计算,然后对这些模型的计算结果进行选择或者进行综合,得到一个比较合理的结果。这是一种采用模型组进行实验的决策支持。

2. 模型组合方案的决策支持

复杂的决策问题的方案需要考虑用多个标准数学模型的组合来完成。在计算机中,对模型的组合是利用程序设计中的顺序、选择、循环 3 种组合结构形式。

对于两个模型间的数据关系,基本上是一个模型的输出为另一个模型的输入。在实际问题中,不是这种直接的关系,而是一个模型的输出数据,经过变换后成为另一个模型的输入数据。这样,就增加了模型组合的难度,即增加建立决策方案的难度。组合的模型越多,难度越大。

在多模型组合方案中,改变其中的某个模型或者改变其中的某个数据库,这就改变了方案。通过多个方案的计算和比较,可以达到科学决策的效果。

3.1.4　智能决策支持系统的设计与开发

1. 决策支持系统开发过程

传统决策支持系统由综合部件、模型部件、知识部件、数据部件 4 大部分组成。

综合部件需要完成对模型部件、知识部件和数据部件的控制、调用和运行,并完成人机交互功能。

模型部件主要由模型库和模型库管理系统组成。模型分为数学模型(以数学结构为基础,以数值计算为特征的模型),数据处理模型(以非数值计算为特点的数据处理模型是用数据库语言完成对数据处理的模型),图形、报表等形象模型(对用户能直观显示,增强形象思维的模型),以及其他模型。模型库包括方法模型(解决特定问题已成熟的标准方法)和组合模型(由多个模型组合而成,能解决更复杂的实际问题)。模型库管理系统是实现对模型的管理和运行。对模型的管理又包括对模型字典库和模型文件的管理,这些都是由模型的特点决定的。

知识部件主要由知识库、知识库管理系统和推理机三者组成。知识库中的知识的表示形式主要是产生式规则、谓词、框架、语义网络等,知识库管理系统完成对知识的增加、删除、修改、查询、浏览等功能。知识推理是利用知识库中知识进行推理,形成知识链,由已知概念推出目标概念,达到定性解决实际问题的能力。

数据部件主要是数据库和数据库管理系统,它是管理信息系统的核心。同样,它也是决策支持系统的重要组成部分,它以数据的形式为辅助决策起一定的作用,但是,它更多的是为模型提供数据,提供的数据除完成数值计算以外,还要帮助多模型组合时完成数据处理功能,从而扩大了多模型组合运行的功能,增加决策效果。

决策支持系统的开发,是围绕着决策支持系统的特点和组成而进行的。DSS 系统开发的主要步骤如下。

(1) 决策支持系统分析,包括确定实际决策问题目标,对系统分析论证。

(2) 决策支持系统初步设计,包括对决策问题进行分解成多个子问题以及它们的综合。

(3) 决策支持系统详细设计,包括各个子问题的详细设计(数据设计、模型设计和知识设计)和综合设计。数据设计包括数据文件设计和数据库设计,模型设计包括模型算法设计和模型库设计以及模型库管理系统的设计。知识设计包括知识表示设计、推理机设计和知识库管理系统的设计。综合设计包括对各个子问题的综合控制设计。

(4) 各部件编制程序,包括:

① 建立数据库和数据库管理系统;

② 编制模型程序,建立模型库、模型库管理系统;

③ 建立知识库、编制推理机程序以及完成知识库管理系统;

④ 编制综合控制程序(总控程序),由总控程序控制模型的运行和组合,对知识的推理,对数据库数据的存取、计算等处理,并设置人机交互等。

(5) 四大部件集成为决策支持系统,包括解决部件接口问题,由总控程序的运行实现对模型部件、知识部件和数据部件的集成,形成 DSS 系统。

决策支持系统的开发流程如图 3.3 所示。

下面重点对决策支持设计、各部件程序编制和决策支持集成进行说明。

2. 决策支持设计

决策支持设计包括决策支持的初步设计和详细设计。

决策支持系统初步设计完成系统总体设计,进行问题分解和问题综合。对于一个复杂的决策问题,总目标比较大,我们要对问题进行分解,分解成多个子问题并进行功能分析。在系统分解的同时,对各子问题之间的关系以及它们的处理顺序进行问题综合设计。

对各子问题要进行模型设计,首先要考虑是建立新模型还是选用已有的模型。对于某些新问题,在选用现有的已成功的模型都不能解决的情况下,就要重新建立模型。对于选用已有的成功的模型,是采用单模型还是采用多模型的组合,这需要根据实际问题而定。对于数量化比较明确的决策问题,可以采用定量的数学模型。对于数量化不明确的决策问题,应该采用知识设计,选定知识表示形式,进行知识获取,建立知识库并完成知识库管理系统(选用有关工具或自行编制程序)。

对于比较单一的决策问题可以采用定量模型或定性知识推理来加以解决。对于复杂的决策问题需要把定量模型计算和定性知识推理结合起来。

对各子问题还要进行数据设计,主要考虑到两个方面:

(1) 数据满足辅助决策的要求。例如,综合数据或者对比数据等给决策者建立一种总的概念或提供某个特定要求的数据。

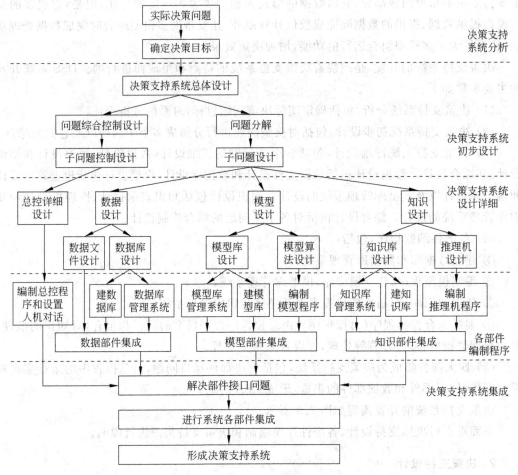

图 3.3　决策支持系统的开发流程

（2）为模型计算提供所需要的数据。这需要和模型设计结合起来考虑，特别是多模型的组合，模型之间的联系一般是通过数据的传递来完成的，即一个模型的输出数据是另一个模型的输入数据。

决策支持系统详细设计包括各子问题的详细设计，具体是对数据、模型和知识进行详细设计，问题综合的详细设计需要对决策支持系统总体流程进行详细设计。

对模型的详细设计包括模型算法设计和模型库设计。模型库不同于数据库，模型库是由模型程序文件组成的。模型程序文件包括源程序文件和目标程序文件。为便于对模型的说明，可以增加模型数据说明文件（对模型的变量数据以及输入输出数据进行说明）和模型说明文件（对模型的功能、模型的数学方程以及解法进行说明）。对于模型的这些文件如何组织和存储是模型库设计的主要任务。对于数学模型一般是以数学方程的形式表示。如何在计算机上实现，需要对模型方程提出算法设计，算法设计必须设计好它的数据结构（如堆栈、队列、链表、矩阵、文件等数据结构形式）和方程求解算法（数值计算方法）。计算机算法涉及计算误差、收敛性以及计算复杂性等有关问题。模型在设计了有效的算法后，才能利用计算机语言编制计算机程序，在计算机上实现。

对知识的详细设计包括确定知识表示形式,知识获取一般由知识工程师从领域专家那里获取。知识获取是比较困难的过程,一般采用启发式知识获取工具,从目标开始按知识树的结构,由"结论"向下获取"条件",逐层向下直到知识树的叶结点。尽量得到多棵知识树,从而完成全部知识获取。对知识的推理机实际上是对知识树的深度优先搜索。

3．各部件编制程序

编制程序阶段,决策支持系统 4 大部件要进行不同的处理。

1）数据部件的处理

数据部件中数据库管理系统,一般选用已成熟的软件产品。在选定数据库管理系统以后,针对具体的实际问题,需要建立数据库。建立数据库一般包括创建数据库结构和输入实际数据。对数据部件的集成主要体现在实际数据库和数据库管理系统的统一。利用数据库管理系统提供的语言,建立有关数据库查询、修改的数据处理程序。

2）模型部件的处理

模型部件中编制程序的重点是模型库管理系统。模型库管理系统现在没有成熟的软件,需要自行设计并进行程序开发。模型库的组织和存储,一般由模型字典和模型文件组成。模型库管理系统就是对模型字典和模型文件的有效管理,它是对模型的建立、查询、维护和运用等功能进行集中管理和控制的系统。

开发模型库管理系统时,首先设计模型库的结构,再设计模型库管理语言,由该语言来实现模型库管理系统的各种功能。模型库管理语言的作用类似于数据库管理语言,但是模型库语言的工作比数据库语言更复杂,它要实现对模型文件和模型字典的统一管理和处理。模型主要以计算机程序形式完成模型的计算,利用计算机语言(如 C、PASCAL 等语言)对模型的算法编制程序。模型部件的集成,主要体现在模型库和模型库管理系统的统一。

3）知识部件的处理

知识部件需要建立知识库、编制推理机程序和开发知识库管理系统。在知识获取以后,按照知识规范表示形式,建立知识库。知识库中除领域知识以外还需要增加元知识,帮助推理机从目标开始搜索到叶结点,向用户提问。对多知识树还需进行元知识的推理,来完成从一棵知识树转到另一棵知识树的推理。推理机的原理是在知识树中进行深度优先搜索,由于知识树在理论上把相关知识连接在一起,便于人的理解。在实际上不需要建立知识树,而是在编程序时建一个规则栈,利用进栈、退栈的方法完成虚拟的知识树的深度优先搜索。知识库管理系统类似于数据库管理系统,可以自行设计和完成。

4）综合部件处理

编制决策支持系统总控程序是按总控详细流程图,选用合适的计算机语言,或者自行设计决策支持系统语言来编制程序。作为决策支持系统总控的计算机语言,需要有数值计算、数据处理、模型调用、知识推理调用等多种能力。目前的计算机语言还不具备这样多种综合能力,但可以利用功能较强的 C++语言作为宿主语言增加在决策支持系统中不足的功能(如数据处理以及模型调用和知识推理调用等)。要使总控程序能有效地编制完成,可以采用自行设计决策支持系统语言来实现决策支持系统总控的作用。

4. 决策支持系统集成

决策支持系统的4大部件集成,首先要解决4大部件之间的接口问题,然后对4大部件进行集成,最后形成决策支持系统。

1) 接口

最基本的接口是模型对数据库中数据的存取接口。模型程序一般是由数值计算语言,如C、PASCAL等来编制的,它不具备对数据库的操作功能。数据库语言适合数据处理而不适合数值计算,故它不便用来编制有大量数值计算的模型程序。数值语言编制的模型程序所使用的数据通常是自带数据文件的形式。在决策支持系统中要求数据有通用性(即多个模型共同使用),数据放入模型程序的自带数据文件中就不合适了。应该把所有数据都放入数据库中,便于数据的统一管理。在这种要求下,就需要解决模型和数据库的接口问题,也就是说,数值计算语言具有对数据库操作的能力,目前接口语言有ODBC、JDBC、ADO等。

第二个接口是总控程序对数据库的接口。总控程序有时需要直接对数据库中的数据进行存取操作,这个接口和模型与数据的接口处理方法相同。

第三个接口问题是总控程序对模型的调用。根据总控程序的需要,随时要调用模型库中某些模型的程序。由于模型库的存储组织结构形式,实际上总控程序对模型程序的调用需要通过模型字典作桥梁,再调用模型执行程序文件。

第四个接口是总控程序对知识推理的接口。知识推理部件是单独编制程序的,当知识推理部件采用的语言和总控程序采用的语言是一致时,就可以直接调用。若采用是不同的语言时,就存在两种语言的接口问题,如知识部件采用市场中的工具,它的语言往往与总控程序语言是不同的。没有解决好这个接口问题,此知识工具就无法调用。

2) 集成问题

4大部件的集成就是把4个部件有机地结合起来,按决策支持系统的总体要求有条不紊地运行。在解决了4个部件之间的接口后,如何有机集成? 这主要反映在决策支持系统的总控程序上,它是集成4部件有机运行的核心。决策支持系统总控程序是由决策支持系统语言来完成的,决策支持系统语言是一种集成语言,它必须具备几个基本功能: 人机交互能力、数值计算能力、数据处理能力、模型调用能力、知识推理调用能力。目前各类计算机中还未配备这种多功能的决策支持系统语言。自行设计决策支持系统语言,将把这几种能力集成为一体,将有效地完成决策支持系统的集成。

这样工作量比较大,要设计一套决策支持系统语言,就需要有一套完整的编译程序,把它的源程序编译成目标程序,让计算机运行。虽然这种途径工作量较大,但这是一种有效地完成决策支持系统的途径;还有一种途径是利用目前的计算机语言,比较好的语言有C++等语言,它的人机交互能力、数值计算能力、模型调用能力、知识推理调用能力都比较强,对数据处理时需要通过接口语言,如ADO等,才能完成决策支持系统总控程序的功能,形成决策支持系统。

3) 利用决策支持系统集成语言编制决策支持系统总控程序

对模型库系统(模型库和模型库管理系统)、知识库系统(知识库、推理机和知识库管理系统)和数据库系统(数据库和数据库管理系统)要同时建成。这时利用决策支持系统集成语言编制决策支持系统总控程序,对模型库系统、知识库系统、数据库系统进行联合调试和运行。在调试中发现问题并给予解决,最终形成完整的决策支持系统。

3.1.5　决策支持系统实例

　　一个产品是多种原料(x_i)按一定的比例配方融合而成的,生产出来的产品具有各种性能(y_j)。若对产品的性能提出一定的约束要求(如 $y_j < \, > b_j$),如何去进行原料配方,使生产出的产品能满足性能要求呢?

　　如果性能与原料之间有明确的函数关系:

$$y_j = f(x_i)$$

就可以用求反函数的方法,从性能的约束去求计算出原料的配方,即

$$x_i = f^{-1}(y_j)$$

如果性能与原料之间的关系是未知的,就无法从性能的约束得出原料的配方。

　　下面通过一个橡胶产品的研制过程来说明该决策问题的求解。

　　橡胶产品的研制是通过对橡胶 3 种原料,各以不同的数量进行配方后做成产品,然后对产品进行性能测试,测试 9 种性能的数据。若要设计新产品,对 9 种性能有一定的指标要求,3 种原料如何配方呢? 由于不清楚原料与性能之间的内部本质联系,一般的做法只能是凭经验配方,制成产品后进行测试,不合格时,再配方,再测试……这样反复地、大量地试验,凑出符合要求的产品。这自然要消耗大量的物资、经费和时间,这是一个非结构化决策问题。

　　对该非结构化决策问题我们设计了两个数学模型进行组合的决策方案,即利用一定数量产品的实际测试结果,用多元线性回归模型来找出各性能与原料之间的内部规律,得出回归方程式。然后利用多目标规划模型,按新产品对各性能的约束条件,计算出新产品 3 种原料的配方数据。

　　这个方案是用半结构化决策去近似解决该非结构化问题。如果该方案计算出的橡胶配方数据,在做成产品后不能满足新产品性能约束要求时,将该新产品数据加入产品数据库中,重新进行该方案的计算。由于新产品性能数据比较接近所需产品的性能要求,通过多元线性回归后的方程式,将会更真实反映性能与原料之间的关系。这样,反复多次进行该方案的计算,就会找到满足产品性能需求的橡胶配方数据。

　　解决该决策问题的方案示意图如图 3.4 所示。

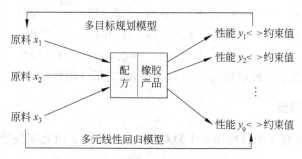

图 3.4　橡胶配方决策问题方案示意图

1. 多元线性回归模型

在产品数据库中,每个产品的数据包括不同的 3 种原料配方值以及对产品测得的 9 项

性能值,见表 3.1。

表 3.1　产品数据库

序号	产品	1	2	3	4	5	6	7	8	9	10	11	12	13
1	原料 x_1	50	90	50	90	50	90	50	90	36.3	103.6	70	70	70
2	原料 x_2	10	10	25	25	10	10	25	25	17.5	17.5	17.5	17.5	17.5
3	原料 x_3	0.55	0.55	0.55	0.55	1.95	1.95	1.95	1.95	1.25	1.25	0.07	2.42	1.25
4	性能 y_1	124	150	123	160	170	192	162	186	140	160.4	106.5	225	206.2
5	性能 y_2	543	500	563	526	351	300	372	336	760	200	662	306	375
6	性能 y_3	18	16	21	17	5	5	4	7.6	6	32	2	8	
7	性能 y_4	49	72	50	70	54	80	50	75	49	88	52	72	68
8	性能 y_5	1.02	0.9	1.05	1.01	0.91	0.91	0.9	0.89	0.80	0.807	1.16	0.67	0.86
9	性能 y_6	62	84	80	78	63	82	84	78	43	114	76	77	78
10	性能 y_7	32.2	31.1	33.4	32.2	18.1	17.2	19	17.3	28.4	19.2	52	15.25	23.15
11	性能 y_8	−1.4	−1.5	−1.3	−1.1	−3.9	−4	−3.6	−3.8	−1	−4.2	−4.2	−6	−3.6
12	性能 y_9	40	41	46	45	41	40	45	44	45	40	42	40	41

利用产品数据库,进行多元回归模型的计算,即通过最小二乘原理得到性能和原料间的回归方程式。

多元回归方程式(性能和原料间的关系)为

$$y_1 = 0.525x_1 - 0.083x_2 + 36.864x_3 + 80.608$$
$$y_2 = -4.060x_1 + 1.717x_2 - 143.652x_3 + 879.287$$
$$y_3 = -0.035x_1 + 0.083x_2 - 11.047x_3 + 25.942$$
$$y_4 = 0.584x_1 - 0.167x_2 + 5.406x_3 + 19.051$$
$$y_5 = -0.001x_1 + 0.002x_2 - 0.125x_3 + 1.079$$
$$y_6 = 0.558x_1 + 0.483x_2 + 0.491x_3 + 28.723$$
$$y_7 = -0.075x_1 + 0.055x_2 - 12.478x_3 + 45.881$$
$$y_8 = -0.020x_1 + 0.017x_2 - 1.361x_3 - 0.206$$
$$y_9 = -0.038x_1 + 0.300x_2 - 0.559x_3 + 40.424$$

其中,$x_i(i=1,2,3)$表示 3 种原料;$y_i(i=1,2,\cdots,9)$表示 9 项性能。

2. 多目标规划模型

多目标规划模型有 3 个目标即 3 个原料值,约束方程是用九项性能的回归方程构成的(3 个原料是变量)。

约束方程中的约束值由如下方法确定:

每个性能值按新产品要求,设定一个指标值要求。如对 y_1 性能的指标值为

$$y_1 = 0.525x_1 - 0.083x_2 + 36.864x_3 + 80.608 \geqslant 170$$

在多目标规划模型中的约束方程为

$$0.525x_1 - 0.083x_2 + 36.864x_3 \geqslant 89.392$$

约束方程中的约束值(83.428)是由给定对该性能的约束值(170)减去回归方程中的常数值(86.571)而求出的值。约束方程的优先级由人给定。

3 个目标(即 3 个原料)对应于 3 个变量(也即 3 个原料)的系数矩阵为单位矩阵。3 个目标也给出约束值,其优先级别是由人给定。多目标规划数据库如表 3.2 所示。

表 3.2　多目标规划数据库

说明	原料 x_1	原料 x_2	原料 x_3	约束符	约束值	级别	优化结果
性能 y_1	0.525	−0.083	36.864	>=	89.392	3	93.8717
性能 y_2	−4.06	1.717	−143.652	>=	−479.287	3	−433.1143
性能 y_3	−0.035	0.083	−10.047	>=	−21.942	2	−20.4970
性能 y_4	0.584	−0.167	5.406	>=	30.949	3	35.6007
性能 y_5	−0.001	0.002	−0.125	=<	−0.179	1	−0.2185
性能 y_6	0.558	0.483	0.491	>=	41.277		41.2772
性能 y_7	−0.075	0.055	−12.478	=<	−25.881	1	−25.8810
性能 y_8	−0.02	0.017	−1.361	=<	0.206		−3.1806
性能 y_9	−0.038	0.3	−0.559	>=	−0.424	2	4.5165
原料 x_1	1.000	0.000	0.000	=<	90.000	1	50.6688
原料 x_2	0.000	1.000	0.000	=<	25.000	1	25.0000
原料 x_3	0.000	0.000	1.000	=<	2.000	1	1.8817

通过多目标规划模型的运算将得到 9 个性能和 3 个原料的具体目标值。

经过两个模型的联合运行后,得到的新产品原料配方数据:

$$x_1 = 50.6688, \quad x_2 = 25.0000, \quad x_3 = 1.8817$$

它很接近实际要求。按这个配方数据做成产品,测试性能,若只有较小的偏差,我们可以利用修改某个约束条件,重算多目标规划模型,达到原料配方与性能的小改变。若新产品还有不足,就将该次试验产品数据加入以前的产品数据库中。重新进行两个模型的组合方案的计算。经过几次该方案的反复计算,将会很快逼近符合要求的解(满足性能要求的橡胶配方产品)。

3. 两个模型间的数据关系

从上面两个模型的关系可见:

(1)多目标规划数据库中的约束方程系数来自于多元线性回归模型求出的性能与原料间的回归方程系数。

(2)多目标规划数据库中的性能约束值是通过计算而来,即

约束方程的约束值＝对新产品性能设定的约束值−该性能方程式中的常数

(3)约束方程中的约束符与优先级别是人为设定的。

(4)目标方程的约束值与约束符也是人为设定的。

可见,多元线性回归模型的输出数据(回归方程式)要经过变换(约束值的计算)后才能成为多目标规划模型的输入数据。

4. 决策支持系统运行结构图

我们把模型设计、数据库设计、总控程序设计结合起来,画出该问题的决策支持系统运行结构图(见图 3.5)。

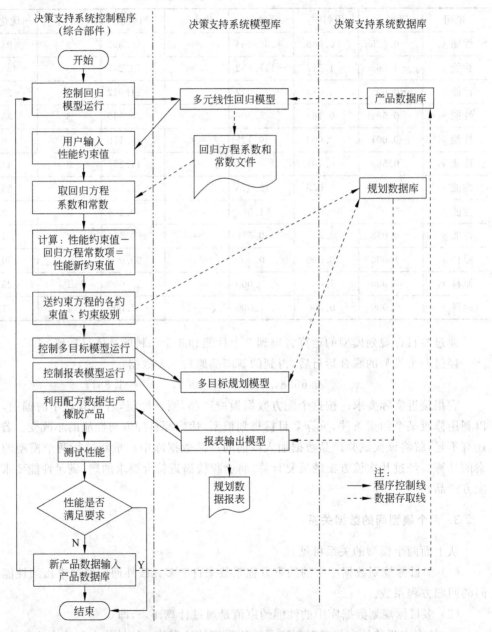

图 3.5　橡胶配方决策支持系统运行结构图

从该决策支持系统运行结构图可见,决策支持系统控制程序将多个不同语言编制的模型程序(两个数学模型用 C 语言编制,报表模型用数据库语言编制)进行组合,直接存取数据库数据,本身进行数值计算和人机交互形成辅助决策的综合集成体。它反映了决策支持系统程序结构的特点。

从决策支持系统总控程序的设计中可知它要完成的工作如下:

(1) 控制模型程序的运行;

(2) 存取数据库的数据;

(3) 进行数据处理;

(4) 进行数值计算;

(5) 完成人机交互。

总控程序虽然只起控制作用,但它具有的功能却要求很高,即它既要有数值计算能力又要有数据处理能力,还需要有很强的人机交互能力。它要达到集成模型部件、数据部件以及人机交互形成决策支持系统的作用。

5. 该方案的决策支持

由于该方案是利用 3 个模型组合的方案,试探性解决非结构化决策问题。该方案属于半结构化决策问题,利用了多元线性回归模型和多目标规划模型两个结构化数学模型的组合,它们的组合方案只是近似地解决实际决策问题,还需通过多次方案计算才能逼近非结构化决策问题的解。

3.2 网络环境的决策支持系统

在决策支持系统发展中,提出过群决策支持系统(group decision support system,GDSS)、分布式决策支持系统(distributed decision support system,DDSS)、基于 Agent 的决策支持系统(agent-based decision support system)等,它们都是网络环境的决策支持系统(Net-DSS)。

计算机网络的初期主要实现远距离的数据传输。现在的计算机网络除了实现数据传输外,主要能够提供网络上大量的共享资源,为用户服务。这样决策资源(数据、模型、知识等)在网络上,可以不必自己来开发,而是利用网络上已经有的决策资源来开发决策支持系统。这极大地简化和方便了决策支持系统的开发和应用。

网络环境的决策支持系统(Net-DSS),它已经成为决策支持系统发展的重要阶段。

3.2.1 网络环境的决策支持系统概述

1. 客户/服务器(Client/Server,C/S)

计算机联网可以使得某些服务在服务器系统上执行,而在客户机上可以执行其他工作。这种工作任务的划分,形成了客户机/服务器系统,服务器可以同时为多台客户机提供应用服务。

客户端软件一般是用户的应用程序。服务器端软件一般是实用的数据库系统。在实际应用中多数服务器就是一台数据库服务器(如 SQL Server、DB2、Oracle 等数据库)。客户端是由客户编写的软件,通过 ODBC 或 ADO 接口软件,同数据库服务器通信。组成一个应用系统。

在典型的 C/S 数据库应用中,数据的存储管理功能,是由服务器程序独立进行的。在客户服务器架构的应用中,前台程序可以变得非常"瘦小",麻烦的事情都交给了服务器和网络。在 C/S 体系下,数据库真正变成了公共、专业化的仓库,受到独立的专门管理。

客户机/服务器系统有 3 个主要部件:数据库服务器、客户应用程序和网络。

(1) 客户端应用程序。它的主要任务是提供用户与数据库交互的界面;向数据库服务器提交用户请求并接收来自数据库服务器的信息;利用客户应用程序执行各种应用需求。

(2) 数据库服务器。服务器负责有效地管理服务器中的资源,其任务是数据库安全性的要求;数据库访问并发性的控制;数据库的备份与恢复。

(3) 网络。网络通信软件的主要作用是,完成数据库服务器和客户应用程序之间的数据传输。

2. 浏览器/服务器(Browser/Server,B/S)

在当前 Internet/Intranet 领域,"浏览器/服务器"结构是当前非常流行的客户机/服务器结构,简称 B/S 结构。

Web 浏览器是在计算机屏幕上生成基于超媒体的菜单,作为访问 Web 的图形界面。菜单由含有超文本链接的图片、标题和文本组成。能使用户连入包含文本文档、图形、声音文件的因特网资源。当用户选择从一个文档转移到另一个文档时,可能在因特网上的计算机之间跳来跳去,但用户却无须知道这些,因为 Web 处理了所有的链接。Web 浏览器只利用鼠标单击某个词语或某个图形按钮,用户就会毫不费力地迅速访问到世界各地的计算机。

B/S 结构对用户的技术要求比较低,对前端机的配置要求也较低,而且界面丰富、浏览器维护量小、程序分发简单、更新维护方便。它容易进行跨平台布置,容易在局域网与广域网之间进行协调,尤其适合信息发布类应用。

但是,B/S 结构也有不足,在客户端对大量数据进行深层次分析、汇总、批量输入输出、批量更改的工作等就会出现困难,尤其更难实现图形图像等复杂应用,需要与本地资源(如调用本地的其他应用程序等)进行交互的操作极不方便,不太适用于基于流程类的工作,而 C/S 更适用于流程类的工作。

C/S 和 B/S 各有优缺点,发展趋势是走向 B/S 和 C/S 的结合。

3.2.2　网络环境的智能决策支持系统

智能决策支持系统中辅助决策的资源有数据资源、模型资源和知识资源。它们是智能决策支持系统的共享资源。把这些共享资源分别放在服务器上,为客户机提供服务。

在网络环境中类似于数据库服务器,建立模型服务器(或称模型库服务器)。对于大量的知识,在网络上需要建立知识服务器提供知识服务,知识以定性方式通过推理机辅助决策。

定性与定量相结合而形成的智能决策支持系统,也称传统决策支持系统。在网络上是以模型服务器和知识服务器作为共享决策资源,在客户机上按用户的决策问题需求,编制总控程序,通过网络连接模型服务器中的模型计算和知识服务器中的知识推理,从而形成网络环境的传统决策支持系统。

1. 网络环境的智能决策支持系统结构

　　数据库服务器是在单用户的数据库系统(数据库管理系统(DBMS)＋数据库(DB))的基础上增加网络通信、通信协议、并发控制以及安全机制等服务器功能而形成的。

　　模型服务器同样是在模型库系统(模型库管理系统(MBMS)＋模型库(MB))的基础上,增加网络通信、通信协议、并发控制以及安全机制等服务器功能而形成的。

　　知识服务器的组成是在知识库管理系统(KBMS)、知识库(KB)、推理机(inference engine)的基础上,增加网络通信、通信协议、并发控制以及安全机制等服务器功能而形成的。

　　从模型库系统(MBMS＋MB)发展成模型服务器,从知识库系统(KBMS＋KB)与推理机发展成知识服务器,这是一个质的变化,将极大地提高模型和知识的共享性,它使模型和知识这两种决策资源在网络上提供远程服务和多用户并发服务。

　　网络环境的智能决策支持系统结构如图 3.6 所示。

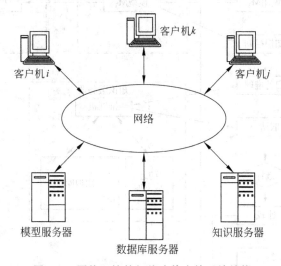

图 3.6　网络环境的智能决策支持系统结构

　　模型服务器向用户提供各种模型的服务。由于模型是一个运行程序,它需要在数据的支持下完成模型的运算,这些模型需要调用数据库服务器存取数据,在模型服务器内完成模型运算,这些模型服务器相对数据库服务器来说是客户端。当模型运算出结果后为用户提供辅助决策信息时,它起到服务器的作用。这种关系形成了 3 层客户/服务器结构。

　　知识服务器与客户机的关系是两层 C/S 结构,知识服务器中知识库是主体,知识库管理系统与推理机是知识库的上层,同在知识服务器中。

　　作为综合部件的客户端,既要利用模型服务器中的模型提供服务,也要利用数据库服务器中的数据提供服务。这种在网络环境下形成的决策支持系统结构,既具有客户/模型/数据 3 层 C/S 结构,也有客户/数据两层 C/S 结构,这种组合是一种三角形的 C/S 结构形式,模型服务器、数据库服务器和知识服务器,同客户机组合而形成的网络环境的决策支持系统是单机决策支持系统的质的提高,形成了远程的并发决策支持系统。

2. 网络环境的智能决策支持系统运行方式

对于网络环境的决策支持系统既要利用模型服务器中的模型的数值计算,也要利用知识服务器的知识推理。对于这二者不同方式的处理结果的统一,可以采用定性与定量进行比较的形式,或者采用定性与定量进行综合的形式,以得到更合理的结论。

网络环境的智能决策支持系统运行方式如图 3.7 所示(实线是程序控制线,虚线是数据传输线)。

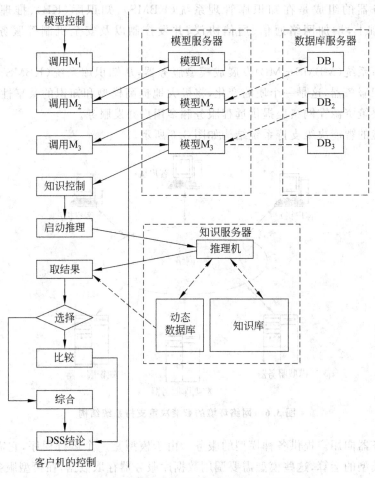

图 3.7   网络环境的智能决策支持系统运行方式

3.2.3   基于客户/服务器的决策支持系统开发平台

1. CS-DSSP 平台结构

基于客户/服务器的决策支持系统快速开发平台(Client/Server-Decision Support System Platform,CS DSSP)是我们研制的 3 层客户/服务器(C/S/S)结构的网络环境决策支持系统开发平台。

该平台由客户端交互控制系统、广义模型服务器、数据库服务器三者组成,系统结构图如图 3.8 所示。其中广义模型服务器包括算法库、模型库、知识库、方案库、实例库等,通过统一的库管理系统进行管理。这些库提供各种通用算法、模型、知识以及若干方案和实例,它们是共享资源,是解决实际问题的基础,我们在这里定义的模型是算法和数据的组合。数据库服务器存放各类实际问题的共享数据。客户端交互控制系统提供开发实际问题的可视化系统开发工具以及对广义模型服务器和数据库服务器的操作等。

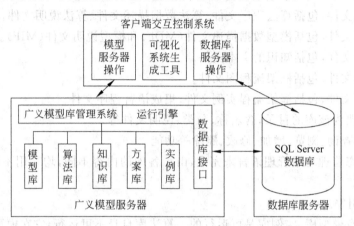

图 3.8 基于 C/S 的决策支持系统平台 CS-DSSP 结构图

实际问题的决策支持系统(DSS)是多模型的组合系统,其模型种类除数学模型以外,还包括数据处理模型、图形图像及多媒体的人机交互模型等,其中数据处理模型和人机交互模型是连接多个数学模型的桥梁。

基于 C/S 决策支持系统快速开发平台(CS-DSSP)能快速开发出实际问题的基于 C/S 决策支持系统(DSS)的多个方案,通过这些方案的计算将为决策者提供更多的辅助决策信息。

我们利用 CS-DSSP 平台已成功地开发了"全国农业投资空间决策支持系统"等实例。

1) 客户端交互控制系统

客户端交互控制系统由 3 部分组成。

(1) 可视化系统生成工具。

可视化生成工具用于制作实际问题的系统控制流程。通过各种图标(模块、选择、循环、并行、合并等)能迅速编制应用系统的控制流程,从而形成实际问题的系统方案。这种控制流程可以方便地进行修改,形成实际问题的多种方案。

(2) 模型服务器操作。

从客户端对广义模型服务器中各库(模型库、算法库、知识库、方案库、实例库)进行各种管理功能和运行操作,如浏览、查询、增加、修改、删除、运行等操作。

(3) 数据库服务器操作。

从客户端对数据库服务器中各数据库进行数据存取操作,如浏览、查询、增加、修改、删除、保存等操作。

2) 广义模型服务器

广义模型服务器是由模型库、算法库、知识库、方案库、实例库五个库组成。广义模型服务器的功能是由 3 部分组成。

(1) 各库的统一管理。

各库统一管理主要是静态管理,包括各库的存储、查询、浏览、增加、删除、修改。

① 存储结构。

各库的存储结构统一为文件库+字典库。

各库的文件为:

- 算法库文件,包括算法程序文件、算法数据描述文件、算法说明文件。
- 模型库文件,包括模型数据描述文件(MDF)和模型说明文件(MIF)。
- 知识库文件,包括知识的文本文件。
- 方案库文件,包括框架流程图文件。
- 实例库文件,包括框架流程实例文件、集成语言程序文件。

各库的字典为该库的目录,含名称、分类、说明文件等。

② 各库的查询、浏览、增加、修改、删除等功能。

各库的静态管理均用管理语言来完成,由于各库的内容不同,均采用不同的语句,统一在管理语言中。

(2) 运行引擎。

各库中只有模型库、实例库是可运行的。算法库自身不可运行,它在模型中连接上数据库后作为模型运行。方案库是框架流程图文件,是系统流程的说明,不可运行,它实例化以后作为实例运行。知识库是推理机的知识资源。

① 模型运行:由于每个模型已将算法程序和数据库连接好,通过运行命令来完成模型的运行。

② 实例运行:由于实例是方案(由框架和箭头流向组成)的实例化,通过实例解释程序完成它的运行。

③ 知识推理:知识是在推理机下进行搜索和匹配,完成专家系统的知识推理。

(3) 数据库接口。

模型运行需要存取数据库服务器中的数据,这是需要通过数据库接口来完成的。广义模型服务器的数据库接口统一为 ODBC 商品软件。

3) 基于 C/S 的数据库服务器

数据库服务器选用 SQL Server 商品数据库管理系统。

4) 3 层 C/S/S 结构

客户机是一种单用户机,服务器一般是用于提供共享资源的多用户处理机,客户机/服务器结构可以由异种机(使用不同操作系统的计算机)构成。它们之间的通信是通过严密定义的网络通信协议、应用程序接口(API)和远程调用实现的。这种模式将功能很强的数据库管理系统和应用软件等信息资源分布在多个客户机和服务器上,当需要执行一个应用时,客户机/服务器模式将这个单一的应用分解为可在网络上协调操作的独立模块,并将这些独立组块分派到客户机和服务器上,客户机一般负责与用户交互,承担绝大部分显示和逻辑处理工作,服务器则负责存储和管理共享资源并响应客户机的请求。当用户在客户机上运行应用程序需要某种资源服务时,客户机向服务器发出请求,服务器根据用户请求完成处理后,再把处理结果或有关数据传回客户机,由客户机完成后继处理。

在客户端编制实际问题的 DSS 控制流程(框架),它调用广义模型服务器中的有关模型、算法、知识等。同时存取数据库服务器中的数据,而模型在运行中也要调用数据库服务器中的数据。

2. CS-DSSP 平台功能和 DSS 运行

1) CS-DSSP 平台功能

基于 C/S 的决策支持系统平台(CS-DSSP)能够快速地开发实际问题的决策支持系统(DSS)。为开发 DSS、CS-DSSP 平台的广义模型服务器提供了大量的通用的算法、模型、知识以及有关的方案和实例。它们是组成各类实际问题 DSS 的基本组合块(共享资源)。同时,广义模型服务器也为创建新的算法、模型、知识、方案、实例提供了支持。数据库服务器是存放大量共享数据资源的场所。

CS-DSSP 平台的系统生成工具能够根据用户对实际问题的处理流程生成可视化框架流程,既便利用户理解,也便于方案的修改,这是提高辅助决策的有效方式。

为了使系统方案迅速变成可执行的系统,CS-DSSP 平台提供了细化框架(将大框架细化成更详细的组合小框架)成"主、子"框架流程结构和框架的实例化过程(将每个框连接上相应的模型,即选择合适的算法,连接上相应的数据)。这样,系统方案就变成可执行的实例。

实例中各框架连接的模型将是广义模型服务器的模型库中的模型,模型中的算法是算法库中的算法,模型中连接的数据将是数据库服务器中的数据库。实例是客户端的框架(控制)流程和模型服务器的模型以及数据库服务器中数据的综合集成体。其中模型和数据是组合件,框架流程是集成件。

基于 C/S 的决策支持系统开发平台(CS-DSSP)开发的决策支持系统(DSS)是多模型组合的系统,其中单模型是通过反复调试得到的合适模型,模型的组合是通过系统控制流程和集成语言程序连接算法和数据来完成的。

基于 C/S 的决策支持系统开发平台(CS-DSSP)开发的决策支持系统(DSS)能够快速地实现方案改变。方案的改变,一种是对系统框架流程中某框的改变,即改变该框的模型,其中包括对算法的改变,或者对数据的改变,或者算法、数据都改变;另一种是改变框架处理流程。CS-DSSP 平台提供的可视化系统生成工具以及框架流程细化和实例化过程能达到系统方案的快速改变。

CS-DSSP 平台的客户端主要用于生成实际问题的 DSS 控制流程(框架)和 DSS 的运行。CS-DSSP 平台同时提供客户端对广义模型服务器的操作以及客户端对数据库服务器的操作,这些操作是基于客户端对两个服务器的 C/S 方式进行的。

(1) 客户端对广义模型服务器的操作。

从图 3.8 CS-DSSP 结构可见,客户端对广义模型服务器的操作有两种形式:对广义模型的管理操作和对广义模型的运行。

对广义模型的管理操作是通过广义模型库管理系统,即管理语言来完成。对广义模型的运行操作是通过运行引擎,即运行语言来完成的。其中运行广义模型时,对数据库的操作是通过数据库接口 ODBC 来完成的。

(2) 客户端对数据库服务器的操作。

客户端对数据库的操作是通过 SQL Server 软件完成的。

2) 实际问题的 DSS 系统的运行

(1) DSS 的运行结构。

基于 C/S 的决策支持系统平台(CS-DSSP)能够快速地开发实际问题的决策支持系统 DSS,实际问题的决策支持系统是由系统控制流程、多模型组合和大量共享数据库存取三者组成,如图 3.9 所示。

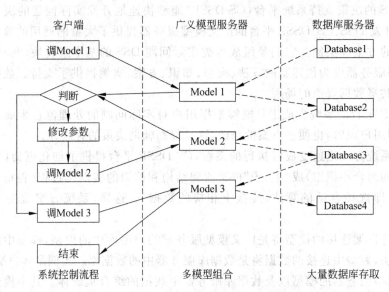

图 3.9　基于客户/服务器的决策支持系统 DSS 运行结构

(2) DSS 的运行机制。

① 框架流程的运行机制。

由 CS-DSSP 平台的可视化系统生成工具,对实际问题生成的系统方案是一种框架控制流程。其中每个框架连接相应的模型(模型库中),模型又连接相应的算法(算法库中)和所需要的输入输出数据(数据库中)。框架流程运行机制是从框架的运行进入模型的运行以及数据库的数据存取。

我们研制了框架流程的解释程序,通过该解释程序对框架流程进行解释,实现实际问题的 DSS 的运行,这种运行机制是一种可视化运行机制,用户可直观地通过框架看到整个系统的运行过程。某框架在运行时,该框架将改变颜色,并显示该框架对应模型正在运行。系统按流程运行框架。

② 集成语言程序运行机制。

我们设计了一套决策支持系统集成语言和该语言的解释程序。

在框架流程实例化过程中,对框架中的各框将自动生成集成语言的语句,各框架连接的模型将转换成模型的调用语句,框架的分支、循环结构转换成模型的选择、循环结构。整个框架流程实例化后,自动生成集成语言程序。该集成语言程序等价于框架控制流程。集成语言程序的运行是通过集成语言解释程序来解释执行的。

这是我们按快速原型法的原理研制的。

3. CS-DSSP 平台的决策支持方式

CS-DSSP 平台开发实际决策支持系统在下面三个方面提供决策支持。

1) 单模型生成

对实际问题的子问题建立模型时,是需要进行反复调试的。模型生成首先需要选择合适的算法,再确定参数,建立数据文件和数据库,这样该模型已实例化了,通过运行该模型并对其结果进行分析,在不合理时,需要调整模型,如修改参数、更换算法等,直到该模型的计算结果合理为止。

2) 建立多模型组合的决策支持系统

实际问题的 DSS 系统是一个多模型组合的系统,模型之间的连接是通过数据来完成的。模型对数据库的存取需要通过接口。多模型组合是一个集成问题,故数据库接口和模型集成技术是建立多模型组合的关键。

多模型组合成决策方案是决策支持系统的辅助决策方式,它扩展了单模型辅助决策能力。

3) 快速生成和改变决策支持系统方案

CS-DSSP 平台既可以生成多模型组合方案的决策支持系统,又能够快速地改变系统方案。当要改变决策支持系统中的模型、算法和数据时,利用可视化系统生成工具,通过快速修改框架流程,可以形成新方案。在新方案实例化以后,就可以运行新方案,得出新方案的辅助决策信息。这是决策支持系统的快速原型开发技术。

CS-DSSP 平台能够有效地实现这三种决策支持方式。

3.2.4　基于客户/服务器的决策支持系统实例

全国农业投资问题的决策支持系统是利用 CS-DSSP 平台开发的。该决策问题的基本要求是:

(1) 投入最少,产出最多;

(2) 不同地区有不同的投资方案;

(3) 各地区除总量不同外,分项分配也应有所不同;

(4) 投资方案必须按省级行政单元下达,以便执行检查。

1. 模型设计

1) 投资区划

农业投资区划的目的就是要将巨大的国土范围分解为一些不同的区域。在区域内部,其自然和社会条件相对一致、差别较小;而区域之间,彼此的差异应尽可能明显。在本系统中,农业投资区划分两级。一级分区以自然条件为基础,根据影响粮食生产的气象因子(气压、湿度、风力、光照、降雨、温度等)将全国分为若干大的一级区。对于每个一级区域,再根据其中各县过去几年的粮食总产水平、变化趋势、稳定程度等参数,进一步分为若干二级区,以区别它们在粮食生产状况上的差异,因地制宜地处理农业投资问题。

农业投资区划模型其核心算法是聚类算法。这种算法根据给定的聚类数目和精度要求,通过样本的不断迭代分类计算,最终使每个样本都纳入一种分类之中。分类结果显示在地图上就形成了一张区划图。它是否合理、能否接受要由用户来决定。如果区划结果不满意,可以输入新的类数并重新进行分类,直到取得满意结果为止。

2) 分区分配

在全国农业投资额一定的情况下,如何把它们合理地分配到每个农业投资区划的二级区里,是一个事关重大的问题。为了确保粮食生产的稳定和提高,本项目采用了如下原则:以往粮食产出多、对全国粮食产量贡献率大的区域,相应给它们的投资也就多;产出少、贡献率小的区域,给予投资也应少一些。因而,各区域所获投资额与其过去对全国粮食产量的贡献率成正比。这样就可以算出各个二级区域应给予的投资数额。考虑到各个区域每年的粮食产量都有所不同,特别是产量的稳定性往往会有很大波动。因而,在计算区域粮食生产贡献率时,使用了多年平均产量及其贡献率来决定投资分配方案。

3) 分项分配

在完成了分区投资分配后,各二级投资区就获得了相应的投资额度。如何合理地使用这些投资额,使它们能够根据各区的不同情况,按一定比例、有效地用于影响粮食生产的诸关键领域,以获得该区和全国最大的粮食产出。这是一个分区分项分配的问题,其意义十分重大。为此,采用了线性规划模型来解决这个问题。首先用全国县级多年的农业统计数据,建立粮食产量与播种面积、灌溉面积、化肥、电力、机械等指标的多元线性回归方程。然后,用这些指标的货币价格转换矩阵,对方程进行货币化的归一化处理,并把它作为依据来设定分项投资分配线性规划的目标函数。

在目标函数确定后,相应的一组约束条件可以根据不同的原则和方法给定。这样,用每一组约束条件都可以经过线性规划运算,产生出一种相应的分项分配方案。如果分区分配方案共有 NF1 种,相对每种分区分配方案的约束条件有 NF2 种,那么总的投资方案数就有 NF=NF1×NF2 种。

4) 评价排序

通过 NF1 个分区分配方案和 $NF2'$ 个分区分项分配方案的组合,可以生成 $NF'=$ $NF1×NF2'$ 个综合的农业投资方案。如何从众多的投资方案中选择出一个或两个适宜的方案来?这就是决策过程的关键所在。它需要在诸多方案评价排序的基础上实现。对于以粮食生产为核心的农业投资决策支持系统来说,除了考虑投入和产出之间的关系外,还要考虑许多其他方面的因素,如投资结构的合理性、分区投资的风险程度、分区粮食供需的状况、粮食生产总体发展趋势以及有关农业的方针政策、市场需求等方面的因素。

2. 数据处理

1) 图形数据文件

(1) 中国分县行政区划图;

(2) 种植制度区划图。

2) 属性数据库

(1) 自然条件数据表(ntrl);

(2) 多年粮食产量数据表(prdct);

(3) 多年农业生产投入数据。

3. 全国农业投资空间决策支持系统

全国农业投资空间决策支持系统是中国科学院遥感应用研究所阎守邕研究员领导的课题组和我们合作,在 CS-DSSP 平台上开发的应用实例。

在农业投资分配决策方案中,分区投资分配条件的设定,主要通过各个二级区划对全国粮食生产的贡献率计算方法的不同而实现;对分区分项投资分配条件的设定,则通过其投资规划的约束条件的改变而实现(具体内容省略)。

全国农业投资空间决策支持系统的框架流程包括 1 个主框架流程,5 个子框架流程("全国区划"、"分区分配"、"分项分配"、"分省分配"与"方案比较")和 2 个细框架流程,共三级 8 个框架流程(具体框架流程图在此省略)。

4. DSS 系统运行方式和结果

全国农业投资空间决策支持系统的框架流程在客户端上直接显示运行,系统运行到哪个框架时,该框架用红色表示,系统的运行直接反映在框架流程上。系统从主框架流程转向子框架流程,当运行到要调用模型程序时,如"一级聚类分区"、"分县时序特征参数计算"、"二级聚类分区"等框架时,系统由客户端通过网络进入广义模型服务器,由指定的模型进入指定的算法程序,调用相应的数据库服务器中数据到模型服务器中进行运行,运行结束后,系统控制权返回客户端该框架流程的下一个框架,此时下一框架变成红色,表明系统已运行到此框架。在客户端可以清楚地了解系统运行状态。表现了很强的可视化程度。

决策支持系统的运行是在客户端上,由系统的框架流程进行控制,通过网络调用模型服务器中的模型,该模型指定的算法程序通过网络存取指定的数据库服务器中的数据到模型服务器中完成模型的运行,运行结束后返回客户端框架流程。

通过方案计算和比较可以选出一个适宜的全国农业分区投资方案之后,再把它转换为分省的分区投资方案。这种投资方案可以用一张分省的分区投资分配表和一组投资分布图来表述(数据和图在此省略)。

3.3 商务智能——基于数据仓库的决策支持系统

3.3.1 商务智能概述

1. 商务智能概念

商务智能(Business Intelligence,BI)概念是由 Garner Group 于 1996 年提出的。商务智能定义为:从商务数据中提取有用的信息和知识,并根据这些信息和知识做出明智的决策。更明确的定义是,商务智能是利用数据仓库(DW)集成大量数据,通过联机分析处理(OLAP)的多维数据分析和数据挖掘(DM)技术提取数据中的信息和知识,帮助企业领导者针对市场变化的环境,做出快速、准确的决策。

可见,商务智能包含了数据仓库(DW)、联机分析处理(OLAP)和数据挖掘(DM)三项新技术。

2. 商务智能与人工智能和计算智能的比较

人工智能(AI)、计算智能(CI)和商务智能(BI)的发展过程分别如下:

人工智能(AI)是 1956 年提出的以符号推理为主体,到 1994 年提出以数值计算为推理的计算智能(CI),再到 1996 年提出的从数据中获取知识进行决策的商务智能(BI)。这是智能技术的不断进步。

可以说,商务智能是在人工智能的基础上发展起来的新的智能技术,其中数据挖掘就是从人工智能中的机器学习中发展起来的。商务智能更明确它是从商务领域中兴起的,但是它可以用于其他领域。

1) AI、CI 和 BI 之间的相同点

它们都能达到一定的智能效果,即获取知识解决随机问题或新问题。

2) AI、CI 和 BI 之间的不同点

它们的知识来源不同,解决问题的方法不同。

AI 是利用机器学习(ML)技术获取知识(如规则),对符号知识进行推理(搜索与匹配)。

CI 是利用仿生技术中的数学模型(神经网络的 MP 模型、遗传算法的三个算子等)通过数值计算,对已知样本进行学习,获取知识(如神经网络权值),再进行分类识别,将在第 4 章中详细讨论。

BI 是用数据仓库(DW)集成大量商业数据,通过联机分析处理(OLAP)进行多维数据分析和数据挖掘(DM)获取知识,帮助决策者制定策略,解决市场中变化问题。

3) BI 与 AI、CI 的联系

AI 的机器学习方法+统计方法+CI 的神经网络方法和遗传算法结合起来,形成 BI 的数据挖掘方法。

“机器学习与数据挖掘”将在第 5 章中详细讨论。

3. 商务智能的决策支持

数据仓库、联机分析处理与数据挖掘组合,能够解决市场环境中随机变化的决策问题。由于市场千变万化,每次需要解决的决策问题都不相同。商业智能所提供的智能手段表现为联机分析处理的任意切片、切块和钻取,以及利用数据挖掘技术所获得的知识。

商务智能能够改进企业决策过程,商务智能的决策支持表现如下:

1) 信息共享

商务智能系统可以实现信息共享,可以迅速找到所需要的数据,进行分析。例如,某公司通过商务智能系统跟踪商品的质量管理,能及时发现问题,而不是一个星期后查阅各种报告来发现问题。

时间的节省以及产品质量的提高,不仅降低了企业的成本,也给公司带来了更多的收入。

2) 实时反馈分析

商务智能的运用能够使员工随时看到工作进展程度,并且了解一个特定的行为对现实目标的效用。如果员工们都能看到自己的行为如何提升或者影响了业绩,那么也就不需要过于复杂的激励体系了。例如,朋斯卡物流公司,司机的激励机制与其驾驶表现如每英里的

耗油量和损耗程度等成本控制方面的因素相关联。

通过商务智能系统,公司的主控计算机就能根据司机出车行驶的里程计算出每加仑汽油能支持的里程数,然后再把数据传输到数据仓库,通过数据仓库就可以分析提高绩效的可能性,即发现汽车保养或司机驾驶习惯作如何调整,来提高业务水平和创造更多的价值。

3) 鼓励用户找出问题的根本原因

通过企业商务智能系统,能够找到某部门业绩糟糕或者出色的根本原因,只要不断地追问"为什么? 为什么?"这个过程。例如每季度的销售情况,对于每个新问题,在分层数据中采取不断地钻取的方法,就能把最根本的原因找出来。

4) 使用主动智能

在数据仓库中设定预警机制,一旦出现超过预警条件的数据,就自动通过电子邮件、传呼、手机等通知用户。这种主动智能使用户及时决断,并采取相应措施。

5) 实时智能

企业采用真正的实时智能,将大大提高运营效率、降低成本、提高服务质量。商务智能系统能实时监控和智能管理运输和物流业务。例如,朋斯卡物流公司能实时跟踪卡车的货物装载量。如果一辆卡车的装载量只有一半,公司根据商务智能系统发出指令让该车调整路线,再装载一些货物。该系统使公司的所有营业收入上升了很多。

3.3.2　数据仓库与联机分析处理

1. 数据仓库

1) 数据仓库概念

数据仓库(Data Warehouse,DW)的概念是由 W. H. Inmon 提出的。他对数据仓库的定义为:数据仓库是面向主题的、集成的、稳定的、不同时间的数据集合,用于支持经营管理中决策制定过程。

从数据仓库的定义可以看出,数据仓库是明确为决策支持服务的,它区别于数据库,数据库是为事务处理服务。

从数据仓库的定义中可以看出数据仓库的特点如下:

(1) 数据仓库是面向主题的。

主题是数据归类的标准,每一个主题基本对应一个宏观的分析领域。例如,保险公司的数据仓库的主题为客户、政策、保险金、索赔等。

(2) 数据仓库是集成的。

数据进入数据仓库之前,必须经过加工与集成。对不同的数据来源进行统一数据结构和编码。统一消除原始数据中的所有矛盾之处,如字段的同名异义、异名同义、单位不统一和字长不一致等。

如保险公司的数据库有汽车保险、生命保险、健康保险、伤亡保险等具体业务的数据库。而数据仓库需要把这些数据库都集成起来,为决策服务。

(3) 数据仓库是稳定的。

数据仓库中包括大量的历史数据。数据经集成进入数据仓库后是极少或根本不更新的。

(4) 数据仓库是随时间变化的。

数据库只包含当前数据,即存储某一时间的正确的有效数据,而数据仓库内的数据存储了5~10年的数据。这样,数据的键码需要包含时间项,这适合决策分析时进行时间趋势分析。

(5) 数据仓库中的数据量很大。

通常数据仓库的数据量为10GB级,相当于一般数据库100MB的100倍,大型数据仓库是一个TB(1000GB)级数据量。

数据仓库中数据量的比重是综合数据和历史数据占2/3,原始数据占1/3。

(6) 数据仓库软硬件要求较高。

① 需要一个巨大的硬件平台;

② 需要一个并行的数据库系统。

2) 数据仓库用于决策分析

随着决策分析的需求扩大,兴起了支持决策的数据仓库。它是以决策主题需求集成多个数据库,重新组织数据结构,统一规范编码,使其有效地完成各种决策分析。

从数据库到数据仓库的演变,体现了以下几点。

(1) 数据库用于事务处理,数据仓库用于决策分析。

事务处理功能单一,数据库完成事务处理的增加、删除、修改、查询等操作。决策分析要求数据较多。数据仓库需要存储更多的数据,它不需要修改数据,它主要提取综合数据的信息和分析预测数据的信息。

(2) 数据库保持事务处理的当前状态,数据仓库既保存过去的数据又保存当前的数据。

数据库中数据随业务的变化,数据一直在更新,总保存当前的数据,如学生数据库。数据仓库中数据不随时间变化而变化,但它保留大量不同时间的数据,即保留历史数据和当前数据。

(3) 数据仓库的数据是大量数据库的集成。

数据仓库的数据不是数据库的简单集成,而是按决策主题,将大量数据库中数据进行重新组织,统一编码进行集成。

如银行数据仓库数据由储蓄数据库、信用卡数据库、贷款数据库等多个数据库按"用户"主题进行重新组织、编码和集成而建立的。

可见,数据仓库的数据量比数据库的数据量大得多。

(4) 对数据库的操作比较明确,操作数据量少;对数据仓库操作不明确,操作数据量大。

一般对数据库的操作都是事先知道的事务处理工作,每次操作(增加、删除、修改、查询)涉及的数据量也小,如一个或几个记录数据。

对数据仓库的操作都是根据当时决策需求临时决定而进行的,如比较两个地区某个商品销售的情况。该操作所涉及的数据量很大,不是几个记录数据,而是两个地区多个商店的某商品的所有销售记录。

3) 数据仓库结构

数据仓库是在原有关系型数据库基础上发展形成的,但不同于数据库系统的组织结构形式,它从原有的业务数据库中获得的基本数据和综合数据被分成一些不同的层次(levels)。一般数据仓库的结构组成如图3.10所示,包括当前基本数据(current detail data)、历史基本数据(older detail data)、轻度综合数据(lightly summarized data)、高度综合数据(highly summarized data)和元数据(meta data)。

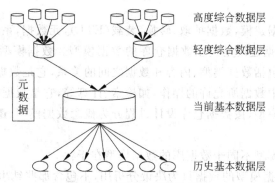

图 3.10 数据仓库结构组成

当前基本数据是最近时期的业务数据,是数据仓库用户最感兴趣的部分,数据量大。当前基本数据随时间的推移,由数据仓库的时间控制机制转为历史基本数据,一般被转存于介质中,如磁带等。轻度综合数据是从当前基本数据中提取出来的,设计这层数据结构时会遇到"综合数据的时间段选取,综合数据包含哪些数据属性和内容"等问题。最高一层是高度综合数据层,这一层的数据十分精练,是一种准决策数据。

整个数据仓库的组织结构是由元数据来组织的,元数据在数据仓库中扮演了重要的角色,它被用在以下几种用途:

(1) 定位数据仓库的目录作用;

(2) 数据从源数据(如数据库)向数据仓库进行抽取、转换、装载到数据仓库的说明;

(3) 指导从当前基本数据到轻度综合数据,轻度综合数据到高度综合数据的综合算法的选择。

例如,当前基本数据层存放的是 2013—2014 年销售细节数据,历史基本数据层存放的 2008—2012 的销售细节数据,轻度综合数据层存放 2013—2014 年的每月销售数据,高度综合数据层存放 2013—2014 年每年销售数据。

4) 数据仓库系统

数据仓库系统由数据仓库(DW)、仓库管理和分析工具 3 部分组成,其结构形式如图 3.11 所示。

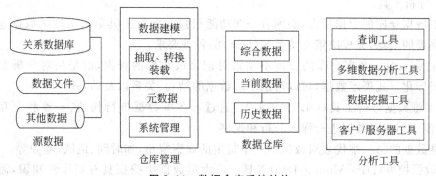

图 3.11 数据仓库系统结构

数据仓库的数据来源于多个数据源。源数据包括企业内部数据、市场调查报告以及各种文档之类的外部数据。

(1) 仓库管理。

仓库管理包括数据建模,数据抽取、转换、装载(ETL),元数据,系统管理等四部分。

① 数据建模。数据建模是建立数据仓库的数据模型。数据模型一般包括数据结构和数据操作。数据结构包括数据类型、内容和数据之间的关系,它是数据模型的静态描述。数据操作是对数据仓库中数据所允许的操作,如检索、计算等,它是数据模型的动态描述。

数据仓库的数据模型,按数据仓库设计过程分为概念数据模型、逻辑数据模型和物理数据模型。

数据仓库的数据模型不同于数据库的数据模型在于:

* 数据仓库的数据模型的数据只为决策分析用,不包含那些纯事务处理的数据。
* 数据仓库的数据模型中增加了时间属性的代码数据。
* 数据仓库的数据模型中增加了一些导出数据,如综合数据等。

数据仓库的数据建模是使建立的物理数据模型能适应决策用户使用的逻辑数据模型。

② 数据抽取、转换、装载(ETL)。

数据仓库中的数据是通过在源数据中抽取的数据,按数据仓库的逻辑数据模型的要求进行数据转换,再按物理数据模型的要求装载到数据仓库中。

数据抽取、转换、装载(ETL)是建立数据仓库的重要步骤,也是一项烦琐、耗时且费劲的工作,需要花费开发数据仓库70%的工作量。

③ 元数据。元数据在数据仓库中扮演了一个新的重要角色。元数据不仅是数据仓库的字典,元数据要指导数据的抽取、转换、装载(ETL)工作,元数据还要指导用户使用数据仓库。

④ 系统管理。系统管理包括数据管理、性能监控、存储器管理以及安全管理等。

数据管理包括为适应竞争的变化业务需求更新数据,清理脏数据,删除休眠数据等工作。

系统对性能的监控是搜集和分析系统性能的信息,确定系统是否达到所确定的服务水平。

存储器管理是使数据仓库的存储器要适应数据量的增长需求,实现用户的快速检索。

安全管理是保证应用程序的安全以及数据库访问的安全。

(2) 分析工具。

由于数据仓库的数据量大,必须有一套功能很强的分析工具集来实现从数据仓库中提供辅助决策的信息,完成决策支持系统(DSS)的各种要求。

① 查询工具。数据仓库的查询不是指对记录级数据的查询,而是指对分析要求的查询。以图形化方式展示数据,可以帮助了解数据的结构、关系以及动态性。

② 多维数据分析工具(OLAP工具):通过对多维数据进行快速、一致和交互性的存取,这样便于用户对数据进行深入分析和观察。

多维数据的每一维代表对数据的一个特定的观察视角,如时间、地域、业务等。

③ 数据挖掘(Data Mining,DM)工具。从大量数据中挖掘具有规律性知识,需要利用数据挖掘中的各种不同算法。

④ 客户/服务器(C/S)工具。数据仓库一般都是以服务器(server)形式在网络环境下提供服务,能对多个客户(client)同时提供服务。

5) 数据仓库的数据模型

数据仓库不同于数据库。数据仓库的逻辑数据模型是多维结构的数据视图,也称多维数据模型,如图 3.12 所示。

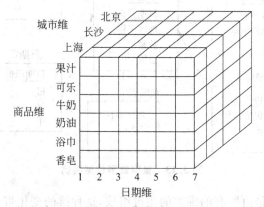

图 3.12　数据仓库的数据模型

在多维数据模型中,主要数据是数据实际值,如销售量、投资额、收入等。而这些数据实际值是依赖于一组"维"的,这些维提供了实际值的上下文关系。例如销售量与城市、商品名称、销售时间有关,这些相关的维决定了这个销售实际值。因此,多维数据视图就是这些维所构成的多维空间中,存放着数据实际值。图中的小格内存储的数据是商品的销售量。

多维数据模型的另一个特点是对一个或多个维进行集合运算。例如对总销售量按城市进行计算和排序。这些运算还包括对于同样维的实际值进行比较(如销售与预算)。一般来说,时间维是一个有特殊意义的维,它对决策中趋势分析很重要。

对于逻辑数据模型,可以使用不同的存储机制和表示模式来实现多维数据模型。目前,使用的多维数据模型主要有星型模型、雪花模型、星网模型、第三范式等。

大多数的数据仓库都采用"星型模型"。星型模型是由"事实表"(大表)以及多个"维表"(小表)所组成。"事实表"中存放大量关于企业的事实数据(数字实际值)。对象(元组)个数通常都很大,而且非规范化程度很高。例如,多个时期的数据可能会出现在同一个表中。"维表"中存放描述性数据,维表是围绕事实表建立的较小的表。

一个星型数据模型实例如图 3.13 所示。

事实表有大量的行(元组),然而维表相对来说有较少的行(元组)。星型模型存取数据速度快,主要在于针对各个维做了大量的预处理,如按照维进行预先的统计、分类、排序等,如按照汽车的型号、颜色、代理商进行预先的销售量统计,作报表时速度会很快。

星型结构与规范化的关系数据库设计相比较,存在一些显著的优点:

星型模型是非规范化的,以增加存储空间代价(把各维数据分开,这就增加了各维的键码),提高了多维数据的查询速度。而规范化的关系数据库设计(把各维表和事实表集成在一个数据库中,就不需要键码)是使数据的冗余保持在最少,并减少了当数据改变时系统必须执行的动作。

星型模型也有缺点:当业务问题发生变化,原来的维不能满足要求时,需要增加新的维

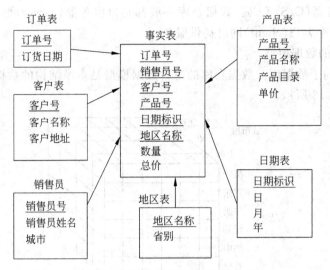

图 3.13　星型数据模型实例

时,由于事实表的主键是由所有的维表的主键组成,这种维的变化带来数据变化将是非常复杂、非常耗时的。星型模型的数据冗余量很大。

2. 联机分析处理

在数据仓库系统中,联机分析处理(On Line Analysis Processing,OLAP)是重要的数据分析工具。OLAP 的基本思想是让企业的决策者能灵活地从多方面和多角度以多维的形式来观察企业的状态和了解企业的变化。

1) OLAP 概念

在信息爆炸的时代,信息过量几乎成为人人需要面对的问题。如何才能不被信息的汪洋大海所淹没,从中及时发现有用的知识或者规律,提高信息利用率呢? 要想使数据真正成为一个决策资源,只有充分利用它为一个组织的业务决策和战略发展服务才行,否则大量的数据可能成为包袱,甚至成为垃圾。OLAP 是解决这类问题的最有力工具之一。

OLAP 是在联机事务处理(On Line Transaction Processing,OLTP)的基础上发展起来的。OLTP 是以数据库为基础的,面对的是操作人员和低层管理人员,在网络环境下对基本数据的查询和增、删、改等进行处理。而 OLAP 是以数据仓库为基础的数据分析处理。它有两个特点:一是在线性(On Line),体现为对用户请求的快速响应和交互式操作,它的实现是由客户机/服务器这种体系结构在网络环境上完成的;二是多维分析(Multi-dimension Analysis),这也是 OLAP 的核心所在。

OLAP 的大部分策略都是将关系型的或普通的数据进行多维数据存储,以便于进行分析,从而达到联机分析处理的目的。这种多维数据库,也被看作超立方体,沿着多个维(座标)方向存储数据和分析数据。

OLAP 的简单定义为联机分析处理是共享多维信息的快速分析。它体现了以下 3 个特征。

(1) 快速性:用户对 OLAP 的快速反应能力有很高的要求。

(2) 可分析性:OLAP 系统应能处理与应用有关的任何逻辑分析和统计分析。

（3）多维性(multidimensional)：多维性是 OLAP 的关键属性。系统必须提供对数据分析的多维视图和分析，包括对层次维和多重层次维的完全支持。

2）多维数据分析

OLAP 的目的是通过多维数据分析手段，提供辅助决策信息。基本的多维数据分析操作包括切片、切块、旋转、钻取等。

（1）切片。

选定多维数组的一个二维子集的操作叫作切片(slice)，即选定多维数组(维 1,维 2,…,维 n,变量)中的两个维：如维 i 和维 j，在这两个维上取某一区间，而将其余的维都取定一个维成员，则得到的就是多维数组在维 i 和维 j 上的一个二维子集，称这个二维子集为多维数组在维 i 和维 j 上的一个切片，表示为(维 i,维 j,变量)。

切片就是在某两个维上取一定区间的维成员或全部维成员，而在其余的维上选定一个维成员的操作。维是观察数据的角度，那么切片的作用或结果就是舍弃一些观察角度，使人们能在两个维上集中观察数据。因为人的空间想象能力毕竟有限，一般很难想象四维以上的空间结构。所以对于维数较多的多维数据空间，数据切片是十分有意义的。

图 3.14 是一个按产品维、城市维和时间维组织起来的产品销售数据，用三维数组表示为(城市,时间,产品,销售额)。如果在城市维上选定一个维成员(设为“上海”)，就得到了在地区维上的一个切片(关于“时间”和“产品”的切片)；在产品维上选定一个维成员(设为“电视机”)，就得到了在产品维上的一个切片(关于“时间”和“城市”的切片)。显然，这样切片的数目取决于每个维上维成员的个数。在切片中进行分析主要是比较。

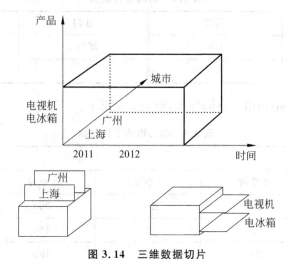

图 3.14　三维数据切片

（2）切块。

切块(dice)有以下两种情况：

① 在多维数组的某一个维上选定某一区间的维成员的操作。

切块可以看成是在切片的基础上，确定某一个维成员的区间得到的片段，也即由多个切片叠合起来。对于时间维的切片(时间取一个确定值)，如果将时间维上的取值设定为一个区间(例如取“2011 年至 2014 年”)，就得到一个数据切块，它可以看成由 2011 年至 2014 年 4 个切片叠合而成的。

② 选定多维数组的一个三维子集的操作。

在多维数组(维 1,维 2,…,维 n,变量)中选定 3 个维:维 i、维 j、维 k,在这 3 个维上分别取一个区间,或全部维成员,而其他维都取定一个维成员。如在三维数组(城市、时间、产品、销售额)中城市维取上海与广州两个维成员,产品维取电视机、电冰箱两个维成员,时间维取 2003 年到 2005 年的区间(三个维成员)组成三维立方体,如图 3.15 所示。

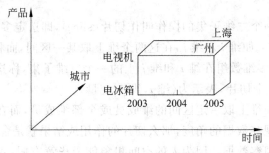

图 3.15　三维数据切块

(3) 钻取。

钻取(drill)有向下钻取(drill down)和向上钻取(drill up)操作。向下钻取是使用户在多层数据中能通过导航信息而获得更多的细节性数据,而向上钻取获取概括性的数据,如 2014 年各部门销售收入如表 3.3 所示。

表 3.3　部门销售数据

部门	销售	部门	销售
部门 1	900	部门 3	800
部门 2	650		

在时间维进行下钻(drill down)操作,如表 3.4 所示。

表 3.4　部门销售下钻数据

部门	2014 年			
	1 季度	2 季度	3 季度	4 季度
部门 1	200	200	350	150
部门 2	250	50	150	150
部门 3	200	150	180	270

那么相反的操作为上钻(drill up),钻取的深度与维所划分的层次相对应。

3.3.3　基于数据仓库的决策支持系统

1. 数据仓库的决策支持

数据仓库是一种能够提供重要战略信息,并获得竞争优势的新技术,从而得到迅速的发展。具体的战略信息有:

(1) 给出销售量最好的产品名单；

(2) 显示各产品最大的利润；

(3) 对比各产品数据发现问题；

(4) 找出出现问题的地区；

(5) 追踪查找出现问题原因；

(6) 当一个地区的销售低于目标值时，提出警告信息。

数据仓库的主要作用是帮助企业摆脱盲目性，提高决策的准确性和决策速度，也就是说，数据仓库的作用正是帮助企业把信息与知识转变为力量。

数据仓库的决策支持主要包括查询与报表、多维分析与原因分析和预测未来。

1) 查询与报表

查询和报表是数据仓库的最基本、使用最多的决策支持方式。通过查询和报表使决策者了解目前发生了什么。

(1) 查询。

数据仓库提供的查询环境是：

① 能向用户提供查询的初始化，公式表示和结果显示等功能。

② 由元数据来引导查询过程。

③ 用户能够轻松地浏览数据结构。

④ 信息是用户自己主动索取的，而不是数据仓库强加给他们的。

⑤ 查询环境必须要灵活地适应不同类型的用户。

(2) 报表。

大部分查询均要以报表形式输出。数据仓库构建的报表环境有：

① 预格式化报表。提供这些报表的描述说明。使用户能够容易地浏览格式化报表库中报表并选择他们需要的报表。

② 简单的报表开发。当用户除了与格式化报表或预定义报表外还需要新的报表时，他们必须能够轻松地利用报表语言撰写工具来开发他们自己的报表。

③ 多数据操作选项。用户可以请求获得计算出来的指标，通过交换行和列变量来实现结果的旋转，在结果中增加小计和最后的总计，以及改变结果的排列顺序等操作。

④ 多种展现方式选项。提供多种类型的选项，包括图表、表格、柱形格式、字体、风格、大小和地图等。

2) 多维分析与原因分析

(1) 多维分析。

多维分析与原因分析能让决策者了解"为什么会发生"。

多维分析是数据仓库重要的决策支持手段。数据仓库是以多维数据存储的。通过多维分析将获得在各种不同维度下的实际商业活动值（如销售量等），特别是他们的变化值和差值，达到辅助决策效果。

一般通过多维数据分析的切片操作发现问题，通过钻取操作找出原因。

例如，通过多维分析得到如下信息：

① 今年以来，公司的哪些产品量是最有利润的？

② 最有利润的产品是不是和去年一样的？

③ 公司今年这个季度的运营和去年相比情况如何？

④ 哪些类别的客户是最忠诚的？

这些问题的答案是典型的基于分析的面向决策的信息。决策分析往往是事先不可知的。例如，一个经理可能会以查询品牌利润按地区的分布情况来开始他的分析活动。每一个利润数值都可能是由成千上万的原始数据汇聚而成的。

（2）原因分析。

查找问题出现的原因是一项很重要的决策支持任务，一般通过多维数据分析的钻取操作来完成。

例如，通过查询"北京到各地区的航空市场情况"，发现西南地区总周转量出现了最大负增长量。具体操作如下：

① 从数据仓库的综合数据中，通过多维数据的切片，查出北京到国内各地区航空周转量并与去年同期比较增长量，制成直方图进行显示。从图中发现"北京—西南地区"出现的负增长最大。

② 从数据仓库的总周转量数据中向下钻取到客运周转量并与去年同期比较增长量，制成直方图显示，从图中看到西南地区负增长在全国是最大的。

③ 从数据仓库总周转量下钻到西南地区昆明、重庆两地的总周转量以及与去年同期的比较，制成直方图显示，从图中看出，西南地区航空总周转量下降最多的是昆明航线。

④ 从数据仓库中西南地区昆明航线中下钻，按机型维中各机型的总周转量以及比较去年同期增长量，用柱形图显示，从图中可以看出昆明航线中 200～300 座级机型负增长最大，其次是 150 座级机型也有较大的负增长，而 200 座级以及 300 座级以上机型保持同去年相同航运水平。

以上过程完成了对航空公司全国各地区总周转量对比去年同期出现负增长量最大的西南地区，经过多维分析和原因分析，找出其原因发生在昆明航线上，主要是 200～300 座级机型的总周转量负增长以及 150 座级机型负增长量造成的。其中，200～300 座级负增长最严重。这为决策者提供了解决西南地区负增长问题辅助决策的信息。

在数据仓库中，在宏观数据的切片中发现的问题，通过向下钻取操作，查看下层大量详细的多维数据，才能找出问题出现的原因。

针对具体问题，通过数据仓库的多维分析和原因分析，发现问题并找出原因的过程，这是一个典型的数据仓库决策支持系统简例。

3）预测未来

预测未来使决策者了解"将要发生什么"。

数据仓库中存放大量的历史数据，从历史数据中找出变化规律，将可以用来预测未来。在进行预测的时候需要用到一些预测模型。最常用的预测方法是采用回归模型，包括线性回归或非线性回归。利用历史数据建立回归方程，该方程代表了沿时间变化的发展规律。预测时，代入预测的时间到回归方程中去就能得到预测值。一般的预测模型有多元回归模型、三次平滑预测模型和生长曲线预测模型等。

除用预测模型外，采用聚类模型（K-means 聚类算法和神经网络的 Kohonen 算法）或分类模型（决策树方法和神经网络的 BP 模型）也能达到一定的预测效果。

2．基于数据仓库的决策支持系统结构

数据仓库是为辅助决策而建立的,数据仓库中有大量的轻度综合数据和高度综合数据。这些数据为决策者提供了综合信息,即反映企业或部门的宏观状况。数据仓库保存大量历史数据,这些数据通过预测模型计算可以得到预测信息。

综合信息与预测信息是数据仓库所获得的辅助决策信息。

数据仓库(DW)中增加联机分析处理(OLAP)和数据挖掘(DM)等分析工具,能较大地提高辅助决策能力。联机分析处理(OLAP)对数据仓库中的数据进行多维数据分析,即多维数据的切片、旋转、钻取等,只有通过分析更详细的数据,才能得到更深层中的信息和知识。数据挖掘(DM)技术能获取关联知识、聚类知识、分类知识等。

数据仓库(DW)、联机分析处理(OLAP)和数据挖掘(DM)三者既是商务智能的主要新技术,又都为决策支持服务,把它们结合起来形成支持决策的系统,我们称为基于数据仓库的决策支持系统。它区别于传统的决策支持系统,可以说它是新决策支持系统。它的决策支持能力达到了商务智能的目标,也可以说基于数据仓库的决策支持系统是体现商务智能的实际系统。

基于数据仓库的新决策支持系统的结构如图 3.16 所示。新决策支持系统的特点是从数据中获取辅助决策的信息和知识。

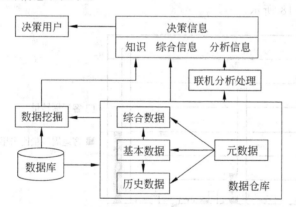

图 3.16　基于数据仓库的新决策支持系统结构

3.3.4　商务智能实例

1．基于数据仓库的决策支持系统的原因分析实例

1) 航空公司数据仓库决策支持系统

通过查询"北京到各地区的航空市场情况",发现西南地区总周转量出现了最大负增长量。该决策支持系统简例就是完成对此问题进行多维分析和原因分析,找出问题出现原因。

具体步骤如下:

(1) 查询　全国各地区的航空总周转量并比较去年同期状况。

从数据仓库的综合数据中,查出北京到国内各地区航空周转量并与去年同期比较增长量,制成直方图进行显示,如图 3.17 所示。

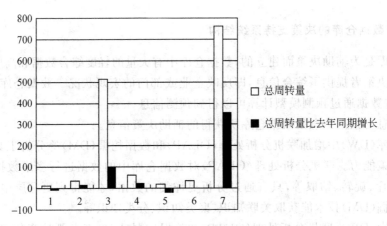

图 3.17   全国各地区航空周转量与去年对比状况

注:1—东北地区;2—华北地区;3—华东地区;4—西北地区;5—西南地区;6—新疆地区;7—中南地区

从图 3.17 中看到从北京到国内各地区的总周转量以及与去年同期的比较情况,发现"北京—西南地区"出现的负增长最大。

(2)向下钻取查询   全国各地区客运周转量以及和去年同期相比较。

从数据仓库的总周转量数据中向下钻取到客运周转量并与去年同期比较增长量,制成直方图显示,如图 3.18 所示。

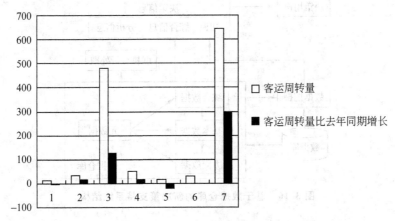

图 3.18   全国各地区航空客运周转量及与去年同期比较

从图 3.18 中看到客运周转量及与去年同期比较,西南地区负增长在全国是最大的,其次是东北地区。

(3)向下钻取查询   全国各地区航空货运周转量及其同期比较。

从数据仓库的总周转量数据中向下钻取到货运周转量并与去年同期比较增长量,制成直方图显示,如图 3.19 所示。

从图 3.19 中看到货运周转量及与去年同期比较,华东地区负增长在全国是最大的,西南地区也有负增长。

(4)表格查询   全国各地区客运、货运、总周转量及其去年同期比较的具体数据。

从数据仓库综合数据中直接取数据,制成表格显示,如表 3.5 所示。

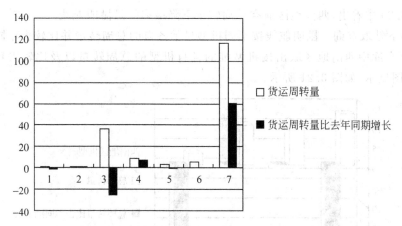

图 3.19　北京到国内各地区货运周转量及与去年同期比较

表 3.5　客运、货运、总周转量及其去年同期比较

	客运周转量	对比去年增长量	货运周转量	对比去年增长量	总周转量	对比去年增长量
东北地区	11.86	−5.1	1.29	−1.5	13.15	−6.6
华北地区	34.88	15.03	1.11	0.75	36	15.78
华东地区	479.30	126.52	36.16	−25.59	515.46	100.93
西北地区	51.60	18.05	9.0	7.2	60.6	25.25
西南地区	15.43	−19.35	3.29	−0.56	18.72	−19.91
新疆地区	29.02	0	5.85	0	34.87	0
中南地区	643.43	295.86	116.85	60.70	760.28	356.56

从表 3.5 中,可以看出航空客运、货运、总周转量以及与去年同期比较的具体数据。西南地区总周转量的负增长主要是客运负增长为主体。

(5) 向下钻取查询　西南地区昆明、重庆两地航空总周转量以及与去年同期比较。

从数据仓库总周转量向下钻取到西南地区昆明、重庆两地的总周转量以及与去年同期的比较,制成直方图显示,如图 3.20 所示。

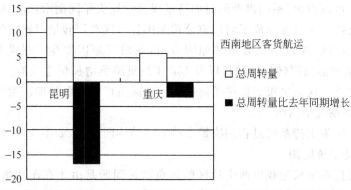

图 3.20　西南地区昆明、重庆两地航空总周转量及与去年同期比较

从图 3.20 中看出,西南地区航空总周转量下降最多的是昆明航线。

（6）向下钻取查询　昆明航线按不同机型显示各自的总周转量并比较去年同期情况。

从数据仓库中西南地区取出按机型维的各自机型的总周转量以及比较去年同期增长量,用柱形图显示,如图 3.21 所示。

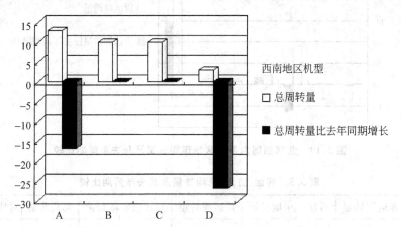

图 3.21　昆明航线各机型总周转量以及与去年同期比较的柱形图

注：A—150 座级　B—200 座级　C—300 座级以上　D—200～300 座级

从图 3.21 可以看出昆明航线中 200～300 座级机型负增长最大,其次是 150 座级机型也有较大的负增长,而 200 座级以及 300 座级以上机型保持同去年相同航运水平。

（7）表格查询　昆明航线按不同机型的周转量并比较去年同期的具体数据。

从数据仓库中直接取数据,制成表格显示,如表 3.6 所示。

表 3.6　昆明航线各机型总周转量以及与去年同期比较的数据

	总周转量	对比去年增长量
150 座级	12.99	−16.83
200 座级	10.07	0
300 座级以上	10.07	0
200～300 座级	2.91	−26.9

从表 3.6 中可以看出,不同机型的总周转量以及对比去年同期增长的具体数据。

以上决策支持系统过程完成了对航空公司全国各地区总周转量对比去年同期出现负增长量最大的西南地区,经过多维分析和原因分析,找出其原因发生在昆明航线上,主要是 200～300 座级机型的总周转量负增长以及 150 座级机型负增长量造成的。其中,200～300 座级负增长最严重。这为决策者提供解决西南地区负增长问题辅助决策的信息。

2）决策支持系统结构图

我们将以上决策支持系统过程用决策支持系统结构图画出,如图 3.22 所示。

3）决策支持系统应用

以上决策支持系统只是找出西南地区航运负增长问题是由于在昆明航线上 200～300 座级以及 150 座级机型的负增长所直接造成的原因之一。还可以通过昆明航线上航班时间以及其他方面进行原因分析,找出其他原因,为决策者提供更多的辅助决策信息。

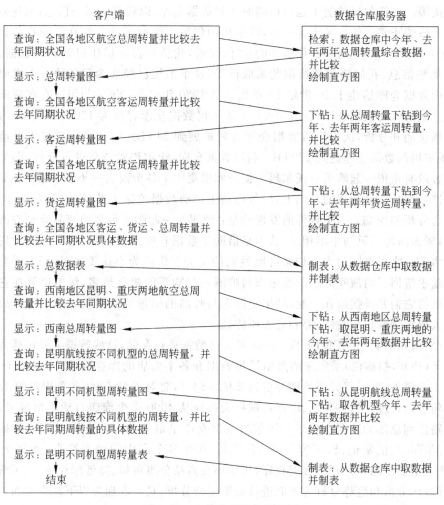

客户端 | 数据仓库服务器

查询：全国各地区航空总周转量并比较去年同期状况
检索：数据仓库中今年、去年两年总周转量综合数据，并比较 绘制直方图
显示：总周转量图

查询：全国各地区航空客运周转量并比较去年同期状况
下钻：从总周转量下钻到今年、去年两年客运周转量，并比较 绘制直方图
显示：客运周转量图

查询：全国各地区航空货运周转量并比较去年同期状况
下钻：从总周转量下钻到今年、去年两年货运周转量，并比较 绘制直方图
显示：货运周转量图

查询：全国各地区客运、货运、总周转量并比较去年同期状况具体数据
制表：从数据仓库中取数据并制表
显示：总数据表

查询：西南地区昆明、重庆两地航空总周转量并比较去年同期状况
下钻：从西南地区总周转量下钻，取昆明、重庆两地的今年、去年两年数据并比较 绘制直方图
显示：西南总周转量图

查询：昆明航线按不同机型的总周转量，并比较去年同期状况
下钻：从昆明航线总周转量下钻，取各机型今年、去年两年数据并比较 绘制直方图
显示：昆明不同机型周转量图

查询：昆明航线按不同机型的周转量，并比较去年同期周转量的具体数据
制表：从数据仓库中取数据并制表
显示：昆明不同机型周转量表

结束

图 3.22 决策支持系统结构图

同样，可以从国内各地区航空市场状况中对比去年同期增长显著的中南地区，找出总周转量大幅提高的原因。

从正反两方面来进行多维分析和原因分析，将可以得到更多的辅助决策信息，减少负增长，增大正增长，提高更大利润。

进行多方面分析的大型决策支持系统，将可以发挥更大的辅助决策效果。

2．企业商务智能实例

美国的沃尔玛公司是世界最大的零售商，2002 年 4 月，该公司跃居《财富》500 强企业排行第一。在全球拥有 4000 多家分店和连锁店。沃尔玛公司建立了基于 NCR Teradata 数据仓库的决策支持系统，它是世界上第二大的数据仓库系统，总容量达到 170TB 以上。

沃尔玛公司成功的重要因素是与其充分地利用信息技术分不开的。也可以说，对信息技术的成功运用造就了沃尔玛。强大的数据仓库系统将世界 4000 多家分店的每一笔业务数据汇总到一起，让决策者能够在很短的时间里获得准确和及时的信息，并做出正确和有效的经营决策。而沃尔玛的员工也可以随时访问数据仓库,以获得所需的信息,而这并不会影响数据仓库的正常运转。关于这一点,沃尔玛的创始人萨姆·沃尔顿在他的自传《Made in America:My Story》一书是这样描述的:"你知道,我总是喜欢尽快得到那些数据、我们越快得到那些信息、我们就能越快此采取行动,这个系统已经成为我们的一个重要工具"。沃尔玛的数据仓库始建于 20 世纪 80 年代。自 1980 年以来,NCR 公司一直在帮助沃尔玛经营世界上最大的数据仓库系统。1988 年沃尔玛数据仓库容量为 12GB,1997 年为了圣诞节的市场预测和分析,沃尔玛将数据仓库容量扩展到 24TB。而到了信息技术飞速发展的今天,沃尔玛的数据仓库达到 170TB。利用数据仓库,沃尔玛对商品进行分析,即分析哪些商品顾客最有希望一起购买。沃尔玛数据仓库里集中了各个商店一年多详细的原始交易数据。在这些原始交易数据的基础上,沃尔玛利用自动数据挖掘工具(模式识别软件)对这些数据进行分析和挖掘。一个意外的发现就是:跟尿布一起购买最多的商品竟是啤酒! 按常规思维,尿布与啤酒风马牛不相及,若不是借助于数据仓库系统,商家绝不可能发现隐藏在背后的事实:原来美国的太太们常叮嘱她们的丈夫下班后为小孩买尿布,而丈夫们在买尿布后又随手带回了两瓶啤酒。既然尿布与啤酒一起购买的机会最多,沃尔玛就在它的一个个商店里将它们并排摆放在一起,结果是尿布与啤酒的销量双双增长。由于这个故事的传奇和出人意料,所以一直被业界和商界所传诵。

如今,沃尔玛利用 NCR 的 Teradata 对大型数据进行存储,这些数据主要包括各个商店前端设备(POS,扫描仪)采集来的原始销售数据和各个商店的库存数据。Teradata 数据库里存有 196 亿条记录,每天要处理并更新 2 亿条记录,要对来自 6000 多个用户的 48 000 条查询语句进行处理。销售数据、库存数据每天夜间从 4000 多个商店自动采集过来,并通过卫星线路传到总部的数据仓库里。沃尔玛数据仓库里最大的一张表格(table)容量已超过 300GB,存有 50 亿条记录,可容纳 65 个星期 4000 多个商店的销售数据,而每个商店有 5 万~8 万个商品品种。利用数据仓库,沃尔玛在商品分组布局、降低库存成本、了解销售全局、进行市场分析和趋势分析等方面进行决策支持分析,具体表现为以下几个方面。

1) 商品分组布局

作为微观销售的一种策略,合理的商品布局能节省顾客的购买时间,能刺激顾客的购买欲望。沃尔玛利用市场类组分析,分析顾客的购买习惯,掌握不同商品一起购买的概率,甚至考虑购买者在商店里所穿行的路线、购买时间和地点,从而确定商品的最佳布局。

2) 降低库存成本

加快资金周转,降低库存成本是所有零售商面临的一个重要问题。沃尔玛通过数据仓库系统,将成千上万种商品的销售数据和库存数据集中起来,通过数据分析,以决定对各个商店各色货物进行增减,确保正确的库存。数十年来,沃尔玛的经营哲学是"代销"供应商的商品,也就是说,在顾客付款之前,供应商是不会拿到它的货款的。NCR 的 Teradata 数据仓库使他们的工作更具成效。数据仓库强大的决策支持系统每周要处理 25 000 个复杂查询,其中很大一部分来自供应商,库存信息和商品销售预测信息通过电子数据交换(EDI)直接送到供应商那里。数据仓库系统不仅使沃尔玛省去了商务中介,还把定期补充库存的担子转嫁到供应商身上。

3) 了解销售全局

各个商店在传送数据之前,先对数据进行以下分组:商品种类、销售数量、商店地点、价格和日期等。通过这些分类信息,沃尔玛能对每个商店的情况有个细致的了解。在最后一家商店关门后一个半小时,沃尔玛已确切知道当天的运营和财政情况。凭借对瞬间信息的随时捕捉,沃尔玛对销售的每一点增长,库存货物百分比的每点上升和通过削价而提高的每一份销售额都了如指掌。

4)市场分析

沃尔玛利用数据挖掘工具和统计模型对数据仓库的数据仔细研究,以分析顾客的购买习惯、广告成功率和其他战略性的信息。沃尔玛每周六的高级会议上要对世界范围内销售量最大的 15 种商品进行分析,然后确保在准确的时间、合适的地点有所需要的库存。

5)趋势分析

沃尔玛利用数据仓库对商品品种和库存的趋势进行分析,以选定需要补充的商品,研究顾客购买趋势,分析季节性购买模式,确定降价商品,并对其数量和运作做出反应。为了能够预测出季节性销售量,它要检索数据仓库拥有 100 000 种商品一年多来的销售数据,并在此基础上作分析和知识挖掘。

萨姆·沃尔顿在他的自传中写道:"我能顷刻之间把信息提取出来,而且是所有的数据。我能拿出我想要的任何东西,并确切地讲出我们卖了多少。"这感觉就像在信息的海洋里,"轻舟已过万重山"。他还写到:"我想我们总是知道那些信息赋予你一定的力量,而我们能在计算机内取出这些数据的程度会使我们具有强大的竞争优势。"

沃尔玛神奇的增长在很大部分也可以归功于成功地建立了基于 NCR Teradata 的数据仓库系统。数据仓库改变了沃尔玛,而沃尔玛改变了零售业。在它的影响下,世界顶尖零售企业 Sears、Kmart、JCPenney、No.1German Retailer、日本西武、三越等先后建立了数据仓库系统。沃尔玛的成功给人以启示:唯有站在信息巨人的肩头,才能掌握无限,创造辉煌。

习题 3

1. 说明决策支持系统 DSS、专家系统 ES、智能决策支持系统 IDSS 各自是如何辅助决策的?
2. 说明数据、模型、知识的区别及辅助决策的效果。
3. 从决策支持系统的开发流程来说明它是如何细化智能决策支持系统结构的。
4. DSS 总控程序是如何形成决策支持系统方案的?
5. 如何从橡胶配方决策支持系统运行结构图来理解决策支持系统的结构与开发流程?
6. 单机的数据库系统与数据库服务器有什么本质区别?
7. 网络环境是如何提高决策支持系统的开发和应用效果的?
8. 对比商务智能与人工智能和计算智能。
9. 数据仓库、联机分析处理与数据挖掘的组合是如何实现商务智能的?

第 4 章

计算智能的仿生技术

计算智能(Computational Intelligence,CI)是仿生命的自然法则构造的计算模型进行数值计算,实现某些智能行为。它不同于人工智能(AI)是对符号知识进行逻辑推理,实现某些智能行为。计算智能首次由美国学者 James C. Bezdek 于 1992 年提出。1994 年举行了首届计算机智能世界大会,出版了《计算智能、模仿生命》的论文集。

计算智能主要包括神经计算(依据人脑神经网络的工作原理)、模糊计算(模仿人类处理问题的方式)和进化计算(模仿生物的"优胜劣汰"法则)。其中,进化计算又包括遗传算法、进化规划、进化策略,影响最大的是遗传算法。

有人把模糊计算、神经计算、进化计算以及粗糙集和粒度计算(含商空间理论)组合起来统称为软计算。

4.1 神经计算

4.1.1 人工神经网络

1. 神经网络原理

神经元由细胞体、树突和轴突 3 部分组成,是一种根须状的蔓延物。神经元的中心有一闭点,称为细胞体,它能对接收到的信息进行处理。细胞体周围的纤维有两类,轴突是较长的神经纤维,是发出信息的。树突的神经纤维较短,而分支很多,是接收信息的。一个神经元的轴突末端与另一个神经元的树突之间密切接触,传递神经元冲动的地方称为突触。经过突触的冲动传递是有方向性的,不同的突触进行的冲动传递效果不一样,有的使后一神经元发生兴奋,有的使它受到抑制。每个神经元可有 $10\sim 10^4$ 个突触。这表明大脑是一个广泛连接的复杂网络系统。从信息处理功能看,神经元具有如下性质:

(1) 多输入单输出;

(2) 突触兼有兴奋和抑制两种性能;

(3) 可时间加权和空间加权;

(4) 可产生脉冲;

(5) 脉冲进行传递;

(6) 非线性(有阈值)。

1) MP(Mcculloch,Pitts)模型

神经元的数学模型如图 4.1 所示。

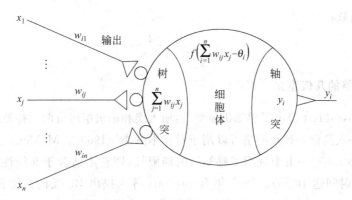

图 4.1 神经元的数学模型

其中，x_1、x_2，$\cdots$，x_n 为输入；y_i 为该神经元的输出；w_{ij} 为外面神经元与该神经元连接强度（即权），θ 为阈值，$f(x)$ 为该神经元的作用函数。

每个神经元的状态 $y_i(i=1,2,\cdots,n)$ 只取 0 或 1，分别代表抑制与兴奋。每个神经元的状态，由 MP 模型决定：

$$y_i = f(\sum_j w_{ij}x_j - \theta_j) \quad i = 1,2,\cdots,n \tag{4.1}$$

其中，w_{ij} 是神经元之间的连接强度，$w_{ii}=0$，$w_{ij}(i\neq j)$ 是可调实数，由学习过程来调整。θ_i 是阈值，$f(x)$ 是阶梯函数。

2）Hebb 规则

Hebb 学习规则：若 i 与 j 两种神经元之间同时处于兴奋状态，则它们间的连接应加强，即

$$\Delta w_{ij} = \alpha x_i y_j \quad (\alpha > 0) \tag{4.2}$$

这一规则与"条件反射"学说一致，并得到神经细胞学说的证实。设 $\alpha=1$，当 $x_i=x_j=1$ 时，$\Delta w_{ij}=1$，在 x_i、x_j 中有一个为 0 时，$\Delta w_{ij}=0$。

3）作用函数

主要的作用函数有阶梯函数和 S 型函数（见图 4.2）。

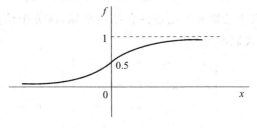

图 4.2 S 型函数

（1）阶梯函数：

$$f(x) = \begin{cases} 1, & x > 0 \\ 0, & x \leqslant 0 \end{cases} \tag{4.3}$$

(2) S 型函数:

$$f(x) = \frac{1}{1 + e^{-x}} \tag{4.4}$$

2. 神经网络的几何意义

1958 年 Rosenblatt 提出了感知机模型(由输入层和输出层组成两层神经网络),形成了神经元网络的第一次高潮。神经网络可以用于对样本分类。1969 年 M. Minsky 和 S. Papert 在《感知机(perceptron)》一书中证明了感知机的局限性,即它不适合于非线性样本,而使神经网络走向低潮(时间达 16 年)。1985 年 Rumelhart 等人提出 BP 反向传播模型(由输入层、隐结点层和输出层组成三层神经网络),解决了非线性样本问题,从而扫除了神经网络的障碍,兴起了神经网络的第二次新高潮。

什么是线性样本和非线性样本?这要从神经网络的几何意义来区分:两类神经元若能被超平面分开,则称为线性样本。感知机模型只能对线性样本分类。两类神经元若不能被超平面分开,则称为非线性样本。感知机模型不能对非线性样本分类,而 BP 反向传播模型能对非线性样本分类。

1) 神经元与超平面

由 n 个神经元$(j=1,2,\cdots,n)$对连接于神经元 i 的信息总输入 I_i 为

$$I_i = \sum_{j=1}^{n} w_{ij} x_j - \theta_i$$

其中,w_{ij} 为神经元 j 到神经元 i 的连接权值;θ_i 为神经元的阈值。神经元 $x_j(j=1,2,\cdots,n)$ 相当于 n 维空间$(x_1,x_2,\cdots,x_n)$中一个结点的 n 维坐标(为了便于讨论,省略 i 下标记)。令

$$I = \sum_{j=1}^{n} w_j x_j - \theta = 0 \tag{4.5}$$

它代表了 n 维空间中,以坐标 x_j 为变量的一个超平面。其中,w_j 为坐标的系数;θ 为常数项。

若已知有 n 个样本:

$$(x_1^{(k)}, x_2^{(k)}, \cdots, x_n^{(k)}) \quad k = 1, 2, \cdots, n$$

在 n 维空间中,相当于已知 n 个结点的各结点坐标,该 n 个结点可唯一构成一个超平面。超平面方程用行列式表示为

$$\begin{vmatrix} x_1 & x_2 & \cdots & x_n & 1 \\ x_1^{(1)} & x_2^{(1)} & \cdots & x_n^{(1)} & 1 \\ x_1^{(2)} & x_2^{(2)} & \cdots & x_n^{(2)} & 1 \\ \vdots & \vdots & & \vdots & \vdots \\ x_1^{(n)} & x_2^{(n)} & \cdots & x_n^{(n)} & 1 \end{vmatrix} = 0 \tag{4.6}$$

它是以 n 维坐标 $x_j(j=1,2,\cdots,n)$ 为变量的线性方程,将它展开即为超平面方程(4.5)。

其中,系数 w_j 和常数 θ 用行列式表示为

$$w_j = (-1)^{1+j} \begin{vmatrix} x_1^{(1)} & \cdots & x_{j-1}^{(1)} & x_{j+1}^{(1)} & \cdots & x_n^{(1)} & 1 \\ x_1^{(2)} & \cdots & x_{j-1}^{(2)} & x_{j+1}^{(2)} & \cdots & x_n^{(2)} & 1 \\ \vdots & & \vdots & \vdots & & \vdots & \vdots \\ x_1^{(n)} & \cdots & x_{j-1}^{(n)} & x_{j+1}^{(n)} & \cdots & x_n^{(n)} & 1 \end{vmatrix} \tag{4.7}$$

$$-\theta = (-1)^n \begin{vmatrix} x_1^{(1)} & x_2^{(1)} & \cdots & x_n^{(1)} \\ \vdots & \vdots & & \vdots \\ x_1^{(i)} & x_2^{(i)} & \cdots & x_n^{(i)} \\ \vdots & \vdots & & \vdots \\ x_1^{(n)} & x_2^{(n)} & \cdots & x_n^{(n)} \end{vmatrix} \tag{4.8}$$

当 $n=2$ 时,"超平面"为平面(x_1,x_2)上的一条直线:

$$I = \sum_{j=1}^{2} w_j x_j - \theta = w_1 x_1 + w_2 x_2 - \theta = 0$$

当 $n=3$ 时,"超平面"为空间(x_1,x_2,x_3)上的一个平面:

$$I = \sum_{j=1}^{3} w_j x_j - \theta = w_1 x_1 + w_2 x_2 + w_3 x_3 - \theta = 0$$

从几何角度看,一个神经元代表一个超平面。

2) 超平面的作用

n 维空间$(x_1,x_2,\cdots,x_n)$上的超平面 $I=0$,将空间划分为以下三部分。

(1) 平面本身。

超平面上的任意结点$(x_1^{(0)},x_2^{(0)},\cdots,x_n^{(0)})$满足于超平面方程,即

$$\sum_j w_j x_j^{(0)} - \theta = 0 \tag{4.9}$$

(2) 超平面上部 P。

超平面上部 P 的任意结点$(x_1^{(p)},x_2^{(p)},\cdots,x_n^{(p)})$满足于不等式,即

$$\sum_j w_j x_j^{(p)} - \theta > 0 \tag{4.10}$$

(3) 超平面下部 Q。

超平面下部 Q 的任意结点$(x_1^{(q)},x_2^{(q)},\cdots,x_n^{(q)})$满足于不等式,即

$$\sum_j w_j x_j^{(q)} - \theta < 0 \tag{4.11}$$

3) 神经元的变换作用

神经网络中使用的阶梯形作用函数(4.3),把 n 维空间中超平面的作用和神经网络作用函数结合起来,即

$$f(y) = f\left(\sum w_j x_j - \theta\right) = \begin{cases} 1, & \sum_j w_j x_j - \theta > 0 \\ 0, & \sum_j w_j x_j - \theta \leqslant 0 \end{cases} \tag{4.12}$$

它的含义为:超平面上部 P 的任意结点经过作用函数后转换成数值 1。超平面上任意结点和超平面下部 Q 上的任意结点经过作用函数后转换成数值 0。

4) 神经元的几何意义

通过以上分析可知,一个神经元将其他神经元对它的信息总输入 I,作用以后(通过作

用函数)的输出,相当于该神经元所代表的超平面将 n 维空间(n 个输入神经元构成的空间)中超平面上部结点 P 转换成 1 类,超平面及其下部结点转换成 0 类。

结论:神经元起了一个分类作用。

5) 线性样本与非线性样本

定义:对空间中的一组两类样本,当能找出一个超平面将两者分开,称该样本是线性样本。若不能找到一个超平面将两者分开,则称该样本是非线性样本。

3. 多层神经网络的分类

1) 多个平面的分割将非线性样本变换成线性样本

利用超平面分割空间原理,对一个非线性样本它是不能用一个超平面分割开。但用多个超平面分割空间成若干区,使每个区中只含同类样本的结点。这种分割完成了一种变换,使原非线性样本变换成二进制值下的新线性样本。

一个神经元相当于空间中一个超平面。一个超平面将空间划分为上下两部分,通过作用函数将空间两部分的所有结点(含超平面上结点),分别变换为取二进制值(0 或 1)的两个点。

3 个神经元相当于空间中 3 个超平面将空间划分成 8 区(见图 4.3),P_1 面上部为 1,下部为 0;P_2 面右部为 1,左部为 0;P_3 面前部为 1,后部为 0。同一个区的所有结点变换成同一个 3 位二进制(0 或 1)的点。空间 8 区的值为 000、001、010、011、100、101、110、111。

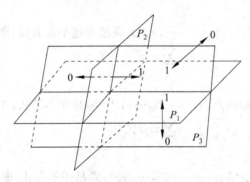

图 4.3　3 个超平面

对非线性样本通过多个超平面的分割能够使它变成了线性样本。

2) 多层神经网络的变换作用

在第一层上,利用多个超平面 $I_i(i=1,2,\cdots,n)$ 将 n 维空间进行了组合分割,把 n 维空间分成若干个区域,使每个区域中只包含同类样本的结点。这种区域分割完成一次变换,即将非线性样本变成线性样本。

在第二层上,对第一层上的线性样本,再通过一次神经网络(超平面)的分割,就可完成对线性样本分出具体的类。

BP(Back Propagation)神经网络模型实质上就是通过至少两层超平面分割(即隐结点层和输出结点层)来完成样本分类的。

BP 神经网络超平面的找出是反复通过神经网络修改权值的迭代,最后求出隐结点层神经网络超平面的权值和阈值以及输出结点神经网络超平面的权值和阈值。

4.1.2 反向传播模型 BP

1. 反向传播模型 BP 原理

反向传播模型 BP 是 1985 年由 Rumelhart 等人提出的。

1）多层网络结构

神经网络不仅有输入结点、输出结点，而且有一层或多层隐结点，如图 4.4 所示。

2）作用函数为 S 型函数

$$f(x) = \frac{1}{1 + e^{-x}}$$

3）误差函数

对第 p 个样本误差计算公式为

$$E_p = \frac{1}{2} \sum_i (t_{pi} - O_{pi})^2 \qquad (4.13)$$

其中，t_{pi}、O_{pi} 分别是样本输出与计算输出。

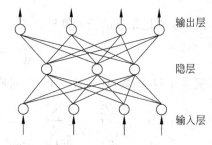

图 4.4 BP 模型网络结构

2. 反向传播模型 BP 计算公式

BP 网络表示为输入层结点 x_j，隐结点 y_i，输出层结点 O_l。

输入结点与隐结点间的网络权值为 W_{ij}，隐结点与输出结点间的网络权值为 T_{li}。当输出结点的样本输出为 t_l 时，BP 模型的计算公式如下。

1）隐结点的输出

$$y_i = f\left(\sum_j w_{ij} x_j - \theta_i \right) = f(\text{net}_i)$$

其中，$\text{net}_i = \sum_j w_{ij} x_j - \theta_i$。

2）输出结点计算输出

$$O_l = f\left(\sum_i T_{li} y_i - \theta_l \right) = f(\text{net}_l)$$

其中，$\text{net}_l = \sum_i T_{li} y_i - \theta_l$。

3）输出结点的误差公式

$$E = \frac{1}{2} \sum_l (t_l - O_l)^2 = \frac{1}{2} \sum_l \left(t_l - f\left(\sum_i T_{li} y_i - \theta_l \right) \right)^2$$

$$= \frac{1}{2} \sum_l \left(t_l - f\left(\sum_i T_{li} f\left(\sum_j w_{ij} x_j - \theta_i \right) - \theta_l \right) \right)^2$$

（1）对输出结点的公式推导：

$$\frac{\partial E}{\partial T_{li}} = \sum_{k=1}^n \frac{\partial E}{\partial O_k} \frac{\partial O_k}{\partial T_{li}} = \frac{\partial E}{\partial O_l} \frac{\partial O_l}{\partial T_{li}}$$

E 是多个 O_k 的函数，但只有一个 O_l 与 T_{li} 有关，各 O_k 间相互独立。其中

$$\frac{\partial E}{\partial O_l} = \frac{1}{2} \sum_k -2(t_k - O_k) \cdot \frac{\partial O_k}{\partial O_l} = -(t_l - O_l)$$

$$\frac{\partial O_l}{\partial T_{li}} = \frac{\partial O_l}{\partial \text{net}_l} \cdot \frac{\partial \text{net}_l}{\partial T_{li}} = f'(\text{net}_l) \cdot y_i$$

则

$$\frac{\partial E}{\partial T_{li}} = -(t_l - O_l) \cdot f'(\mathrm{net}_l) \cdot y_i \qquad (4.14)$$

设输出结点误差

$$\delta_l = (t_l - O_l) \cdot f(\mathrm{net}_l) \qquad (4.15)$$

则

$$\frac{\partial E}{\partial T_{li}} = -\delta_l y_i \qquad (4.16)$$

(2) 对隐结点的公式推导:

$$\frac{\partial E}{\partial W_{ij}} = \sum_l \sum_i \frac{\partial E}{\partial O_l} \frac{\partial O_l}{\partial y_i} \frac{\partial y_i}{\partial W_{ij}}$$

E 是多个 O_l 函数,针对某一个 W_{ij} 对应一个 y_i,它与所有 O_l 有关,其中:

$$\frac{\partial E}{\partial O_l} = \frac{1}{2} \sum_k -2(t_k - O_k) \cdot \frac{\partial O_k}{\partial O_l} = -(t_l - O_l)$$

$$\frac{\partial O_l}{\partial y_i} = \frac{\partial O_l}{\partial \mathrm{net}_l} \cdot \frac{\partial \mathrm{net}_l}{\partial y_i} = f'(\mathrm{net}_l) \cdot \frac{\partial \mathrm{net}_l}{\partial y_i} = f'(\mathrm{net}_l) \cdot T_{li}$$

$$\frac{\partial y_i}{\partial W_{ij}} = \frac{\partial y}{\partial \mathrm{net}_i} \cdot \frac{\partial \mathrm{net}_i}{\partial W_{ij}} = f'(\mathrm{net}_i) \cdot x_j$$

则

$$\frac{\partial E}{\partial W_{ij}} = -\sum_l (t_l - O_l) f'(\mathrm{net}_l) \cdot T_{li} \cdot f'(\mathrm{net}_i) x_j$$

$$= -\sum_l \delta_l T_{li} \cdot f'(\mathrm{net}_i) \cdot x_j \qquad (4.17)$$

设隐结点误差

$$\delta_i' = f(\mathrm{net}_i) \sum_l \delta_l T_{li} \qquad (4.18)$$

则

$$\frac{\partial E}{\partial W_{ij}} = -\delta_i' x_j \qquad (4.19)$$

由于权值的修正 ΔT_{li}、ΔW_{ij} 正比于误差函数沿梯度下降(取负值),有

$$\Delta T_{li} = -\eta \frac{\partial E}{\partial T_{li}} = \eta \delta_l y_i \qquad (4.20)$$

$$\delta_l = (t_l - O_l) \cdot f'(\mathrm{net}_l)$$

$$\Delta W_{ij} = -\eta' \frac{\partial E}{\partial W_{ij}} = \eta' \delta_i' x_j \qquad (4.21)$$

$$\delta_i' = f(\mathrm{net}_i) \sum_l \delta_l T_{li}$$

(3) 基本公式汇总。

① 对输出结点误差:

$$\delta_l = (t_l - O_l) \cdot f'(\mathrm{net}_l)$$

② 输出层网络权值修正:

$$T_{li}(k+1) = T_{li}(k) + \Delta T_{li} = T_{li}(k) + \eta \delta_l y_i \qquad (4.22)$$

③ 对隐结点误差：

$$\delta'_i = f'(\text{net}_i) \cdot \sum_l \delta_l T_{li}$$

④ 隐结点网络权值修正：

$$W_{ij}(k+1) = W_{ij}(k) + \Delta W_{ij} = W_{ij}(k) + \eta'\delta'_i x_j \tag{4.23}$$

其中，隐结点误差 δ'_i 的含义：$\sum_l \delta_l T_{li}$ 表示输出层结点 l 的
误差 δ_l 通过权值 T_{li} 向隐结点 i 反向传播（误差 δ_l 乘权值 T_{li}
再累加）成为隐结点 i 的误差（BP算法称为反向传播模型的
原因在此），参见图 4.5。

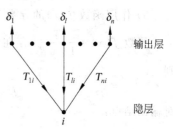

图 4.5 误差反向传播示意图

4）阈值的修正

阈值 θ 也是一个变化值，在修正权值的同时也修正它，
原理同权值的修正。

（1）对输出结点的公式推导：

$$\frac{\partial E}{\partial \theta_l} = \frac{\partial E}{\partial O_l}\frac{\partial O_l}{\partial \theta_l}$$

其中 $\dfrac{\partial E}{\partial O_l} = -(t_l - O_l)$，对某个 θ_l 对应一个 O_l

$$\frac{\partial O_l}{\partial \theta_l} = \frac{\partial O_l}{\partial \text{net}_l} \cdot \frac{\partial \text{net}_l}{\partial \theta_l} = f'(\text{net}_l) \cdot (-1)$$

则

$$\frac{\partial E}{\partial \theta_l} = (t_l - O_l) \cdot f'(\text{net}_l) = \delta_l \tag{4.24}$$

由于

$$\Delta \theta_l = \eta\frac{\partial E}{\partial \theta_l} = \eta\delta_l$$

则

$$\theta_l(k+1) = \theta_l(k) + \eta\delta_l \tag{4.25}$$

（2）对隐结点的公式推导：

$$\frac{\partial E}{\partial \theta_i} = \frac{\partial E}{\partial y_i} \cdot \frac{\partial y_i}{\partial \theta_i} = \frac{\partial E}{\partial O_l}\frac{\partial O_l}{\partial y_i}\frac{\partial y_i}{\partial \theta_i}$$

其中：

$$\frac{\partial E}{\partial O_l} = -\sum_l (t_l - O_l)$$

$$\frac{\partial O_l}{\partial y_i} = f'(\text{net}_l) \cdot T_{li}$$

$$\frac{\partial y_i}{\partial \theta_i} = \frac{\partial y}{\partial \text{net}_l} \cdot \frac{\partial \text{net}_l}{\partial \theta_i} = f'(\text{net}_i) \cdot (-1) = -f'(\text{net}_i)$$

则

$$\frac{\partial E}{\partial \theta_i} = \sum_l (t_l - O_l)f(\text{net}_l) \cdot T_{li} \cdot f(\text{net}_i)$$

$$= \sum_l \delta_l T_{li} \cdot f(\text{net}_i) = \delta'_i \tag{4.26}$$

由于

$$\Delta\theta_i = \eta\frac{\partial E}{\partial\theta_i} = \eta'\delta_i'$$

则

$$\theta_i(k+1) = \theta_i(k) + \eta'\delta_i' \tag{4.27}$$

5) 作用函数 $f(x)$ 的导数公式

函数 $f(x) = \dfrac{1}{1+e^{-x}}$，存在关系 $f'(x) = f(x)\cdot(1-f(x))$

则

$$f'(\text{net}_k) = f(\text{net}_k)\cdot(1-f(\text{net}_k)) \tag{4.28}$$

对输出结点：

$$O_l = f(\text{net}_l)$$
$$f'(\text{net}_l) = O_l(1-O_l) \tag{4.29}$$

对隐结点：

$$y_i = f(\text{net}_i)$$
$$f'(\text{net}_i) = y_i(1-y_i) \tag{4.30}$$

6) BP 模型计算公式汇总

(1) 输出结点输出 O_l 计算公式。

① 输入结点的输入 x_j。

② 隐结点的输出：

$$y_i = f\Big(\sum_j W_{ij}x_j - \theta_i\Big)$$

式中，W_{ij} 为连接权值；θ_i 为结点阈值。

③ 输出结点输出：

$$O_l = f\Big(\sum_i T_{li}y_i - \theta_l\Big)$$

式中，T_{li} 为连接权值；θ_l 为结点阈值。

(2) 输出层(隐结点到输出结点间)的修正公式。

① 输出结点的样本输出：t_l。

② 误差控制。

所有样本误差：$E = \sum\limits_{k=1}^{p} e_k < \varepsilon$，其中一个样本误差

$$e_k = \sum_{l=1}^{n} |\, t_l^{(k)} - O_l^{(k)}\,|$$

式中，p 为样本数；n 为输出结点数。

③ 误差公式：

$$\delta_l = (t_l - O_l)\cdot O_l\cdot(1-O_l) \tag{4.31}$$

④ 权值修正：

$$T_{li}(k+1) = T_{li}(k) + \eta\delta_l y_i \tag{4.32}$$

式中，k 为迭代次数。

⑤ 阈值修正：

$$\theta_l(k+1) = \theta_l(k) + \eta\delta_l \tag{4.33}$$

（3）隐结点层（输入结点到隐结点间）的修正公式。

① 误差公式：

$$\delta_i' = y_i(1 - y_i)\sum_l \delta_l T_{li} \tag{4.34}$$

② 权值修正：

$$W_{ij}(k+1) = W_{ij}(k) + \eta'\delta_i'x_j \tag{4.35}$$

③ 阈值修正：

$$\theta_i(k+1) = \theta_i(k) + \eta'\delta_i' \tag{4.36}$$

BP 模型算法分为以下 3 部分：

（1）隐结点和输出结点的输出计算；

（2）输出结点和隐结点的误差计算；

（3）输出层网络权值及结点阈值与隐结点层网络权值及结点阈值的修改，如图 4.6 所示。

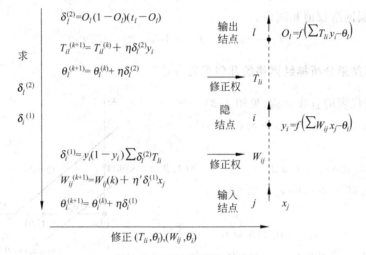

图 4.6 **BP 模型算法示意图**

BP 模型计算，不但对每一个样本要积累计算各输出结点的误差，对所有样本还要积累各样本的误差，这个总误差才是一次迭代的误差，当它不满足给定误差时，继续迭代（用新网络权值和阈值，再对所有样本重复计算），直到满足给定误差为止。这种迭代可能要上万次才能够收敛。

4.1.3 反向传播模型实例分析

1．异或问题的 BP 神经网络

异或问题（XOR）是一个典型的非线性样本。用 BP 模型进行求解，样本和神经网络如图 4.7 所示。M. Minsky 就是用该样本来否定感知机模型的。

按问题要求，设置输入结点为两个（x_1，x_2），输出结点为 1 个（z），隐结点定为 2 个（y_1，y_2）。

2．计算机运行结果

（1）迭代次数为 16 745 次，给定误差为 0.05。

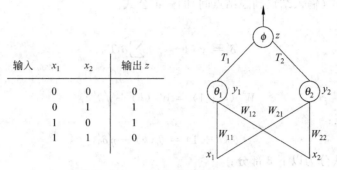

输入	x_1	x_2	输出 z
0	0	0
0	1	1
1	0	1
1	1	0

图 4.7　异或问题神经网络图

(2) 隐层网络权值和阈值:

$$W_{11} = 5.24, \quad W_{12} = 5.23, \quad W_{21} = 6.68, \quad W_{22} = 6.64, \quad \theta_1 = 8.01, \quad \theta_2 = 2.98$$

(3) 输出层网络权值和阈值:

$$T_1 = -10, \quad T_2 = 10, \quad \phi = 4.79$$

3. 用计算结果分析神经网络的几何意义

1) 隐结点代表的直线方程(见图 4.8)

$$y_1: 5.24x_1 + 5.23x_2 - 8.01 = 0$$

即

$$x_1 + 0.998x_2 - 1.529 = 0 \qquad (4.37)$$

$$y_2: 6.68x_1 + 6.64x_2 - 2.98 = 0$$

即

$$x_1 + 0.994x_2 - 0.446 = 0 \qquad (4.38)$$

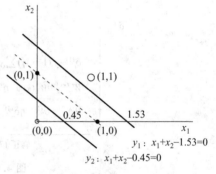

图 4.8　隐结点代表的直线方程

直线 y_1 和 y_2 将平面 (x_1, x_2) 分为 3 个区:

(1) y_1 线上方区,$x_1 + x_2 - 1.53 > 0$,$x_1 + x_2 - 0.45 > 0$。

(2) y_1、y_2 线之间区,$x_1 + x_2 - 1.53 < 0$,$x_1 + x_2 - 0.45 > 0$。

(3) y_2 线的下方区,$x_1 + x_2 - 1.53 < 0$,$x_1 + x_2 - 0.45 < 0$。

对样本点:

(1) 点 $(0,0)$ 落入 y_2 的下方区,经过隐结点作用函数 $f(x)$(暂取它为阶梯函数),得到输出 $y_1 = 0$,$y_2 = 0$。

(2) 点 $(1,0)$ 和点 $(0,1)$ 落入 y_1、y_2 线之间区,经过隐结点作用函数 $f(x)$,得到输出均为 $y_1 = 0$,$y_2 = 1$。

(3) 点 $(1,1)$ 落入 y_1 线的上方区,经过隐结点作用函数 $f(x)$,得到输出为 $y_1 = 1$,$y_2 = 1$。

结论:隐结点将 x_1、x_2 平面上 4 个样本点 $(0,0)$、$(0,1)$、$(1,0)$ 和 $(1,1)$ 变换成 3 个样本点 $(0,0)$、$(0,1)$ 和 $(1,1)$,它已是线性样本。

2) 输出结点代表的直线方程(见图 4.9)
$$Z: -10y_1 + 10y_2 - 4.79 = 0$$
即
$$-y_1 + y_2 - 0.479 = 0 \qquad (4.39)$$

直线 Z 将平面 (y_1, y_2) 分为两区:

(1) Z 线上方区, $-y_1 + y_2 - 0.479 > 0$。

(2) Z 线下方区, $-y_1 + y_2 - 0.479 < 0$。

对样本点:

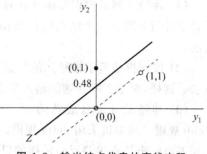

图 4.9　输出结点代表的直线方程

(1) 点 $(0,1)$(即 $y_1 = 0, y_2 = 1$)落入 Z 线上方区, 经过输出结点作用函数 $f(x)$(暂取它为阶梯函数), 得到输出为 $Z = 1$。

(2) 点 $(0,0)$(即 $y_1 = 0, y_2 = 0$), 点 $(1,1)$(即 $y_1 = 1, y_2 = 1$)落入 Z 线下方区, 经过输出结点作用函数 $f(x)$, 得到输出为 $Z = 0$。

结论: 输出结点将 y_1、y_2 平面上 3 个样本 $(0,0)$、$(0,1)$ 和 $(1,1)$ 变换成两类样本 $Z = 1$ 和 $Z = 0$。

4. 神经网络结点的作用

从上面的分析中可以得出结论:

(1) 隐结点作用是将原非线性样本(4 个)变换成线性样本(3 个)。

(2) 输出结点作用是将线性样本(3 个)变换成两类(1 类或 0 类)。

对于作用函数 $f(x)$ 取为 S 型函数, 最后变换成两类为"接近 1 类"和"接近 0 类"。

5. 超平面(直线)特性

1) 隐结点直线特性

隐结点直线 y_1、y_2 相互平行, 且平行于过点 $(1,0)$ 和点 $(0,1)$ 的直线 $L: x_1 + x_2 - 1 = 0$。

直线 y_1 位于点 $(1,1)$ 到直线 L 的中间位置附近 $(\theta_1 = 1.53)$。

直线 y_2 位于点 $(0,0)$ 到直线 L 的中间位置附近 $(\theta_2 = 0.45)$。

阈值 θ_1 和 θ_2 代表了直线的位置。从分类的角度来看, 它可以在一定范围内变化: $1.0 \leqslant \theta_1 < 2, 0 \leqslant \theta_2 < 1.0$。其分类效果是相同的, 这也说明神经网络的解可以是很多个。

2) 输出结点直线特性

输出结点直线 Z, 平行于过点 $(0,0)$ 和点 $(1,1)$ 直线 $P: y_1 - y_2 = 0$。

直线 Z 位于点 $(0,1)$ 到直线 P 的中间位置附近 $(\phi = 0.48)$。

阈值 ϕ 可以在一定范围内变化 $(0 \leqslant \phi < 1)$, 其分类效果是相同的。

4.1.4　神经元网络专家系统

1. 神经元网络专家系统概念

神经元网络专家系统具有一般专家系统的特点, 也有它自身的特点。

共同特点: 都是由知识库和推理机组成。

不同特点:

（1）神经元网络知识库体现在神经元之间的连接强度（权值）上。它是分布式存储的，适合于并行处理。一个结点的信息由多个与它连接的神经元的输入信息以及连接强度合成的。

（2）推理机是基于神经元的信息处理过程。它是以 MP 模型为基础的，采用数值计算方法。这样，对于实际问题的输入输出，都是要转化为数值形式。

（3）神经元网络有成熟的学习算法。学习算法与采用的模型有关。基本上是基于 Hebb 规则。感知机采用 delta 规则。反向传播模型采用误差沿梯度方向下降以及隐结点的误差由输出结点误差反向传播的思想进行的。通过反复学习，逐步修正权值，使其适合于给定的样本。

（4）容错性好。由于信息是分布式存储的，在个别单元上即使出错或丢失，所有单元的总体计算结果，可能并不改变。这类似于人在丢失部分信息后，仍具有对事物的正确判别能力。

随着神经元网络的发展，神经元网络专家系统得到广泛的应用。对于分类问题，神经元网络专家系统比产生式专家系统有明显的优势，对于其他类型的问题，神经元网络也在逐步发挥它的特长。

神经元网络专家系统进一步发展的核心问题在于学习算法的改进和提高。

2．神经元网络专家系统结构

神经元网络专家系统结构由开发环境和运行环境两部分组成，如图 4.10 所示。

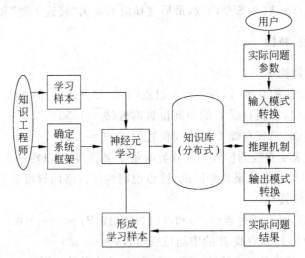

图 4.10　神经元网络专家系统结构

开发环境由三部分组成，通过样本例子进行学习得到知识库，具体组成如下：

（1）确定系统框架；

（2）学习样本；

（3）神经元学习。

运行环境实质是专家系统，它用来解决实际问题。它由以下五部分组成：

（1）实际问题参数；

（2）输入模式的转换；

（3）推理机制；

（4）知识库；

（5）输出模式的转换。

1）确定系统框架

（1）完成对神经元网络的拓扑结构设计。

① 神经元个数：神经元表示各个不同的变量和不同的值。

② 神经元网络层次：一般包括输入层和输出层，对于较复杂的系统引入一层或多层隐结点。

③ 网络单元的连接：一般采用分层全连接结构，即相邻两层之间都要连接。

（2）确定神经元的作用函数和阈值。

作用函数用得较多的有阶梯函数和 S 型函数两种。

2）学习样本

学习样本是实际问题中已有结果的实例、公认的原理、规则或事实。

学习样本分为线性样本和非线性样本两类。

非线性样本要采用较复杂的学习算法，网络层次包含隐单元（BP 模型）或增加输入结点（函数型网络）。

3）学习算法

对不同的网络模型采用不同的学习算法，但都以 Hebb 规则为基础。

（1）感知机（perceptron）模型和函数型网络：采用 delta 规则。

（2）反向传播 BP 模型：采用误差反向传播方法。

4）推理机

推理机是基于神经元的信息处理过程。

（1）神经元 j 的输入：

$$I_j = \sum_k w_{jk} O_k$$

式中，W_{jk} 为神经元 j 和下层神经元 k 之间的连接权值；O_k 为 k 神经元的输出。

（2）神经元 j 的输出：

$$O_j = f(I_j - \theta_j)$$

式中，θ_j 为阈值；f 为神经元作用函数。

5）知识库

知识库主要是存放各个神经元之间连接权值，由于上下两层间各神经元都有关系，用数组表示为（W_{ij}），i 行对应上层结点，j 列对应下层结点。

6）输入模式转换

实际问题的输入，一般是以一种概念形式表示，而神经元的输入，要求以（$-\infty, \infty$）间的数值形式表示。这需要将物理概念转换成数值。

建立两个向量集：

（1）实际输入概念集。各输入结点的具体物理意义，一般采用表的形式。

（2）神经元输入数值集。各输入结点的数值。

7) 输出模式转换

实际问题的输出,一般也是以一种概念形式表示;而神经元的输出,一般是在[0,1]间的数值形式,这需要将数值向物理概念的转换。

3. 神经元网络专家系统的参数选取

利用神经元网络专家系统解决实际问题,有如下问题值得研讨。

(1) 连接权值 W_{ij} 的初值选取。

(2) 收敛因子的选取。

(3) 反向传播模型中隐结点个数的选取。

(4) 迭代过程中总误差的控制。

(5) 迭代公式的收敛速度问题。

(6) 物理概念的数值转换问题。

(7) 学习样本对学习过程收敛性的影响。

(8) 神经元网络的容错性效果。

下面进行了以下问题的研究。

(1) 初始权值的选取。

试验结果表明,对感知机模型权值赋常数初值是合适的,对 BP 模型的权值初值必须用随机数。

(2) 收敛因子 η 值的选取。

经过试算,η 在 2.5～5.5 之间迭代次数较少,比较合适(不同问题要做实验,找合适的收敛因子 η 值)。

(3) 隐结点数的选取。

经过试算,隐结点数介于输入结点数和输出结点数之间,偏向输入结点数比较合适。

4. 神经元网络专家系统实例

中国科学院生态环境研究中心研制了"城市医疗服务能力评价系统",下面对此实例进行讨论。

评价城市医疗服务能力,输入包括 5 个方面,即病床数、医生数、医务人员数、门诊数和死亡率。其输出模式包括 4 个级别,即非常好(v)、好(g)、可接受(a)和差(b),建立一个 3 层的神经元网络。进行神经元网络计算,需要对物理概念进行数值转换。

选择 10 个城市的数据作为训练集,学习之后,对其他城市进行评价(见表 4.1)。

表 4.1 城市医疗服务能力训练集

城市 \ 训练项目	上海	北京	沈阳	武汉	哈尔滨	重庆	成都	青岛	鞍山	兰州
万人拥有医院病床数	g	a	b	g	v	g	a	v	g	g
万人拥有的医生数	v	v	b	g	g	g	g	g	b	a
万人拥有卫生工作人数	v	v	b	g	a	b	g	a	v	a

续表

训练项目 ＼ 城市	上海	北京	沈阳	武汉	哈尔滨	重庆	成都	青岛	鞍山	兰州
万人拥有门诊数	v	v	a	a	b	b	a	g	v	b
死亡率	b	g	g	b	a	b	a	v	a	v
医疗服务能力	v	v	b	a	a	b	a	v	g	g

1) 神经元网络结构

建立一个 3 层的神经元网络,神经元网络结构如图 4.11 所示。

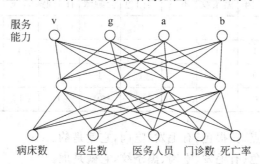

图 4.11　城市医疗服务能力评价系统神经元网络结构

2) 输出结点

输出结点用 4 个结点分别表示 v、g、a、b。数据在 0 或 1 中取值。

3) 输入结点

输入结点用 5 个结点分别表示 5 个指标,对每个指标结点都有 v、g、a、b 这 4 种可能。输入结点数据允许在 $(-\infty, \infty)$ 范围中取值。

这 4 个物理概念 v、g、a、b 的数值转换,进行了 5 个方案的计算,方案如下:

方案 1　v＝3　　g＝1　　　a＝－1　　b＝－3

方案 2　v＝1.5　g＝0.5　　a＝－0.5　b＝－1.5

方案 3　v＝6　　g＝2　　　a＝－2　　b＝－6

方案 4　v＝1　　g＝0.66　a＝0.33　b＝0

方案 5　v＝10　g＝7　　　a＝4　　　b＝1

计算结果表明,方案 2 收敛最快 Count＝360,计算结果也很合理,其次是方案 1,Count＝451,方案 3、4、5 均较差。

说明物理概念的数值转换,尽量采用 $(-1, 1)$ 附近较合适。

4) 对样本的讨论

在样本中若存在矛盾的情况,例如学习样本中武汉,由原来的 g,g,g,a,b→a 改为 g,g,g,a,b→b,它和其他样本。

b b b a g →b,g g b b b →b,v g a b a →a,a g g a a →a 不相符,这将产生如下两种结果:

(1) 使学习过程不收敛。

(2) 学习过程若勉强收敛,但在分析实际问题时将发生偏差。

可见,对样本的合理性要进行相应的检查,以保证学习过程的收敛和分析实际问题的准确性。

5. 神经元网络的容错性

下面通过例子对容错性进行说明。

例如,4 个动物的样本,如表 4.2 所示。

表 4.2　动物样本

样 本 输 入										样 本 输 出				
暗斑点	黄褐色	有毛发	吃肉	黑条纹	不飞	黑白色	会游泳	有羽毛	善飞	编码				动物名
1	1	1	1	0	0	0	0	0	0	1	0	0	0	豹
0	1	1	1	1	0	0	0	0	0	0	1	0	0	虎
0	0	0	0	0	1	1	1	1	0	0	0	1	0	企鹅
0	0	0	0	0	0	0	0	1	1	0	0	0	1	信天翁

(1) 某动物是暗斑点、黄褐色、有毛发、吃肉,它就是豹。

(2) 某动物是黄褐色、有毛发、吃肉、黑条纹,它就是虎。

(3) 某动物是不飞、黑白色、会游泳、有羽毛,它就是企鹅。

(4) 某动物是有羽毛、善飞,它就是信天翁。

动物样本设计成神经元网络如图 4.12 所示。

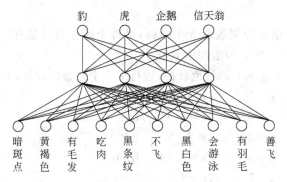

图 4.12　动物样本神经元网络

完成机器学习以后,对样本进行缺省条件输入,有如下 3 种情况(见表 4.3):

(1) 缺 1 个条件的情况。

(2) 缺 2 个条件的情况。

(3) 介于中间的情况。

对表 4.3 中第一种情况的第一例,对豹缺省"黄褐色"条件时,输出结果仍然是豹(0.8463);对第二种情况第一个例,对虎缺省"黄褐色"和多一个"不飞"的条件时,输出结果仍然是虎(0.9286);对第三种情况的第一个例子,输入豹和虎的共同信息(黄褐色、有毛发、吃肉)时,神经元网络的输出是既靠近豹(0.3394)又靠近虎(0.4203),输出结果表明该动物是一个介于豹和虎的中间新品种。

表 4.3 缺省条件推理结果

输　　入										输　　出				输出相近的情形
暗	黄	毛	肉	纹	不飞	黑白	泳	羽	飞	豹	虎	企鹅	信天翁	
1	0	1	1	0	0	0	0	0	0	0.8463	0.0245	0.0481	0.0950	豹
0	1	0	1	1	0	0	0	0	0	0.0200	0.9473	0.0204	0.0030	虎
0	0	0	0	1	1	1	1	1	0	0.0148	0.2133	0.8971	0.0978	企鹅
0	0	0	0	0	0	0	0	0	0	0.1156	0.0298	0.1262	0.6662	信天翁
1	1	1	0	0	0	0	0	0	0	0.8677	0.0231	0.0647	0.0711	豹
0	0	0	0	0	0	0	0	0	1	0.1798	0.0283	0.0125	0.9043	信天翁
0	0	1	1	1	1	0	0	0	0	0.0140	0.9286	0.0368	0.0029	虎
1	0	0	0	0	0	0	0	0	0	0.8486	0.0193	0.0550	0.1618	豹
0	1	0	0	1	0	0	0	0	0	0.0241	0.9291	0.0358	0.0044	虎
0	0	0	0	0	0	1	0	0	0	0.0735	0.0296	0.6562	0.1502	企鹅
0	1	1	1	0	0	0	0	0	0	0.3394	0.4203	0.0317	0.0135	豹,虎
1	1	0	0	0	1	1	0	0	0	0.6774	0.0200	0.3668	0.0461	豹,企鹅
0	1	0	0	0	0	0	0	0	0	0.0455	0.2547	0.4704	0.0124	虎,企鹅
0	0	0	0	0	0	1	0	1	0	0.4067	0.0236	0.1170	0.0577	豹,企鹅

从计算结果可以看出容错效果很好,这是神经元网络专家系统的最大优点。

4.2　模糊计算

4.2.1　模糊集合及其运算

1. 模糊集合概念

1) 连续值逻辑

模糊计算的基础是模糊逻辑,即连续值逻辑。模糊命题在生活中经常使用,如"今晚天气很好"、"他很年轻"、"物价涨得太快了"等。

模糊命题不是一个很精确的,不能简单地用"真"或"假"两值来反映。它的逻辑值在连续区间[0,1]中取值。

连续值逻辑也称为模糊逻辑。

2) 隶属函数

论域是讨论的全体对象空间。

定义:论域 $X = \{x\}$ 上的模糊集合 A 由隶属函数 μ_A 来表征。其中,μ_A 在实轴的闭区间 $[0,1]$ 中取值,μ_A 的大小反映 x 对于模糊集合 A 的隶属程度。

μ_A 的值接近 1,表示 x 隶属于 A 的程度很高。

μ_A 的值接近 0,表示 x 隶属于 A 的程度很低。

特例,当 μ_A 的值域取 $[0,1]$ 闭区间的两个端点,即 $\{0,1\}$ 两个值时,A 便退化为一个普通的逻辑子集。隶属函数也就退化为普通逻辑值。

3) 模糊集合的表示

对论域 U，$U=\{x_1,x_2,\cdots,x_n\}$ 中模糊子集 A_n，扎德(L. A. Zadeh)表示：

$$A_n = \sum_{i=1}^{n} \frac{\mu_i}{x_i}$$

式中,分母是论域 U 中的元素,分子是相应元素的隶属度(注意,它们不是进行分式相加), 当 μ_i 为 0 时可不写此项。

模糊子集 A_n 一般表示为

$$A_n = (\mu_1, \mu_2, \cdots, \mu_n)$$

式中,μ_i 是对应元素 x_i 的隶属度,当 μ_i 为 0 时必须写此项(保持对应关系)。

例如,论域 $U=\{x_1,x_2,x_3,x_4\}$ 中模糊集合

$$A = 0.1/x_1 + 0.8/x_2 + 0.6/x_4 \quad \text{或} \quad A = (0.1, 0.8, 0, 0.6)$$

2. 模糊集合的运算

1) 模糊集合运算定义

论域 $U=\{x_1,x_2,\cdots,x_n\}$ 上模糊集合运算如下：

(1) 模糊集合 A 的补 $\neg A$,定义为

$$A = \sum_{i=1}^{n} \mu_i / x_i$$

$$\neg A = \sum_{i=1}^{n} (1-\mu_i)/x_i$$

(2) 模糊集合 A 和 B 的并 $A+B$(或 $A \bigcup B$),定义为

$$A = \sum_{i=1}^{n} \mu_A(i)/x_i \quad B = \sum_{i=1}^{n} \mu_B(i)/x_i$$

$$A + B = \sum_{i=1}^{n} \mu_A(i) \vee \mu_B(i)/x_i$$

其中符号 $\vee$ 等价于 max,表示对应 x_i 上两个隶属度取极大值。

(3) 模糊集合 A 和 B 的交 $A \bigcap B$,定义为

$$A \bigcap B = \sum_{i=1}^{n} \mu_A(i) \wedge \mu_B(i)/x_i$$

其中符号 $\wedge$ 等价于 min,表示对应 x_i 上两个隶属度取极小值。

(4) 模糊集合 A 和 B 的积 AB,定义为

$$AB = \sum_{i=1}^{n} \mu_A(i)\mu_B(i)/x_i$$

特殊情况为模糊集合的幂运算即 A^2、$A^3 \cdots$

(5) 模糊关系。

若 $A_1, A_2, \cdots, A_n$,相应于 $U_1, U_2, \cdots, U_n$ 的模糊子集,$A_1, A_2, \cdots, A_n$ 的笛卡儿积集记为 $A_1 \times A_2 \times \cdots \times A_n$,定义为 $U_1 \times U_2 \times \cdots \times U_n$ 上的模糊关系。它也是模糊集合,其隶属函数为(n 维矩阵)

$$A_1 \times A_2 \times \cdots \times A_n = \sum_{U_1 \times \cdots \times U_n} \frac{\mu_{A_1}(x_1) \wedge \mu_{A_2}(x_2) \wedge \cdots \wedge \mu_{A_n}(x_n)}{(x_1, x_2, \cdots, x_n)}$$

2) 模糊集合运算例

例 1 若 $U = 1 + 2 + 3 + \cdots + 10$

$$A = 0.8/3 + 1/5 + 0.6/6, \quad B = 0.7/3 + 1/4 + 0.5/6$$

或 $A = (0, 0, 0.8, 0, 1, 0.6, 0, 0, 0, 0)$

$\quad\quad B = (0, 0, 0.7, 1, 0, 0.5, 0, 0, 0, 0)$

有

(1) $\neg A = (1, 1, 0.2, 1, 0, 0.4, 1, 1, 1, 1)$

(2) $A + B = 0.8/3 + 1/4 + 1/5 + 0.6/6$

(3) $A \cap B = 0.7/3 + 0.5/6$

(4) $AB = 0.56/3 + 0.3/6$

(5) $A^2 = 0.64/3 + 1/5 + 0.36/6$

(6) $0.4 A = 0.32/3 + 0.4/5 + 0.24/6$

例 2 $U_1 = U_2 = 3 + 5 + 7$

$$A_1 = 0.5/3 + 1/5 + 0.6/7 \quad A_2 = 1/3 + 0.7/5$$

$$A_1 \times A_2 = \begin{pmatrix} 0.5 & 0.5 & 0 \\ 1 & 0.7 & 0 \\ 0.6 & 0.6 & 0 \end{pmatrix}$$

3. 模糊关系运算

1) 模糊关系运算定义

直积空间 $X \times Y = \{(x, y) \mid x \in X, y \in Y\}$ 中的模糊关系 R 是 $X \times Y$(集合 X 和集合 Y 之间)中的模糊集 R，R 的隶属函数用 μ_R 表示。

(1) 模糊关系 R_1 和 R_2 的并 $R_1 \cup R_2$，定义为

$$R_1 \cup R_2 \Leftrightarrow \mu_{R_1 \cup R_2}(x, y) = \vee [\mu_{R_1}(x, y), \mu_{R_2}(x, y)]$$

(2) 模糊关系 R_1 和 R_2 的交 $R_1 \cap R_2$，定义为

$$R_1 \cap R_2 \Leftrightarrow \mu_{R_1 \cap R_2}(x, y) = \wedge [\mu_{R_1}(x, y), \mu_{R_2}(x, y)]$$

(3) 模糊关系 R 的补，定义为

$$\overline{R} \Leftrightarrow \mu_R = 1 - \mu_R(x, y)$$

(4) 模糊关系 R_1 和 R_2 的合成运算为

$$R_1 \circ R_2$$

模糊集合 X 和 Z 之间的关系 R_1，模糊集合 Z 和 Y 之间的关系 R_2，合成关系 $R = R_1 \circ R_2$ 是在 $X \times Y$ 上的模糊关系，即

$$R_1 \circ R_2 \Leftrightarrow \mu_{R_1 \circ R_2} = \vee [\mu_{R_1}(x, y) \wedge \mu_{R_2}(x, y)]$$

说明：模糊关系矩阵运算大体上和普通的矩阵运算相似，对应元素取 $\min(\wedge)$ 值，各元素之间取 $\max(\vee)$ 值。

2) 模糊关系运算实例

设 A 和 B 均为 $X = \{x_1, x_2\}$ 上的模糊关系：

$$A = \begin{pmatrix} 0.5 & 0.3 \\ 0.4 & 0.8 \end{pmatrix} \quad B = \begin{pmatrix} 0.8 & 0.5 \\ 0.3 & 0.7 \end{pmatrix}$$

$$A \bigcup B = \begin{pmatrix} 0.8 & 0.5 \\ 0.4 & 0.8 \end{pmatrix} \quad A \bigcap B = \begin{pmatrix} 0.5 & 0.3 \\ 0.3 & 0.7 \end{pmatrix}$$

$$A \circ B = \begin{pmatrix} (0.5 \wedge 0.8) \vee (0.3 \wedge 0.3) & (0.5 \wedge 0.5) \vee (0.3 \wedge 0.7) \\ (0.4 \wedge 0.8) \vee (0.8 \wedge 0.3) & (0.4 \wedge 0.5) \vee (0.8 \wedge 0.7) \end{pmatrix}$$

$$= \begin{pmatrix} 0.5 & 0.5 \\ 0.4 & 0.7 \end{pmatrix}$$

4.2.2 模糊推理

模糊推理在模糊数学中称为近似推理(或似然推理或推理合成)。它是传统逻辑中假言推理的推广。Zadeh 提出了一种称为"合成推理规则",这一推理规则的基本原理是:首先求出一个前提中两个模糊概念的模糊关系,然后再求另一前提中的模糊概念与该模糊关系的 max-min 合成 o,即可得到推理的结论。

1. 模糊规则

定义 1 "若 A 则 B,否则 C"是 $U \times V$ 中的一个二元模糊关系。

定义为:

$$若 A 则 B,否则 C = A \times B + \neg A \times C$$

其中 A、B 和 C 是 U 和 V 中的模糊集,而"若 A 则 B,否则 C"是 $U \times V$ 中的一个二元模糊关系。

定义 2 "若 A 则 B"可看成"若 A 则 B,否则 C"的特殊情况,即允许 C 为整个全域 V 的结果。得到

$$若 A 则 B = 若 A 则 B,否则 V = A \times B + \neg A \times V$$

注:引入记号 $A \rightarrow B \equiv 若 A 则 B$。

例如,$U = V = 1 + 2 + 3$

$$A = 小的 = 1/1 + 0.4/2 = (1, 0.4, 0)$$
$$B = 大的 = (0.4/2 + 1/3) = (0, 0.4, 1)$$
$$C = 不大 = (1/1 + 0.6/2) = (1, 0.6, 0)$$

(1) 若 A 则 B,否则 C

$$= (1, 0.4, 0) \times (0, 0.4, 1) + (0, 0.6, 1) \times (1, 0.6, 0) = \begin{pmatrix} 0 & 0.4 & 1 \\ 0.6 & 0.6 & 0.4 \\ 1 & 0.6 & 0 \end{pmatrix}$$

(2) 若 A 则 B

$$= (1, 0.4, 0) \times (0, 0.4, 1) + (0, 0.6, 1) \times (1, 1, 1) = \begin{pmatrix} 0 & 0.4 & 1 \\ 0.6 & 0.6 & 0.6 \\ 1 & 1 & 1 \end{pmatrix}$$

2. 模糊推理的合成运算

A、B 是论域 U、V 上的模糊子集,$A \rightarrow B$ 是从 U 到 V 的一个模糊关系,即是 $U \times V$ 上的模糊规则。若输入一个模糊子集 A',将得到输出 B' 为

$$B' = A' \circ (A \to B)$$

例如,在论域 $U = (1, 2, 3, 4, 5)$ 上有模糊集合 A、B、C,存在模糊规则:

$$R = \text{如果 } A \text{ 小则 } B \text{ 大,否则 } C \text{ 不很大}$$

现有模糊子集 A' 很小,从模糊规则 R 中推出什么结论?

定义:小 $= (1, 0.8, 0.6, 0.4, 0.2)$,大 $= (0.2, 0.4, 0.6, 0.8, 1)$

则有:很小 $=$ 小 $^2 = (1, 0.64, 0.36, 0.16, 0.04)$

很大 $=$ 大 $^2 = (0.04, 0.16, 0.36, 0.64, 1)$

模糊关系:

$$R = \text{小} \times \text{大} + \neg \text{小} \times \text{不很大}$$
$$R = (1, 0.8, 0.6, 0.4, 0.2) \times (0.2, 0.4, 0.6, 0.8, 1)$$
$$+ (0, 0.2, 0.4, 0.6, 0.8) \times (0.96, 0.84, 0.64, 0.36, 0)$$
$$= \begin{bmatrix} 0.2 & 0.4 & 0.6 & 0.8 & 1 \\ 0.2 & 0.4 & 0.6 & 0.8 & 0.8 \\ 0.4 & 0.4 & 0.6 & 0.6 & 0.6 \\ 0.6 & 0.6 & 0.6 & 0.4 & 0.4 \\ 0.8 & 0.8 & 0.64 & 0.36 & 0.2 \end{bmatrix}$$

推理合成运算:若 A' 是很小,推出结论为

$$B' = A' \circ R = (0.36, 0.4, 0.6, 0.8, 1) \approx (0.2, 0.4, 0.6, 0.8, 1)$$

即结论为 B' 近似大。

4.2.3 模糊规则的计算公式

模糊规则 R:"若 A 则 B"的计算有若干公式。

1. Zadeh 方法

1)极小极大规则,用 R_m 表示

$$R_m = (A \times B) \bigcup (\neg A \times V) = \left[(\mu_A(i) \wedge \mu_B(j)) \vee (1 - \mu_A(i)) \right]_{ij}$$

2)有界算术规则,用 R_a 表示

$$R_a = (\neg A \times V) \bigoplus (U \times B) = \left[1 \wedge (1 - \mu_A(i) + \mu_B(j)) \right]_{ij}$$

2. Mamdani 方法

他提出最小运算规则,用 R_c 表示

$$R_c = A \times B = \left[\mu_A(i) \wedge \mu_B(j) \right]_{ij}$$

3. Mizumoto 方法

他提出了多种方法,有 R_s、R_g、R_{sg}、R_{gg}、R_{gs}、R_{ss} 和 R_b 等。

1)R_s 方法

$$R_s = A \times V \xrightarrow{s} U \times B = \left[\mu_A(i) \xrightarrow{s} \mu_B(j) \right]_{ij}$$

其中:

$$\mu_A(i) \underset{s}{\rightarrow} \mu_B(j) = \begin{cases} 1 & \mu_A(i) \leqslant \mu_B(j) \\ 0 & \mu_A(i) > \mu_B(j) \end{cases}$$

2) R_g 方法

$$R_g = A \times V \underset{g}{\rightarrow} U \times B = [\mu_A(i) \underset{g}{\rightarrow} \mu_B(j)]_{ij}$$

其中：

$$\mu_A(i) \underset{g}{\rightarrow} \mu_B(j) = \begin{cases} 1 & \mu_A(i) \leqslant \mu_B(j) \\ \mu_B(j) & \mu_A(i) > \mu_B(j) \end{cases}$$

3) R_{sg} 方法

$$R_{sg} = (A \times V \underset{s}{\rightarrow} U \times B) \bigcap (\neg A \times V \underset{g}{\rightarrow} U \times \neg B) = [\mu_A(i) \underset{s}{\rightarrow} \mu_B(j)]$$

$$\wedge [(1 - \mu_A(i)) \underset{g}{\rightarrow} (1 - \mu_B(j))]_{ij}$$

4) R_{gg} 方法

$$R_{gg} = (A \times V \underset{g}{\rightarrow} U \times B) \bigcap (\neg A \times V \underset{g}{\rightarrow} U \times \neg B) = [\mu_A(i) \underset{g}{\rightarrow} \mu_B(j)]$$

$$\wedge [(1 - \mu_A(i)) \underset{g}{\rightarrow} (1 - \mu_B(j))]_{ij}$$

5) R_{gs} 方法

$$R_{gs} = (A \times V \underset{g}{\rightarrow} U \times B) \bigcap (\neg A \times V \underset{s}{\rightarrow} U \times \neg B) = [\mu_A(i) \underset{g}{\rightarrow} \mu_B(j)]$$

$$\wedge [(1 - \mu_A(i)) \underset{s}{\rightarrow} (1 - \mu_B(j))]_{ij}$$

6) R_{ss} 方法

$$R_{ss} = (A \times V \underset{s}{\rightarrow} U \times B) \bigcap (\neg A \times V \underset{s}{\rightarrow} U \times \neg B) = [\mu_A(i) \underset{s}{\rightarrow} \mu_B(j)]$$

$$\wedge [(1 - \mu_A(i)) \underset{s}{\rightarrow} (1 - \mu_B(j))]_{ij}$$

7) R_b 方法

$$R_b = \neg A \times V \bigcup U \times B = [(1 - \mu_A(i)) \vee \mu_B(j)]_{ij}$$

4.2.4 模糊推理方法的比较

在模糊规则 R：“若 A 则 B”中，称 A 为前件 B 为后件。在模糊推理中，对肯定前件和否定后件的推理方式是不一样。

1. 肯定前件的推理

(1) 肯定前件的几种情况：

① $A' = A$

② $A' = \text{very } A = A^2$

③ $A' = \text{more or less } A = A^{0.5}$

④ $A' = \text{not } A = \neg A$

(2) 肯定前件的推理方式为

$$B' = A' \circ R$$

模糊规则 R 可为上面所提及的任一种表示方法。

2．否定后件的推理

（1）否定后件的几种情况：

① $B' = \text{not } B = \neg B$

② $B' = \text{not very } B = \neg B^2$

③ $B' = \text{not more or less } B = \neg B^{0.5}$

④ $B' = B$

（2）否定后件的推理方式为

$$A' = R \circ B'$$

3．各种模糊规则的推理结果

对以上定义的 10 个模糊规则，按肯定前件和否定后件两种模糊推理形式（共 8 种情况）进行推理。

对比结果是 R_{ss}、R_{sg}、R_{s} 3 种模糊规则比较好，其他 7 种模糊规则不理想。

4.3　遗传算法

遗传算法是模拟生物进化的自然选择和遗传机制的一种寻优算法。它模拟了生物的繁殖、交配和变异现象，从任意初始种群出发，产生一群新的更适应环境的后代。这样一代一代不断繁殖、进化，最后收敛到一个最适应环境的个体上。遗传算法对于复杂的优化问题无须建立数学模型和进行复杂运算，只需要利用遗传算法的算子就能寻找到问题的最优解或满意解。

4.3.1　遗传算法原理

1．遗传算法概述

遗传算法（Genetic Algorithms，GA）是一种基于遗传学的搜索优化算法。遗传学认为遗传是作为一种指令码封装在每个染色体个体中，并以基因（位）的形式包含在染色体（个体）中。每个基因有特殊的位置并控制某个特殊的性质，由基因组成的个体对环境有一定的适应性。基因杂交和基因突变能产生对环境适应性强的后代，通过优胜劣汰的自然选择，适应值高的基因结构就保存下来。

在遗传算法中，"染色体"对应的是数据或数组，通常是由一维的串结构数据来表现。串上各个位置对应"基因"，而各位置上的值对应基因的取值。基因组成的串就是染色体，或者称为基因型个体（individuals）。一定数量的个体组成了群体（population）。群体中个体的数目称为群体的大小，也称为群体规模。而各个体对环境的适应程度称为适应度（fitness）。

遗传算法的处理流程如图 4.13 所示。

遗传算法首先将问题的每个可能的解按某种形式进行编码，编码后的解称为染色体（个体）。随机选取 N 个染色体构成初始种群，再根据预定的评价函数对每个染色体计算适应值，使得性能较好的染色体具有较高的适应值。选择适应值高的染色体进行复制，通过遗传算子:选择、交叉(重组)、变异,来产生一群新的更适应环境的染色体,形成新的种群。这样一代一代不断繁殖、进化,最后收敛到一个最适应环境的个体上,求得问题的最优解。

2. 遗传算法中的基本要素

遗传算法中包含以下 5 个基本要素:问题编码、初始群体的设定、适应值函数的设计、遗传操作设计和控制参数设定(主要是指群体大小和使用遗传操作的概率等)。这 5 个要素构成了遗传算法的核心内容。

1) 问题编码

将子串拼接起来构成"染色体"位串,但是不同串长和不同的编码,对问题求解的精度和遗传算法收敛时间会有很大影响。如何将问题描述成串的形式就不那么简单,而且同一问题可以有不同的编码方法。

常用的二进制编码方式是基于确定的二进制位串上:$I = \{0,1\}^L$。目前也出现采用其他编码方式,如用向量(向量元素为实数)来表示染色体,或者用规则形式(规则 A,规则 B,规则 C,…)来表示染色体。

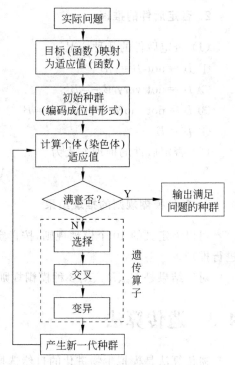

图 4.13 遗传算法的处理流程

2) 初始群体的生成

遗传算法是群体型操作,这样必须为遗传操作准备一个由若干初始解组成的初始群体。初始群体的每个个体都是通过随机方法产生的。初始群体也称为进化的初始代,即第一代(first generation)。

3) 适应值函数的确定

遗传算法在搜索进化过程中一般不需要其他外部信息,仅用评估函数值来评估个体或解的优劣,并作为以后遗传操作的依据。评估函数值又称为适应值。

适应值函数(即评估函数)是根据目标函数确定的。适应值总是非负的,任何情况下总是希望越大越好。一般目标函数有正有负,且和适应值之间的关系也是多种多样的。如求最大值时,目标函数与适应值变化方向一致;而求最小值时,变化方向正好相反。因此,存在目标函数到适应值函数的映射问题,常见的映射形式为

$$\phi(\alpha) = \delta(f(\tau(\alpha)))$$

式中,α 为个体;$\tau(\alpha)$ 为个体的译码函数;f 则为具体求解问题的表达式;δ 为变换函数,δ 的作用是确保适应值为正,并且最好的个体其适应值最大。

适应值函数的选取至关重要,它直接影响到算法的收敛速度即最终能否找到最优解。函数优化问题可直接将函数本身作为评价函数。而对于复杂系统的评价函数一般不那么直观,往往需要研究者自己构造出能对解的性能进行评价的函数。

3．遗传算子

在遗传算法的执行过程中,每一代有许多不同的染色体(个体)同时存在,这些染色体中哪个保留(生存)、哪个淘汰(死亡)是根据它们对环境的适应能力决定的,适应性强的有更多的机会保留下来。适应性强弱是计算个体适应值函数 $f(x)$ 的值来判别的,这个值称为适应值(fitness)。适应值函数 $f(x)$ 的构成与目标函数有密切关系,往往是目标函数的变种。主要的遗传算子有如下几种。

1) 选择(selection)算子

选择算子又称复制(reproduction)、繁殖算子。

选择是从种群中选择生命力强的染色体产生新种群的过程。依据每个染色体的适应值大小,适应值越大,被选中的概率就越大,其子孙在下一代产生的个数就越多。

选择操作是建立在群体中个体的适应值评估基础上的,适应值比例法是目前遗传算法中最常用的选择方法。它也叫赌轮或蒙特卡罗(Monte Carlo)选择。在该方法中,各个个体的选择概率和其适应值成比例。

设群体大小为 n,其中个体 i 的适应值为 f_i,则 i 被选择的概率 P_s 为

$$p_{si} = f_i / \sum_{j=1}^{M} f_j$$

显然,概率 P_s 反映了个体 i 的适应值在整个群体的个体适应值总和中所占的比例。个体适应值越大,其被选择的概率就越高。按上式计算出群体中各个个体的选择概率后,就可以决定哪些个体被选出。

2) 交叉(crossover)算子

交叉算子又称重组(recombination)、配对(breeding)算子。

染色体重组是分两步骤进行的,首先在新复制的群体中随机选取两个个体,然后,沿着这两个个体(字符串)随机地取一个位置,二者互换从该位置起的末尾部分。例如,有两个用二进制编码的个体 A 和 B。长度 $L=5$,$A=a_1 a_2 a_3 a_4 a_5$,$B=b_1 b_2 b_3 b_4 b_5$ 随机选择一整数 $k \in [1, L-1]$,设 $k=4$,经交叉后变为

$$A = a_1 a_2 a_3 \mid a_4 a_5 \quad A' = a_1 a_2 a_3 b_4 b_5$$
$$B = b_1 b_2 b_3 \mid b_4 b_5 \quad B' = b_1 b_2 b_3 a_4 a_5$$

遗传算法的有效性主要来自选择和交叉操作,尤其是交叉,在遗传算法中起着核心作用。

3) 变异(mutation)算子

选择和交叉算子基本上完成了遗传算法的大部分功能,而变异则增加了遗传算法找到接近最优解的能力。变异就是以很小的概率,随机地改变字符串某个位置上的值。变异操作是按位进行的,即把某一位的内容进行变异。在二进制编码中,就是将某位 0 变成 1,1 变成 0。变异发生的概率即变异概率 P_m 都取得很小(一般在 $0.001 \sim 0.02$ 之间),它本身是一种随机搜索,然而与选择、交叉算子结合在一起,就能避免由于复制和交叉算子而引起的某些信息的永久性丢失,保证了遗传算法的有效性。

遗传算法引入变异的目的有两个：一是使遗传算法具有局部的随机搜索能力。当遗传算法通过交叉算子已接近最优解邻域时，利用变异算子的这种局部随机搜索能力可以加速向最优解收敛。显然，此种情况下的变异概率应取较小值，否则接近最优解的模式会因变异而遭到破坏。二是使遗传算法可维持群体多样性，以防止出现未成熟收敛现象，此时变异概率应取较大值。

4. 遗传算法的理论基础

遗传算法的理论基础是 Holland 提出的模式理论(Schemata Theorem)。

定义 3 模式，基于 3 值字符集{0,1,*}所产生的能描述具有某些结构相似性的 0、1 字符串集的字符串称为模式。

对于模式 $H = *11*0**$ (* 为 0 或 1)，位串 0111000 和 1110000 都与之匹配，即这两个位串在某些位上相似。

可见，一个串实际上隐含着多个模式(长度为 l 的串隐含着 2^l 个模式)，一个模式可以隐含在多个串中，不同的串之间通过模式而相互联系。遗传算法中串的运算实质上是模式的运算。

定义 4 定义距，即模式 H 的长度 $\delta(H)$，它是指模式第一个确定位置和最后一个确定位置之间的距离，如 $H = **00*1*$，则 $\delta(H) = 6-3 = 3$。

定义 5 模式阶，即模式 H 的阶 $O(H)$，它是指模式中确定位串的个数，如 $H = **00*1*$，则 $O(H) = 3$。

如模式 $011*1*$ 的阶数为 4，而模式 $0*****$ 的阶数为 1。显然，一个模式的阶数越高，其样本数就越少，因而确定性越高。

模式定理：在遗传算子选择、交叉和变异的作用下，具有低阶、短定义距以及平均适应度高于群体平均适应度的模式在子代中将得以指数级增长。

模式定理表达了模式 H 在遗传算子的作用下，其子代的样本数为

$$m(H, t+1) \geqslant m(H, t) \cdot \frac{\overline{f}(H)}{\overline{f}} \cdot \left(1 - P_c \frac{\delta(H)}{l-1} - o(H) \cdot P_m\right)$$

式中，$m(H, t)$ 为在 t 代群体中存在模式 H 的位串的个数；$\overline{f}(H)$ 表示在 t 代群体中包含模式 H 的位串的平均适应值；$\overline{f}$ 表示 t 代群体中所有位串的平均适应值；l 表示位串的长度；P_c 为交叉概率；P_m 为变异概率。

在繁殖下一代时，高适应值的模式能复制更多的后代；而交叉操作不易破坏长度短、阶数低的模式；而变异概率很小，一般不会影响这些重要模式。

定义 6 具有低阶、短定义距以及高适应度的模式称为基因块，也称积木块。

基因块假设：低阶、短距、高平均适应度的模式(基因块)在遗传算子作用下，相互结合，生成高阶、长距，高平均适应度的模式，可最终生成全局最优解。

模式定理保证了较优的模式(遗传算法的较优解)在子代中呈指数级增长，从而满足了寻找最优解的必要条件，即遗传算法存在着寻找全局最优解的可能性。基因块假设指出，遗传算法具备寻找到全局最优解的能力，即基因块在遗传算子的作用下，能生成高阶、长距、高平均适应度的模式，最终生成全局最优解。

5. 遗传算法的特点

遗传算法是模拟自然选择和生物遗传机制的优化算法,利用 3 个遗传算子产生后代,通过群体的迭代,使个体的适应性不断提高,最终群体中适应值最高的个体即是优化问题的最优或次优解。遗传算法与传统的优化方法有不同的特点。

1) 遗传算法是进行群体的搜索

传统的优化方法是从一个点开始搜索,如爬山法(climbing)是从当前点邻近的点中选出新点,如果新点的目标函数值更好,那么该新点就变成当前点,否则就选择和测试其他邻近点。如果目标函数值没有更进一步的改进,则算法终止。爬山法是单点寻优过程,很显然,爬山法会产生局部最优解,它依赖于初始点的选择。

遗传算法是对多个个体进行群体的搜索,即在问题空间中多个个体在不同区域进行搜索,构成一个不断进化的群体序列。对于复杂问题的多峰情况,遗传算法也能以很大的概率找到全局最优解。

2) 遗传算法是一种随机搜索方法

遗传算法使用 3 个遗传算子,选择算子通过选择概率复制个体。交叉算子通过交叉概率在交配池中决定配对的个体是否需要进行交叉操作。变异算子通过变异概率确定某些基因位上值进行变异。可见,3 个遗传算子都是随机操作,利用概率转移规则产生好的后代,引导其搜索过程朝着更优化的解空间移动。可见,遗传算法虽然是一个随机搜索方法,但是它是高效有方向的搜索,而不是一般随机搜索方法那种无方向的搜索。

3) 遗传算法处理的对象是个体的编码,而不是参变量本身

遗传算法要求将优化问题的参变量编码成长度有限的位串个体,通过遗传算子操作个体的编码,并从中找出高适应值的位串个体。遗传算法不过问变量的含义,这样,使遗传算法适应具有随机性的操作,具有间接操作的特点。

4) 遗传算法不需要导数或其他辅助信息

一般传统的搜索算法需要一些辅助信息,如梯度算法需要求导数,当这些信息不存在时(如函数不连续时),这些算法就失效。而遗传算法只需要适应值信息,用它来评估个体,引导搜索过程朝着搜索空间的更优化的解区域移动。

5) 隐含并行性

遗传算法实质上是模式的运算。对于一个长度为 l 的串,其中隐含着 2^l 个模式。若群体规模为 n,则其中隐含的模式个数介于 $2^l \sim n \cdot 2^l$ 之间。Holland 指出,遗传算法实际上是对 n 个位串个体进行运算,但却隐含地处理了大量的模式,这一性质称为隐含并行性。

隐含的并行性是遗传算法优于传统的搜索方法的关键所在。

4.3.2　优化模型的遗传算法求解

优化模型的计算是遗传算法最基本的也是最重要的研究和应用领域之一。所谓优化模型的计算,指在离散的、有限的数学结构上,寻找一个满足给定约束条件并使其目标函数值达到最大或最小的解。一般来说,优化计算问题通常带有大量的局部极值点,往往是不可微的、不连续的、多维的、有约束条件的、高度非线性的 NP 完全问题,因此,精确地求解优化问题的全局最优解一般是不可能的。遗传算法作为一种新型的、模拟生物进化过程的随机化

搜索、优化方法,近十几年来在优化计算领域得到了相当广泛的研究和应用,并已在解决诸多典型优化计算问题中显示了良好的性能和效果。

1. 优化模型的遗传算法处理

1) 适应值函数

遗传算法在进化搜索中基本上不用外部信息,仅用目标函数即适应值函数为依据。遗传算法的目标原函数不受连续可微的约束且定义域可以为任意集合。对目标函数的唯一要求是,对输入个体可计算出能进行比较的非负适应值。这一特点使得遗传算法应用范围很广。

在具体应用中,适应值函数的设计要结合求解问题本身的要求而定。需要强调的是,适应值函数评估是选择操作的依据,适应值函数设计直接影响到遗传算法的性能。

在许多优化问题求解中,其目标是求取费用函数(代价函数)$g(x)$的最小值,而不是求效能函数或利润函数$u(x)$的最大值。即使某一问题可自然地表示成求最大值形式,但也不能保证对于所有的x、$u(x)$都取非负值。由于遗传算法中,适应值函数要比较排序并在此基础上计算选择概率,所以适应值函数的值要取正值。由此可见,在不少场合,将目标函数映射成求最大值形式且函数值非负的适应值函数是必要的。

2) 约束条件的处理

遗传算法是由适应值来评估和引导搜索,而对求解问题的约束条件不能明确地表示出来。许多实际问题都带有约束条件。用遗传算法求解这些带约束的问题,需要进行一些处理。

在等式约束方程中,对P个等式方程中抽出P个变量,经过线性组合变换后,用其余变量表示为该P个变量的等式,并将它代入目标函数中,消去该P个变量。这样,在目标函数中就包含了这些等式约束条件。

3) 遗传算法的迭代终止条件

当适应值函数的最大值已知时,一般以发现满足最大值或准最优解作为遗传算法迭代终止条件。但是,在许多优化计算问题中,适应值函数的最大值并不清楚,迭代终止条件一般定为:群体中个体的进化已趋于稳定状态,即发现占群体中一定比例的个体已完全是同一个体。

2. 旅行商问题(TSP)的遗传算法求解实例

已知n个城市的地理位置(x,y),求经过所有城市,并回到出发城市且每个城市仅经过一次的最短距离。这是一个NP完全问题,其计算量为城市个数的指数量级。现用遗传算法来解决这个问题。

1) 编码

每条路径对应一个个体,个体形式地表示为$R=\{$City_No$|$City_No 互不重复$\}^n$,n为城市数。例如,对于$n=10$的TSP问题,对其中一个个体

3	1	5	7	8	9	10	4	2	6

它表示一条城市路径 3→1→5→7→8→9→10→4→2→6。

2) 适应值函数

每个个体代表一条可能的路径。个体 n 的适应值为

$$\text{Fitness}^n = \sum_{m=1}^{N} D_m - D_n$$

式中，N 为种群数；D_n 为沿个体标示的城市序列的所经过的距离，即

$$D_n = \sum_{i=1}^{10} \sqrt{(x_{n_i} - x_{n_{i+1}})^2 + (y_{n_i} - y_{n_{i+1}})^2}$$

式中，n_i 表示个体中第 i 位的城市编号，$n_{11} = n_1$。

适应值为非负，且取值越大越好。

3) 交叉

交叉采用部分匹配交叉策略。

根据交叉概率 P_c，随机地从种群中选出要交叉的两个不同个体，随机地选取一个交叉段。交叉段中两个个体的对应部分通过匹配换位实现交叉操作。对个体 A 和 B：

$$
\begin{array}{ccc|ccc|cccc}
A=9 & 8 & 4 & 5 & 6 & 7 & 1 & 3 & 2 & 10 \\
B=8 & 7 & 1 & 4 & 10 & 3 & 2 & 9 & 6 & 5
\end{array}
$$

交叉段

两个个体交叉段互换，而且对个体 A，对交叉段中由 B 换位来的数，如 4、10、3，在 A 中其他位相同的数进行反交换，即 4 换为 5、10 换为 6、3 换为 7；对个体 B，对交叉段中由 A 换位来的数，如 5、6、7，在 A 中其他位相同的数进行反交换，即 5 换为 4、6 换为 10、7 换为 3。最后得到

$$
\begin{array}{ccc|ccc|cccc}
A'=9 & 8 & 5 & 4 & 10 & 3 & 1 & 7 & 2 & 6 \\
B'=8 & 3 & 1 & 5 & 6 & 7 & 2 & 9 & 10 & 4
\end{array}
$$

4) 变异

根据变异概率 P_e，随机地从种群中选出要变异的个体，随机地在该个体上选出变异两个位置，然后两个位置上的城市序号进行交换。例如：

$$A = 9 \quad \underline{8} \quad 4 \quad 5 \quad 6 \quad \underline{7} \quad 1 \quad 3 \quad 2 \quad 10$$

下划线部分为要变异的两个位置。

变异为

$$A' = 9 \quad 7 \quad 4 \quad 5 \quad 6 \quad 8 \quad 1 \quad 3 \quad 2 \quad 10$$

5) 遗传算法结果

计算结果表明：n 个城市的最佳路径接近一个外圈无交叉的环路。

4.3.3 基于遗传算法的分类学习系统

分类器系统是一种学习字符串规则（又称分类器）的学习系统，它由规则与消息系统、信任分配系统及遗传算法 3 个主要部分组成，其中规则与消息系统是产生式系统的一种特殊形式。产生式规则的一般形式为 IF＜condition＞THEN＜action＞。在分类器系统中，对产生式规则的语法做了很大的限制，采用了定长的表示形式，从而适于采用遗传操作。

传统的专家系统在每一次匹配中采用单条规则激活的串行运行方式。分类器系统采用

了并行激活方式,即在每一匹配周期,它允许多条规则被同时激活。

传统的专家系统中的规则和规则相应的重要程度是事先由程序设计者根据专家经验给出,是固定不变的。而分类器系统是需要通过学习获得的。

1. 遗传分类学习系统 GCLS 的基本原理

我们研制了一种新的遗传分类器学习系统(Genetic Classifier Learning System,GCLS),与基本的分类器系统相比,GCLS 系统采用了训练和测试同时进行的策略,使得系统能够在训练后继续学习,从而能更好地适应不断变化的客观环境。GCLS 系统还设计了工作和精练两种不同的分类器,通过精练分类器中对规则的进一步处理,减少了所获规则的冗余性。GCLS 系统中设计的信任分配机制可有效地处理训练样本带有噪声和异常特例等问题,同时体现了规则与训练样本的统计规律,使得判别结果容易用背景知识进行定性、定量相结合的解释,从而可获得与客观环境相容的判别规则。

1) GCLS 系统结构

遗传分类学习系统 GCLS 的结构如图 4.14 所示。

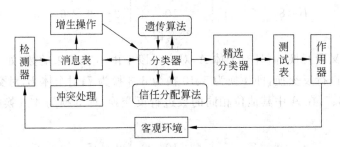

图 4.14　遗传分类学习系统 GCLS 的结构

客观环境信息通过分类器系统的检测器(detector)被编码成有限长的消息(messages)。然后发往消息表;消息表中的消息触发位串规则(称为分类器),被触发的分类器又向消息表发消息,这些消息又有可能触发其他分类器或引发一个行动,通过作用器(effector)作用于客观环境。

(1) 检测器。

检测器(detector)将环境信息由条件部分和结论部分组成的训练的例子集,编码成二进制字符串的消息。一条消息 M_i 是一个二元组,其形式如下:

$$M_i = [x_i, y_i]$$

式中,i 为消息号;x 为条件部分,即训练例子的各特征编码,$x_i \in \{0,1\}^n$。y 为结论部分,即训练例子的类别,$y_i \in \{0,1\}^m$。例如,$[(10001011),(1011)]$是一条由一个 8 位条件和 4 位结论组成的消息。

(2) 消息表。

消息表(message list)包含当前所有的消息(训练例子集)。

(3) 分类器。

分类器(classifier)系统与一般的机器学习系统不同,它最后所获得的规则中包含通配符 # (即省去消息中条件部分的个别属性),这就会出现大量的冗余规则,如 1 # # 0 和 1110

是一致的。一般来说,应该使系统产生最小的规则集获得较高的性能。规则集越小,系统的时间性能当然越好。

一个分类器是由当前遗传产生的一条规则组成,分类器表由所有分类器组成,构成了规则集。一个规则 C_i 是一个三元组,形式如下:

$$C_i = [U_i, V_i, \text{fitness}_i]$$

式中,U_i 是条件部分,$U_i \in \{0, 1, \sharp\}^n$,$\sharp$ 表示通配符;V_i 是结论部分,$V_i \in \{0, 1\}^m$;fitness_i 是规则 i 的适应值,它又是一个二元组,其形式如下:

$$\text{fitness}_i = [\text{fit}_1, \text{fit}_2]$$

式中,fit_1、fit_2 均为正整数,分别表示在该规则覆盖的范围内,与规则结论一致和不一致的消息个数。

初始分类器是将部分消息中的条件,随机选择个别的已知值变为通配符 $\sharp$,即消息就变成规则,它能覆盖更多的消息。以后,分类器中的规则就由遗传算法来产生。

分类器系统中适应值函数是规则覆盖消息的条数,希望覆盖条数越多越好。最后将获得的规则放入精练分类器中。

(4) 测试表。

测试表(test list)是由所有测试例子组成,一个测试例子 T_i 也是一个同消息形式一样的二元组,只是它的结论部分 $y_i \in \{*\}^m$,$*$ 表示未确定。当它到精练分类器匹配规则后,其结论部分 y_i 就被赋值成与消息 M_i 完全一样形式,即 $y_i \in \{0, 1\}^m$,变成一条新的消息。结论可直接作用于环境,也可通过环境将新消息反馈给系统,以便系统能继续学习下去,从而更好地适应不断变化的客观环境。

(5) 作用器。

作用器(effector)将所有测试例子的判别结果(类别)转换成具体问题的输出值,并作用于环境。

2) GCLS 系统规则生成过程的主要算法

遗传分类学习系统 GCLS 规则生成过程如图 4.15 所示。其主要算法是信任分配算法和遗传算法。

(1) 信任分配算法。

信任分配算法(Credit Assignment Algorithm,CAA)实质是对各条规则(分类器)作用于环境的有效性进行评价,而本系统中的环境就是前面所说的训练例子集,将规则(分类器)与消息表中的消息逐个匹配,根据匹配的成功与否来修改规则的适应值,以保证好的规则的生存,不适应的规则的消亡,其主要步骤如下:

① 初始化规则的适应值,即 $\text{fit}_1 \leftarrow 0$,$\text{fit}_2 \leftarrow 0$。

② 从消息表 $[M]$ 中取出一条消息,与工作分类器 $[WC]$ 中的规则逐个进行比较。

IF　条件和结论均匹配,THEN　$\text{fit}_1 \leftarrow \text{fit}_1 + 1$;

IF　条件匹配,结论不匹配,THEN　$\text{fit}_2 \leftarrow \text{fit}_2 + 1$;

IF　条件不匹配,THEN　$\text{fitness} \leftarrow \text{fitness}$。

③ 返回步骤②,直到 $[M]$ 中的消息全部取完。

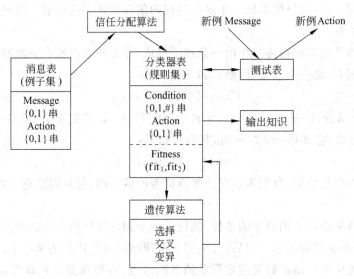

图 4.15　GCLS 规则生成过程

（2）遗传算法。

遗传算法（Genetic Algorithms）是用来产生新的规则。在 GCLS 系统中,遗传算法的调用是在工作分类器中每一新的种群产生之后。系统采用了一种限制交配策略,即只允许同类（规则的结论部分相同）的规则进行交叉。这样,对同一结论的规则,只允许其条件部分进化。假如规则的条件和结论同时进化,就可能引起种群不收敛的情况产生。此外,产生的新规则并不取代老规则,而是与老规则合并到一起,形成工作分类器的新的初始种群。

GCLS 中遗传算法的主要步骤如下：

① 在分类器中,根据与各规则适应值成正比的概率,选择复制出 k 个规则。

系统中采用了比例法来选择复制。按 $f_i / \sum f_j$ 取整（f_i 是 X_i 的适应值；$\sum f_j$ 是种群中各规则的适应值之和）,来决定第 i 个规则 X_i 在下一代中应复制其自身的数目 k_i,而 $K = \sum k_i$。

② 采用遗传算子（交叉、变异）,重新产生 k 个新的规则。

在 GCLS 中,按一定的概率 P_c 从①中随机选择出一对规则进行交叉,同样,也是按一定的概率 P_m 对规则中的某些位进行变异。这里的交叉概率 P_c 和变异概率 P_m 都是经验参数,在不同应用问题中的取值都是不同的。

3）GCLS 系统获取规则的过程

GCLS 系统的学习过程见规则生成过程图,这是一个获取规则的过程。首先是在消息表中通过初始化过程（部分消息中生成一些有♯号规则）,形成一个随机的分类器（规则）种群,放入分类器中。启动系统的信任分配算法和遗传算法等操作,反复地操作遗传分类器中的规则,直到获得一组源于环境信息（消息表中的训练集）的、达到期望状态的规则,再把最后获得的规则放到测试表中,完成对所需的类别测试,满足测试要求后,GCLS 系统的学习过程就已结束。

在 GCLS 系统中一次学习过程的结果是当目前分类器已收敛,即种群的规则与其父代完全相同,并且各规则的适应值已连续 g 次保持不变,也就是说当前工作种群已不再进化了。

2. 遗传分类器学习系统 GCLS 的应用

1) 应用说明

利用遗传分类器学习系统 GCLS 完成了"脑出血和脑血栓两种疾病诊断规则的获取"应用实例,该问题实际上是从大量已知患者病例(训练例子集)中找到这两类病的识别规则。

在这一应用实例中,实际上只有两种类别:脑出血和脑血栓。

为了做出判断,应当考虑如下几个方面的特征(属性):

(1) 病人的既往史,包括高血压(有 01,无 00)和动脉硬化(有 01,无 00)。

(2) 起病方式(快 01,慢 00)。

(3) 局部症状,包括:

- 偏瘫(是 01,否 00);
- 瞳孔不等大(是 01,否 00);
- 两便失禁(是 01,否 00);
- 语言障碍(是 01,否 00);
- 意识障碍(无 00,深度 01,轻度 10)。

(4) 病理反射(阳 01,阴 00)。

(5) 膝腱反射(无 00,活跃 01,不活跃 10)。

(6) 病情发展(快 01,慢 00)。

上面是从 6 个方面 12 个特征来识别诊断患者到底得的是脑出血还是脑血栓。

2) 获取知识

从多个脑出血和脑血栓病人的病例中,选出 30 个病例作为训练样本,30 个作为测试样本。

本实例采用二进制编码方式。每个训练例子是由 12 个特征和 1 个类别组成,每个特征和类别都由 2 位二进制字符表示。那么,将例子编码成二进制字符串的消息就是一个由 24 位条件和 2 位结论组成的二元组,如消息 $M = [(010001010101010110100101),(01)]$。

训练集是由 15 个脑出血和 15 脑血栓患者组成 30 个训练样本。本实验在对 30 个训练样本进行学习后,得到 12 个规则:学习终止于第 170 代。

获取的主要规则如下:

(1) 高血压=有 ∧ 瞳孔不等大=是 ∧ 膝腱反射=不活跃　　　→脑出血(11)

(2) 瞳孔不等大=是 ∧ 语言障碍=是　　　　　　　　　　→脑出血(12)

(3) 高血压=有 ∧ 起病方式=快 ∧ 意识障碍=深度　　　　→脑出血(13)

(4) 高血压=有 ∧ 病情发展=快　　　　　　　　　　　　→脑出血(15)

(5) 高血压=有 ∧ 动脉硬化=有 ∧ 起病方式=慢　　　　　→脑血栓(13)

(6) 动脉硬化=有 ∧ 病情发展=慢　　　　　　　　　　　→脑血栓(15)

(7) 动脉硬化=有 ∧ 意识障碍=无　　　　　　　　　　　→脑血栓(12)

以上括号内的数值表示该规则的适应值。

3) 经验总结

对于任何一个遗传学习系统而言,系统性能的优劣及有效性高低往往要受到系统本身几个控制参数的影响。在对 GCLS 系统的实验分析中发现,系统性能随着几个控制参数的变化而有着较大的差异,由此得到了一些很有意义和价值的参数选取方法,现总结如下。

在 GCLS 系统中,几个主要的控制参数有:

(1) 环境消息(训练例子)的长度 length。

(2) 初始化工作分类器时,随机产生的规则数目 n。

(3) 遗传算法中的交叉概率 P_c。

(4) 遗传算法中的变异概率 P_m。

(5) 判断工作种群收敛与否的参数 g。

再对几个控制参数选取了不同的值进行实验比较。

在所做的脑出血与脑血栓疾病的识别诊断实例中,根据两位脑血管专家的提议,认为如果训练集的正确率 TR% 达到 95% 以上,测试集的正确率 TE% 达到 70% 以上,则可表明GCLS 系统对于辅助医生临床诊断是成功的。据此,选取了不同的模型,即不同的参数取值:length(26),n(50,100,150,200,300),P_c(0.5,0.8),P_m(0.00,0.001,0.01)。样本集分别取 100、50、25。

初始工作分类器中种群的数目影响着遗传算法的有效性。n 太小,遗传算法会很差或根本找不出问题的解,因为太小的种群数目不能提高足够的采样点;n 太大,会增加计算量,使收敛时间增长。一般种群数目在 50～300 之间比较合适。

交叉概率 P_c 控制着交叉操作的频率。太大,会使高适应值的结构很快被破坏掉;太小,搜索会停止不前,一般取 0.25～0.8。$P_c=0.8$ 时要比 $P_c=0.5$ 时系统性能要好,这一结论在 Goldberg 的书中也提到过。

变异概率 P_m 是增大种群多样性的第二个因素,P_m 太小不会产生新的位串,P_m 太大会使遗传算法变成随机搜索,一般 P_m 取 0.00～0.02。变异概率在遗传学习中要比交叉概率小得多,当 $P_c=0.8$,系统测试正确率将随着 P_m 的增大而提高。

4.4 人工生命

4.4.1 人工生命概述

1987 年,在美国 Los Alamos 召开的第一次"人工生命"研讨会上,兰顿(C. Langton)给出了"人工生命"(artificial life,AL)的定义:人工生命是研究能够展示自然生命系统行为特征的人造系统。

人工生命的研究可以追溯到 20 世纪中叶计算机专家图灵关于生物的胚胎发育的数学思想以及冯·诺依曼关于细胞自动机的思想。后来,在有关"生命游戏"研究的基础上发现,处于"混沌的边缘"的细胞自动机既有足够的稳定性存储信息,又有足够的流动性来传递信息。当把这种规律与生命和智能联系起来就会认识到,生命或者智能很可能就起源于"混沌的边缘"。由于这种生命不同于地球上以碳为基础的生命,因此称为"人工生命"。

人工生命的许多早期研究工作源于人工智能。20 世纪 60 年代,罗森布拉特

(Rosenblate)研究了感知机;斯塔尔(Stahl)建立了细胞活动模型;林登迈耶(Lindenmayer)提出了生长发育中的细胞交互作用数学模型。这些模型支持细胞间的通信和差异。

20 世纪 70 年代以来,康拉德(Conrad)等人研究人工仿生系统中的自适应、进化和群体动力学,提出不断完善的"人工世界"模型。细胞自动机被用于图像处理。康韦(Conway)提出生命的细胞自动机对策论。

与人工智能有关的领域,如经典逻辑、搜索算法、启发式搜索、推理、神经网络、遗传算法、模糊数学等都取得了很大进展。其中最重要的是提出以知识为基础的推理,即知识工程、专家系统,使人工智能进入实用,各种专家系统纷纷出现。

20 世纪 80 年代,人工神经网络再次兴起,出现了许多神经网络模型和学习算法。与此同时,人工生命的研究也逐渐兴起。

地球上存在的自然生命,包括人和各种动植物等,到底具有哪些生命现象和生命特征呢? 不同的生物具有各种不同的外观形态、内部构造、行为表现、生理功能、生活习性、栖息环境、生长过程、物质存在形式、能量转换方式和不同的信息处理模式等,其生命现象和生命特征千差万别,不胜枚举。从各种不同的自然生命的特征和现象中,可以归纳和抽象出自然生命的共同特征和现象,主要包括以下形式。

(1) 自繁殖、自进化、自寻优。许多自然生命(个体、群体)都具有交配繁衍、遗传变异、优胜劣汰的自繁殖、自进化、自寻优的功能和特征。

(2) 自成长、自学习、自组织。许多自然生命(个体、群体)都具有发育成长、学习训练、新陈代谢的自成长、自学习、自组织的过程和性能。

(3) 自稳定、自适应、自协调。许多自然生命(个体、群体)都具有稳定内部状态、适应外部环境、动态协调平衡的自稳定、自适应、自协调的功能和特性。

(4) 物质构造。许多自然生命都是以蛋白质和碳水化合物为物质基础的,受基因控制和支配的生物有机体。

(5) 能量转换。许多自然生命的生存与活动过程都基于光、热、电能或动能、位能的有关能量转换的生物物理和生物化学反应过程。

(6) 信息处理。许多自然生命的生存与活动过程都伴随着相应的信息获取、传递、变换、处理和利用过程。

如果把人工生命定义为具有自然生命现象和(或)特征的人造系统,那么,凡是具有上述自然生命和(或)特征的人造系统,都可称为人工生命。

4.4.2 人工生命的研究内容和方法

1. 人工生命的研究内容

人工生命的研究内容大致可分为两类:

(1) 构成生物体的内部系统,包括脑、神经系统、内分泌系统、免疫系统、遗传系统、酶系统、代谢系统等。

(2) 生物体及其群体的外部系统,包括环境适应系统和遗传进化系统等。

人工生命系统中产生的生命行为一般是在生物学基础上综合仿真,并引用具有遗传和进化特征的模型及相应生态算法得到的。单纯采用某种单一方式难以解释行为的产生和操作机理。人工生命是在基于综合的观点下进行研究的,这是人工生命研究与生物研究在方法上的显著区别之一。

2.人工生命的研究方法

从生物体内部和外部系统的各种信息出发,可以得到人工生命的不同研究方法,主要分为两类:

(1) 信息模型法。根据内部和外部系统所表现生命行为来建造信息模型。

(2) 工作原理法。生命行为所显示的自律分散和非线性行为,其工作原理是混沌和分形,以此为基础研究人工生命的机理。

例如,人工神经网络是生物内部系统的模型系统,而遗传算法是外部系统的模型系统。神经网络的信息处理反应混沌的特点,而遗传算法认为是自律分散的并行处理。从这样的模型系统可以看到各种各样生命固有的行为。

3.人工生命的研究策略

人工生命的研究必须将信息科学和生命科学结合起来,形成生命信息科学,这可以采取下列策略:

(1) 采用以计算机等信息机器为中心的硬件生成生命行为。一般有两种方法:一种是采用已有的信息处理机器和执行装置,实现具有人工生命行为的系统;另一种是用生物器件构造生命系统。这些都称为生物计算机,一种向人工生命接近的方法。

(2) 用计算机仿真,研究开发显示生命体特征行为的模型软件。简单地说,神经网络系统和遗传算法等,都是采用信息数学模型,模拟人工生命的生成。

(3) 基于工作原理,利用计算机仿真生成生命体。生命现象的基础是随物理熵的增大而杂乱无章。生成这种现象的原理是混沌和分形,耗散结构,协同反应等。

(4) 通过计算机仿真,分析生命特有的行为生成,建立新的理论。

人工生命研究的基础理论是细胞自动机理论、形态形成理论、混沌理论、遗传理论等。

4.4.3 人工生命实例

1.计算机病毒

计算机病毒(computer virus)提供了人工生命生动的例子,计算机病毒具有繁殖、机体集成、不可预见性等生命系统的固有特征。

计算机病毒是一种能够通过自身繁殖,把自己复制到计算机内已存储的其他程序上的计算机程序。

计算机病毒的病理机制与人体感染细菌和病毒病理现象十分相似。它能通过修改或自我复制向其他程序扩散(传染),进而扰乱系统及用户程序的正常运行,引起计算机程序的错误操作或使计算机内存乱码,甚至使计算机瘫痪。

计算机病毒通常由3部分组成:引导模块、传染模块和表现模块(破坏模块)。计算机病毒的破坏过程是:开始前病毒程序寄生在介质上的某个程序中,处于静止状态,一旦带病毒程序被引导或调用时,引导模块就被激活,变成有感染力的动态病毒。当传染条件满足,传染模块将病毒侵入内存,随着作业进程的发展,它逐步(有时很快地)向其他作业模块扩散,并传染给其他软件对象上。在破坏条件满足时,就由表现模块(破坏模块)把病毒以特定的方式表现出来,实现病毒的破坏作用,如删除文件、格式化硬盘、显示或发声等。

计算机病毒隐藏在合法的可执行程序或数据文件中,不易被人们察觉和发现,一般总是在运行染有该种病毒的程序前首先运行自己,与合法程序争夺系统的控制权。

2. 计算机的进程

进程(process)是程序的一次执行过程。进程是在操作系统的管理下被启动,进入运行状态,并在一定条件下中止或结束。进程的运行需要使用一定的计算机资源(处理器、内存、各种外部设备等)。

并行程序中的多个进程可以根据需要动态地产生和消亡。换言之,一个进程可以在运行过程中派生出新的进程。新派生出来的进程又可以继续派生下一代的进程,于是形成了进程之间的"父子关系"。一个新的子进程诞生时,它所需要资源是由其父进程的资源中划分而来。不同的进程在互相独立的内存空间中运行。

进程类似于计算机病毒,把进程当作生命体,它在时间空间中可以繁殖,从环境中汲取信息,修改所在的环境。这里应当加以区分,不是说计算机是生命体,是说进程是生命体。该进程与物质媒体交互作用以支持这些物质媒体(如处理器、内存等),可把进程认为具有生命的特征。

显然,计算机进程与自然生命有本质的区别,因为进程间的连接和支持进程存在的物质有很少的内在联系,例如,占有 CPU 的计算机进程可被解释并被送至内存,或送到磁盘,与此同时,其他进程在 CPU 上执行,不同之点是表面的。

一些种子保持冬眠达数千年,在冬眠期内既没有新陈代谢,也没有受到刺激,但毫无疑问,它们是有生命的,在适当的条件下即可发芽。类似地,计算机进程也可在内存某个地方之外活着,等待适当的条件重新出现以便恢复它们的活动状态。

3. 智能机器人

智能机器人(intelligent robot)是具有人类所特有的某种智能行为的机器。智能机器人提供了类似于生命系统的完全不同途径。从形态上看与生物相似,然而它没有繁殖能力,但它们可以通过推理预见将来。智能机器人有很多性质与生命有关——复杂性、机体集成、受刺激及可移动。

智能机器人是一类具有高适应性的有一定自主能力的机器人。它本身能模拟人或动物的行走、动作,感知工作环境、操作对象及其状态;能接受、理解人给予的指令;并结合自身认识外界的结果来独立地决定工作规划,利用操作机构和移动机构实现任务目标;还能适应环境的变化,调整自身行为。

智能机器人分为:

(1) 自动装配机器人——具有对部件的三维视觉识别和定位,柔顺控制多指手爪的抓取和精密装配,自动规划装配序列,避碰,多操作器协调等功能;

(2) 移动式机器人——具有室内外自主导航,路径规划,避碰,野外、壁面环境下的移动,基于感觉的取样操作和检测、排除故障等功能;

(3) 水下机器人——具有深水潜游,有缆遥控,水下清理、维修或敷设等功能。

4. 细胞自动机

这是一种人工细胞阵列,每个细胞是离散结构,根据预先规定的规则,这些状态可随时间而变化,通过阵列传递规则,计算每个细胞的当前状态以及它的近邻的状态,所有的细胞均自发地更新状态。细胞自动机能产生不随时间而变化的自组织、自复制模式。

细胞自动机是 1940 年由冯·诺依曼发明的,它是用数学和逻辑形式提供了理解自然系统(自然自动机)的一种重要的方法,它也是理解模拟和数字计算机(人工自动机)的一种系统理论。随着大规模并行单指令多数据流(SIMD)计算机的发展,很容易获得低价格的彩色图像,使得细胞自动机的研究更为方便。

4.4.4　人工生命的实验系统

人工生命研究平台的目标是通过计算机对生命行为特征的模拟,可以最终形成生命计算理论。计算机不会成为生命体,但可以作为研究人工生命的强有力工具,除了能表现出生命的一些基本行为,还能表现生命的一些特有行为,如组织、自学习等。研究这些平台不仅有助于解释生命的本质及探索生命的起源和进化,而且也为生物学研究提供了新的途径,同时也为人工生命的研究提供了有利的工具。

1. Tierra 数字生命进化模型

1991 年,美国俄克拉荷马大学的生物学家汤姆斯·雷(Thomas S. Ray)完成了一个叫 Tierra(西班牙语,意为地球)的计算机模拟程序。汤姆斯·雷是一位研究热带雨林的进化和生态问题的生物学家,在他开发的 Tierra 系统中,很多具有自复制能力的数字生物构成了一个虚拟生命世界,计算机的中央处理器和内存组成的物理环境使得演化过程得以进行。中央处理器的时间代表能量,内存空间代表资源,这些数字生物或自复制程序不断地改变自身的进化策略,在 Tierra 世界中为生存展开竞争。那些能够获得更多时间和内存空间的程序可以在下一代中留下更多的副本,反之则会被淘汰。该系统的运行展现了很多进化和变异特征,以及与地球生命相近的种种行为。刚开始时,Tierra 模型中只有一个简单的祖先"生物",经过 526 万条指令的计算后,Tierra 型中出现了 366 种大小不同的数字生物。经过 25.6 亿条指令后,演化出了 1180 种不同的数字生物。总之,几乎自然演化过程中的所有特征,以及与地球生命相近的各类功能行为组织,都会出现在 Tierra 中。

Tierra 的最可喜的成果是证明机器代码能够进化。这意味着机器代码能变异或再组合,并且产生的代码保留足够的功能以便通过自然选择能够不时地改变代码。另外,自然环境随着有机体的进化而进化,这是推动地球上的生物物种和复杂度上的进化的基本因素之一。

Tierra 另外一个成果是将一个数字的多细胞的类似物加入 Tierra 中。汤姆斯·雷觉得多细胞是对并行计算的自然类推,是增加进化的丰富性的特征。

为了在进化的多细胞数字有机体中引起细胞类型的增长,Tierra 运行在分布式的计算机网络上。汤姆斯·雷利用一个叫 Beagle 的新观测工具,观察在网络中运行的 Tierra 和控制网络中的 Tierra。汤姆斯·雷设计的数字生命以数字为载体,探索进化过程中所出现的各种现象、规律以及复杂系统的突现行为。

2. 人工鱼

涂晓媛的"人工鱼"(artificial fish)是在虚拟现实的海底世界中活动的人工鱼群,是基于计算机三维动画的"人工生命"。虚拟的"人工鱼"类似于真实的"自然鱼",不仅具有逼真的、生动的外观形象,而且具有内在的习性和偏好,具有对外界环境的感知能力以及产生意图、做出反应、控制运动、实现有目的行为等生命特征。

"人工鱼"是由各种不同的人工鱼组成的,具有分布式人工智能的人工鱼群体。其中,每条人工鱼都是一个智能体(intelligent agent),具有一定的自主性、主动性和社会性。"人工鱼"有与鱼脑相对应的"意图发生器",有与鱼眼对应的基于计算机视觉的虚拟感受器官,可以识别和感知其他人工鱼以及周围的虚拟海洋环境。每条鱼都以"感知—动作"模式生存,表现出包括自激发、自学习、自适应等智能特性,从而产生相应的智能行为。例如,因饥饿而激发寻食、进食行为;学习其他鱼的惨痛教训,不去吞食有钩的鱼饵;适应有鲨鱼的社会环境,逃避被扑食的危险;人工鱼群体在漫游中遇到障碍物时,能够识别障碍改变队形,绕过障碍后又重组队列继续前进。即人工鱼群体表现出觅食、求偶、集群、逃逸、避障等各种智能行为。

人工鱼是用人工生命的新方法创作的三维动画和虚拟现实。不同于传统的计算机动画所采用的关键帧技术,计算机动画的人工生命方法是基于自然生命模型的动画自动生成方法,不仅可以显著增强计算机动画的逼真度和生动性,而且可以有效地提高动画的创作效率,降低劳动强度。

涂晓媛在加拿大多伦多大学完成的博士学位论文题为《人工动物的计算机动画:生物力学、运动、感知和行为》,该论文 1996 年获得了美国计算学会 ACM 最佳博士论文奖、加拿大多媒体艺术学院优秀技术奖等多项奖励。涂晓媛的"人工鱼"被称为晓媛的鱼(Xiao Yuan's Fish)。

人工鱼是具有广泛行为的人工动物,为人工生命领域人工动物的构造提供了很好的范例。自然生命的基本特征是自繁衍、自进化、自组织和自适应,"晓媛鱼"已具有了自然生命的两个特征——自组织和自适应,但它们还缺乏自然生命的两个基本特征——自繁衍和自进化。

陈泓娟以人工鱼为对象,研究了人工动物的自繁衍、自进化的理论方法和技术,建立"人工鱼"的自繁衍和自进化模型,将人工生命的"自繁衍"和"自进化"特性引入动画的创作,提高了人工鱼动画的创作效率和自动生成能力。

人工鱼自繁衍模型的建立和算法的研究,一方面使人工鱼具有了更全面的生命特征,扩展了人工鱼的优良品种和鱼相;另一方面为人工生命领域人工动物的构造提供了很好的例子,能进一步促进自动化、计算机科技领域中"人工生命"、"人工智能"等方法、新技术的发展。

习题 4

1. 计算智能、人工智能和商业智能有什么区别? 如何理解计算机智能的含义?
2. 计算机智能与人类智能有什么差别?

3. 神经元网络的几何意义是什么?

说明下列样本是什么类型样本,为什么?

(1)

输入		输出
x_1	x_2	d
0	0	0
0.5	0.5	1
1	1	0

(2)

输入		输出
x_1	x_2	d
0	0	0
0.5	0	1
1	1	0

4. 用感知机模型对异或样本进行学习,通过计算说明是否能求出满足样本的权值?

样本:

输入	x_1	x_2	输出 d
	0	0	0
	0	1	1
	1	0	1
	1	1	0

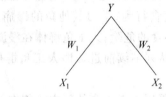

感知机模型计算公式为

$$y = f(w_1 x_1 + w_2 x_2)$$

作用函数为阶梯函数

$$f(x \leqslant 0) = 0, \quad f(x > 0) = 1$$

权值修正公式

$$W_i(k+1) = W_i(k) + (d - y)X_i \quad i = 1, 2$$

权值的初值为

$$W_1(0) = 0, \quad W_2(0) = 0$$

5. 函数型网络是在感知机模型上对样本增加一个新变量 x_3,它由变量 x_1 和 x_2 内积产生,仍用感知机模型计算公式进行网络计算和权值修正。现对改造后的异或样本,计算出满足新样本的权值。

样本:

输入	x_1	x_2	x_3	输出 d
	0	0	0	0
	0	1	0	1
	1	0	0	1
	1	1	1	0

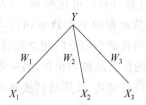

计算公式为

$$z = f(w_1 x_1 + w_2 x_2 + w_3 x_3)$$

作用函数为阶梯函数

$$f(x \leqslant 0) = 0, \quad f(x > 0) = 1$$

权值修正公式

$$W_i(k+1) = W_i(k) + (d-y)X_i, \quad i = 1,2,3$$

权值的初值为

$$W_1(0) = 0, \quad W_2(0) = 0, \quad W_3(0) = (-2)$$

6. 利用如下 BP 神经网络的结构和权值及阈值,计算神经元 y_i 和 z 的 4 个例子的输出值。其中作用函数简化(便利手算)为

$$f(x) = \begin{cases} 1, & x \geqslant 0.5 \\ x + 0.5, & -0.5 < x < 0.5 \\ 0, & x \leqslant -0.5 \end{cases}$$

例子:

X_1	X_2	Z
0	0	?
0	1	?
1	0	?
1	1	?

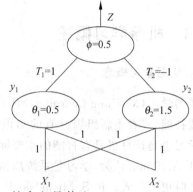

7. BP 模型中误差公式 $\delta_i = f'(\mathrm{net}_i) \sum\limits_k \delta_k \cdot w_{ki}$ 的含义是什么?

8. 对如下 BP 神经网络,写出它的计算公式(含学习公式),并对其初始权值以及样本 $x_1 = 1, x_2 = 0, d = 1$ 进行一次神经网络计算和学习(系数 $\eta = 1$,各点阈值为 0),即算出修改一次后的网络权值。

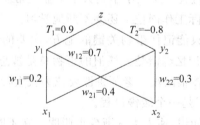

作用函数简化(便利手算)为

$$f(x) = \begin{cases} 1, & x \geqslant 0.5 \\ x + 0.5, & -0.5 < x < 0.5 \\ 0, & x \leqslant -0.5 \end{cases}$$

9. 神经网络的解是否无穷多个?

10. 在模糊推理中不同的模糊关系会计算出不同的结果,你如何理解?

11. 对比遗传算法和爬山法的不同。

12. 基于遗传算法的分类学习系统中的规则与消息有什么不同?

13. 优化模型的遗传算法与基于遗传算法的分类学习系统有什么不同?

第5章

机器学习与数据挖掘

5.1 机器学习与数据挖掘综述

5.1.1 机器学习概述

1. 机器学习概念

机器学习(Machine Learning,ML)是计算机模拟或实现人类的学习行为,以获取新的知识或技能,或者重新组织已有的知识结构,使之不断改善自身性能的过程、原理和方法。机器学习也是计算机具有智能的重要标志。

H. A. Simon 认为,学习是系统所做的适应性变化,使得系统在下一次完成同样或类似的任务时更为有效。R. S. Michalski 认为,学习是构造或修改所经历事物的表示。从事专家系统研制的人们则认为学习是知识的获取。这些观点各有侧重,第一种观点强调学习的外部行为效果;第二种则强调学习的内部过程;第三种主要是知识工程的需求。

人类学习有以下几个特点:

(1) 学习是一个缓慢的过程。从上小学到大学毕业通常要花去 16 年时间,要取得博士学位还需要 6 年。而且在实际工作岗位上还要不断地学习。

(2) 人类会"忘记"。人只能记住事物关键的地方,次要的地方会被忘记。对于多次重复的事物,越有特色的事物,记忆越清楚。淡泊的事物总是被忘记。

(3) 人类之间的知识传授很困难。老师讲课要花去很大代价才能教会学生。由于知识传授很困难,也使得人类学习是一个缓慢过程。

(4) 人类能不断地修改知识,使人类逐渐变得聪明。在不断实践过程中,不断地修改知识,使掌握的知识真实地反映事物的规律性。这样,用知识解决实际问题更有效。

机器学习就是让计算机模拟人类的学习,提高获取知识的能力。

2. 机器学习的发展与数据挖掘的兴起

1943 年 McCulloch 与 Pitts 对神经元模型(MP 模型)的研究,第一次揭示了人类神经系统的工作方式。计算机科学与控制理论均从这项研究中受到启发,由于 Pitts 为神经元的工作方式建立了数学模型,正是这个数学模型深刻地影响了机器学习的研究。

机器学习的研究,经历了 5 个发展阶段。

第一阶段始于 20 世纪 50 年代中期,这一阶段的一个重要特点是数值表示和参数调整,代表性工作有 Rosenblatt 在 MP 模型上研究的感知机神经网络;A. L. Samuel 的计算机跳棋学习程序(曾击败过州级冠军)中采用了判别函数法。

第二阶段始于 20 世纪 60 年代初期,这一阶段主要是概念学习和语言获取,有人称其为符号概念获取阶段。这一时期的代表工作有 E. Hunt 的决策树学习算法 CLS,Winston 的积木世界结构学习系统。另外,在学习计算理论方面,建立了极限辨识理论。

第三阶段始于 20 世纪 70 年代中后期,机器学习逐渐走向兴盛,各学习策略、学习方法相继出现,除了作为主流的归纳学习外,还出现了类比学习、解释学习、观察和发现学习等。这一时期有影响的工作有学习质谱仪预测规则系统 Meta-DENDRAL,利用 AQ11 方法学习大豆疾病诊断规则系统,利用信息论的 ID3 方法,数学概念发现系统 AM,符号积分系统 LEX,及物理化学定律重新发现系统 BACON。在学习计算理论上,L. G. Valiant 提出了概率近似正确 PAC 学习模型,这一成果推动了学习计算理论的发展。

第四阶段始于 20 世纪 80 年代中后期,主要源于神经网络的重新兴起。由于使用隐层神经元的多层神经网络及误差反向传播算法的提出,克服了早期线性感知机的局限性,而使非符号的神经网络的研究得以与符号学习并行发展。同时,机器学习在符号学习的各个方面更加深入和广泛地展开,并形成了较为稳定的几种学习风范,如归纳学习、分析学习(特别是解释学习和类比学习)、遗传学习等。这一时期有影响的工作有多层神经网络反向传播学习算法 BP,基于解释学习,一系列决策树归纳学习方法,J. H. Holland 遗传学习和分类器系统,A. Newell 等的 SOAR 学系统,以及 PRODIGY 学习系统等。

第五阶段即近期,知识发现和数据挖掘的快速发展,它继承和发展了机器学习方法和技术,从数据库中获取知识。机器学习中的归纳学习、神经网络、遗传算法等都引入数据挖掘中。这一时期有影响的工作主要是粗糙集的属性约简和知识获取、关联规则挖掘以及数据仓库的多维数据分析等。

可见,数据挖掘是机器学习发展的新阶段,它也是机器学习和数据库结合的一门新学科方向。近来,深度学习成为人工智能和机器学习的新潮流。

应该指出的是,数据挖掘中获取知识的方法是采用归纳学习的思想。归纳学习带有或然性(合情性),它受限于所使用的数据库。即所获取的知识能够满足数据库中数据的要求,但不一定满足数据库外数据的要求。可以说,这些知识是较正确的知识。数据库中数据越多,获取的知识就越正确。在平时实践中,这些较正确的知识已经够用了。

3. 机器学习实例

历史上最典型的符号机器学习算法应该是 1980 年 Michalski 提出的 AQ11 与 1986 年 Quinlan 提出的 ID3。AQ11 算法是基于集合论的,而 ID3 算法是基于信息论的,从而形成了两个不同的机器学习家族。

机器学习能自动获取知识,它能解决知识获取中的"瓶颈"现象。例如,从大量的实例中自动归纳,产生描述这些实例的一般规则知识。下面给出两个成功的例子。

1) Michalski 和 R. L. Chilausky 的 PLANT/SS 系统

它是一个大豆病害诊断防治专家系统。该系统用示例学习 AQ11 算法自动产生规则进行诊断。把 631 种有病害的大豆的性状描述(表示为包含 35 种特性的向量)和每种植物的专家诊断一起输入计算机中,选用 290 种作为训练例子(例子间相差很远),利用 AQ11 算法获得规则知识。再用 340 个样本作为测试例子,并将专家和计算机的诊断结果进行对比。计算机产生的规则优于专家归纳的规则,专家的正确判断率为 71.8%,而计算机的正确判断率高达 97.6%。

2) 钟鸣和陈文伟的 IBLE 算法

利用信息论的信道容量思想,研制出 IBLE 算法。对已有结论的化学物质的质谱进行学习,得出了质谱规则。然后利用这些规则再去测试未知化学物质的质谱,得出它的种类。对苯、有机磷战剂等 8 类化学物质共 1 万 5 千多种进行分类,IBLE 的平均正确判断率高达 93.97%。它比基于互信息的 ID3 算法的平均正确判断率高出 10 个百分点,而化学专家的正确判断率只在 70%左右。

5.1.2　机器学习分类

1. 机器学习分类方法

1) 基本分类方法

机器学习主要有归纳学习、分析学习、遗传学习、连接学习等。

归纳学习从具体实例出发,通过归纳推理,得到的概念或知识。归纳学习的基本操作是泛化和特化。泛化是使规则能匹配应用于更多的情形或实例。特化操作则相反,减少规则适用的范围或事例。

归纳学习是目前研究得最广泛的一种符号学习方法,包括实例学习、概念聚类、发现学习等。实例学习的任务是,给定关于某个概念(或多个概念)一系列已知的实例和反例,要求从中归纳出一般的概念描述,该描述能使这些已知实例可从中再次推导出来,而同时没有任何反例可从中推导出来。概念聚类则是由程序根据实例间的相似度关系自动形成有用的概念描述。发现学习主要是从实验数据、观察实例或数据库中获得知识。

分析学习是利用背景或领域知识,分析很少的典型实例(通常仅一个),然后通过演绎推导形成的知识,使得对领域知识的应用更为有效。分析学习方法的目的在于改进系统的效率性能,而同时不牺牲其准确性和通用性,这不同于归纳学习方法。常见的分析学习方法有解释学习、范例学习、类比学习。

2) 按输入信息分类

根据学习系统的输入信息,机器学习方法分为监督学习、非监督学习和强化学习 3 种。

监督学习又称有教师学习,所谓"教师"即是对一组给定的输入提供应有的输出结果的训练数据集。监督学习已经产生了许多经典的学习算法,如决策树、人工神经网络、贝叶斯网络、支持向量机等。

非监督学习的输入是没有类别标识的训练数据集,因此非监督学习是没有先验知识的学习,仅凭数据的自然聚类的特性,进行"盲目"的学习。最常用的非监督学习是聚类分析。

强化学习把学习看作试探过程,是一种以环境反馈作为输入的学习方法。强化学习过程是不断尝试错误,从环境中得到相应的奖惩,通过自主学习获得不同状态下哪些动作具有最大的价值,从而发现或逼近能够得到最大奖励的策略。

下面简单介绍几种主要的机器学习方法。

2. 通过例子学习(实例学习,Learning from Examples)

对某些概念的正例集合与反例集合,通过归纳推理产生覆盖所有正例并排除所有反例的概念描述。这种概念的描述可以是以规则形式表示或用决策树的方法表示。

例如,给出肺炎与肺结核两种病的一些病例。每个病例都含有 5 种症状:发烧(无、低、高)、咳嗽(轻微、中度、剧烈)、X 光所见阴影(点状、索条状、片状、空洞)、血沉(正常、快)和听诊(正常、干鸣音、水泡音)。

肺炎和肺结核的部分病例集如表 5.1 所示。

表 5.1　肺病实例集

病例	病例号	发烧	咳嗽	X 光所见阴影	血沉	听诊
肺炎	1	高	剧烈	片状	正常	水泡音
	2	中度	剧烈	片状	正常	水泡音
	3	低	轻微	点状	正常	干鸣音
	4	高	中度	片状	正常	水泡音
	5	中度	轻微	片状	正常	水泡音
肺结核	1	无	轻微	索条状	正常	正常
	2	高	剧烈	空洞	快	干鸣音
	3	低	轻微	索条状	正常	正常
	4	无	轻微	点状	快	干鸣音
	5	低	中度	片状	快	正常

通过示例学习得到如下诊断:

(1) 血沉＝正常∧(听诊＝干鸣音∨水泡音)→诊断＝肺炎

(2) 血沉＝快→诊断＝肺结核

这样,就从例子(病例)归纳产生了诊断规则。

实例学习系统较多,其中较有影响的有:

(1) J. R. Quinlan 的 ID3 和 C4.5;

(2) Michalski 的 AQ11;

(3) 钟鸣和陈文伟的 IBLE。

3. 解释学习

解释学习(Explanation-Based Learning,EBL)是利用领域知识和训练例子,构造对目标概念具有可操作性,能进行推理的规则知识,该知识对领域知识的应用更为有效。

解释学习第一步是演绎,第二步是归纳。它用领域知识指导归纳,增加结果的实用性。

下面用一个例子进行说明。

已知

(1) 目标概念:一对物体(X,Y),使 SAFE_TO_STACK(X,Y),有

　　　SAFE_TO_STACK(X,Y)←→NOT(FRAGILE)∨LIGHTER(X,Y)

（2）训练例子：

$$\text{ON(OBJ1,OBJ2)}$$
$$\text{ISA(OBJ1,BOX)}$$
$$\text{ISA(OBJ2,ENDTABLE)}$$
$$\text{COLOR(OBJ1,RED)}$$
$$\text{COLOR(OBJ2,BLUE)}$$
$$\text{VOLUME(OBJ1,1)}$$
$$\text{DENSITY(OBJ1,1)}$$
$$\vdots$$

（3）领域知识：

$$\text{VOLUME}(P_1,V_1) \wedge \text{DENSITY}(P_1,D_1) \to \text{WEIGHT}(P_1,V_1 \times D_1)$$
$$\text{WEIGHT}(P_1,W_1) \wedge \text{WEIGHT}(P_2,W_2) \wedge \text{LESS}(W_1,W_2) \to \text{LIGHTER}(P_1,P_2)$$
$$\text{ISA}(P_2,\text{ENDTABLE}) \to \text{WEIGHT}(P_2,5)$$
$$\text{LESS}(W_1,5) \wedge \times(V_1,D_1,W_1) \to \text{LESS}(V_1 \times D_1,5)$$
$$\vdots$$

经过解释学习，得到目标概念的实用知识为

$$\text{VOLUME}(X,V_1) \wedge \text{DENSITY}(X,D_1) \wedge \text{LESS}(V_1 \times D_1,5) \wedge \text{ISA}(Y,\text{ENDTABLE}) \to$$
$$\text{SAFE\_TO\_STACK}(X,Y)$$

该知识的获得是从简单的目标概念开始，利用领域知识展开，再用训练例子实例化，最后用叶结点描述根结点，即用领域知识和训练例子详细地解析目标概念，使该知识更实用。图 5.1 为解释学习推理图。

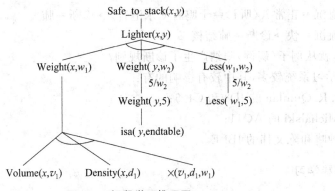

图 5.1　解释学习推理图

基于解释的学习方法，首先由 Mitchell Keller 和 Kadar-Cabell 于 1986 年提出，后来 G. Dejong 和 Mooney 对 Mitchell 的论文进行了全面的讨论、修改和扩充，从而把解释学习推向新高潮。

著名的 EBL 系统有：

（1）T. Mitchell 的 LEX 和 LEAP；

（2）G. Dejong 的 Genesis；

（3）Miton 等的 PRODIGY。

4. 类比学习

有两个不同的领域：源域 S 和目标域 T，S 中的元素 a 和 T 中元素 b 具有相似的性质 P，即 $P(a) \sim P(b)$（$\sim$ 表示相似），a 还具有性质 Q，即 $Q(a)$。根据类比推理（表示成 $| \sim$），b 也具有性质 Q。即

$$P(a) \wedge Q(a), P(a) \sim P(b) \ | \sim Q(b) \sim Q(a) \quad a \in S, b \in T$$

类比学习（Learning by Analogy）在科学技术发展的历史中，起着重要的作用，很多发明和发现是通过类比学习获得的。例如：

(1) 卢瑟福将原子结构和太阳系进行类比，发现了原子结构。

(2) 水管中的水压计算公式和电路中电压计算公式相似。

类比推理的一般步骤是：

(1) 找出源域与目标域的相似性质 P，以及找出源域中另一个性质 Q 和性质 P 对元素 a 的关系：$P(a) \to Q(a)$。

(2) 在源域中推广 P 和 Q 的关系为一般关系，即

$$\forall x (P(x) \to Q(x))$$

这一步实际是归纳，由个别现象推广成一般规律。

(3) 从源域和目标域映射关系，得到目标域的新性质：

$$\forall x (P(x) \to Q(x))$$

(4) 利用假言推理：

$$P(b), P(x) \to Q(x) \vdash Q(b)$$

最后得出 b 具有性质 Q。

这一步实际是演绎，由一般规律推出个别现象。

类比学习有代表性的工作为：

(1) P. H. Winston 的类比学习和推理系统；

(2) R. G. Reiner 的类比学习系统 NLAG；

(3) J. G. Carbonell 的转换类比学习系统和派生类比学习系统。

5. 发现学习

发现学习（Learning from Discovery）是从大量实验数据中发现规律和定律，即从已知的一组观测结果或数据中求解出能够概括这些数据的一个或多个规律。它主要包括数据驱动法和模型驱动法。

P. Langley 等人的 BACON 系统是数据驱动发现学习系统，该系统重新发现欧姆定律、牛顿万有引力定律和开普勒行星运动定律等物理化学定律。

D. B. Lenat 的 AM 系统是典型的模型驱动发现学习系统，是一个用于模拟初等数学研究的程序，它在大量启发式集合的引导下产生新的概念。它包括各种各样的搜索法（242 个启发式规则）指导在数据领域中的搜索，从集合、表、项等 100 多个基本数学概念出发，使用具体化、一般化、类比、复合等操作去产生新的数学概念，然后把这些操作再应用于所得到的新的数学概念，最终产生出像相乘、自然数、质数等重要的数学概念。这个系统还找到了与这些概念有关的定性规律，如唯一因子分解定理等。

5.1.3　知识发现与数据挖掘综述

1. 知识发现过程

知识发现(Knowledge Discovery in Database,KDD)被认为是从数据中发现有用知识的整个过程。数据挖掘被认为是 KDD 过程中的一个特定步骤,它用专门算法从数据中抽取模式(pattern)。

KDD 过程定义为(Fayyad、Piatetsky-Shapiror 和 Smyth,1996):

KDD 是从数据集中识别出有效的、新颖的、潜在有用的,以及最终可理解的模式的高级处理过程。

其中,数据集:事实 F(数据库元组)的集合;模式:用语言 L 表示的表达式 E,它所描述的数据是集合 F 的一个子集 F_E,它比枚举所有 F_E 中元素更简单,我们称 E 为模式;有效的、新颖的、潜在有用的,以及最终可被人理解:表示发现的模式有一定的可信度,应该是新的,将来有实用价值,能被用户所理解。

KDD 过程图如图 5.2 所示。

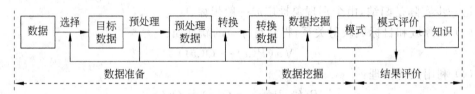

图 5.2　KDD 过程图

KDD 过程可以概括为 3 部分,即数据准备(data preparation)、数据挖掘(data mining)及结果的解释和评价(interpretation & evaluation)。

1) 数据准备

数据准备又可分为 3 个子步骤:数据选择(data selection)、数据预处理(data preprocessing)和数据转换(data transformation)。

数据选择的目的是确定发现任务的操作对象,即目标数据(target data),是根据用户的需要从原始数据库中选取的一组数据。数据预处理一般包括消除噪声、推导计算缺值数据、消除重复记录等。数据转换的主要目的是完成数据类型转换(如把连续值数据转换为离散型数据,以便于符号归纳,或是把离散型数据转换为连续值型数据,以便于神经网络计算),尽量消减数据维数或降维(dimension reduction),即从初始属性中找出真正有用的属性以减少数据挖掘时要考虑的属性个数。

2) 数据挖掘

数据挖掘阶段首先要确定挖掘的任务或目的,如数据分类、聚类、关联规则发现或序列模式发现等。确定了挖掘任务后,就要决定使用什么样的挖掘算法。选择实现算法有两个考虑因素:一是不同的数据有不同的特点,因此需要用与之相关的算法来挖掘;二是用户或实际运行系统的要求,有的用户可能希望获取描述型的(descriptive)、容易理解的知识(采用规则表示的挖掘方法显然要好于神经网络之类的方法),而有的用户只是希望获取预测准确度尽可能高的预测型(predictive)知识。选择了挖掘算法后,就可以实施数据挖掘操作,获取有用的模式。

3) 结果的解释和评价

数据挖掘阶段发现出来的模式,经过评价,可能存在冗余或无关的模式,这时需要将其剔除;也有可能模式不满足用户要求,这时则需要回退到发现过程的前面阶段,如重新选取数据、采用新的数据变换方法、设定新的参数值,甚至换一种挖掘算法等。另外,KDD 由于最终是面向人类用户的,因此可能要对发现的模式进行可视化,或者把结果转换为用户易懂的另一种表示,如把分类决策树转换为 if…then… 规则。

数据挖掘仅仅是整个过程中的一个步骤。数据挖掘质量的好坏有两个影响要素:一是所采用的数据挖掘技术的有效性;二是用于挖掘的数据的质量和数量(数据量的大小)。如果选择了错误的数据或不适当的属性,或对数据进行了不适当的转换,则挖掘的结果不会好。

整个挖掘过程是一个不断反馈的过程。例如,用户在挖掘途中发现选择的数据不太好,或使用的挖掘技术产生不了期望的结果。这时,用户需要重复先前的过程,甚至从头重新开始。

可视化技术在数据挖掘的各个阶段都扮演着重要的作用。特别是在数据准备阶段,用户可能要使用散点图、直方图等统计、可视化技术来显示有关数据,以期对数据有一个初步的了解,从而为更好地选取数据打下基础。在挖掘阶段,用户则要使用与领域问题有关的可视化工具。在表示结果阶段,则可能要用到可视化技术以使得发现的知识更易于理解。

2. 数据挖掘任务

数据挖掘任务有关联分析、时序模式、聚类、分类、偏差检测和预测 6 项。

1) 关联分析

关联分析是从数据库中发现知识的一类重要方法。若两个或多个数据项的取值之间重复出现且概率很高时,它就存在某种关联,可以建立起这些数据项的关联规则。

例如,买面包的顾客有 90% 的人还买牛奶,这是一条关联规则。若商店中将面包和牛奶放在一起销售,将会提高它们的销量。

在大型数据库中,这种关联规则是很多的,需要进行筛选,一般用“支持度”和“可信度”两个阈值来淘汰那些无用的关联规则。

“支持度”表示该规则所代表的事例(元组)占全部事例(元组)的百分比,如买面包又买牛奶的顾客占全部顾客的百分比。

“可信度”表示该规则所代表事例占满足前提条件事例的百分比,如买面包又买牛奶的顾客占买面包顾客中的 90%,称可信度为 90%。

2) 时序模式

通过时间序列搜索出重复发生概率较高的模式。这里强调时间序列的影响。例如,在所有购买了激光打印机的人中,半年后 80% 的人再购买新硒鼓,20% 的人用旧硒鼓装碳粉;在所有购买了彩色电视机的人中,有 60% 的人再购买 VCD 产品。

在时序模式中,需要找出在某个最小时间内出现比率一直高于某一最小百分比(阈值)的规则。这些规则会随着形式的变化做适当的调整。

时序模式中,一个有重要影响的方法是“相似时序”。用“相似时序”的方法,要按时间顺序查看时间事件数据库,从中找出另一个或多个相似的时序事件。例如,在零售市场上,找到另一个有相似销售的部门,在股市中找到有相似波动的股票。

3) 聚类

数据库中的数据可以划分为一系列有意义的子集,即类。简单地说,在没有类的数据中,按"距离"概念聚集成若干类。在同一类别中,个体之间的距离较小,而不同类别上的个体之间的距离偏大。聚类增强了人们对客观现实的认识,即通过聚类建立宏观概念,如将鸡、鸭、鹅等都聚类为家禽。

聚类方法包括统计分析方法、机器学习方法和神经网络方法等。

在统计分析方法中,聚类分析是基于距离的聚类,如欧氏距离、海明距离等。这种聚类分析方法是一种基于全局比较的聚类,它需要考察所有的个体才能决定类的划分。

在机器学习方法中,聚类是无导师的学习。在这里距离是根据概念的描述来确定的,故聚类也称概念聚类,当聚类对象动态增加时,概念聚类则称谓概念形成。

在神经网络中,自组织神经网络方法用于聚类,如 ART 模型、Kohonen 模型等,这是一种无监督学习方法。当给定距离阈值后,各样本按阈值进行聚类。

4) 分类

分类是数据挖掘中应用的最多的任务。分类是在聚类的基础上,对已确定的类找出该类别的概念描述,它代表了这类数据的整体信息,即该类的内涵描述。一般用规则或决策树模式表示,该模式能把数据库中的元组影射到给定类别中的某一个。

一个类的内涵描述分为特征描述和辨别性描述。

特征描述是对类中对象的共同特征的描述。辨别性描述是对两个或多个类之间的区别的描述。特征描述允许不同类中具有共同特征,而辨别性描述对不同类不能有相同特征。辨别性描述用的更多。

分类是利用训练样本集(已知数据库元组和类别所组成的样本)通过有关算法而求得。

建立分类决策树的方法,典型的有 ID3、C4.5、IBLE 等方法。建立分类规则的方法,典型的有 AQ 方法、粗集方法、遗传分类器等。

目前,分类方法的研究成果较多,判别方法的好坏,可从 3 个方面进行:

(1) 预测准确度(对非样本数据的判别准确度);

(2) 计算复杂度(方法实现时对时间和空间的复杂度);

(3) 模式的简洁度(在同样效果情况下,希望决策树小或规则少)。

在数据库中,往往存在噪声数据(错误数据)、缺损值、疏密不均匀等问题。它们对分类算法获取的知识将产生坏的影响。

5) 偏差检测

数据库中的数据存在很多异常情况,从数据分析中发现这些异常情况也是很重要的,以引起人们对它更多的注意。

偏差包括很多有用的知识,大体有以下内容:

(1) 分类中的反常实例;

(2) 模式的例外;

(3) 观察结果对模型预测的偏差;

(4) 量值随时间的变化。

偏差检测的基本方法是寻找观察结果与参照之间的差别。观察常常是某一个域的值或多个域值的汇总。参照是给定模型的预测、外界提供的标准或另一个观察。

6) 预测

预测是利用历史数据找出变化规律，建立模型，并用此模型来预测未来数据的种类、特征等。

典型的方法是统计机器学习中的回归分析，即利用大量的历史数据，以时间为变量建立线性或非线性回归方程。预测时，只要输入任意的时间值，通过回归方程就可求出该时间的预测值。

近年来，发展起来的神经网络方法，如 BP 模型，实现了非线性样本的学习，能进行非线性函数的判别。

分类也能进行预测，但分类一般用于离散数值。回归预测用于连续数值。神经网络方法预测既可用于连续数值，也可以用于离散数值。

5.1.4 数据浓缩与知识表示

1. 数据浓缩

数据浓缩就是在满足某种等价条件下，将复杂的难以理解的数据库，变换成简洁的、容易理解的高度浓缩的数据库。

数据浓缩包括属性约简和元组（记录）压缩两方面。

1) 属性约简

属性约简一般用于分类问题。属性约简的原则是保持数据库中分类关系不变。目前，属性约简一般采用粗糙集（rough set）方法，也可以采用信息论方法。

在数据库（S）的分类问题中，属性分为条件属性（C）和决策属性（D）。属性约简是在条件属性中删除那些不影响对决策属性进行分类的多余的属性。经过研究对条件属性一般分为可省略属性和不可省略属性。不可省略属性实质是对决策属性进行分类的核心属性（Core(S)）。而可省略属性（Choice(S)）并不是全部都可省略的属性，需要在可省略属性中挑选出部分属性与核心属性组合成等价原数据库的分类效果。

例如，有如表 5.2 所示的汽车数据库（CTR），有 9 个条件属性，1 个决策属性（里程）。

表 5.2 汽车数据库（CTR）

序号	类型 a	汽缸 b	涡轮式 c	燃料 d	排气量 e	压缩率 f	功率 g	换挡 h	重量 i	里程 D
1	小型	6	Y	1 型	中	高	高	自动	中	中
2	小型	6	N	1 型	中	中	高	手动	中	中
3	小型	6	N	1 型	中	高	高	手动	中	中
4	小型	4	Y	1 型	中	高	高	手动	轻	高
5	小型	6	N	1 型	中	中	中	手动	中	中
6	小型	6	N	2 型	中	中	中	自动	重	低
7	小型	6	N	1 型	中	中	高	手动	重	低
8	微型	4	N	2 型	小	高	低	手动	轻	高

序号	类型 a	汽缸 b	涡轮式 c	燃料 d	排气量 e	压缩率 f	功率 g	换挡 h	重量 i	里程 D
9	小型	4	N	2型	小	高	低	手动	中	中
10	小型	4	N	2型	小	高	中	自动	中	中
11	微型	4	N	1型	小	高	低	手动	轻	高
12	微型	4	N	1型	中	中	中	手动	中	高
13	小型	4	N	2型	中	中	中	手动	中	中
14	微型	4	Y	1型	小	高	高	手动	中	高
15	微型	4	N	2型	小	中	低	手动	中	中
16	小型	4	Y	1型	中	中	高	手动	中	中
17	小型	6	N	1型	中	中	高	自动	中	中
18	小型	4	N	1型	中	中	高	自动	中	中
19	微型	4	N	1型	小	高	中	手动	中	高
20	小型	4	N	1型	小	高	中	手动	中	高
21	小型	4	N	2型	小	高	中	手动	中	中

经过分析,可以得到:

Corse(S)={燃料,重量},Choice(S)={类型、涡轮式、汽缸、排气量、压缩率、功率、换挡}

保持数据库(S)分类关系不变的 7 个属性约简:

(1) {类型,燃料,排气量,重量}4 个属性。

(2) {燃料,排气量,压缩率,重量}4 个属性。

(3) {类型,汽缸,燃料,压缩率,重量}5 个属性。

(4) {类型,燃料,压缩率,功率,重量}5 个属性。

(5) {类型,汽缸,燃料,功率,重量}5 个属性。

(6) {汽缸,燃料,压缩率,功率,重量}5 个属性。

(7) {类型,汽缸,涡轮,燃料,换挡,重量}6 个属性。

以上 7 种属性约简都等价于原数据库的 9 个属性的决策分类。

其中,最小属性约简是(1) 和(2)用 4 个属性就可以代替数据库中 9 个属性。利用最小属性约简(2),经过进一步处理,可以得到原数据库的等价数据库,如表 5.3 所示。

表 5.3　约简后的数据库

序号	燃料	排气量	压缩率	重量	里程
1′	*	*	*	重	低
2′	*	*	*	轻	高
3′	*	小	中	*	高
4′	*	中		*	中
5′	1型	小	高	*	高
6′	2型	*	高	中	中

注: * 表示可不考虑该属性的取值。

2）元组（记录）压缩

元组（记录）压缩实质上是对数据库的元组（记录）进行合并、归并和聚类等。

（1）相同元组（记录）的合并。

在进行属性约简后，会出现很多相同的元组。这样，可以合并这些相同的元组。

（2）利用概念本体树进行归并。

概念本体树是一种对概念的层次划分的树。概念本体树与数据库中特定的属性有关，它将各个层次的概念按一般到特殊的顺序排列。在概念本体树中最一般的概念作为树的根结点，最特殊的概念作为叶结点，它对应数据库具体属性值。例如，反映某数据库中"籍贯"这个属性的概念树如图 5.3 所示。

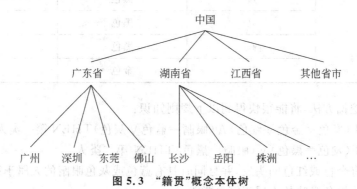

图 5.3　"籍贯"概念本体树

利用概念本体树进行向上归纳，可以实现数据库元组归并。例如，对数据库中"籍贯"为广州、深圳、东莞、佛山等城市的所有学生的记录都归并为广东省，即"籍贯＝广东省"的新记录中，这样就完成了广东省内学生的多个元组（记录）都归并到一个元组（记录）中。实现了元组（记录）的压缩。对学生数据库这种元组压缩便于学校对各省学生的生活习惯有概括的了解，便于学校对他们的管理。

（3）对元组的聚类。

为了对数据库中所有元组（记录）有一个概括的了解，在元组之间设定一种距离方法（如海明距离），对数据库中所有元组进行聚类。这种聚类能完成对同一类的多个元组进行聚集，形成一个类元组。数据库按类元组重新组织，就完成了原数据库元组高度压缩的新数据库。

2．知识表示

数据挖掘各种方法获得知识的表示形式主要有 6 种，即规则、决策树、知识基（浓缩数据）、网络权值、公式和案例。

1）规则知识

规则知识由前提条件和结论两部分组成。前提条件由字段项（属性）的取值的合取（与∧）和析取（或∨）组合而成，结论为决策字段项（属性）的取值或者类别组成。

下面用一个简单例子进行说明，如两类人数据库的 9 个元组（记录）如表 5.4 所示。

表 5.4　两类人数据库

类别 ＼ 项目	身高	头发	眼睛
第一类人	矮	金色	蓝色
	高	红色	蓝色
	高	金色	蓝色
	矮	金色	灰色
第二类人	高	金色	黑色
	矮	黑色	蓝色
	高	黑色	蓝色
	高	黑色	灰色
	矮	金色	黑色

利用数据挖掘方法,将能很快得到以下规则知识:

IF(发色＝金色∨红色)∧(眼睛＝蓝色∨灰色)THEN 第一类人

IF(发色＝黑色)∨(眼睛＝黑色)THEN 第二类人

即凡是具有金色或红色的头发,并且同时具有蓝色或灰色眼睛的人属于第一类人;凡是具有黑色头发或黑色眼睛的人属于第二类人。

2) 决策树知识

决策树是用样本的属性作为结点,用属性的取值作为分支的树结构。决策树的根结点是所有样本中信息量最大的属性。树的中间结点是该结点为根的子树所包含的样本子集中信息量最大的属性。决策树的叶结点是样本的类别值。

例如,上例的两类人数据库,按 ID3 方法得到的决策树如图 5.4 所示。

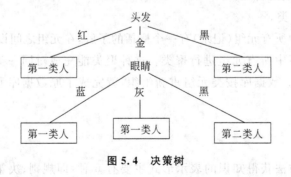

图 5.4　决策树

3) 知识基(浓缩数据)

在知识发现过程的数据准备中,数据转换的一项属性约简工作,是找出可省略的属性。在删除不必要的属性后,对数据库中出现相同的元组(记录)进行合并。这样,通过属性约简方法能压缩数据库的属性和相应的元组,最后得到浓缩数据,称为知识基。它是原数据库的精华,很容易转换成规则知识。

例如,上例的两类人数据库,通过属性约简计算可以得出身高是不必要的属性,删除它后,再合并相同数据元组,得到浓缩数据,如表 5.5 所示,此知识基和规则知识及决策树是等价的。

表 5.5　知识基(浓缩数据)

类别	头发	眼睛	类别	头发	眼睛
第一类人	金色	蓝色	第二类人	金色	黑色
第一类人	红色	蓝色	第二类人	黑色	蓝色
第一类人	金色	灰色	第二类人	黑色	灰色

4) 神经网络权值

神经网络方法经过对训练样本的学习后,所得到的知识是网络连接权值和结点的阈值。一般表示为矩阵和向量。例如,异或问题的网络权值和阈值分别如图 5.5 所示。

输入层网络权值:

$$\begin{pmatrix} w_{11} & w_{12} \\ w_{21} & w_{22} \end{pmatrix} = \begin{pmatrix} 1 & 1 \\ 1 & 1 \end{pmatrix}$$

隐结点阈值:

$$\begin{pmatrix} \theta_1 \\ \theta_2 \end{pmatrix} = \begin{pmatrix} 0.5 \\ 1.5 \end{pmatrix}$$

输出层网络权值:

$$(T_1, T_2) = (-1, 1)$$

输出结点阈值:

$$\phi = 0$$

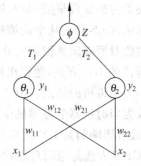

图 5.5　神经网络结构和权值

5) 公式知识

对于科学和工程数据库,一般存放的是大量实验数据(数值)。它们中蕴含着一定的规律性,通过公式发现算法,可以找出各种变量间的相互关系,用公式表示。

例如,太阳系行星运动数据中包含行星运动周期(旋转一周所需时间,天),以及它与太阳的距离(围绕太阳旋转的椭圆轨道的长半轴,百万公里),数据如表 5.6 所示。

表 5.6　太阳系行星数据

名称 项目	水星	金星	地球	火星	木星	土星
周期 P	88	225	365	687	4343.5	10 767.5
距离 d	58	108	149	228	778	1430

通过物理定律发现系统 BACON 和我们研制的经验公式发现系统 FDD 均可以得到开普勒第三定律:

$$d^3 / p^2 = 25$$

6) 案例

案例是人们经历过的一次完整的事件。当人们为解决一个新问题时,总是先回顾自己以前处理过的类似事件(案例)。利用以前案例中解决问题的方法或者处理的结果,作为参考并进行适当的修改,以解决当前新问题。利用这种思想建立起基于案例推理(Case Based Reasoning,CBR)。CBR 的基础是案例库,在案例库中存放大量的成功或失败的案例。CBR 利用相似检索技术,对新问题到案例库中搜索相似案例,再经过对旧案例的修改来解决新问题。

可见,案例是解决新问题的一种知识。案例知识一般表示为三元组:

<问题描述,解描述,效果描述>

(1) 问题描述　待求解问题及周围世界或环境的所有特征的描述。

(2) 解描述　对问题求解方案的描述。

(3) 效果描述　描述解决方案后的结果情况,是失败还是成功。

5.2　基于信息论的归纳学习方法

决策树概念最早是 1966 年由 E. Hunt 提出的(Concept Learning System,CLS)决策树学习算法,CLS 算法从空决策树开始,通过增加新的判定结点来改善原来的决策树,直到该决策树能对所有训练例正确分类为止。影响最大的是 J. R. Quinlan 于 1986 年提出的改进 CLS 算法的 ID3 方法,他提出用信息增益(information gain,即信息论中的互信息)来选择属性作为决策树的结点。由于决策树的建树算法思想简单、识别样本效率高的特点,使 ID3 方法成为当时机器学习领域中最有影响的方法之一。后来,不少学者提出了改进 ID3 的方法,比较有影响的是 ID4、ID5 方法。J. R. Quinlan 本人于 1993 年提出了改进 ID3 的 C4.5 方法,C4.5 方法是用信息增益率来选择属性作为决策树的结点,这样建立的决策树识别样本的效率提高了。C4.5 方法还增加剪枝、连续属性的离散化、产生规则等功能。它使决策树方法再一次得到了提高。

从 ID3 方法到 C4.5 方法,决策树的结点均由单个属性构成,缺少不同属性的关系。我们在研究信息论以后,于 1991 年提出了基于信道容量的 IBLE 方法和 1994 年提出的基于归一化互信息的 IBLE-R 方法。此两种方法建立的是决策规则树。树的结点是由多个属性组成。这样,在树的结点中体现了多个属性的相互关系。由于信道容量是互信息的最大值,它不随样本数的改变而改变,从而使 IBLE 方法在样本识别效率上,比 ID3 方法提高了 10 个百分点。IBLE-R 方法在 IBLE 方法的基础上增加了产生规则的功能。

决策树方法 ID3 和 C4.5 以及决策规则树方法 IBLE 和 IBLE-R 的理论基础都是信息论。

5.2.1　基于互信息的 ID3 方法

1. ID3 方法简介

在一实体世界中,每个实体用多个特征(属性)来描述。每个特征限于在一个离散集中取互斥的值。例如,设实体是某天早晨,分类任务是关于气候的类型,即能否打高尔夫球,分别为 P(可打)和 N(不可打)表示两个类别。气候的特征为

天气　取值为晴,多云,雨

气温　取值为冷,适中,热

湿度 取值为高,正常

风 取值为有风,无风

在这种两个类别的归纳任务中,P 类和 N 类的实体分别称为概念的正例和反例。将一些已知的正例和反例放在一起便得到训练集。

表 5.7 给出一个训练集。由归纳学习算法 ID3 算法得出一棵正确分类训练集中每个实体的决策树,如图 5.6 所示。该决策树能对训练集中的每个实体,按特征取值,判别出它属于 P、N 中的一类。

表 5.7 气候训练集

No.	属性				类别
	天气	气温	湿度	风	
1	晴	热	高	无风	N
2	晴	热	高	有风	N
3	多云	热	高	无风	P
4	雨	适中	高	无风	P
5	雨	冷	正常	无风	P
6	雨	冷	正常	有风	N
7	多云	冷	正常	有风	P
8	晴	适中	高	无风	N
9	晴	冷	正常	无风	P
10	雨	适中	正常	无风	P
11	晴	适中	正常	有风	P
12	多云	适中	高	有风	P
13	多云	热	正常	无风	P
14	雨	适中	高	有风	N

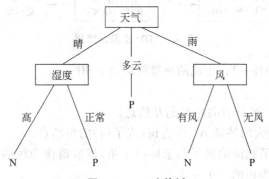

图 5.6 ID3 决策树

决策树叶子为类别名,即 P 或者 N。其他结点由实体的特征组成,每个特征的不同取值对应一分支。若要对一实体分类,从树根开始进行测试,按特征的取值分支向下进入下层结点,对该结点进行测试,过程一直进行到叶结点,实体被判为属于该叶结点所标记的类别。现有训练集外的一个例子。

某天早晨气候描述为

天气:多云

气温:冷

湿度:正常

风:无风

它属于哪类气候呢?用图 5.6 来判别,可以得该实体的类别为 P 类。

实际上,能正确分类训练集的决策树不止一棵。Quinlan 的 ID3 算法能得出结点最少的决策树。

2.ID3 方法简介

1) 主算法

(1) 从训练集中随机选择一个既含正例又含反例的子集(称为"窗口")。

(2) 用"建树算法"对当前窗口形成一棵决策树。

(3) 对训练集(窗口除外)中例子用所得决策树进行类别判定,找出错判的例子。

(4) 若存在错判的例子,把它们插入窗口,转(2),否则结束。

主算法流程如图 5.7 所示。其中,PE、NE 分别表示正例集和反例集,它们共同组成训练集。PE′、PE″和 NE′、NE″分别表示正例集和反例集的子集。

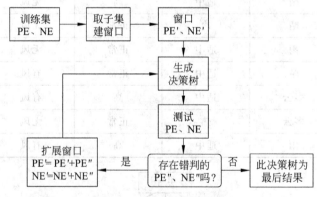

图 5.7　ID3 主算法流程

主算法中每迭代循环一次,生成的决策树将会不相同。

2) 建树算法

(1) 对当前例子集合,计算各特征的互信息。

(2) 选择互信息最大的特征 A_k,作为树(或子树)的根结点。

(3) 把在 A_k 处取值相同的例子归于同一子集,该取值作为树的分支。A_k 取几个值就得几个子集,各取值作为树的一个分支。

(4) 对既含正例又含反例的子集,递归调用建树算法。

(5) 若子集仅含正例或反例,对应分支标上 P 或 N,返回调用处。

3. 实例计算

下面对于气候分类问题进行具体计算。

1）信息熵的计算

信息熵：

$$H(U) = -\sum_i P(u_i) \mathrm{lb} P(u_i)$$

类别 u_i 出现概率：

$$P(u_i) = \frac{|u_i|}{|S|}$$

式中，$|S|$ 表示例子集 S 的总数；$|u_i|$ 表示类别 u_i 的例子数。

对 9 个正例和 5 个反例有

$$P(u_1) = 9/14, \quad P(u_2) = 5/14$$
$$H(U) = (9/14)\mathrm{lb}(14/9) + (5/14)\mathrm{lb}(14/5) = 0.94(\mathrm{b})$$

2）条件熵计算

条件熵：

$$H(U/V) = -\sum_j P(v_j) \sum_i P(u_i/v_j) \mathrm{lb} P(u_i/v_j)$$

属性 A_1 取值 v_j 时，类别 u_i 的条件概率：

$$P(u_i/v_j) = \frac{|u_i|}{|v_j|}$$

$A_1 =$ 天气，它的取值有 $v_1 =$ 晴，$v_2 =$ 多云，$v_3 =$ 雨。

在 A_1 处取值"晴"的例子有 5 个，取值"多云"的例子有 4 个，取值"雨"的例子有 5 个，故：

$$P(v_1) = 5/14, \quad P(v_2) = 4/14, \quad P(v_3) = 5/14$$

取值为"晴"的 5 个例子中有 2 个正例、3 个反例，故：

$$P(u_1/v_1) = 2/5, \quad P(u_2/v_1) = 3/5$$

取值为"多云"时有

$$P(u_1/v_2) = 4/4, \quad P(u_2/v_2) = 0$$

取值为"雨"时有

$$P(u_1/v_3) = 2/5, \quad P(u_2/v_3) = 3/5$$
$$H(U/V) = (5/14)((2/5)\mathrm{lb}(5/2) + (3/5)\mathrm{lb}(5/3))$$
$$+ (4/14)((4/4)\mathrm{lb}(4/4) + 0) + (5/14)((2/5)\mathrm{lb}(5/2)$$
$$+ (3/5)\mathrm{lb}(5/3)) = 0.694(\mathrm{b})$$

3）互信息计算

对 $A_1 =$ 天气处有

$$I(\text{天气}) = H(U) - H(U|V) = 0.94 - 0.694 = 0.246(\mathrm{b})$$

类似可得

$$I(\text{气温}) = 0.029(\mathrm{b})$$
$$I(\text{湿度}) = 0.151(\mathrm{b})$$

$$I(风) = 0.048(b)$$

4)建决策树的树根和分支

ID3 算法将选择互信息最大的特征"天气"作为树根,在 14 个例子中对"天气"的 3 个取值进行分支,3 个分支对应 3 个子集,分别是:

$$F_1 = \{1,2,8,9,11\}, \quad F_2 = \{3,7,12,13\}, \quad F_3 = \{4,5,6,10,14\}$$

其中,F_2 中的例子全属于 P 类,因此对应分支标记为 P,其余两个子集既含有正例又含有反例,将递归调用建树算法。

5)递归建树

分别对 F_1 和 F_3 子集利用 ID3 算法,在每个子集中对各特征(仍为 4 个特征)求互信息。

(1) F_1 中的"天气"全取"晴"值,则 $H(U) = H(U|V)$,有 $I(U|V) = 0$,在余下 3 个特征中求出"湿度"互信息最大,以它为该分支的根结点。再向下分支,"湿度"取"高"的例子全为 N 类,该分支标记 N;取值"正常"的例子全为 P 类,该分支标记 P。

(2) 在 F_3 中,对 4 个特征求互信息,得到"风"特征互信息最大,则以它为该分支根结点。再向下分支,"风"取"有风"时全为 N 类,该分支标记 N;取"无风"时全为 P 类,该分支标记 P。

这样就得到如图 5.6 所示的决策树。

4.对 ID3 的讨论

1)优点

ID3 在选择重要特征时利用了互信息的概念,算法的基础理论清晰,使得算法较简单,是一个很有实用价值的示例学习算法。

该算法的计算时间是例子个数、特征个数、结点个数之积的线性函数。笔者曾用 4761 个关于苯的质谱例子做了试验。其中正例 2361 个,反例 2400 个,每个例子由 500 个特征描述,每个特征取值数目为 6,得到一棵 1514 个结点的决策树。对正反例各 100 个测试例做了测试,正例判对 82 个,反例判对 80 个,总预测正确率 81%,效果是令人满意的。

2)缺点

(1) 互信息的计算依赖于特征取值的数目较多的特征,这样不太合理。一种简单的办法是对特征进行分解,如本节的上述内容中,特征取值数目不一样,可以把它们统统化为二值特征,如天气取值晴、多云、雨,可以分解为 3 个特征:天气—晴、天气—多云、天气—雨。取值都为"是"或"否",对气温也可做类似的工作。这样就不存在偏向问题了。

(2) 用互信息作为特征选择量存在一个假设,即训练例子集中的正反例的比例应与实际问题领域里正反例比例相同。一般情况不能保证相同,这样计算训练集的互信息就有偏差。

(3) ID3 在建树时,每个结点仅含一个特征,是一种单变元的算法,特征间的相关性强调不够。虽然它将多个特征用一棵树连在一起,但联系还是松散的。

(4) ID3 对噪声较为敏感。关于什么是噪声,Quinlan 的定义是训练例子中的错误就是噪声。它包含两方面:一是特征值取错;二是类别给错。

(5) 当训练集增加时,ID3 的决策树会随之变化。在建树过程中,各特征的互信息会随例子的增加而改变,从而使决策树也变化。这对渐近学习(即训练例子不断增加)是不方便的。

总地来说,ID3 由于其理论的清晰,方法简单,学习能力较强,适于处理大规模的学习问题,在世界上广为流传,得到极大的关注,是数据挖掘和机器学习领域中的一个极好范例,也不失为一种知识获取的有用工具。

5.2.2 基于信息增益率的 C4.5 方法

1. 概述

虽然 ID3 算法在数据挖掘中占有非常重要的地位。但是在应用中,ID3 算法不能够处理连续属性、计算信息增益时偏向于选择取值较多的属性等不足。C4.5 是在 ID3 基础上发展起来的决策树生成算法,是由 J. R. Quinlan 在 1993 年提出的,它克服了 ID3 在应用中存在的不足,主要体现在以下几个方面。

(1) 用信息增益率来选择属性,它克服了用信息增益选择属性时偏向选择取值多的属性的不足。

(2) 在树构造过程中或者构造完成之后,进行剪枝。

(3) 能够完成对连续属性的离散化处理。

(4) 能够对于不完整数据的处理,如未知的属性值。

(5) C4.5 采用的知识表示形式为决策树,并最终可以形成产生式规则。

2. C4.5 方法的算法

设 T 为数据集,类别集合为 $\{C_1, C_2, \cdots, C_k\}$,选择一个属性 V 把 T 分为多个子集。设 V 有互不重合的 n 个取值 $\{v_1, v_2, \cdots, v_n\}$,则 T 被分为 n 个子集 $T_1, T_2, \cdots, T_n$,这里 T_i 中的所有实例的取值均为 v_i。

令 $|T|$ 为数据集 T 的例子数,$|T_i|$ 为 $v=v_i$ 的例子数,$|C_j|=\text{freq}(C_j, T)$,为 C_j 类的例子数,$|C_{jv}|$ 是 $V=v_i$ 例子中,具有 C_j 类别例子数。

则有:

(1) 类别 C_j 的发生概率

$$p(C_j) = |C_j| / |T| = \text{freq}(C_j, T) / |T|$$

(2) 属性 $V=v_i$ 的发生概率

$$p(v_i) = |T_i| / |T|$$

(3) 属性 $V=v_i$ 的例子中,具有类别 C_j 的条件概率

$$p(C_j | v_i) = |C_{jv}| / |T_i|$$

Quinlan 在 ID3 中使用信息论中的信息增益(gain)来选择属性,而 C4.5 采用属性的信息增益率(gain ratio)来选择属性。

以下公式中的 $H(C)$、$H(C/V)$、$I(C,V)$、$H(V)$ 是信息论中的写法,而 $\text{info}(T)$、$\text{info}_V(T)$、$\text{gain}(V)$、$\text{plit\_info}(V)$、gain_ratio 是 Quinlan 的写法。在此统一起来。

1) 类别的信息熵

$$H(C) = -\sum_j p(C_j) \text{lb}(p(C_j)) = -\sum_j \frac{|C_j|}{|T|} \text{lb}\left(\frac{|C_j|}{|T|}\right)$$

$$=-\sum_{j=1}^{k} \frac{\text{freq}(C_j, T)}{|T|} \times \text{lb}\left(\frac{\text{freq}(C_j, T)}{|T|}\right) = \text{info}(T)$$

2) 类别条件熵

按照属性 V 把集合 T 分割,分割后的类别条件熵为

$$H(C \mid V) = -\sum_{j} p(v_j) \sum_{j} p(C_j \mid v_i) \text{lb} p(C_j \mid v_i)$$

$$= -\sum_{j} \frac{|T_j|}{|T|} \sum_{j} \frac{|C_i^v|}{|T_i|} \text{lb} \frac{|C_i^v|}{|T_i|}$$

$$= \sum_{i=1}^{n} \frac{|T_i|}{|T|} \times \text{info}(T_i) = \text{info}_V(T)$$

3) 信息增益(gain),即互信息

$$I(C, V) = H(C) - H(C \mid V) = \text{info}(T) - \text{info}_V(T) = \text{gain}(V)$$

4) 属性 V 的信息熵

$$H(V) = -\sum_{i} p(v_i) \text{lb}(p(v_i)) = -\sum_{i=1}^{n} \frac{|T_i|}{|T|} \times \text{lb}\left(\frac{|T_i|}{|T|}\right) = \text{split\_info}(V)$$

5) 信息增益率

$$\text{gain\_ratio} = I(C, V) / H(V) = \text{gain}(V) / \text{split\_info}(V)$$

C4.5 对 ID3 改进是用信息增益率来选择属性。

理论和实验表明,采用“信息增益率”(C4.5 方法)比采用“信息增益”(ID3 方法)更好,主要是克服了 ID3 方法选择偏向取值多的属性。

5.2.3　基于信道容量的 IBLE 方法

1. IBLE 方法的概述

1) 前言

我们于 1991 年研制的 IBLE 方法是利用信息论中信道容量的概念作为对实体中选择重要特征的度量。信道容量是最大的互信息,它不依赖于正反例的比例,仅依赖于训练集中正反例的特征取值的选择量。这样,信道容量克服了互信息依赖正反例比例的缺点。IBLE 方法不同于 ID3 方法每次只选一个特征作为决策树的结点,而是选一组重要特征建立规则,作为决策树的结点。这样,用多个特征组合成规则的结点来鉴别实例,能够更有效地正确判别。对那些不能直接判定的例子继续利用决策规则树的其他规则结点来判别,这样一直进行下去,直至判出类别为止。

IBLE 方法建立的是决策规则树,树中每个结点是由多个特征所组成。特征的选取是通过计算各特征信道容量进行的,各特征的正例标准值由译码函数决定。结点中判别正反例的阈值 (w_n, w_p) 是由实例中权值变化的规律来确定的。

2) 多元信道转化成二元信道

在各特征取多值的情况下,用互信息作为特征选择量,会出现倾向于取某值的例子数较多的特征,这种倾向并不都合理。用信道容量作为特征选择量也必然有同样的问题存在。一种解决办法是对特征进行分解,如前面举的例中,特征取值数目不一样可以把它们统统化为二值特征。如天气取值晴、多云、雨,可以分解成 3 个特征:天气-晴、天气-多云、

天气—雨,每个都取值为{yes,no},对气温也可以做类似的工作。这样在选择特征时就不会出现偏向问题了。

3) 决策规则树

IBLE 是基于信息论的示例学习方法(Information-Based Learning from Examples, IBLE)。IBLE 算法从训练集归纳出一棵决策规则树。

判定一个实体属于 u_1 类还是属于 u_2 类,首先从分析该实体的特征入手,用规则分析会得出 3 种可能结论,一是该实体属于 u_1 类;二是该实体属于 u_2 类;三是不能做出判定,需要进一步分析再做结论。在进一步分析时又会出现上述 3 种情形。对一实体的分析,这个过程一直进行到得出具体类别为止。IBLE 就是依据这种思想构造决策规则树的。决策规则树如图 5.8 所示。

对于更复杂的问题除使用主规则外,还增加分规则,得出如图 5.9 所示的决策规则树。

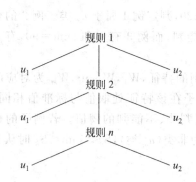

图 5.8 IBLE 算法的一般决策规则树

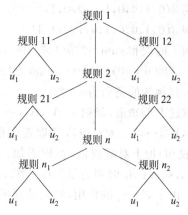

图 5.9 IBLE 算法的复杂决策规则树

4) 决策规则树结点

(1) 规则表示形式。

决策规则树中非叶结点均为规则。规则表示为

特征 $A_1, A_2, \cdots, A_m$

权值 $W_1, W_2, \cdots, W_m$

标准值 $V_1, V_2, \cdots, V_m$

阈值 S_p, S_n

该规则可形式描述为

① sum := 0;

② 对 $i := 1$ 到 m 作:若 $(A_i) = V_i$,则 sum := sum + W_i;

③ 若 sum ≤ S_n,则该例为 N 类;

④ 若 sum ≥ S_p,则该例为 P 类;

⑤ 若 $S_n <$ sum $< S_p$,则该例暂时不能判,转下一条规则判别。

其中 sum 表示权和,(A_i) 表示特征 A_i 的取值。

说明:规则中选出的特征 A_i 是信道容量大的特征;权值 W_i 是放大了 1000 倍的信道容量值;标准值 V_i(1 或 0)是按特征 A_i 对正例的译码函数值决定的;阈值 S_p 和 S_n 是正反例

权和的变化规律确定的。

（2）举例。

为说明规则中各成分的意义，举一个例子。设问题空间中例子有 10 个特征（属性），特征编号为 1～10。每个特性取值为{no,yes}，用{0,1}表示，规则是由重要特征组成的，对每个特征求出权值以表示其重要程度，删除不重要特征得规则如下：

特征	1	3	4	6	7
权值	100	90	105	500	40
标准值	1	0	1	1	0
阈值	220,100				

现有 3 个测试例子：

例 1(1,0,0,0,1,0,0,1,1,1)

例 2(0,1,0,0,1,0,0,0,1,0)

例 3(0,1,0,0,1,0,1,0,1,1)

例 1 的权和 sum=230(100+90+40)，有 sum>220，判定例 1 属于 u_1 类。例 2 的权和 sum=130(90+40)，有 100<sum<220，认为例 2 不能判，而例 3 有权和 sum=90，有 sum<100，判例 3 的类别为 u_2 类。

通过上例知道，规则中 $A_1,A_2,\cdots,A_m$ 为组成规则的特征，$W_1,W_2,\cdots,W_m$ 为对应的权值，$V_1,V_2,\cdots,V_m$ 为对应特征取正例的标准值，若例子在该特征处取值与标准值相同，则 sum(权和)加上对应权值；否则不加。S_p、S_n 是判是、判非、不能判的阈值。若例子的权和为 sum，sum$\geqslant S_p$ 时判为是类（u_1 类），sum$\leqslant S_n$ 时判为非类（u_2 类），S_n<sum<S_p 时认为不能判。由于 S_p、S_n 的作用，知道分规则中必有 $S_p=S_n$。

2. IBLE 算法

IBLE 算法由预处理、建规则算法、建决策树算法和类别判定算法 4 部分组成。下面分别介绍。

1) 预处理

将例子集的特征取多值，变为多个特征分别取{0,1}值，即一个特征取 n 个值变为 n 个特征分别取{0,1}值。

2) 建规则算法

（1）求各特征 A_k 的信道容量 C_k，对于一个特征有分特征（原一个特征取多值变成多个特征取{0,1}值时，该多个特征为原特征的分特征）时，取最大 C 值的分特征代表该特征。

权值的计算（取整）公式为 $W_k=[C_k\times 1000]$。

（2）利用最大后验准则定义该特征 A_k 的译码函数（根据输出来判定输入）$F(1)$、$F(0)$。

设类别为 u_1、u_2，特征 V 取值 1 和 0，转移概率为 $P\left(\dfrac{1}{u_1}\right)$、$P\left(\dfrac{0}{u_1}\right)$、$P\left(\dfrac{1}{u_2}\right)$、$P\left(\dfrac{0}{u_1}\right)$。信道容量计算后，可同时得到类别的先验概率 $P(u_1)$ 和 $P(u_2)$。于是，令 SUM$=P(u_1)\times P\left(\dfrac{1}{u_1}\right)+P(u_2)\times P\left(\dfrac{1}{u_2}\right)$。由贝叶斯公式，$P\left(\dfrac{u_1}{1}\right)=P(u_1)\times P\left(\dfrac{1}{u_1}\right)\div$SUM，$P\left(\dfrac{u_2}{1}\right)=P(u_2)\times P\left(\dfrac{1}{u_2}\right)\div$SUM。译码准则为：当 $P\left(\dfrac{u_1}{1}\right)\geqslant P\left(\dfrac{u_2}{1}\right)$ 时，$F(1)=u_1$；否则，$F(0)=u_2$。这样，就

定义了特征 V 对类别 u_1（正例）的标准值 1 或 0。可以证明,该准则的错误概率最小。

（3）利用译码函数按正例（u_1）输入,计算特征 A_k 的标准值 $\{0,1\}$。

（4）选取前 m 个信道容量（即权值）较大的特征构造规则。

一般来说,m 的选取应保证 $C > 0.01b$ 的特征都被选中（对具体问题可通过试验来确定）。

（5）计算所有的正反例的权和数,从它们的分布规律中得出 S_p、S_n 阈值。

建立一个二维数组 $A(m,n),m=1,2,3;n=1,2,\cdots,|U|$（$|U|$ 表示例子总数）。它由 3 项组成,$A(1,n)$ 存放各例的权和（例子中各特征的权值累加之和）,$A(2,n)$ 存放正例个数,当例子是正例时,它为 1,反之为零。$A(3,n)$ 存放反例个数,当例子是反例时,它为 1,反之为零。

先对各正反例子求权和并填入数组 $A(m,n)$ 中。再按权和大小从小到大的顺序对数组 $A(m,n)$ 进行排序,对权和相同的不同的正反例,将它们合并成一列相同的权和,累计正反例个数。这样,数组缩小了,即 $n \leqslant |U|$。而且正反例权和的规律性就出现了：权和小的部分,正例个数为零,反例个数偏大;权和大的部分,正例个数偏大,反例个数为零,如图 5.10 所示。

图 5.10　正反例权和变化规律

从图 5.10 中可知,整个例子集合中,划分成 3 个区：反例区、正反例混合区和正例区。在反例区中,正例个数 $A(2,n)$ 均为 0。在正例区中,反例个数 $A(3,n)$ 均为 0。在混合区中,正例个数 $A(2,n)$ 和反例个数 $A(3,n)$ 均不为 0。在 3 个区的分界线处的权和值作为 S_p、S_n 值,用作判别正反例的阈值。

3）建决策树算法

设 T 为存放决策规则树的空间。

（1）置决策规则树 T 为空,分配一新结点 $R,T:=R$。

（2）对当前训练集 $PE \cup NE$,利用"建规则算法"构造主规则。

（3）用当前规则测试 PE、NE 得子集 PEP、PEN、PEM（正例 3 个子集）、NEP、NEN、NEM（反例 3 个子集）。其中,PEP、PEN、PEM 分别表示正例被判为 P 类、N 类、不能判这 3 个子集,NEP、NEN、NEM 分别表示反例被判为 P 类、N 类、不能判这 3 个子集。

（4）将当前规则放入结点 R。

（5）若（$|PEP| \neq 0$）$\vee$（$|NEP| \neq 0$）则 $PE:=PEP;NE:=NEP;$ 分配一新结点 $W_1;R$ 左指针指向 W_1。

① 对当前训练集 $PE \cup NE$ 利用"建规则算法"构造左分规则。

② 将左分规则放入结点 W_1。

（6）若（$|PEN| \neq 0$）$\vee$（$|NEN| \neq 0$）则 $PE:=PEN,NE:=NEN;$ 分配一新结点 $W_2;R$ 右指针指向 W_2。

① 对当前训练集 PE∪NE 利用"建规则算法"构造右分规则。

② 将右分规则放入结点 W_2。

(7) 若(|PEM|≠0)∨(|NEM|≠0)则 PE :=PEM,NE :=NEM;分配一新结点 W_3;R 的中指针指向 W_3;$R:=W_3$;转(2)。

(8) 结束。

建决策树算法如图 5.11 所示。

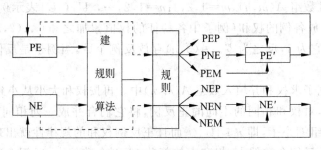

图 5.11　IBLE 建决策树算法

4) 类别判定算法

在得到一棵决策规则树后,对一未知实体 E 如何分类,下面给出具体的算法。

(1) 置根结点为当前结点。

(2) 用当前结点中的规则对 E 进行判定。

① 判为 P 时(对主规则,该实体不一定是 P 类),若当前结点左指针不空(即左规则存在),将左指针指示的结点置为当前结点且转(2),否则(左指针为空,该实体判为 P 类)转(3)。

② 判为 N 时(对主规则,该实体不一定是 N 类),若当前结点右指针不为空(即右规则存在),则将右指针指示的结点置为当前结点且转(2),否则(右指针为空,该实体判为 N 类)转(3)。

③ 不能判时,将当前结点的中指针指示的结点置为当前结点转(2)。

(3) 输出判别结果,结束。

3. IBLE 方法实例

1) 配隐形眼镜问题

(1) 实例说明。

① 患者配隐形眼镜的类别。

患者是否应配隐形眼镜有 3 类:

· 患者应配隐形眼镜。

· 患者应配软隐形眼镜。

· 患者不适合配隐形眼镜。

② 患者眼镜诊断信息(属性)。

· 患者的年纪包括年轻、前老光眼和老光眼。

- 患者的眼睛诊断结果包括近视和远视。
- 是否散光包括是和否。
- 患者的泪腺包括不发达和正常。

（2）实例。

现有 24 个患者实例分别属于 3 个类别，如表 5.8 所示。

表 5.8　配隐形眼镜患者实例

序号	属性取值				诊断值	序号	属性取值				诊断值
	a	b	c	d	@		a	b	c	d	@
1	1	1	1	1	3	13	2	2	1	1	3
2	1	1	1	2	2	14	2	2	1	2	2
3	1	1	2	1	3	15	2	2	2	1	3
4	1	1	2	2	1	16	2	2	2	2	3
5	1	2	1	1	3	17	3	1	1	1	3
6	1	2	1	2	2	18	3	1	1	2	3
7	1	2	2	1	3	19	3	1	2	1	3
8	1	2	2	2	1	20	3	1	2	2	1
9	2	1	1	1	3	21	3	2	1	1	3
10	2	1	1	2	2	22	3	2	1	2	2
11	2	1	2	1	3	23	3	2	2	1	3
12	2	1	2	2	1	24	3	2	2	2	3

（3）利用 IBLE 算法得出的各类决策规则树和逻辑公式。

① @1 类的决策规则树。

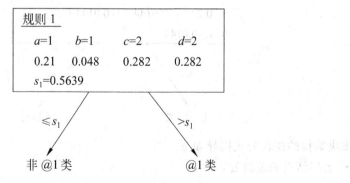

相应的逻辑公式为

$$c = 2 \wedge d = 2 \wedge a = 1 \rightarrow @1$$
$$c = 2 \wedge d = 2 \wedge b = 1 \rightarrow @1$$

② @2 类的决策规则树。

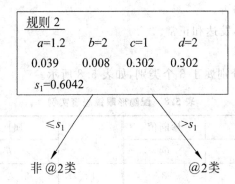

相应的逻辑公式为

$$c = 1 \wedge d = 2 \wedge b = 2 \to @2$$
$$c = 1 \wedge d = 2 \wedge a = 1 \to @2$$
$$c = 1 \wedge d = 2 \wedge a = 2 \to @2$$

③ @3 类的决策规则树。

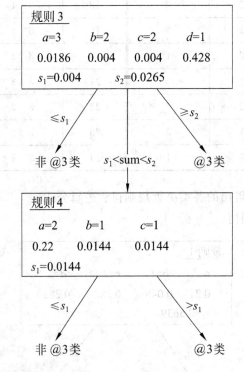

该决策树的逻辑公式推导如下。

• 上层结点的逻辑公式:

$$d = 1 \to @3$$
$$a = 3 \wedge b = 2 \wedge c = 2 \to @3$$

• 上层不能判断逻辑公式(中线结论):

$$(b = 2 \wedge c = 2) \vee$$

$$(a = 3) \vee (a = 3 \wedge b = 2) \vee$$
$$(a = 3 \wedge c = 2) \rightarrow 继续判别$$

- 下层结点的逻辑公式：
$$b = 1 \wedge c = 1 \rightarrow @3$$
$$a = 2 \rightarrow @3$$

- 合并后下层结点的逻辑公式(上层继续判别逻辑公式与下层结点的逻辑公式的合并)：
$$a = 3 \wedge b = 1 \wedge c = 1 \rightarrow @3$$
$$a = 2 \wedge b = 2 \wedge c = 2 \rightarrow @3$$

2）苯等 8 类化合物的分类问题

（1）质谱分析。

质谱仪是一种化学分析仪器,它以高速电子轰击被测样本,使分子产生分裂碎片且重新排列,测量这些碎片的荷质比及能量（速度）形成质谱,如图 5.12 所示。分析化学家根据质谱可以推测出样本的分子结构及性质。这是一个极为复杂和困难的任务,原因在于质谱数据量太大且伴随噪声,而且质谱测定理论尚不完备。在这样的背景下,要用传统的知识获取技术建造一个质谱解析专家系统是极为困难的。因此,用计算机从大量的质谱数据中自动获得一些知识便成了一个诱人的设想。

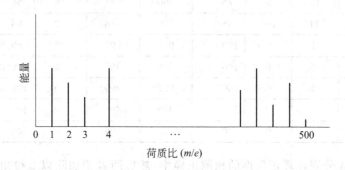

图 5.12 化合物质谱图

（2）实例计算。

本例对 8 种类型的化合物进行学习、识别。其中,前 3 种类型分别为 WLN 码中含 R、T60TJ 和 QR 的化合物；后 5 种为日内瓦国际会议的技术报告中给出的 5 类有机磷化合物,前 3 种类型化合物的训练集、测试集的构造方法是,从 31 231 例质谱中选出某类所有化合物的集合 T_1,剩余的两类成为集合 T_2。从 T_1 中随机抽出一定数目的化合物构成两个集合 T_{11}、T_{12},再从 T_2 中随机抽取一定数目的化合物构成两个集合 T_{21}、T_{22},用 T_{11} 和 T_{21} 组成训练集,正例 PE＝T_{11},反例 NE＝T_{21},用 T_{12} 和 T_{22} 组成测试集。对于后 5 种有机磷化合物,上述 31 231 例前 3 类质谱中都没有,按类输入,每种抽取 8 例作为训练集中的正例集,剩下的作为测试集的正例,再从 31 231 例质谱中抽出 999 例作为训练集反例集,得出如表 5.9 所示的训练集、测试集。用 IBLE 学习后得出 8 棵决策规则树（在此省略）,对测试集进行识别,预测正确率如表 5.10 所示。

表 5.9　8 类训练物的训练集和测试集

类	训　练　集		测　试　集	
	正例	反例	正例	反例
R	2363	2400	102	155
QR	571	2000	20	100
T60TJ	500	2300	50	50
类一	8	999	5	999
类二	8	999	5	999
类三	8	999	2	999
类四	8	999	4	999
类五	8	999	1	999

表 5.10　IBLE 对 8 类化合物的预测结果

类	正例	认对	认错	正确百分比/%	反例	认对	认错	正确百分比/%	总正确百分比/%
R	102	95	7	93.137	155	136	19	87.774	90.439
QR	20	15	5	75	100	84	16	84	79.5
T60TJ	50	34	16	68	50	48	2	96	82
类一	5	5	0	100	999	997	2	99.8	99.9
类二	5	5	0	100	999	997	2	99.8	99.9
类三	2	2	0	100	999	999	0	100	100
类四	4	4	0	100	999	999	0	100	100
类五	1	1	0	100	999	999	0	100	100

本实验中,先分别计算正反例的预测正确率,然后两者相加除以 2 得出总预测正确率,这种做法在实际问题中可信程度较高。从表 5.10 知道,对 8 类化合物,IBLE 的平均预测正确率为 93.967%。

(3) IBLE 与 ID3 的比较。

① 实例计算情况。

为了比较 IBLE 与 ID3 在正反例数目变化情况下的性能,从 8 种类型中随机抽取 3 类,即 R、T60TJ 和有机磷化合物中的第二类进行实验。两种算法关于 3 种化合物的平均预测正确率如表 5.11 所示。可以看出,预测正确率 IBLE 比 ID3 高出近 10 个百分点。

表 5.11　IBLE 和 ID3 的平均预测正确率

类	IBLE/%	ID3/%
R	81.779	72.203
T60TJ	76.786	70.643
类二	98.334	89.322

②　原因分析。

IBLE 的预测正确率之所以比 ID3 高的原因在于：

- IBLE 用信道容量作为特征选择量，而 ID3 用互信息，信道容量不依赖于正反例的比例，互信息依赖训练集中正反例的比例。
- ID3 在建树过程中，每次选择一个特征作为结点，不能较好地体现特征间的相关性。这样做不能充分利用训练集的相关信息。IBLE 在建树过程中每次循环选择多个特征构成规则，变量间的相关性得到较好的体现，能较充分地利用训练集的相关信息。

③　IBLE 决策规则树的特点。

IBLE 的决策规则树中的规则在表示和内容上与专家知识具有较高的一致性。

以 R（苯）的决策规则树中第一条规则为例。规则列出了峰系列，与专家知识表示是一致的，第一条规则指出在 $m/e=27,50\sim52,62\sim65,74\sim78,89\sim92,104\sim105$ 处应出现峰值。有关文献中认为含苯化合物的重要系列应是 $m/e=38\sim39,50\sim52,63\sim65,75\sim78,$ $91,105,119,113$ 等。比较后知道，在列出的这 16 个峰中第一条规则就包含了 12 个，而且都是权值较大的峰。专家知识中一般不指出哪些地方应无峰，而 IBLE 的规则中却指了出来，这是对专家知识的一种补充。而 ID3 的决策树在表示上与专家知识的相差较大，在内容上也不易做到与专家知识具有一致性（原因在于用互信息选择主要特征依赖于训练集中正反例的比例，而实际问题中正反例的比例不易确定）。

在训练集中，若正反例数目变化较大，IBLE 得到的规则具有较好的稳定性。

这在 R 的训练集中正反例数目变化较大的情况下，IBLE 得出的各决策规则树中第一条规则，都含有相同的 41 个特征（$m/e=41,42,43,50,51,54,55,56,57,58,59,62,63,64,65,67,68,$ $69,70,71,72,75,76,77,78,81,82,83,84,85,89,90,91,92,96,97,98,100,104,105,143$，包括有峰、无峰），在相同的变化下 ID3 的决策树头两层 7 个重要质量中，无共同的特征。

总之，IBLE 的规则与专家知识在内容上有较高的一致性，用 IBLE 获取的知识建立的专家系统对实例的判别进行解释时提供了良好的条件。这一点正是 ID3 的一个重要缺陷。

显然，IBLE 比 ID3 优越。

（4）小结。

本书提出的机器学习的信道模型系统地论述了示例学习的信息论，利用信息论中的信道容量来选取重要特征的思想，不仅用于机器学习和数据挖掘中，它也可以用于模式识别的特征抽取。在上面的试验中，对 8 类化合物的质谱分类问题，用神经网络中的感知机和反向传播模型进行学习，由于特征太多，两种方法的效果都极差，利用信道容量进行特征提取后，再用感知机和 BP 模型学习，都取得较好的效果。感知机的平均预测正确率为 79%，BP 模型的为 84%。文中提出的示例学习算法 IBLE 学习正确性较高，所得知识在表示和内容上与专家知识有较高的一致性，而且特别适合于处理大规模的学习问题，可作为专家系统的知识获取工具。

5.3　基于集合论的归纳学习方法

早期有影响的集合论方法是 R. S. Michalski 1978 年提出的 AQ11 方法和 1986 年洪家荣对其扩展的 AQ15 方法。基本思想是：利用覆盖所有的正例，并且排斥所有反例的思想来获取的知识。

现在有影响的集合论方法是粗糙集方法和关联规则挖掘方法,它们都是利用集合覆盖的原理获取知识。

粗糙集方法是利用条件属性的等价类与决策属性的等价类之间的上下近似关系来进行属性约简和规则的获取。

关联规则是利用两个同时售出的商品(项)数目在整个售出的商品数目中的概率以及两个同时商品售出的数目相对于其中一个商品售出的数目的条件概率分别大于两个阈值时,认为这两个同时售出的商品(项)是相关的。

5.3.1　粗糙集方法

1. 粗糙集概念

粗糙集(rough set)是波兰数学家 Z. Pawlak 于 1982 年提出的。粗糙集以等价关系(不可分辨关系)为基础,用于分类问题。它用上下近似两个集合来逼近任意一个集合,该集合的边界线区域被定义为上近似集和下近似集之差集。上下近似集可以通过等价关系给出确定的描述,边界域的含糊元素数目可以被计算出来。而模糊集(fuzzy)是用隶属度来描述集合边界的不确定性,隶属度是人为给定的,不是计算出来的。

粗糙集理论用在数据库中的知识发现主要体现在以下两个方面。

(1) 在条件属性中去掉一个属性后,相对于决策属性的正域(下近似)和未去掉该属性相对于决策属性的正域相等时(该属性重要度等于 0),就可以对该属性约简。

(2) 当条件属性的等价类集合和决策属性的等价类集合存在上下近似关系时,可以获得带可信度的分类规则。

1) 基本定义

(1) 信息表定义。

信息表 $S=(U,R,V,f)$ 的定义如下。

U:是一个非空有限对象(元组)集合,$U=\{x_1,x_2,\cdots,x_n\}$,其中,x_i 为对象(元组)。

R:是对象的属性集合,分为两个不相交的子集,即条件属性 C 和决策属性 D,$R=C\cup D$。

V:是属性值的集合,V_a 是属性 $a\in R$ 的值域。

f:是 $U\times R\to V$ 的一个信息函数,它为每个对象 x 的每个属性 a 赋予一个属性值,即 $a\in R,x\in U,f_a(x)\in V_a$。

(2) 等价关系定义。

对于 $\forall a\in A$(A 中包含一个或多个属性),$A\subset R,x\in U,y\in U$,它们的属性值相同,即

$$f_a(x) = f_a(y) \tag{5.1}$$

成立,称对象 x 和 y 是对属性 A 的等价关系,表示为

$$\text{IND}(A) = \{(x,y) \mid (x,y)\in U\times U, \forall a\in A, f_a(x) = f_a(y)\} \tag{5.2}$$

(3) 等价类定义。

在 U 中,对属性集 A 中具有相同等价关系的元素集合称为等价关系 $\text{IND}(A)$ 的等价类,表示为

$$[x]_A = \{y \mid (x,y) \in \mathrm{IND}(A)\} \tag{5.3}$$

（4）划分的定义。

在 U 中对属性 A 的所有等价类形成的划分表示为

$$A = \{E_i \mid E_i = [x]_A, i = 1, 2, \cdots\} \tag{5.4}$$

具有特性：

① $E_i \neq \varnothing$。

② 当 $i \neq j$ 时，$E_i \bigcap E_j = \varnothing$。

③ $U = \bigcup E_i$。

例 1　设 $U = \{a(\text{体温正常}), b(\text{体温正常}), c(\text{体温正常}), d(\text{体温高}), e(\text{体温高}), f(\text{体温很高})\}$

对于属性 A（体温）的等价关系有

$\mathrm{IND}(A) = \{(a,b), (a,c), (b,c), (d,e), (e,d), (a,a), (b,b), (c,c), (d,d), (e,e), (f,f)\}$

则属性 A 的等价类有

$$E_1 = [a]_A = [b]_A = [c]_A = \{a, b, c\}$$
$$E_2 = [d]_A = [e]_A = \{d, e\}$$
$$E_3 = [f]_A = \{f\}$$

U 中对属性 A 的划分为

$$A = \{E_1, E_2, E_3\} = \{\{a, b, c\}, \{d, e\}, \{f\}\}$$

2）集合 X 的上下近似关系

（1）下近似定义。

对任意一个子集 $X \subseteq U$，属性 A 的等价类 $E_i = [x]_A$，有

$$A_-(X) = \bigcup \{E_i \mid E_i \in A \wedge E_i \subseteq X\} \tag{5.5}$$

或

$$A_-(X) = \{x \mid [x]_A \subseteq X\} \tag{5.6}$$

表示等价类 $E_i = [x]_A$ 中的元素 x 都属于 X，即 $\forall x \in A_-(X)$，则 x 一定属于 X。

（2）上近似定义。

对任意一个子集 $X \subseteq U$，属性 A 的等价类 $E = [x]_A$，有

$$A^-(X) = \bigcup \{E_i \mid E_i \in A \wedge E_i \bigcap X \neq \varnothing\} \tag{5.7}$$

或

$$A^-(X) = \{x \mid [x]_A \bigcap X \neq \varnothing\} \tag{5.8}$$

表示等价类 $E_i = [x]_A$ 中的元素 x 可能属于 X，即 $\forall x \in A^-(X)$，则 x 可能属于 X，也可能不属于 X。

（3）正域、负域和边界的定义。

全集 U 可以划分为 3 个不相交的区域，即正域（POS）、负域（NEG）和边界（BND）：

$$\mathrm{POS}_A(X) = A_-(X) \tag{5.9}$$
$$\mathrm{NEG}_A(X) = U - A^-(X) \tag{5.10}$$
$$\mathrm{BND}_A(X) = A^-(X) - A_-(X) \tag{5.11}$$

从以上可见

$$A^-(X) = A_-(X) + \mathrm{BND}_A(X) \tag{5.12}$$

用图 5.13 说明正域、负域和边界,每一个小长方形表示一个等价类。

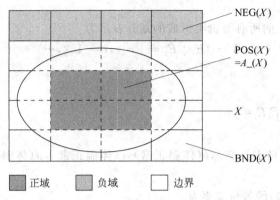

图 5.13　正域、负域和边界

从图 5.13 中可以看出,任意一个元素 $x \in \mathrm{POS}(X)$,它一定属于 X;任意一个元素 $x \in \mathrm{NEG}(X)$,它一定不属于 X;集合 X 的上近似是其正域和边界的并集,即

$$A^-(X) = \mathrm{POS}_A(X) \bigcup \mathrm{BND}_A(X) \tag{5.13}$$

对于元素 $x \in \mathrm{BND}(X)$,是无法确定其是否属于 X,因此对任意元素 $x \in A^-(X)$,只知道 x 可能属于 X。

(4) 粗糙集定义。

若 $A^-(X) = A_-(X)$,即 $\mathrm{BND}(X) = \varnothing$,即边界为空,称 X 为 A 的可定义集;否则 X 为 A 不可定义的,即 $A^-(X) \neq A_-(X)$,称 X 为 A 的 Rough 集(粗糙集)。

(5) 确定度定义。

$$\alpha_A(X) = \frac{|U| - |A^-X - A_-X|}{|U|} \tag{5.14}$$

其中,$|U|$ 和 $|A^-X - A_-X|$ 分别表示集合 U、$(A^-X - A_-X)$ 中的元素个数。

$\alpha_A(X)$ 的值反映了 U 中的能够根据 A 中各属性的属性值就能确定其属于或不属于 X 的比例,也即对 U 中的任意一个对象,根据 A 中各属性的属性值确定它属于或不属于 X 的可信度。

确定度性质:　　　　　　　　　$0 \leqslant \alpha_A(X) \leqslant 1$

① 当 $\alpha_A(X) = 1$ 时,U 中的全部对象能够根据 A 中各属性的属性值就可以确定其是否属于 X,X 为 A 的可定义集。

② 当 $0 < \alpha_A(X) < 1$ 时,U 中的部分对象根据 A 中各属性的属性值可以确定其是否属于 X,而另一部分对象是不能确定其是否属于 X。X 为 A 的部分可定义集。

③ 当 $\alpha_A(X) = 0$ 时,U 中的全部对象都不能根据 A 中各属性的属性值确定其是否属于 X,X 为 A 的完全不可定义集。

当 X 为 A 的部分可定义集或 X 为 A 的完全不可定义集,称 X 为 A 的 Rough 集(粗糙集)。

例 2　对例 1 的等价关系 A 有集合 $X = \{b, c, f\}$ 是粗糙集,计算集合 X 的下近似、上近似、正域、负域和边界。

U 中关于 A 的划分为

$$A = \{\{a,b,c\},\{d,e\},\{f\}\}$$

有

$$X \bigcap \{a,b,c\} = \{b,e\} \neq \varnothing$$
$$X \bigcap \{d,e\} = \varnothing$$
$$X \bigcap \{f\} = \{f\} \neq \varnothing$$

可知有

$$A_-(X) = \{f\}$$
$$A^-(X) = \{a,b,c\} \bigcup \{f\} = \{a,b,c,f\}$$
$$\mathrm{POS}_A(X) = A_-(X) = \{f\}$$
$$\mathrm{NEG}_A(X) = U - A^-(X) = \{d,e\}$$
$$\mathrm{BND}_A(X) = A^-(X) - A_-(X) = \{a,b,c\}$$

2. 属性约简的粗糙集理论

1) 属性约简概念

在信息表中根据等价关系,可以用等价类中的一个对象(元组)来代表整个等价类,这实际上是按纵方向约简信息表中的数据。对信息表中的数据按横方向进行约简,就是看信息表中有无冗余的属性,即去除这些属性后能保持等价性,从而有相同的集合近似,使对象分类能力不会下降。约简后的属性集称为属性约简集,约简集通常不唯一,找到一个信息表的所有约简集不是一个在多项式时间里所解决的问题,求最小约简集(含属性个数最少的约简集)同样是一个困难问题,实际上它是一个 NP-hard 问题。因此研究者提出了很多启发式算法,如基于遗传算法的方法等。

(1) 约简定义。

给定一个信息表 IT(U,A),若有属性集 $B \subseteq A$,且满足 IND(B)=IND(A),称 B 为 A 的一个约简,记为 red(A),即 $B=$red(A)。

(2) 核定义。

属性集 A 的所有约简的交集称为 A 的核。记作

$$\mathrm{core}(A) = \bigcap \mathrm{red}(A) \tag{5.15}$$

其中,core(A)是 A 中为保证信息表中对象可精确定义的必要属性组成的集合,为 A 中不能约简的重要属性,它是进行属性约简的基础。

上面的约简定义没有考虑决策属性,现研究条件属性 C 相对决策属性 D 的约简。

(3) 正域定义。

设决策属性 D 的划分 $A = \{y_1, y_2, \cdots, y_n\}$,条件属性 C 相对于决策属性 D 的正域定义为

$$\mathrm{POS}_C(D) = \bigcup C_-(y_j) \tag{5.16}$$

(4) 条件属性 C 相对于决策属性 D 的约简定义。

若 $c \in C$,如果 $\mathrm{POS}_{(C-\{c\})}(D) = \mathrm{POS}_C(D)$,则称 c 是 C 中相对于 D 不必要的,即可约简的;否则称 c 是 C 中相对于 D 必要的。

(5) 条件属性 C 相对于决策属性 D 的核定义。

若 $R \subseteq C$,如果 R 中每一个 $c \in R$ 都是相对于 D 必要的,则称 R 是相对于 D 独立的。如果

R 相对于 D 独立的,且 $POS_R(D)=POS_C(D)$,则称 R 是 C 中相对于 D 的约简,记为 $red_D(C)$,所有这样约简的交称为 C 的 D 核,记为

$$core_D(C) = \bigcap red_D(C) \tag{5.17}$$

一般情况下,信息系统的属性约简集有多个,但约简集中属性个数最少的最有意义。

2）属性约简实例

气候信息表是 4 个条件属性(天气 a_1,气温 a_2,湿度 a_3,风 a_4)和 1 个决策属性(类别 d),如表 5.12 所示。

表 5.12　气候信息表

No.	天气 a_1	气温 a_2	湿度 a_3	风 a_4	类别 d
1	晴	热	高	无风	N
2	晴	热	高	有风	N
3	多云	热	高	无风	P
4	雨	适中	高	无风	P
5	雨	冷	正常	无风	P
6	雨	冷	正常	有风	N
7	多云	冷	正常	有风	P
8	晴	适中	高	无风	N
9	晴	冷	正常	无风	P
10	雨	适中	正常	无风	P
11	晴	适中	正常	有风	P
12	多云	适中	高	有风	P
13	多云	热	正常	无风	P
14	雨	适中	高	有风	N

令 $C=\{a_1,a_2,a_3,a_4\}$,$D=\{d\}$

$IND(C) = \{\{1\},\{2\},\{3\},\{4\},\{5\},\{6\},\{7\},\{8\},\{9\},\{10\},\{11\},\{12\},\{13\},\{14\}\}$

$IND(D) = \{\{1,2,6,8,14\},\{3,4,5,7,9,10,11,12,13\}\}$

$POS_C(D) = U$

（1）计算缺少一个属性的等价关系。

$IND(C\backslash\{a_1\}) = \{\{1,3\},\{2\},\{4,8\},\{5,9\},\{6,7\},\{10\},\{11\},\{12,14\},\{13\}\}$

$IND(C\backslash\{a_2\}) = \{\{1,8\},\{2\},\{3\},\{4\},\{5,10\},\{6\},\{7\},\{9\},\{11\},\{12\},\{13\},\{14\}\}$

$IND(C\backslash\{a_3\}) = \{\{1\},\{2\},\{3,13\},\{4,10\},\{5\},\{6\},\{7\},\{8\},\{9\},\{11\},\{12\},\{13\},\{14\}\}$

$IND(C\backslash\{a_4\}) = \{\{1,2\},\{3\},\{4,14\},\{5,6\},\{7\},\{8\},\{9\},\{10\},\{11\},\{12\},\{13\}\}$

（2）计算减少一个条件属性相对决策属性的正域。

$$POS_{(C\backslash\{a_1\})}(D) = \{2,5,9,10,11\} \neq U$$

$$POS_{(C\backslash\{a_2\})}(D) = U = POS_C(D)$$

$$POS_{(C\backslash\{a_3\})}(D) = U = POS_C(D)$$

$$\text{POS}_{(C\backslash\{a_4\})}(D) = \{1,2,3,7,8,9,10,11,12,13\} \neq U$$

可见,属性集 C 中去掉 a_2,或者去掉 a_3 后,其相对决策属性的正域与属性集 C 相对决策属性的正域相同。说明属性 a_2 和 a_3 相对于决策属性 d 可省略的,但不一定可以同时省略,而属性 a_1 和 a_4 是相对决策属性不可省略的,因此:

$$\text{core}(C) = \{a_1,a_4\}$$

(3) 计算同时减少 $\{a_2,a_3\}$ 的等价关系和正域。

$$\text{IND}(C\backslash\{a_2,a_3\}) = \{\{1,8,9\},\{2,11\},\{3,13\},\{4,5,10\},\{6,14\},\{7,12\}\}$$

$$\text{POS}_{(C\backslash\{a_2,a_3\})}(D) = \{3,4,5,6,7,10,12,13,14\} \neq U$$

说明:$\{a_2,a_3\}$ 同时是不可省略的。

(4) 在 $\{a_2,a_3\}$ 中只能删除一个属性,即存在两个约简:

$$\text{red}_D(C) = \{\{a_1,a_2,a_4\},\{a_1,a_3,a_4\}\}$$

从实例计算可以看出,信息表的属性约简是在保持条件属性相对决策属性的分类能力不变的条件下,删除不必要的或不重要的属性。一般来讲,条件属性对于决策属性的相对约简不是唯一的,即可能存在多个相对约简。

3. 属性约简的粗糙集方法

1) 属性依赖度

(1) 属性依赖度定义。

信息表中条件属性 C 和决策属性 D,属性 D 依赖属性 C 的依赖度定义为

$$\gamma(C,D) = |\text{POS}_C(D)| / |U| \tag{5.18}$$

式中,$|\text{POS}_C(D)|$ 表示正域 $\text{POS}_C(D)$ 的元素个数;$|U|$ 表示整个对象集合的个数。

$\gamma(C,D)$ 的性质:

① 若 $\gamma=1$,意味着 $\text{IND}(C)\subseteq\text{IND}(D)$,即已知条件 C 下,可将 U 上全部个体准确分类到决策属性 D 的类别中,即 D 完全依赖于 C。

② 若 $0<\gamma<1$,则称 D 部分依赖于 C(D Rough 依赖于 C),即在已知条件 C 下,只能将 U 上那些属于正域的个体分类到决策属性 D 的类别中。

③ 若 $\gamma=0$,则称 D 完全不依赖 C,即利用条件 C 不能分类到 D 的类别中。

(2) 相关命题。

根据属性依赖度定义,可以得到以下命题:

命题 1　如果依赖度 $\gamma=1$,则信息表是一致的;否则是不一致的。

命题 2　每个信息表都能唯一地分解成一个一致信息表($\gamma=1$)和一个完全不一致信息表($\gamma=0$)。

2) 属性重要度

(1) 属性重要度定义。

$C,D\subset A$,C 为条件属性集,D 为决策属性集,$a\in C$,属性 a 关于 D 的重要度定义为

$$\text{SGF}(a,C,D) = \gamma(C,D) - \gamma(C-\{a\},D) \tag{5.19}$$

其中,$\gamma(C-\{a\},D)$ 表示在 C 中缺少属性 a 后,条件属性与决策属性的依赖程度。$\text{SGF}(a,C,D)$ 表示 C 中缺少属性 a 后,导致不能被准确分类的对象在系统中所占的比例。

(2) SGF(a,C,D)性质。

① SGF$(a,C,D)\in[0,1]$。

② 若 SGF$(a,C,D)=0$,表示属性 a 关于 D 是可省的。因为从属性集中去除属性 a 后,$C-\{a\}$ 中的信息,原来可被准确分类所有对象仍能准确划分到各决策类中。

③ SGF$(a,C,D)\neq0$,表示属性 a 关于 D 是不可省略的。因为从属性集 C 中去除属性 a 后,某些原来可被准确分类的对象不能再被准确划分。

3) 最小属性集概念

对信息系统的最广泛应用是数据库。在数据库中根据决策属性将一组对象划分为各不相交的等价集(决策类),希望能通过条件属性来决定每一个决策类,并产生每一个类的判定规则。大多数情况下,对每个给定的学习任务,数据库中存在一些不重要属性,希望找到一个最小的相关属性集,它具有与全部条件属性同样的区分决策属性所划分的决策类的能力,从最小属性集中产生的规则会更简练并更有意义。

最小属性集定义:设 C、D 分别是信息系统 S 的条件属性集和决策属性集,属性集 $P(P\subseteq C)$ 是 C 的一个最小属性集,当且仅当 $\gamma(P,D)=\gamma(C,D)$ 并且 $\forall P'\subset P,\gamma(P',D)\neq\gamma(P,D)$,说明若 P 是 C 的最小属性集,则 P 具有与 C 同样的区分决策类的能力。

需要注意的是,C 的最小属性集一般是不唯一的,而要找到所有的最小属性集是一个 NP 问题。在大多数应用中,没有必要找到所有的最小属性集。用户可以根据不同的原则来选择一个他认为最好的最小属性集。比如,选择具有最少属性个数的最小属性集。

4. 粗糙集方法的规则获取

通过分析 U 中的两个划分 $C=\{E_i\}$ 和 $D=\{Y_j\}$ 之间的关系,把 C 视为分类条件,D 视为分类结论,可以得到下面的分类规则。

(1) 当 $E_i\bigcap Y_j\neq\varnothing$ 时,则有

$$r_{ij}:\mathrm{Des}(E_i)\rightarrow\mathrm{Des}(Y_j) \tag{5.20}$$

$\mathrm{Des}(E_i)$ 和 $\mathrm{Des}(Y_j)$ 分别是等价集 E_i 和等价集 Y_j 中的特征描述。

① 当 $E_i\bigcap Y_j=E_i$ 时(E_i 完全被 Y_j 包含)即下近似,建立的规则 r_{ij} 是确定的,规则的可信度 $cf=1.0$。

② 当 $E_i\bigcap Y_j\neq E_i$ 时(E_i 部分被 Y_j 包含)即上近似,建立的规则 r_{ij} 是不确定的,规则的可信度为

$$cf=\frac{|E_i\bigcap Y_j|}{|E_i|} \tag{5.21}$$

(2) 当 $E_i\bigcap Y_j=\varnothing$ 时(E_i 不被 Y_j 包含),E_i 和 Y_j 不能建立规则,参见图 5.14。

5. 粗糙集方法的应用实例

通过实例说明属性约简和规则获取方法,参见表 5.13 所示的数据。

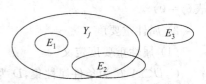

图 5.14　E_i 和 Y_j 的上下近似关系

表 5.13 流感实例数据

U	C(条件属性)			D(决策属性)
	头痛(a)	肌肉痛(b)	体温(c)	流感(d)
e_1	是(1)	是(1)	正常(0)	否(0)
e_2	是(1)	是(1)	高(1)	是(1)
e_3	是(1)	是(1)	很高(2)	是(1)
e_4	否(0)	是(1)	正常(0)	否(0)
e_5	否(0)	否(0)	高(1)	否(0)
e_6	否(0)	是(1)	很高(2)	是(1)
e_7	是(1)	否(0)	高(1)	是(1)

1) 等价集下近似和依赖度的计算

(1) 条件属性 $C(a,b,c)$ 的等价集。

由于各元组(对象)之间不存在等价关系,每个元组组成一个等价集,共 7 个,即 $E_1\{e_1\}$, $E_2\{e_2\}$,$E_3\{e_3\}$,$E_4\{e_4\}$,$E_5\{e_5\}$,$E_6\{e_6\}$,$E_7\{e_7\}$。

(2) 决策属性 $D(d)$ 的等价集。

按属性取值,共有两个等价集:Y_1:$\{e_1,e_4,e_5\}$;Y_2:$\{e_2,e_3,e_6,e_7\}$。

(3) 决策属性的各等价集的下近似集为
$$C\_Y_1 = \{E_1,E_4,E_5\} = \{e_1,e_4,e_5\}$$
$$C\_Y_2 = \{E_2,E_3,E_6,E_7\} = \{e_2,e_3,e_6,e_7\}$$

此例不存在上近似集。

(4) 计算 $POS(C,D)$ 和 $\gamma(C,D)$:
$$POS(C,D) = C\_Y_1 \bigcup C\_Y_2 = \{e_1,e_2,e_3,e_4,e_5,e_6,e_7\}$$
$$|POS(C,D)| = 7, \quad |U| = 7, \quad \gamma(C,D) = 1$$

2) 各属性重要度计算

(1) a 的重要度计算。

① 条件属性 $C(b,c)$ 的等价集:
$$E_1\{e_1,e_4\},E_2\{e_2\},E_3\{e_3,e_6\},E_4\{e_5,e_7\}$$

② 决策属性 $D(d)$ 的等价集(同上)。

③ 决策属性的各等价集的下近似集:
$$C\_Y_1 = \{E_1\} = \{e_1,e_4\}$$
$$C\_Y_2 = \{E_2,E_3\} = \{e_2,e_3,e_6\}$$

④ 计算 $POS(C-\{a\},D)$ 和 $\gamma(C-\{a\},D)$
$$POS(C-\{a\},D) = C\_Y_1 \bigcup C\_Y_2 = \{e_1,e_2,e_3,e_4,e_6\}$$
$$|POS(C-\{a\},D)| = 5$$
$$\gamma(C-\{a\},D) = 5/7$$

⑤ 属性 a 的重要程度
$$SGF(C-\{a\},D) = \gamma(C,D) - \gamma(C-\{a\},D) = 2/7 \neq 0$$

⑥ 结论：属性 a 是不可省略的。

(2) b 的重要度计算。

① 条件属性 $C(a,c)$ 的等价集。

去掉属性 b 后，元组中只出现 e_2 和 e_7 的等价，其他元组均不等价，等价集共 6 个，即 $E_1\{e_1\}$，$E_2\{e_2,e_7\}$，$E_3\{e_3\}$，$E_4\{e_4\}$，$E_5\{e_5\}$，$E_6\{e_6\}$。

② 决策属性 $D(d)$ 的等价集(同上)。

③ 决策属性的各等价集的下近似集：
$$C\_Y_1 = \{E_1, E_4, E_5\} = (e_1, e_4, e_5)$$
$$C\_Y_2 = \{E_2, E_3, E_6\} = (e_2, e_7, e_3, e_6)$$

④ 计算 $POS(C-\{b\}, D)$：
$$POS(C-\{b\}, D) = C\_Y_1 \bigcup C\_Y_2 = (e_1, e_2, e_3, e_4, e_5, e_6, e_7)$$
$$|POS(C-\{b\}, D)| = 7, \quad \gamma(C-\{a\}, D) = 1$$

⑤ 属性 b 的重要度：
$$SGF(C-\{b\}, D) = \gamma(C, D) - \gamma(C-\{a\}, D) = 0$$

⑥ 结论：属性 b 是可省略的。

3) 简化数据表

在原数据表中删除肌肉痛(b)属性后，元组 e_7 和 e_2 相同，合并成表 5.14 所示的简化数据表。

表 5.14 流感数据简化表

U	头痛(a)	体温(c)	流感(d)
e_1'	是(1)	正常(0)	否(0)
e_2'	是(1)	高(1)	是(1)
e_3'	是(1)	很高(2)	是(1)
e_4'	否(0)	正常(0)	否(0)
e_5'	否(0)	高(1)	否(0)
e_6'	否(0)	很高(2)	是(1)

4) 等价集上下近似集的计算

(1) 条件属性的等价集。

由于各元组之间不存在等价关系，故有 6 个等价集，即 $E_1'\{e_1'\}$；$E_2'\{e_2'\}$；$E_3'\{e_3'\}$；$E_4'\{e_4'\}$；$E_5'\{e_5'\}$；$E_6'\{e_6'\}$。

(2) 决策属性 $D(d)$ 的等价集。

按属性取值，共有两个等价集 $Y_1'\{e_1', e_4', e_5'\}$；$Y_2'\{e_2', e_3', e_6'\}$。

5) 获取规则

(1) 由于 $E_1' \bigcap Y_1' = E_1'$，$E_4' \bigcap Y_1' = E_4'$，$E_5' \bigcap Y_1' = E_5'$，有规则

r_{11}：$Des(E_1') \rightarrow Des(Y_1')$，即
$$a = 1 \wedge c = 0 \rightarrow d = 0, \quad cf = 1$$

r_{41}：$Des(E_4') \rightarrow Des(Y_1')$，即

$$a = 0 \wedge c = 0 \to d = 0, \quad cf = 1$$

$r_{51}: \mathrm{Des}(E_5') \to \mathrm{Des}(Y_1')$，即

$$a = 0 \wedge c = 1 \to d = 0, \quad cf = 1$$

Y_1' 与 E_1'、E_4'、E_5' 最小包含，参见图 5.15。

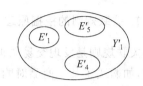

（2）由于 $E_2' \bigcap Y_2' = E_2'$，$E_3' \bigcap Y_2' = E_3'$，$E_6' \bigcap Y_2' = E_6'$，有

图 5.15　Y_1' 与 E_1'、E_4'、E_5' 最小包含

规则

$r_{22}: \mathrm{Des}(E_2') \to \mathrm{Des}(Y_2')$，即 $a = 1 \wedge c = 1 \to d = 1, cf = 1$。

$r_{32}: \mathrm{Des}(E_3') \to \mathrm{Des}(Y_2')$，即 $a = 1 \wedge c = 2 \to d = 1, cf = 1$。

$r_{62}: \mathrm{Des}(E_6') \to \mathrm{Des}(Y_2')$，即 $a = 0 \wedge c = 2 \to d = 1, cf = 1$。

6）规则化简

（1）对 r_{11} 和 r_{41} 进行合并有

$$(a = 0 \vee a = 1) \wedge c = 0 \to d = 0$$

其中，a 的取值包括它的全部取值，故属性 a 可删除，即

$$c = 0 \to d = 0$$

（2）对 r_{32} 和 r_{62} 进行合并有

$$(a = 1 \vee a = 0) \wedge c = 2 \to d = 1$$

同样，可删除属性 a，得到

$$c = 2 \to d = 1$$

7）最后的规则

（1）体温＝正常→流感＝否（即 $c = 0 \to d = 0$）。

（2）头痛＝否 $\wedge$ 体温＝高→流感＝否（即 $a = 0 \wedge c = 1 \to d = 0$）。

（3）体温＝很高→流感＝是（即 $c = 2 \to d = 1$）。

（4）头痛＝是 $\wedge$ 体温＝高→流感＝是（即 $a = 1 \wedge c = 1 \to d = 1$）。

5.3.2　关联规则挖掘

关联规则（association rule）挖掘是发现大量数据库中项集之间的关联关系。随着大量数据的增加和存储，许多人士对于从数据库中挖掘关联规则越来越感兴趣。从大量商业事务中发现有趣的关联关系，可以帮助许多商业决策的制定，如分类设计、交叉购物等。

目前，关联规则挖掘已经成为数据挖掘领域重要的研究方向。关联规则模式属于描述型模式，发现关联规则的算法属于无监督学习的方法。

Agrawal 等于 1993 年首先提出了挖掘顾客交易数据库中项集间的关联规则问题，以后诸多的研究人员对关联规则的挖掘问题进行了大量的研究。他们的工作包括对原有的算法进行优化，如引入随机采样、并行的思想等，以提高算法挖掘规则的效率；对关联规则的应用进行推广。

最近也有独立于 Agrawal 的频繁集方法的工作，以克服频繁集方法的一些缺陷，探索挖掘关联规则的新方法。同时随着 OLAP 技术的成熟和应用，将 OLAP 和关联规则结合也成了一个重要的方向。也有一些工作注重于对挖掘到的模式的价值进行评估，他们提出的模型建议了一些值得考虑的研究方向。

本节主要给出了关联规则挖掘的基本概念、核心挖掘算法。

1. 关联规则的挖掘原理

关联规则是发现交易数据库中不同商品(项)之间的联系,这些规则找出顾客购买行为模式,如购买了某一商品对购买其他商品的影响。发现这样的规则可以应用于商品货架设计、货存安排以及根据购买模式对用户进行分类。现实中,这样的例子还有很多。最典型的例如超级市场利用前端收款机收集存储了大量的售货数据,这些数据是一条条的购买事务记录,每条记录存储了事务处理时间,顾客购买的物品、物品的数量及金额等。这些数据中常常隐含形式如下的关联规则:

在购买铁锤的顾客当中,有70%的人同时购买了铁钉。

这些关联规则很有价值,商场管理人员可以根据这些关联规则更好地规划商场,如把铁锤和铁钉这样的商品摆放在一起,能够促进销售。

有些数据不像售货数据那样很容易就能看出一个事务是许多物品的集合,但稍微转换一下思考角度,仍然可以像售货数据一样处理。比如人寿保险,一份保单就是一个事务。保险公司在接受保险前,往往需要记录投保人详尽的信息,有时还要到医院做身体检查。保单上记录有投保人的年龄、性别、健康状况、工作单位、工作地址、工资水平等。

这些投保人的个人信息就可以看作事务中的物品。通过分析这些数据,可以得到类似以下这样的关联规则:

年龄在40岁以上,工作在A区的投保人当中,有45%的人曾经向保险公司索赔过。在这条规则中,"年龄在40岁以上"是物品甲,"工作在A区"是物品乙,"向保险公司索赔过"则是物品丙。可以看出来,A区可能污染比较严重,环境比较差,导致工作在该区的人健康状况不好,索赔率也相对比较高。

1) 基本原理

设 $I=\{i_1,i_2,\cdots,i_m\}$ 是项(item)的集合。记 D 为事务(transaction)的集合(事务数据库),事务 T 是项的集合,并且 $T\subseteq I$。对每一个事务有唯一的标识,如事务号,记作 TID。设 A 是 I 中一个项集,如果 $A\subseteq T$,那么称事务 T 包含 A。

定义1   关联规则是形如 $A\rightarrow B$ 的蕴含式,这里 $A\subset I,B\subset I$,并且 $A\cap B=\varnothing$。

定义2   规则的支持度。规则 $A\rightarrow B$ 在数据库 D 中具有支持度 S,表示 S 是 D 中事务同时包含 AB 的百分比,它是概率 $P(AB)$,即

$$S(A\rightarrow B) = P(AB) = \frac{|AB|}{|D|} \tag{5.22}$$

式中,$|D|$ 表示事务数据库 D 的个数;$|AB|$ 表示 A、B 两个项集同时发生的事务个数。

定义3   规则的可信度。

规则 $A\rightarrow B$ 具有可信度 C,表示 C 是包含 A 项集的同时也包含 B 项集,相对于包含 A 项集的百分比,这是条件概率 $P(B|A)$,即

$$C(A\rightarrow B) = P(B|A) = \frac{|AB|}{|A|} \tag{5.23}$$

式中,$|A|$ 表示数据库中包含项集 A 的事务个数。

定义4   阈值。为了在事务数据库中找出有用的关联规则,需要由用户确定两个阈值:最小支持度(min_sup)和最小可信度(min_conf)。

定义 5　项的集合称为项集(itemset)，包含 k 个项的项集称之为 k-项集。如果项集满足最小支持度，则它称为频繁项集(frequent itemset)。

定义 6　关联规则。同时满足最小支持度(min_sup)和最小可信度(min_conf)的规则称为关联规则，即 $S(A \rightarrow B) > \text{min\_sup}$ 且 $C(A \rightarrow B) > \text{min\_conf}$ 成立时，规则 $A \rightarrow B$ 称为关联规则，也可以称为强关联规则。

2) 关联规则挖掘过程

关联规则的挖掘一般分为两个过程。

(1) 找出所有的频繁项集：根据定义，这些项集的频繁性至少和预定义的最小支持数目一样。

(2) 由频繁项目产生关联规则：根据定义，这些规则必须满足最小支持度和最小可信度。

这两步中，第(2)步是在第(1)步的基础上进行的，工作量非常小。挖掘关联规则的总体性能由第(1)步决定。

3) 关联规则的兴趣度

关联规则主要是考虑同时购买商品的事务的相关性。对于不购买商品的事务与购买商品的事务的关系的研究，需要引入兴趣度概念。

先通过一个具体的例子来说明不购买商品与购买商品的关系。设 $I = ($咖啡，牛奶$)$，交易集 D，经过对 D 的分析，得到如表 5.15 所示的表格。

表 5.15　交易集的分析

牛奶＼咖啡	买	不买	合计
买	20	5	25
不买	70	5	75
合计	90	10	100

由表 5.15 可以了解到，如果设定 min_sup＝0.2，min_conf＝0.6，按照现有的挖掘算法可以得到如下的关联规则：

$$\text{买牛奶} \rightarrow \text{买咖啡} \quad s = 0.2 \quad c = 0.8 \tag{5.24}$$

即 80% 的人买了牛奶就会买咖啡，这一点从逻辑上是完全合理，也是正确的。

但从表 5.15 中同时也可以毫不费神地得到结论：90% 的人肯定会买咖啡。换句话说，买牛奶这个事件对于买咖啡这个事件的刺激作用(80%)并没有想象中的(90%)那么大。反而是规则

$$\text{买咖啡} \rightarrow \text{不买牛奶} \quad s = 0.7 \quad c = 0.78 \tag{5.25}$$

的支持度和可信度分别为 0.7 和 0.78，更具有商业销售的指导意义。

通过上例可以发现，目前基于支持度-可信度的关联规则的评估体系存在着问题；同时，现有的挖掘算法只能挖掘出类似于式(5.24)的规则，而对于类似于式(5.25)的带有类似于"不买牛奶"之类的负属性项的规则却无能为力，而这种知识往往具有更重要的价值。国内外围绕这个问题展开了许多研究。引入兴趣度概念，分析项集 A 与项集 B 的关系程度。

定义 7　兴趣度：

$$I(A \rightarrow B) = \frac{P(AB)}{P(A)P(B)} \tag{5.26}$$

式(5.26)反映了项集 A 与项集 B 的相关程度。若

$$I(A \rightarrow B) = 1, \quad \text{即} \quad P(AB) = P(A)P(B)$$

表示项集 A 出现和项集 B 是相互独立的。若

$$I(A \rightarrow B) < 1$$

表示 A 出现和 B 出现是负相关的。若

$$I(A \rightarrow B) > 1$$

表示 A 出现和 B 出现是正相关的,意味着 A 的出现蕴含 B 的出现。

在兴趣度的使用中,一条规则的兴趣度越大于1,说明对这条规则越感兴趣(即其实际利用价值越大);一条规则的兴趣度越小于1,说明对这条规则的反面规则越感兴趣(即其反面规则的实际利用价值越大);显然,兴趣度 I 不小于0。

下面从兴趣度的角度来看一下前面那个牛奶与咖啡的例子,所有可能的规则描述及其对应的支持度、可信度和兴趣度如表5.16所示。

表 5.16　所有可能的关联规则

	规 则 描 述	s	c	I
1	买牛奶→买咖啡	0.2	0.8	0.89
2	买咖啡→买牛奶	0.2	0.22	0.89
3	买牛奶→不买咖啡	0.05	0.2	2
4	不买咖啡→买牛奶	0.05	0.5	2
5	不买牛奶→买咖啡	0.7	0.93	1.037
6	买咖啡→不买牛奶	0.7	0.78	1.037
7	不买牛奶→不买咖啡	0.05	0.067	0.67
8	不买咖啡→不买牛奶	0.05	0.2	0.87

在此只考虑第1、2、3、6共4条规则。由于 I_1,I_2 < 1,所以在实际中它的价值不大;I_3,I_6 > 1,都可以列入进一步考虑的范围。

式(5.26)等价于

$$I(A \rightarrow B) = \frac{P(AB)}{P(A)P(B)} = \frac{P(B \mid A)}{P(B)} \tag{5.27}$$

有人将式(5.27)称为作用度(lift),表示关联规则 $A \rightarrow B$ 的"提升"。如果作用度(兴趣度)不大于1,则此关联规则就没有意义了。

概括地说:可信度是对关联规则准确度的衡量。支持度是对关联规则重要性的衡量。支持度说明了这条规则在所有事务中有多大的代表性,显然支持度越大关联规则越重要。有些关联规则可信度虽然很高,但支持度却很低,说明该关联规则实用的机会很小,因此也不重要。

兴趣度(作用度)描述了项集 A 对项集 B 的影响力的大小。兴趣度(作用度)越大,说明项集 B 受项集 A 的影响越大。

2. Apriori 算法基本思想

Agrawal 等人于 1993 年首先提出了挖掘顾客交易数据库中项集间的关联规则问题,设计了基于频繁项集理论的 Apriori 算法。以后诸多的研究人员对关联规则的挖掘问题进行了大量的研究。他们的工作包括对原有的算法进行优化,如引入随机采样、并行的思想等,以提高算法挖掘规则的效率;提出各种变体,如泛化的关联规则、周期关联规则等,对关联规则的应用进行推广。

Apriori 是挖掘关联规则的一个重要方法。这是一个基于两阶段频繁项集思想的方法,将关联规则挖掘算法的设计分解为两个子问题。

① 找到所有支持度大于最小支持度的项集(itemset),这些项集称为频繁项集(frequent itemset)。

② 使用第①步找到的频繁项集产生期望的规则。

Apriori 使用一种称作逐层搜索的迭代方法,"K-项集"用于探索"$K+1$-项集"。首先,找出频繁"1-项集"的集合,该集合记作 L_1。L_1 用于找频繁"2-项集"的集合 L_2,而 L_2 用于找 L_3,如此下去,直到不能找到"K-项集"。找每个 L_K 需要一次数据库扫描。

1)Apriori 性质

性质 频繁项集的所有非空子集都必须也是频繁的。

该性质表明,如果项集 B 不满足最小支持度阈值 min_sup,则 B 不是频繁的,即 $P(B) <$ min_sup。如果项集 A 添加到 B,则结果项集(即 $B \cup A$)不可能比 B 更频繁出现。因此,$B \cup A$ 也不是频繁的,即 $P(B \cup A) <$ min_sup。

Apriori 性质可用于压缩搜索空间。

2)"K-项集"产生"$K+1$-项集"

设 K-项集 L_K,$K+1$ 项集 L_{K+1},产生 L_{K+1} 的候选项集 C_{K+1}。有公式:

$$C_{K+1} = L_K \times L_K = \{X \cup Y, \quad \text{其中} \quad X, Y \in L_K, |XY| = K+1\}$$

其中 C_1 是 1-项集的集合,取自所有事务中的单项元素。

如
$$L_1 = \{\{A\}, \{B\}\}$$
$$C_2 = \{A\} \cup \{B\} = \{A, B\}, \quad \text{且} |AB| = 2$$
$$L_2 = \{\{A, B\}, \{A, C\}\}$$
$$C_3 = \{A, B\} \cup \{A, C\} = \{A, B, C\}, \quad \text{且} |ABC| = 3$$

3)Apriori 算法中候选项集与频繁项集的产生实例

如表 5.17 所示的事务数据库,Apriori 算法步骤如下。

表 5.17 事务数据库例

事务 ID	事务的项目集	事务 ID	事务的项目集
T_1	A, B, E	T_6	B, C
T_2	B, D	T_7	A, C
T_3	B, C	T_8	A, B, C, E
T_4	A, B, D	T_9	A, B, C
T_5	A, C		

对于下述一个例子事务数据库产生频繁项集。

(1) 在算法的第一次迭代,每个项都是候选 1-项集的集合 C_1 的成员。算法扫描所有的事务,对每个项的出现次数计数,如图 5.16 中第 1 列所示。

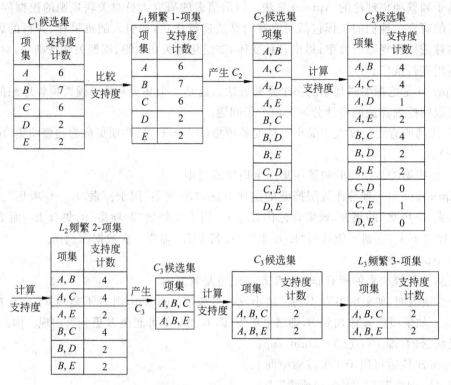

图 5.16　候选集与频繁项集的产生

(2) 假定最小事务支持计数为 2(即 min_sup＝2/9＝22%),可以确定频繁 1-项集的集合 L_1。它由具有最小支持度的候选 1-项集组成,如图 5.16 中第 2 列所示。

(3) 为发现频繁 2-项集的集合 L_2,算法使用 $L_1 \times L_1$ 来产生候选项集 C_2,如图 5.16 中第 3 列所示。

(4) 扫描 D 中事务,计算 C_2 中每个候选项集的支持度计数,如图 5.16 中的第 4 列所示。

(5) 确定频繁 2-项集的集合 L_2,它由具有最小支持度的 C_2 中的候选 2-项集组成,如图 5.16 的第 5 列所示。

(6) 候选 3-项集的集合 C_3 的产生,仍按上公式进行,得到候选项集:

$$C_3 = \{\{A,B,C\},\{A,B,E\},\{A,C,E\},\{B,C,D\},\{B,C,E\},\{B,D,E\}\}$$

按 Apriori 性质,频繁项集的所有子集必须是频繁的。由于 $\{A,D\}$,$\{C,D\}$,$\{C,E\}$,$\{D,E\}$ 不是频繁项集,故 C_3 后 4 个候选集不可能是频繁的,在 C_3 中删除它们,如图 5.16 中的第 6 列所示。

扫描 D 中事务,对 C_3 中的候选项集计算支持度计数,如图 5.16 中的第 7 列所示。

(7) 确定 L_3,它由具有最小支持度的 C_3 中候选 3-项集组成,如图 5.16 中的第 8 列所示。

（8）按公式产生候选 4-项集的集合 C_4，产生结果 $\{A,B,C,E\}$，这个项集被剪去，因为它的子集 $\{B,C,E\}$ 不是频繁的。这样 $L_4 = \varnothing$。此算法终止。L_3 是最大的频繁项集，即 $\{A, B,C\}$ 和 $\{A,B,E\}$。

具体产生过程用图表示如图 5.16 所示。

4）产生关联规则

由频繁项集产生关联规则的工作相对简单一点，根据前面提到的置信度的定义，关联规则的产生如下：

（1）对于每个频繁项集 L，产生 L 的所有非空子集。

（2）对于 L 的每个非空子集 S，如果 $\dfrac{|L|}{|S|} \geqslant \text{min\_conf}$，则输出规则"$S \rightarrow L-S$"。

注意：$L-S$ 表示在项集 L 中除去 S 子集的项集。$|L|$ 和 $|S|$ 表示项集 L 和 S 的支持度计数。

由于规则由频繁项集产生，每个规则都自动满足最小支持度。

在表 5.17 事务数据库中，频繁项集 $L = \{A,B,E\}$，可以由 L 产生哪些关联规则？

L 的非空子集 S 有：$\{A,B\},\{A,E\},\{B,E\},\{A\},\{B\},\{E\}$。可得到关联规则如下：

$$A \wedge B \rightarrow E \quad \text{confidence} = 2/4 = 50\%$$
$$A \wedge E \rightarrow B \quad \text{confidence} = 2/2 = 100\%$$
$$B \wedge E \rightarrow A \quad \text{confidence} = 2/2 = 100\%$$
$$A \rightarrow B \wedge E \quad \text{confidence} = 2/6 = 33\%$$
$$B \rightarrow A \wedge E \quad \text{confidence} = 2/7 = 29\%$$
$$E \rightarrow A \wedge B \quad \text{confidence} = 2/2 = 100\%$$

假设最小可信度为 60%，则最终输出的关联规则为

$$A \wedge E \rightarrow B \quad 100\%$$
$$B \wedge E \rightarrow A \quad 100\%$$
$$E \rightarrow A \wedge B \quad 100\%$$

对于频繁项集 $\{A,B,C\}$，同样可得其他关联规则。

3. Apriori 算法的讨论

Apriori 算法有一些固有的缺陷：

（1）可能会产生大量的候选集。当长度为 1 的频繁集有 10 000 个的时候，长度为 2 的候选集个数将会超过 10^7。还有就是如果要生成一个很长的规则的时候，要产生的中间元素也是巨大的。

（2）必须多次重复扫描数据库，对候选集进行模式匹配，因此效率低下。

Jiawei Han 等人提出了一种基于 FP-树的关联规则挖掘算法 FP_growth，它采取"分而治之"的策略，将提供频繁项目集的数据库压缩成一棵频繁模式树（FP-树），但是仍然保留项集关联信息，然后，将这种压缩后的数据库分成一组条件数据库，并分别挖掘每个数据库。理论和实验表明该算法优于 Apriori 算法。

习题 5

1. 机器学习、知识发现、数据挖掘的概念与关系是什么？

2. 聚类与分类有什么不同？

3. 数据浓缩采用的方法是什么？

4. 基于信息论的学习方法中都用了哪些信息论原理？

5. 编制 ID3 算法的计算机程序，并用气候训练集例子进行测试。

6. IBLE 方法与 ID3 方法差别是什么？识别效果有什么差别？

7. 基于集合论的归纳学习方法中都用了哪些集合论原理？

8. 请用粗糙集的条件属性 $C(a,b,c)$ 相对于决策属性 $D(d)$ 的约简定义，对两类人的数据表进行属性约简计算。约简后获取知识。

No	身高 a	头发 b	眼睛 c	类别 d
1	矮	金色	蓝色	1
2	高	红色	蓝色	1
3	高	金色	蓝色	1
4	矮	金色	灰色	1
5	高	金色	黑色	2
6	矮	黑色	蓝色	2
7	高	黑色	蓝色	2
8	高	黑色	灰色	2
9	矮	金色	黑色	2

9. 编制粗糙集方法进行属性约简和获取规则的程序。

10. 数据库有 4 个事务。设最小支持度为 50%。

TID	项	TID	项
T_1	A,C,D	T_3	A,B,C,E
T_2	B,C,E	T_4	B,E

使用 Apriori 算法找出所有的频繁项目集。

11. 自学基于 FP-树的关联规则挖掘算法，以表 5.17 事务数据库为例进行计算。

12. 人工智能、计算智能和商务智能三者各自的实用技术是什么？彼此之间的关系是什么？

第 6 章

公式发现与变换规则的挖掘

6.1 公式发现

6.1.1 公式发现综述

在科学发展史上,各种物理学、化学、天文学中的自然规律都是著名科学家对大量的实验数据进行深入的研究,最后得到了自然规律,如牛顿三大定律、万有引力定律、开普勒行星运行定律等。这些自然定律是科学发展和社会进步的奠基石。

自然界存在着无数的规律,除了已被发现的外,还有很多规律需要人们去继续探索。在大量的工程问题中,同样存在着大量的实验数据需要人们去寻找它们的规律性。在找到完全精确的规律性之前,一般用经验性规律(带有一定的误差)来代替,去完成工程计算、设计和施工。经验规律的发现一般是由有经验的工程师来完成的。

这些由人来发现的科学定律和经验规律变成由计算机来完成,就是公式发现的任务。

1. 数值计算方法中的曲线拟合

随着计算机数值计算的发展,出现了数据拟合技术,在机器学习中称为统计机器学习。数据拟合是利用科学试验中得出的大量测量数据,去求得自变量和因变量之间的一个近似公式。

例如,已知 N 个点(x_i, y_i)去求得自变量 x 和因变量 y 一个近似表达式 $y = \phi(x)$。

曲线拟合问题的特点在于,被确定的曲线原则上并不特别要求真正通过给定的点,只要求它尽可能从给定点的附近通过。对于含有观测误差的数据来说,不过点的原则显然更为适合。因为它可以部分抵消数据中含有的观测误差。给出它们一般的近似数学公式:

$$y^* = a_0 + a_1\phi_1(x) + a_2\phi_2(x) + \cdots + a_k\phi_k(x) \tag{6.1}$$

在曲线拟合中,$\phi_k(x)$一般取 x^k 或者是正交多项式。其中,a_0、a_1、a_2、$\cdots$、a_k 各个系数的确定常用的是最小二乘法,即使各点的误差平方和最小:

$$\begin{aligned}
\phi(a_0, a_1, \cdots, a_k) &= \sum_1^n (y_i - y_i^*)^2 \\
&= \sum_1^n (y_i - (a_0 + a_1\phi_1(x_i) + a_2\phi_2(x_i) + \cdots + a_k\phi_k(x_i)))^2 \\
&= \min
\end{aligned} \tag{6.2}$$

对于如何选择 a_0、a_1、a_2、$\cdots$、a_k 使误差平方和最小,可以用数学分析中求极值方法,即函数 $\phi(a_0, a_1, a_2, \cdots, a_k)$ 对 a_0、a_1、a_2、$\cdots$、a_k 求偏微商,再令偏微商等于零,得到 a_0、a_1、

a_2、…、a_k 应满足的方程:

$$
\begin{cases}
\partial\phi/\partial a_0 = -2\displaystyle\sum_{i=1}^{N}(y_i - a_0 - a_1\phi_1(x_i) - \cdots - a_k\phi_k(x_i)) = 0 \\[2mm]
\partial\phi/\partial a_1 = -2\displaystyle\sum_{i=1}^{N}(y_i - a_0 - a_1\phi_1(x_i) - \cdots - a_k\phi_k(x_i)) \cdot \phi_1(x_i) = 0 \\[2mm]
\qquad\qquad\vdots \\[2mm]
\partial\phi/\partial a_k = -2\displaystyle\sum_{i=1}^{N}(y_i - a_0 - a_1\phi_1(x_i) - \cdots - a_k\phi_k(x_i)) \cdot \phi_k(x_i) = 0
\end{cases}
\tag{6.3}
$$

求得这组方程的解 $\{a_i\}$,即可得到拟合式(6.1)。

一般采用多项式作为逼近公式:

$$
y = a_0 + a_1 x^1 + a_2 x^2 + \cdots + a_k x^k
\tag{6.4}
$$

根据数学定理,k 越大(x^k 的次数越高),逼近的精度越高。但实际计算表明,k 过大,不但求解过程中容易发生病态等麻烦情况,而且得到的多项式尽管在各 x_i 处的值与 y_i 很接近,但其他地方却产生不合理的波动现象。

为克服这方面的缺陷,取更一般的情况,即用正交多项式 $\phi_k(x)$ 代替 x^k,它本身是 k 次多项式。典型的如勒让德多项式。用一个例子来说明。

例如,在某一个化学反应里,根据实验所得分解生成物的浓度与时间的关系如表 6.1 所示。

表 6.1   浓度与时间的关系数据

时间 t	0	5	10	15	20	25	30	35	40	45	50
浓度 y	0	1.27	2.16	2.86	3.44	3.87	4.15	4.37	4.51	4.60	4.66

由于用简单的多项式作逼近公式,得不到理想的精度,采用勒让德多项式来作逼近公式。在此,用 5 次正交勒让德多项式作为 y 的近似公式:

$$
y = \phi_5(x) = \sum_{i=0}^{5} a_i p_{i,10}(x)
$$

式中,$x = t/5$,即 $x_0 = 0, x_1 = 1, \cdots, x_{10} = 10$。

利用曲线拟合方式得到具体的逼近公式为

$$
\begin{aligned}
\phi_5(x) = &\, 3.2627 \times 10^{-4} p_{0,10}(x) - 2.154\,55 \times 10^{-4} p_{1,10}(x) - 0.908\,104 \times 10^{-4} p_{2,10}(x) \\
&- 0.164 \times 10^{-4} p_{3,10}(x) - 0.0195 \times 10^{-4} p_{4,10}(x) - 0.0102 \times 10^{-4} p_{5,10}(x)
\end{aligned}
$$

其中各正交多项式为

$$
p_{0,10}(x) = 1
$$

$$
p_{1,10}(x) = 1 - 2 \times \frac{x}{10}
$$

$$
p_{2,10}(x) = 1 - 6 \times \frac{x}{10} + 6 \times \frac{x(x-1)}{10(10-1)}
$$

$$
p_{3,10}(x) = 1 - 12 \times \frac{x}{10} + 30 \times \frac{x(x-1)}{10(10-1)} - 20 \times \frac{x(x-1)(x-2)}{10(10-1)(10-2)}
$$

$$
p_{4,10}(x) = 1 - 20 \times \frac{x}{10} + 90 \times \frac{x(x-1)}{10(10-1)} - 140 \times \frac{x(x-1)(x-2)}{10(10-1)(10-2)}
$$

$$+ 70 \times \frac{x(x-1)(x-2)(x-3)}{10(10-1)(10-2)(10-3)}$$

$$p_{5,10}(x) = 1 - 30 \times \frac{x}{10} + 210 \times \frac{x(x-1)}{10(10-1)} - 560 \times \frac{x(x-1)(x-2)}{10(10-1)(10-2)}$$

$$+ 630 \times \frac{x(x-1)(x-2)(x-3)}{10(10-1)(10-2)(10-3)} - 252$$

$$\times \frac{x(x-1)(x-2)(x-3)(x-4)}{10(10-1)(10-2)(10-3)(10-4)}$$

该逼近公式的精度是很高的,遗憾的是此公式太复杂,计算起来又烦琐,很难理解变量之间的内在关系。

曲线拟合中如何选取基函数(如勒让德多项式)的有效方法是正交筛选法。

可以说,曲线拟合方法基本上解决了在科学与工程中的大量实验数据中找出逼近公式,达到给定的精度。

数据拟合方法虽然能解决一些实际问题,但是它把寻找公式的范围限制在多项式形式之内。对正交多项式一般表示都很复杂,如勒让德多项式,它是由多个多项式组成。每个多项式的系数都不相同,且多项式次数逐渐增加。由正交多项式表示的逼近公式对使用者来说很不直观,建立不起各个变量之间的直观概念。

2. 发现学习

随着人工智能技术的发展,近十年来,发现学习技术也得到了发展。比较典型的系统有物理化学定律发现系统 BACON、数学概念发现系统 AM 等。它们都造成了巨大的影响。

对于自然规律的科学发现,用数据拟合的方法在计算机上是绝对得不出来的。只能采用新的途径,这就需要利用人工智能的启发式搜索来完成。BACON 系统就是在这种思想指导下产生的。

发现学习是从一组观测结果或数据利用启发式搜索,来求出这些数据的一个或多个规律。例如,容器中的气体,人们能够观察到的具体数据是温度(T)、体积(V)、压强(P)和克分子个数(N)。它们之间的规律性是这些属性项之间的关系式:$PV/NT = $ 常数。公式发现就是找出能够解释给定数据集合的最本质的规律性。

发现学习有两种方式:数据驱动方式的公式发现和模型驱动方式的概念发现。

数据驱动方式的公式发现是根据在搜索数据中所发现的数据规律性,采用不同的启发式发现动作,在一系列发现动作之后形成所发现的公式规律。BACON 系统和作者研制的 FDD 系统都是数据驱动的公式发现系统。

6.1.2 物理化学定律发现系统 BACON

1. BACON 系统基本原理

1) BACON 系统的思想

BACON 系统是运用人工智能技术从试验数据中寻找其规律性比较成功的一个系统,是 Pat Langley 于 1980 年研制的。它运用数据驱动方法,即这种方法使用的规则空间与假设空间是分开的。系统的规则空间包括若干精炼算子,通过精炼算子修改假设。所谓精炼算子就是修改假设空间的子程序,每个精炼算子以特定的方式修改假设空间。整个学习程序由多个精炼算子组成,程序使用探索知识对提供的训练例进行分析,决定选用哪个精炼算子。这类学习方法的大致步骤如下:

步骤 1　收集某些训练例。

步骤 2　对训练例进行分析,决定应该使用的精炼算子。

步骤 3　使用选出的算子修改当前的假设空间。

重复执行步骤 1 到步骤 3 直到取得满意的假设为止。

BACON 系统的思想是程序反复地考察数据并使用精炼算子创造新项,直到创造的这些项中有一个是常数时为止。于是一个概念就用"项＝常数"的形式表示出来,其中项为变量运算的组合而形成的表达式。

2) BACON 系统主要精炼算子

(1) 发现常数。

当某一属性变量取某一值至少两次的时候,触发这个算子,该算子建立这个变量等于常数的假设。

(2) 具体化。

当已经建立的假设同数据相矛盾时触发这一算子,它通过增加合取条件的形式把假设具体化。

(3) 斜率和截距的产生。

当发现两个变量是线性相互依赖时触发这一算子,它是建立线性关系的斜率和截距作为新变量。

(4) 乘积的产生。

当发现两个变量以相反方向递增但又不线性依赖时触发该算子,产生两个变量的乘积作为新变量。

(5) 商的产生。

当发现两个变量以相同方向递增但又不线性依赖时触发该算子,产生两个变量的商作为新变量。

(6) 模 n 变量的产生。

当发现两个变量 v_1 和 v_2 在模某一数 n 相等时触发这一算子,产生 $v_2(\bmod n)$ 作为新变量。

2. BACON 系统实例

1) 开普勒第三定律的发现

太阳系行星运行数据包括行星运动周期 p(绕太阳一周所需时间),行星与太阳的距离 d(绕太阳旋转的椭圆轨道的长半轴),在此用参照数据,以水星数据为单位标准。

利用 BACON 精炼算子发现行星运行规律过程如表 6.2 所示。

表 6.2　行星运行规律发现过程

项目	p	d	d/p	d^2/p	d^3/p^2
水星	1	1	1	1	1
金星	8	4	0.5	2	1
地球	27	9	0.33	3	1

发现过程说明如下：

(1) 变量 p 和变量 d 都是递增的,建立两变量相除的新变量 d/p(第 3 列)。

(2) 变量 d 与变量 d/p 以相反方向递增,建立两变量相乘的新变量 d^2/p(第 4 列)。

(3) 变量 d/p 与变量 d^2/p 以相反方向递增,建立两变量相乘的新变量 d^3/p^2(第 5 列)。

(4) 最新变量 d^3/p^2 是常数 1,发现公式为

$$d^3/p^2 = 1$$

2) 理想气体定律的发现

理想气体有 4 个变量：体积(V)、压强(P)、温度(T)和克分子个数(N),具体数据如表 6.3 所示。

表 6.3　理想气体数据

项　　目	V	P	T	N
I_1	0.008 320 0	300 000	300	1
I_2	0.006 240 0	400 000	300	1
I_3	0.004 992 0	500 000	300	1
I_4	0.008 597 3	300 000	310	1
I_5	0.006 448 0	400 000	310	1
I_6	0.005 158 4	500 000	310	1
I_7	0.008 874 7	300 000	320	1
I_8	0.006 656 0	400 000	320	1
I_9	0.005 324 8	500 000	320	1
$\vdots$	$\vdots$	$\vdots$	$\vdots$	$\vdots$
I_{25}	0.026 624 0	300 000	320	3
I_{26}	0.019 968 0	400 000	320	3
I_{27}	0.015 974 0	500 000	320	3

为了发现它们之间的规律,先取变量 T 和 N 的相同的数据(如前 3 列中 $T=300$,$N=1$),对变量 V 和 P 进行发现,由于 V、P 两变量以相反方向递增,利用 BACON 精炼算子,建立两变量相乘的新变量 PV,且 PV 等于常数 2496。对于另一组相同的数据($T=310$,$N=1$),利用相同方法得到 PV 新常数 2579.1999。这样得到新的理想气体数据,如表 6.4 所示。

表 6.4　合并 PV 变量后的理想气体数据

项　目	PV	T	N
I'_1	2496	300	1
I'_2	2579.1999	310	1
I'_3	2622.3999	320	1
I'_4	4991.9999	300	2
I'_5	5158.3999	310	2
I'_6	5324.7999	320	2
I'_7	7488	300	3
I'_8	7737.5999	310	3
I'_9	7987.2	320	3

从表 6.3 到表 6.4,合并了变量 P 和 V 成新变量 PV,它和变量 T 和 N 仍是 3 个变量。为了有效地发现它们之间的规律,仍先固定变量 N,研究变量 PV 与 T 之间的关系。表 6.5 中每 3 行数据均为 $N=1$、2、3 是常数的数据。

分析在 $N=$ 常数的 3 行数据中,变量 PV 与 T 是以相同方向递增,利用 BACON 精炼算子,建立两变量相除的新变量 PV/T,且新变量等于常数(不同 N 时,PV/T 常数不同)。这样,得到的理想气体数据,如表 6.5 所示。

表 6.5　最新的理想气体数据

项　目	PV/T	N
I''_1	8.32	1
I''_2	16.64	2
I''_3	24.95	3

对表 6.5 中数据,它是两变量 PV/T 与 N 的数据。分析两变量 PV/T 与 N 的变化关系。两变量以相同方向递增,利用 BACON 精炼算子,建立两变量相除的新变量 $PV/T/N=PV/TN$,得到常数 8.32,按 BACON 精炼算子,发现公式为

$$PV/NT = 8.32$$

BACON 系统在发现某些科学定律上取得很大成功,但是 BACON 系统也存在很多弱点。

第一个弱点是 BACON 系统对训练例所取得的具体值特别敏感,产生这种情况的原因是因为每一个精炼算子都有十分具体的触发条件,训练例的值一变,或者提供训练例的次序一变,都会影响规则的触发。例如,对某一类训练例 BACON 不能发现欧姆定律,如果变量的次序安排得不够好,BACON 发现单摆定律要多花 40% 的时间。

第二,BACON 不能处理干扰性的训练例。例如,发现常数的精炼算子的触发仅仅是根据某一项在两个训练例的值相等。这种触发条件显然对干扰是高度敏感的。

3. BACON 系统的进展

BACON 系统共有 5 个版本,不同的版本其规则空间也不同。

（1）BACON.1 提出了 6 条精炼算子，发现了开普勒定律。

（2）BACON.2 是 BACON.1 的扩展形式，它包括两条附加的运算程序，能够发现递归序列并通过计算重复差的方法产生多项式，BACON.2 的能力有很大提高，可以解决一大类序列外推的任务。

（3）BACON.3 是 BACON.1 的另一扩展形式，它使用发现常数运算程序提出的假设重新构造训练例。它用不同的描述层次来表示数据，其中最低层是直接观察的，最高层对应于数据的假说，中间层相对于下层它是假说，相对于上层它是数据，它不把假说和数据截然分开。BACON.3 由大约 86 个产生式规则组成，共分 7 组，各组产生式规则负责不同的任务，有的负责直接搜索观测数据，有的负责数据的规律性，有的计算项的值，有的把新项分解为它的组成部分。

BACON.3 发现的规律如下：

理想气体定律

$$pv/nt = k_1$$

Coulomb 定律

$$fd^2/q_1q_2 = k_4$$

Galileo 定律

$$dp^2/lt^2 = k_5$$

Ohm 定律

$$td^2/(l_c - k_6c) = k_7$$

（4）BACON.4 把观察变量的组合式认为是推理项，它使用了启发式搜索方法：程序总是注意两个数值变量之间增加和减少的单调关系，如果斜率为常数，则系统建立两个新的推理项（斜率项和截距项）作为有关变量的线性组合。如果斜率是变化的（不是线性关系），则 BACON.4 计算有关项的乘积或比值，并把这个变量当作一个新的推理项，一旦新的项确定了，就不要区别推理项和观察变量。BACON.4 递归应用同样试探规则，使系统具有相当大的发现经验规律的能力。该系统还提出了固有性质解决符号变量的处理。

BACON.4 又发现了若干自然规律：

Snell 折射定律

$$\sin(i)/\sin(r) = n_1/n_2$$

动量守恒动量

$$m_1v_1 = m_2v_2$$

万有引力定律

$$F = Gm_1m_2/d_2$$

Black 比热定律

$$c_1m_1t_1 + c_2m_2t_2 = (c_1m_1 + c_2m_2)t_f$$

（5）BACON.5 用简单的类比推理发现守恒定律，对两个物体具有完全相同的有关项，BACON.5 推测最后的定律是对称的。它把各项排序，使得属于同一物体的项首先改变，一旦该物体的这些变量中发现一个不变推理项，程序就假定必有一个类似项可用于另一物体。因此，BACON.5 只需相同地改变另一个项集合中的推理项。当做了这点之后，两个高层项取不同的值，可用其他试探规则查找它们之间的关系。这样，在物理中普遍存在的对称定律可以很容易地被发现。BACON.5 发现了能量守恒定律。

6.1.3　经验公式发现系统 FDD

1. FDD 系统基本原理

经验公式发现系统 FDD(Formula Discovery from Data)是人工智能技术的机器发现技术和数值计算中的曲线拟合技术以及可视化技术结合起来自行研制的系统。它是从大量试验数据中发现经验公式,逐步完成任意函数的任意组合(线性组合、初等运算组合、复合函数运算组合等),对自然规律和经验规律的发现。

FDD 系统有 3 个版本,即 FDD.1、FDD.2 和 FDD.3。

FDD.1 系统能够发现变量取初等函数或复合函数的组合公式。FDD.2 系统能够发现变量取导数的公式。FDD.3 系统能发现多变量取初等函数或复合函数的组合公式。

1) 问题描述

给定一组可观察变量 $X(x_1, x_2, \cdots, x_n)$ 以及这组变量的试验数据 $D_i(d_{i1}, d_{i2}, \cdots, d_{in})$,$i=1,2,3,\cdots,m$。公式发现系统找出该组变量满足的数学关系式 $f(x_1, x_2, \cdots, x_n)=c$,其中 c 为常数,即对于任意一组试验数据 $(d_{i1}, d_{i2}, \cdots, d_{in})$ 均满足关系式 $f(d_{i1}, d_{i2}, \cdots, d_{in})=c$。

所找出的关系式 $f(x)$ 是任何形式的数学公式,包括分段函数。

对于关系式 $f(x_1, x_2, \cdots, x_n)=c$ 的复杂程度可分为以下几种。

(1) 变量的初等运算　$f(x, y)=x\theta y$,其中 θ: $+$、$-$、$*$ $\sqrt{}$、$/$。

(2) 变量的初等函数运算　$f(x)=c$,其中 $f(x)$ 为初等函数。

(3) 初等函数的任意组合　$f(x, y)=a_1 f(x)\theta a_2 f(y)$。

(4) 复合函数的运算　$g(f(x))=c$,其中 $g(x)$、$f(x)$ 均为初等函数。

(5) 复合函数的任意组合　$h(a_1 g_1(f(x))\theta a_2 g_2(f(y)))$,其中 $h(x)$、$g(x)$、$f(x)$ 均为初等函数。

(6) 多个初等函数的组合　$f(x, y)=a_1 f_1(x)\theta a_2 f_2(x)\cdots\theta a_k f_k(y)$,其中 $f(x)$、$f(y)$ 均为初等函数。

(7) 分段函数　对于不连续的点,分别用不同的函数加以描述。

以上是对两个变量的讨论,在现实世界中存在着多变量的更为复杂的关系,在公式发现过程中采用先寻找两变量的关系,再逐步扩充为多变量的关系的方法。

2) FDD.1 的设计思想

FDD.1 系统的基本思想是利用人工智能启发式搜索函数原型,寻找具有最佳线性逼近关系的函数原型,并结合曲线拟合技术及可视化技术来寻找数据间的规律性。

启发式方法是求解人工智能问题的一个重要方法。一般启发式是建立启发式函数,用以引导搜索方向,以便用尽量少的搜索次数,从开始状态达到最终状态。

FDD.1 系统在执行搜索的过程中,对原型函数的搜索以及对它们的组合函数的搜索,也是一种组合爆炸现象。为解决这一问题,在设计系统时采用了启发式方法来实现。

对某一变量取初等函数和另一变量或它的初等函数进行线性组合,即从原型库中选取逼近效果最好的少数几个初等函数作为基函数,并进一步形成组合函数,直至找到最后的目标函数。FDD.1 系统的启发式函数形式为

$$f(x_2) = a + b f_1(x_1) \tag{6.5}$$

线性逼近误差公式为

$$\mathrm{d}t = (a + b f(x_1) - f(x_2)) / f(x_2) \tag{6.6}$$

总是选取 $\mathrm{d}t$ 最小的 $f(x_i)$ 作为继续搜索的当前结点,这一启发式函数在以后的多次应用中证明是有效的。

3) FDD.1 系统中的知识

在 FDD.1 系统中,知识采用的是产生式规则的表示形式(if…then)。

主要的基本规则如下:

规则 1　发现常数。

当某一变量 x 取一个常数,则建立该变量等于常数的公式,即 $x = c$。

规则 2　两变量的初等运算组合。

当两变量进行初等运算若等于常数,则建立该变量的初等运算关系式:

$a_1 x_1 \, \theta \, a_2 x_2 = c$,其中,$\theta$:$+$、$-$、$*$、$/$。

规则 3　变量取初等函数。

当某变量取初等函数等于常数,则建立该变量的初等函数关系式:

$f(x) = c$,其中,$f(x)$ 为初等函数。

规则 4　两变量取初等函数的线性组合。

两变量分别取初等函数后的线性组合等于常数,则建立两变量取初等函数的线性组合关系式:

$$a_1 f_1(x_1) + a_2 f_2(x_2) = c$$

其中,$f_1(x_1)$、$f_2(x_2)$ 为初等函数。

规则 5　某变量取某一初等函数与另一变量的线性组合。

对某一变量 x_i 取初等函数后与另一变量 x_j 进行线性组合,若为常数,则建立关系式:

$$c_1 f(x_i) + c_2 x_j = c$$

规则 6　对某一变量 x_j 取初等函数,另一变量 x_i 取两个初等函数进行线性组合,若为常数,则建立关系式:

$$c_1 f_1(x_i) + c_2 f(x_i) + c_3 g(x_j) = c$$

规则 7　建立新变量(启发式 1)。

若两变量的某初等运算接近常数,则建立新变量为该两变量的某种初等运算。

规则 8　建立某变量的某种初等函数为新变量(启发式 2)。

若某变量的某种初等函数与另一变量或它的初等函数进行线性组合接近常数,则建立该变量的初等函数为新变量。

以上规则的嵌套或递归使用,将形成变量的任意函数间的任意组合。在应用规则时,利用可视化技术将减少各种函数和各种运算的选取,极大地节省了搜索时间。

2. FDD.1 系统结构

1) 总体结构图

FDD.1 总体结构图如图 6.1 所示,该系统由试验数据输入、数据生成器、公式发现控制、可视化过程、数据项、原型选择、公式生成、误差分析、循环控制、公式输出与可视化显示

10 个模块以及原型算法库、试验数据库、知识库、公式库 4 个库组成。

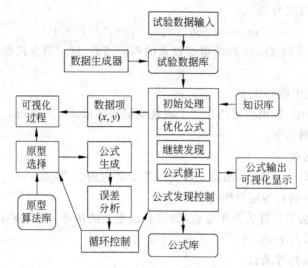

图 6.1 FDD.1 系统结构图

2) 各模块说明

(1) 试验数据输入模块。

提示用户输入试验数据。

(2) 数据生成器模块。

此模块用于测试系统效果。给定一个已知公式后,它能生成一批数据,FDD.1 系统的核心程序将利用这些数据来找出给定的公式,从而达到测试系统的公式发现能力的效果。此模块是一个可独立执行模块。

(3) 试验数据库模块。

试验数据库存放待处理的变量数据,一般是科学和工程实验数据。公式的正确与否与数据的规律性和充分性密切相关。系统本身可提供直接输入数据的功能,用户可在系统的提示下将数据输入。也可用数据生成器为系统提供数据,系统将其按一定的格式存储起来,存放在数据库中。数据库中有一个缓冲区,供系统运行时存放中间变量数据以及实现数据的移动和变化。

(4) 可视化过程模块。

此模块又分成 3 个子模块:

① 描绘试验数据的变化趋势。

② 描绘出原型算法库中各函数原型的变化规律。此子模块具有很大的灵活性,用户可根据需要随意调用所选择原型以描绘其变化趋势。

③ 描绘所发现公式的变化规律与原始数据之间误差分布状况。

(5) 公式发现控制模块。

此模块是 FDD.1 的核心部分,它主要是利用知识库中的知识,优选函数原型、控制继续发现、公式修正等。它包含初始处理、优选公式、继续发现、公式修正 4 个子模块。下面对这 4 个子模块的功能说明。

　　① 初始处理。此模块的主要功能有两个方面,其一是根据具体情况对用户所提供的数据进行初步处理;其二是在多变量中选择两个变量以及向多变量的过渡处理。

　　② 优选公式。其主要功能是对公式库中提供的公式根据其误差逼近情况来优选函数原型,对函数原型一般选择 2~3 个。

　　③ 继续发现。此模块将根据误差分析情况完成如下功能:

- 建立新变量。
- 颠倒变量关系。
- 对所选择的函数原型进行组合。

　　④ 公式修正。这是在输出公式之前所必经的一个过程,此过程将根据用户提供的误差要求决定是否对系统所发现的公式进行修正。若不必修正则将公式送入"公式输出"与"可视化"模块;否则对公式进行修正。目前系统提供了 3 种公式修正方法,即调和级数回归、用直线来描述误差和神经元网络方法逼近误差函数。

　　(6) 数据项模块。

　　程序中的两个指针变量用以存放在多个变量中所选择出的两个变量的实验数据。

　　(7) 原型选择模块。

　　此过程通过调用原型算法库、可视化过程及误差分析模块提供的误差进行函数原型的选择。有两种选择方式:

　　① 由用户指定选择。

　　② 通过循环控制进行顺序选择。

　　(8) 公式生成模块。

　　此模块主要应用数值分析中的曲线拟合技术求出拟合公式的系数,同时生成公式。

　　(9) 误差分析模块。

　　此模块的主要功能是对公式生成模块提供的公式,计算相对误差并对各公式误差进行比较。

　　(10) 循环控制模块。

　　此模块设有一个控制开关,对"原型选择"和"公式发现控制"两个过程进行循环运行。

　　(11) 公式输出和可视化显示模块。

　　此过程是系统所要执行的最后一步,当公式发现控制模块决定最终输出公式后执行此模块,输出公式并进行可视化显示。这样用户可以很直观地阅读公式、了解所发现的公式逼近实验数据的情况。

　　(12) 原型算法库。

　　原型是构成数学公式的基本单元,原型算法库所包括的原型决定了系统的发现能力。本系统的函数原型由基本原型和组合原型构成。

　　基本原型由初等函数组成,如 x、x^2、x^3、x^{-1}、x^{-2}、sqrt(x)、$x^{1/3}$、lg(x)、exp(x)、sin(x)、cos(x) 等。

　　组合原型由初等函数的初等运算组合而成,如 $x$sin(x)、$x$cos(x)、$x$exp(x)、$x$lg(x)、x^{-1}lg(x)、x^{-1}exp(x)、$1/$lg(x)、$1/$sqrt(x)、sin$(x)+$cos(x) 等。

　　在原型算法库中,每个原型都给出了一个算法,只不过每个算法的程序结构都非常相似。

用户还可以根据需要随意增加、删除原型,在程序运行过程中给出了一个控制参数,用户可通过它来调用所需算法。

(13) 知识库。

知识库中知识用于构造和发现关系式。

(14) 公式库。

公式库用来存放在系统搜索过程中初步选择的原型函数组成的公式,以备公式发现控制模块使用。

公式库中的公式包含两个变量,取某原型函数的线性组合以及该公式的逼近误差。在搜索过程中,每当发现一个比较可行的公式或函数原型,便将其送入公式库等待下一步的选择,每一轮选择之后便把落选的公式剔除出公式库,直至发现满意的公式为止。

3. FDD.1 系统实例

1) 行星运动开普勒第三定律的重新发现

(1) 原始数据。

表 6.6 为行星运行的近似数据。

表 6.6　行星运行的近似数据

距离 d	1	4	9	16	25	36	49	64	81	100
周期 p	1	8	27	64	125	216	343	512	729	1000

(2) 开普勒第三定律搜索树。

对于行星绕太阳运动的开普勒第三定律,BACON 系统利用变量的乘除运算,使得到的新变量趋向常数。利用变量取初等函数的线性组合趋向直线方程的思想,也可得到该定律,公式发现的搜索树如图 6.2 所示。从搜索过程可见,FDD.1 系统的公式的发现过程与BACON 系统的公式发现过程是完全不同的。

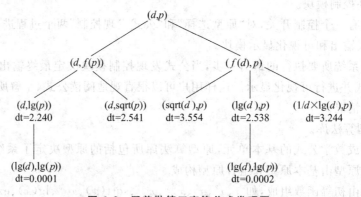

图 6.2　开普勒第三定律公式发现图

公式发现搜索树中有两个分支,左分支路径为先固定 d,对变量 p 求各原型函数 $f(p)$,用 d 和 $f(p)$ 拟合线性方程 $f(p)=a+bd$,其中 a、b 是常数,求逼近 $f(p)$ 的相对误差,选误差最小的函数为 $\lg(p)$,误差为 2.240,建立新变量 $p'=\lg(p)$,并固定它,再对 d 变量求各原型函数 $g(d)$,对 $\lg(p)$ 和 $g(d)$ 拟合线性方程,并求逼近 $g(d)$ 的相对误差,选取误差最小者为 lg(d)，误差为 0.000 01，调用公式生成模块求得公式及系数，公式为：

$$\lg(d) = 0.0 + 0.666\ 666\ 667 \times \lg(p) \tag{6.7}$$

即

$$d^3 = p^2$$

从右分支树也可发现开普勒第三定律，这里不再赘述。

2) 实例数据的公式发现

例如，炼钢厂出钢时所用盛钢水的钢包，在使用过程中由于钢液及炉渣对包衬耐火材料的侵蚀，使其容积不断增大，钢包的容积与相应的使用次数（即包龄）的数据如表 6.7 所示。

表 6.7　钢包容积数据

使用次数 x	容积 y	使用次数 x	容积 y
2	106.42	11	110.59
3	108.20	14	110.60
4	109.58	15	110.90
5	109.50	16	110.76
7	110.00	18	111.00
8	109.93	19	111.20
10	110.49		

对这组试验数据的搜索过程与例一相同，这里不再详细叙述其具体发现过程，只给出它的公式发现搜索树和最终公式形式，并与《计算方法引论》一书中方法及结果进行比较，公式发现搜索树如图 6.3 所示。

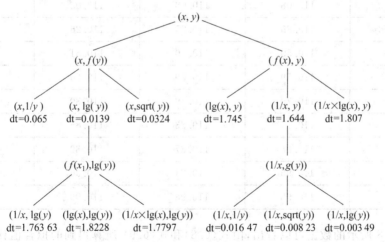

图 6.3　钢包容积变化公式发现图

从右分支开始搜索，我们得到了组成公式的两组基函数为 $(1/x, \lg(y))$；$(1/x, \mathrm{sqrt}(x))$ 调用公式发现模块求得公式及系数，最终得到经验关系式为

$$\mathrm{sqrt}(y) = 10.559\ 190\ 8 - 0.471\ 126\ 8/x \tag{6.8}$$

$$\mathrm{dt} = 0.008\ 233$$

$$\lg(y) = 2.047\,297\,5 - 0.039\,212\,4/x \tag{6.9}$$
$$dt = 0.003\,49$$

经效果分析均满足误差要求。

这样用 FDD.1 系统发现了上述两个公式。

《计算方法引论》一书所讲述的公式为

$$y = x/(0.008\,966 + 0.000\,830\,12x) \tag{6.10}$$

这个公式是人们根据自己的专业知识和经验,并根据其离散点在图上分布形状,选择适当的曲线公式来拟合数据,并经过一定的公式变形而得到的。从许多试验数据的分布状况,人们往往看不出它的具体规律,因此这种做法不具有普遍性,而且具有一定的盲目性。而用 FDD.1 发现经验公式并不一定要求用户的经验和专业知识,用户只提供充分的试验数据,并作一些简单的交互,FDD.1 系统便能很快发现效果良好的经验公式,这是 FDD 系统的一个显著优点。下面比较用 FDD.1 系统发现的公式和书中公式所拟合的每个点的好坏。

由式(6.8)、式(6.9)、式(6.10)所拟合的每个点的 y 值分别用 y_1'、y_2'、y_3' 表示,它们各点的值如表 6.8 所示。

表 6.8　3 个公式效果比较表

x	y_1'	y_2'	y_3'	y
2	106.58	106.58	106.60	106.42
3	108.20	108.20	109.19	108.20
4	109.02	109.02	109.01	109.58
5	109.51	109.59	109.50	109.50
7	110.08	110.08	110.08	110.00
8	110.25	110.25	110.26	109.93
10	110.50	110.50	110.51	110.49
11	110.59	110.59	110.60	110.59
14	110.79	110.79	110.80	110.60
15	110.84	110.83	110.85	110.90
16	110.88	110.87	110.89	110.76
18	110.95	110.94	110.96	111.00
19	110.98	110.98	110.99	111.20

由表 6.8 所示的数据可以看出,由式(6.8)和式(6.9)所算得到的拟合值比由式(6.10)的逼近值更加精确,这说明了 FDD.1 系统发现试验数据的经验公式是成功的。

4. FDD.2 系统

1) FDD.2 问题描述

FDD.2 系统研究了发现导数函数的经验公式。

设给出的测量数据如表 6.9 所示。

表 6.9　测量数据

I	1	2	$\cdots$	N
X	x_1	x_2	$\cdots$	x_n
Y	y_1	y_2	$\cdots$	y_n

则,一阶差分　　$\Delta x_k = x_{k+1} - x_k$;$\Delta y_k = y_{k+1} - y_k$;$(k=1,2,\cdots,n-1)$

二阶差分　　$\Delta^2 y_k = \Delta y_{k+1} - \Delta y_k$;$\Delta^2 x_k = \Delta x_{k+1} - \Delta x_k$;$(k=1,2,\cdots,n-2)$

　　⋮

m 阶差分　　$\Delta^m y_k = \Delta^{m-1} y_{k+1} - \Delta^{m-1} y_k$

在这里差分指向前差分。

一阶差商　　$\delta y_k = (y_{k+1} - y_k)/(x_{k+1} - x_k)$　$(k=1,2,\cdots,n-1)$

二阶差商　　$\delta^2 y_k = (\delta y_{k+1} - \delta y_k)/(x_{k+2} - x_k)$　$(k=1,2,\cdots,n-2)$

　　⋮

m 阶差商　　$\delta^m y_k = (\delta^{m-1} y_{k+1} - \delta^{m-1} y_k)/(x_{k+m} - x_k)$

可以用导数表达差商,若 $f(x)$ 在 $[a,b]$ 上 n 次可微,$x_1,x_2,\cdots,x_n$ 是 $[a,b]$ 内的 n 个不同的点,则有 $\xi(a<\xi<b)$ 使 $\delta^{n-1} y = f^{(n-1)}(\xi)/(n-1)!$。

2) FDD.2 规则描述

在 FDD.2 系统中,知识同样采用的是产生式规则的表示形式(if…then)。除了 FDD.1 系统的规则外,还包括如下规则。

规则 9　差分发现常数。

当某一变量差分 y 取一个常数 c,则建立该变量等于常数的公式,即 $y = a + bx$。

规则 10　差商发现常数。

当两个变量差商取一个常数 c,则建立该变量导数等于常数的公式,即 $y' = c$。

规则 11　特殊函数形式导数函数。

(1) 阶差(向前差分)法判定类型。

若 $\Delta^2 y_i = $ 定值,则方程为 $y = a + bx + cx^2$;

若 $\Delta^3 y_i = $ 定值,则方程为 $y = a + bx + cx^2 + dx^3$;

若 $\Delta(y_i)^{-1} = $ 定值,则方程为 $y^{-1} = a + bx$;

若 $\Delta^2(y_i^2) = $ 定值,则方程为 $y^2 = a + bx + cx^2$;

若 $\Delta^2(x_i/y_i) = $ 定值,则方程为 $y = x/(a + bx + cx^2)$;

若 Δy_i 成等比数列,则方程为 $y = ab^x + c$;

若 $\Delta \lg(y_i)$ 成等比数列,则方程为 $\lg(y) = a + bx + cx^2$;

若 $\Delta^2 y_i$ 成等比数列,则方程为 $y = ab^x + cx + d$。

(2) 差商判定类型。

若 $\Delta \lg(y_i)/\Delta \lg(x_i) = $ 定值,则方程为 $\lg y = ax^b$;

若 $\Delta \lg(y_i)/\Delta x_i = $ 定值,则方程为 $y = ab^x$;

若 $\Delta(x_i y_i)/\Delta x_i = $ 定值,则方程为 $y = a + b/x$;

若 $\Delta(x_i/y_i)/\Delta x_i = $ 定值,则方程为 $y = x/(ax + b)$;

若 $\Delta y_i/\Delta(x_i)^2 = $ 定值,则方程为 $y = a + bx^2$。

规则 12 两变量的导数运算组合。

当某变量差分(或差商)后与另一变量进行初等运算若等于常数,则建立该变量差分(或差商)的初等运算关系式:

$$\Delta f(x_1) \ \theta \ f(x_2) = c$$

式中,θ 为 $+$、$-$、$*$、$/$;Δf 为差分或差商计算。

规则 13 两变量取导数运算的线性组合。

两变量分别取导数运算后的线性组合等于常数 c,则建立两变量取导数运算的线性组合关系式为

$$a_1 \Delta f_1(x_1) + a_2 \Delta f_2(x_2) = c$$

式中,$\Delta f_1(x_1)$、$\Delta f_2(x_2)$ 为导数运算。

以上规则和 FDD.1 中的规则的嵌套或递归使用,将形成变量的任意函数和导数运算组合。

3) FDD.2 公式发现实例

(1) 导数函数公式的发现。

x、y 为样本数据,Y 为发现的公式计算值(见表 6.10)。

表 6.10 导数函数公式的发现

x	1.01	2.07	2.98	7.89	7.02	6.03	6.98	8.01	9.04	9.99	11.02	12.01	12.97
y	4.61	10.51	14.65	14.61	11.08	10.2	12.6	18.27	27.3	24.46	22.08	19.72	20.93
Y	4.667	10.662	14.248	14.524	11.741	10.383	12.679	18.263	27.174	24.257	22.045	19.965	21.115

发现导数函数公式:$y' = 1.52 - 4.34\sin(x)$,误差为 0.048。

(2) 复合函数公式的发现。

复合函数公式的发现数据如表 6.11 所示。

表 6.11 复合函数公式的发现

x	0.10	0.12	0.23	0.25	0.30	0.26	0.55	0.76	0.81	0.89	0.91	1.01	1.44	1.50
y	7.146	7.288	6.156	6.329	6.782	6.417	9.532	12.588	17.443	14.936	17.337	17.53	37.81	47.02
Y_1	4.899	5.044	5.924	6.10	6.561	6.190	9.371	12.51	13.385	14.921	15.334	17.59	36.50	43.98
Y_2	6.65	6.66	6.67	6.80	6.92	6.82	8.38	11.236	12.204	14.021	14.530	17.43	37.91	41.98
Y_3	7.185	7.310	6.07	6.228	6.636	6.306	9.268	12.525	17.491	17.223	17.696	18.33	37.0	40.99

发现公式:$Y_1 = 7.94x - 11.64\lg(|\cos(x)|) + 4.25$,公式的误差为 0.095,如图 6.4 所示。

另外还发现两个公式:

$$Y_2 = 6.639\,005\,246 + 10.471\,877\,51x^3$$

$$\mathrm{sqrt}(Y_3) = 0.926\,907\,91 + 1.221\,648\,810e^x$$

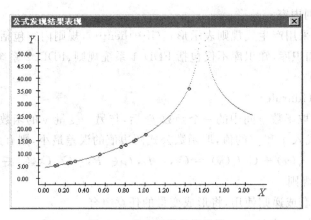

图 6.4 复合函数公式发现

5. FDD.3 系统

1）多维函数空间定义

多维函数空间由初等函数、初等函数组合、复合函数、复合函数组合、函数导数等组成。初等函数组合是初等函数之间运算组合；导数处理包括一阶差分、二阶差分、一阶差商、二阶差商等。多维函数空间的构造如下：

定义 1 设多维函数空间 Ω：$\Omega = <P, V, C>$，其中：

$P = \{f_1, f_2, \cdots, f_m\}$ 是一个多元函数集，f_i 是多元函数。

$V = \{v_1, v_2, \cdots, v_k\}$ 是一个有穷变元集。

$C = \{c_1, c_2, \cdots, c_k\}$ 是一个有穷常元集。

P 函数集可以包括：

- 算术运算（如 $+$、$-$、$\times$、$/$ 等）。
- 初等函数（如 1、x^1、x^2、$x^{1/3}$、$\sin$、$\cos$、$\exp$、$\lg$ 等一元函数）。
- 导数函数。

2）多维函数空间性质

从以上定义可以看出，多维函数空间具有以下性质。

性质 1 在多维函数空间中，设 $E = V \cup C$，它满足条件：

（1）对 $\forall e$，若 $e \in E$，则 $e \in \Omega$。

（2）对 $\forall f, e_i$，若 $f \in P, e_i \in E$，则 $f(e_1, e_2, \cdots, e_n) \in \Omega, i = 1, 2, \cdots, n$，即函数作用于变元或常数仍然属于函数空间。

（3）若 $p_1, p_2, \cdots, p_n \in \Omega$，则对 $\forall f \in P, f(p_1, p_2, \cdots, p_n) \in \Omega$，即函数作用于函数仍然属于函数空间。

性质 2 由于函数作用于变元或常数和函数作用于函数仍然是函数，故函数空间是封闭的。

对于在函数空间上的任意函数组合仍然在函数空间中，这样为计算机对函数空间的处理提供了可以递归的前提。在函数空间中的函数集合可以组成解决问题的原型库。原型库一般包括初等函数、组合函数、复合函数，还包括差分计算、差商计算以及导数计算等。

3) FDD.3 规则内容

系统中的知识采用产生式规则表示形式(if…then…),规则内容包括函数规则和控制规则,函数规则组成知识库,知识库不仅包括 FDD.1 系统规则、FDD.2 系统规则,还包括以下规则。

(1) 函数规则(funrule)。

对某一变量 x 取函数空间中的一个函数 f_i 后,与另一变量 y 的函数 f_j 进行线性组合,得到函数公式后,代入 x 和 y 的值,取函数公式两边值的误差最小,则有函数公式:

$$C_1 f_i(x) + C_2 f_j(y) = C_3, \quad f_i, f_j \in P, \quad C_1, C_2, C_3 \in C$$

(2) 函数嵌套规则。

对函数规则嵌套或递归使用,将形成变量的任意组合。

(3) 误差规则(errrule)。

① 误差最小规则 选择误差最小的公式进入下一次迭代。

② 误差收敛规则 保留误差减小的搜索方向,上一次迭代的误差大于目前的误差,则对于这一搜索方向予以保留。

(4) 终止规则(endrule)。

终止准则由两部分组成,一个是强制终止;另一个是自然终止。强制终止通过对算法参数的设定,主要是通过对迭代次数的设定完成终止准则。自然终止有两种情况组成,一种是找到一组满足给定误差的公式;另一种情况是判断出误差增大时停止该路径的搜索。

(5) 多维函数扩展规则(multirule)。

① 扩展到三维函数公式的启发式规则。

设给定 n 组不同的数据 $\{x_1^{(k)}, x_2^{(k)}, x_3^{(k)}\}$, $k = 1, 2, 3, \cdots, n$, 存在不同的函数 f_1、f_2、f_3、f_4 以及常量 C_1、C_2、B_1、B_2,有如下函数关系:

• 如果在固定 x_3 的情况下得出 x_1 和 x_2 的方程为

$$f_1(x_1) = C_1 f_2(x_2) + C_2 \tag{6.11}$$

在固定 x_2 的情况下得出 x_1 和 x_3 的方程为

$$f_1(x_1) = B_1 f_3(x_3) + B_2 \tag{6.12}$$

从严格意义上讲,在式(6.11)中常数 C_1、C_2 是 x_3 的函数;在式(6.12)中的常数 B_1、B_2 是 x_2 的函数。对于同一函数 $f_1(x_1)$ 应该有关于 x_2 和 x_3 的统一公式,故对 $f_1(x_1)$ 而言,在式(6.11)中确定了 x_1 与 x_2 的关系,式(6.12)中确定了 x_1 与 x_3 的关系,合并式(6.11)和式(6.12),有以下启发式公式:

$$f_1(x_1) = C_1' f_3(x_3) f_2(x_2) + C_2'' \tag{6.13}$$

$$f_1(x_1) = C_1' f_2(x_2) + C_2' f_3(x_3) + C_3'' \tag{6.14}$$

如果在固定 x_2 的情况下得出 x_1 和 x_3 的方程为

$$f_3(x_1) = B_1' f_4(x_3) + B_2' \tag{6.15}$$

合并式(6.11)和式(6.15),则有如下多个启发式公式:

$$f_1(x_1)\theta f_3(x_1) = (c_1 f_2(x_2) + C_2)\theta(B_1' f_4(x_3) + B_2') \tag{6.16}$$

式中,θ 为 $+$、$-$、$*$、$/$ 等操作。或者:

$$f_1(x_1) = g(x_1, x_2) + C_1 f_4(x_3) + C_2 f_2(x_2) + C_3 \tag{6.17}$$

g 函数的结构形式实质上是函数 f_2 和 f_3 的复合形式,由于 f_2 和 f_3 有系数项也有常数项,故 f_2 和 f_3 复合函数形式根据具体函数的不同有不同的合并方式,常见的是用一个公式的函数项去替换另一个公式的系数和常数。

② 扩展到四维函数公式的启发式规则。

设在三维数据的基础上增加一维数据 x_4,如果得到公式

$$f_2(x_2) = C_1 g(x_1, x_3) + C_2 \tag{6.18}$$

$$f_2(x_2) = C_3 f_4(x_4) + C_4 \tag{6.19}$$

则有以下启发式公式:

$$f_2(x_2) = C_1 g(x_1, x_3) f_4(x_4) + C_2 \tag{6.20}$$

$$f_2(x_2) = C_1 g(x_1, x_3) + C_2 f_4(x_4) + C_3 \tag{6.21}$$

③ 多维函数的扩展,通过增加函数变量的方法可以实现对多维函数变量公式的发现。

多维函数扩展规则给出了函数公式的具体框架表示形式,最后必须通过给定的数据对各个启发式公式进行检验,决定公式的取舍。首先,通过实际给出的数据应用最小二乘法计算上式中各个常量的值;其次通过给定的数据确定各个启发式公式的误差,最后进行选择,满足误差需求的公式即为所求公式。

4) 三维函数公式的发现实例

(1) 试验数据。

给定数据如表 6.12 所示。

表 6.12　三维数据实例

x_1	x_2	x_3	x_1	x_2	x_3
1.30	2.10	1.85	2.30	7.10	2.20
1.29	2.50	1.69	2.43	7.09	2.17
1.31	7.50	1.60	2.56	7.11	2.14
1.29	4.00	1.77	2.88	7.10	2.04
1.32	7.11	2.29	⋮	⋮	⋮

对于前 5 组数据,可以认为 x_1 为恒定,应用二维函数公式发现算法,找出变量 x_2 和 x_3 的关系,得到 5 个公式,选择误差最小一个公式如下:

$$x_3^2 = 2.02 \times \cos(x_2) + 4.46 \quad 误差为 0.0016 \tag{6.22}$$

对于后 5 组数据,可以认为 x_2 为恒定,应用二维函数公式发现算法,得到 3 个公式,选择误差最小的两个公式如下:

$$x_3^2 = 1.5 \times \sin(x_1) + 7.75 \quad 误差为 0.000\,26 \tag{6.23}$$

$$\lg(x_3) = 0.07 \sin(x_1) + 0.29 \quad 误差为 0.000\,15 \tag{6.24}$$

应用三维启发规则,将式(6.22)和式(6.23)合并,式(6.22)和式(6.24)合并,得到一系列公式,计算误差后得到满足误差要求的公式为

$$x_3^2 = 1.5 \times \sin(x_1) + 2.02 \times \cos(x_2) + 7.0 \tag{6.25}$$

该公式等式两端误差为 0.000\,41。

(2) 折射定律的发现。

实验数据如表 6.13 所示(液体,温度为 20℃)。

表 6.13　不同介质间光线折射数据

物　　质	从空气中入射率 n_1(n_1、i 恒定)			从空气射入玻璃(n_1、n_2 恒定)	
	折射率 n_2	入射角 i	折射角 γ	入射角 i	折射角 γ
丙酮	1.3585	30	21.60	30	19.47
苯胺	1.5863	30	18.37	35	22.48
苯	1.5014	30	19.45	40	27.37
二硫化碳	1.6279	30	17.89	45	28.13
四氯化碳	1.4607	30	20.02	50	30.71
肉桂醛	1.6195	30	17.16	55	37.10
氯仿	1.4453	30	20.24	60	37.26
乙醇	1.3618	30	21.54		

设入射角为 i,折射角为 γ,入射线所在介质的折射率为 n_1,折射线所在介质的折射率为 n_2。因为光的可逆性,所以入射角和入射线的折射率与折射角和折射线的折射率两组数据可以互换,折射角 γ 改为入射角 i,入射角 i 变为折射角 γ,入射线和折射线所在位置的折射率也相应调换。

对于从空气中入射各介质,固定 n_1 和 i 角后,应用二维函数公式发现算法,得到折射率和折射角的公式为

$$\sin(\gamma) = 0.5/n_2 \qquad (6.26)$$

反之,从介质中入射空气时(n_1 变为 n_2,i 角变为 γ 角),固定 n_2 和 γ 角后,发现公式为

$$\sin(i) = 0.5/n_1 \qquad (6.27)$$

在固定空气和玻璃两种介质时(n_1、n_2 恒定),入射角 i 和折射角 γ 的关系,通过公式发现得

$$\sin(i) = 1.5 \times \sin(\gamma) \qquad (6.28)$$

式(6.26)和式(6.27)两个公式从空气中入射不同物质的数据中生成,式(6.28)为从空气中入射玻璃的一组数据中生成。式(6.27)和式(6.28)应用三维扩展规则得

$$\sin(i) = C_1 \times \sin(\gamma)/n_1 + C_2, \quad \text{即} \quad \sin(\gamma) = C_1^* \times \sin(i) \times n_1 + C_2^* \qquad (6.29)$$

对式(6.26)和式(6.29)利用四维扩展规则进行合并,得

$$\sin(\gamma) = C_1'' \times \sin(i) \times (n_1/n_2) + C_2'' \qquad (6.30)$$

用已知的数据确定系数,得 $C_1''=1$,$C_2''=0$,即得 Shell 折射定律:

$$\sin(i) \times n_1 = \sin(\gamma) \times n_2 \qquad (6.31)$$

5) FDD.1、FDD.2 和 FDD.3 的比较分析

FDD.2 是通过引入导数规则对 FDD.1 算法的规则进行扩充,同时修改算法流程,使得算法运行更加合理,扩大了发现公式的宽度和广度。FDD.3 算法引入多维函数处理规则后对 FDD.2 算法进行了扩充,同时通过嵌套 FDD.2 算法流程,实现三维以上公式发现算法 FDD.3。把这 3 个算法进行比较分析如表 6.14 所示。

表 6.14 FDD.1、FDD.2 和 FDD.3 的比较分析

比 较 方 面	FDD.1	FDD.2	FDD.3
时间复杂度	$O(8nm)$	$O(2n^2m)$	$O(C_d^2 2n^2m)$
流程循环	函数作用于一个变量	不同的函数作用于两个变量	
剪枝条件	误差最小原则	误差最小原则 误差收敛原则	误差最小原则 误差收敛原则
发现公式范围	初等函数、复合函数及其组合	在 FDD.1 基础上增加导数以及和导数相关的处理	在二维 FDD 基础上增加：三维扩展规则和多维扩展规则

注：n 为函数个数；m 为搜索树的深度；d 为维数。

在进行算法的时间复杂度分析时，由于搜索树的剪枝根据具体情况的不同而不同，所以假设在没有剪枝的情况下分析各个算法的时间复杂度。由于算法流程的不同，在发现同样形式的公式情况下，FDD.1、FDD.2 和 FDD.3 搜索树的深度不同，FDD.1 算法搜索树深度是 FDD.2、FDD.3 算法的两倍。

在 FDD.1 算法中，每个函数对两个变量分别作用的时间复杂度 $O(2n)$，选择两个误差小的进入下面的分支，并且树的深度是 $2m$，则时间复杂度为 $O(8nm)$。

在 FDD.2 算法中，两个函数同时作用于两个变量时间复杂度为 $O(nn)$，选择误差小的和误差收敛的进入下一个循环，则时间复杂度为 $O(2nnm)$。在 FDD.3 算法中，设函数的维数为 d，则任取其中的两个变量的组合为 C_d^2 个，所以整个算法的时间复杂度为 $O(C_d^2 2n^2m)$。FDD.3 算法的发现公式的广度是以牺牲时间为代价的。

BACON 系统采用"项＝常数"的形式描述公式形式，而 FDD 采用"项＝初等函数或初等函数的复合形式"，并且引入导数规则等，和 BACON 相比发现公式的范围和复杂度都有很大提高。

6.2 变换规则的知识挖掘

6.2.1 适应变化环境的变换和变换规则

1. 数学变换与对象变换

1）数学变换

（1）数学中的函数是一种变换，如 $y=f(x)$ 表示把 x 值经过函数计算变换成 y 值。

（2）数学中的变量求值也是一种变换，如方程 $f(x)=0$ 的求解，实质上是对变量 x 通过方程的求解，得到 x 的具体值，即变量 x"从未知到已知"的变换，可称"求值变换"。

（3）计算机中的过程是向量变换，如过程 $F(X,Y)$ 表示把输入向量 $X(x_1,x_2,\cdots,x_n)$ 值经过过程计算变换成输出向量 $Y(y_1,y_2,\cdots,y_m)$ 值。

（4）数学中的坐标变换，如坐标的平移和旋转，把曲线（曲面）方程的一般形式变换成标准形式，使不清晰的方程变换成清晰的椭圆、抛物线（面）、双曲线（面）等标准方程。

(5) 数学中的积分变换,如拉普拉斯变换把不能求解的微分方程变换成可求解的代数方程。在代数方程求出解后,再通过拉普拉斯逆变换,把代数方程的解变换成微分方程的解。

以上的数学变换均把未知的变量、不能求解的方程变换成已知的量值、能求解的方程,体现了定量变换的特点。

2) 对象变换

对象变换是把一个对象变成另一个对象。例如在可拓学中,利用可拓变换来解决矛盾问题,可拓变换包括对物元、事元等对象的变换,它是典型的对象变换。

定义 1　对象变换定义为把对象 u 变换成对象 v,即

$$Tu = v \tag{6.32}$$

对象变换体现了定性变化的特点。

3) 变换的逻辑表示

数学变换或对象变换在此统称为变换。

变换将对象 u 变为对象 v,实际上完成了 u 自身变为 $\sim u$,并使 v 成为真。这样,变换可以用形式逻辑表示。

定义 2　变换的逻辑表示形式为

$$Tu = v \leftrightarrow \sim u \wedge v \tag{6.33}$$

4) 变换的宏观抽象作用

(1) 数学和计算机中的变换概括了函数、求值、过程的概念,是隐含了具体的计算,抽象为一个宏观变换。实质上是"从定量到定性"的抽象。

(2) 专家系统的目标包含多个取值,对不同问题目标取值是不同的,对一个实际问题的目标取值是通过知识推理来获得的。它实质上是一个目标求值的变换。它起到了宏观的"从定性到定性"抽象。

可见,"变换"可以是简单变换,即把一个具体的对象变换成另一个具体的对象。"变换"可以是复杂的、宏观的变换,即把一个目标变换成另一个目标。目标可以是一系列定量计算过程的抽象,也可以是多次定性推理过程的抽象。

2. 变换规则

变换可能由某个条件(原因)产生或者变换会引起某个结果。本书作者在变换的基础上,提出了变换产生式,即变换规则概念。

1) 变换 T 由某一条件或原因所引起

$$\text{Condition} \rightarrow Tu = v \tag{6.34}$$

(1) 条件 Condition 可能是某一事实 $F = f$,具体表示为

$$F = f \rightarrow Tu = v \tag{6.35}$$

(2) 条件 Condition 可能是另一个变换 $Ta = b$,具体表示为

$$T_a a = b \rightarrow T_u u = v \tag{6.36}$$

注意:为区分不同的变换,在变换的下角加以标注,即 T_a、T_u。

(3) 条件 Condition 可能是一个算子 A 求出变量 X 的值,表示为

$$A(x) = b \rightarrow Tu = v \tag{6.37}$$

2）变换 T 产生一个结果

$$Ta = b \rightarrow \text{result} \tag{6.38}$$

结果 result 同样可能是一个事实，或者是另一个变换。

3）变换规则定义

定义 3　包含变换的规则，即与变换有关的具有产生式关系的规则式，统称为变换规则，或称变换产生式。

变换规则是一种新的知识表示形式。这种新的知识，用于解决矛盾问题时，称为可拓知识。在式(6.34)～式(6.38)中，式(6.36)是典型的变换规则的代表形式。

4）变换规则知识与规则知识的对比

(1) 规则知识。在人工智能中一般知识表示成规则形式，即规则知识，表示为

$$P \rightarrow Q$$

式中，P 与 Q 均为事实(变量的取值)，它表示事实 P 是事实 Q 的原因，事实 Q 是事实 P 的结果。知识只体现了 P 与 Q 两个事实间的静态关系。

(2) 变换规则知识。变换规则知识中，规则的前项或者后项中包括变换，而变换将一对象变换为另一个对象，体现了变化的特点。

式(6.38)表示变换 T_a 把 a 变换 b，引起了另一个变换 T_u 把 u 变成 V，这种变换规则知识完全体现了变化的情况，可以说，变换规则知识是适应变化的知识。相对而言，人工智能的知识是静态知识。也可以说，变换规则知识是知识的推广，是一种更有价值的知识。

6.2.2　变换规则知识挖掘的理论基础

数据挖掘是利用算法获取规则知识(条件→结论)。在数据挖掘获取知识的基础上，若规则的条件和结论都存在变换，则将获得变换规则知识：

$$T_{\text{条件}} \rightarrow T_{\text{结论}}$$

把这种挖掘变换规则知识称为新型的变换规则的知识挖掘，即在规则知识的基础上挖掘变换规则知识。它不同于数据挖掘而是在数据的基础上挖掘知识。

1. 变换规则的知识挖掘定理

定理 1　对于两类规则

$$A \rightarrow P \tag{6.39}$$

$$B \rightarrow N \tag{6.40}$$

一般情况 $A = \wedge a_i, B = \wedge b_i$。

若存在条件的变换 T_B

$$T_B(B) = A \tag{6.41}$$

并存在结论的变换 T_N

$$T_N(N) = P \tag{6.42}$$

则成立变换规则知识

$$T_B(B) = A \rightarrow T_N(N) = P \tag{6.43}$$

即

$$\text{if } T_B(B) = A \text{ then } T_N(N) = P \tag{6.44}$$

证明:

(1) 定理的已知条件表示成命题逻辑公式,并化为子句型。

① $A \rightarrow P \leftrightarrow \neg A \vee P$。

② $B \rightarrow N \leftrightarrow B \vee N$。

③ $T_B(B) = A \leftrightarrow \neg B \wedge A \leftrightarrow \neg B, A$。

④ $T_N(N) = P \leftrightarrow \neg N \wedge P \leftrightarrow \neg N, P$。

(2) 对定理的结论取非后化成子句型。

$$\neg(T_B(B) = A \rightarrow T_N(N) = P) \leftrightarrow \neg[(\neg B \wedge A) \rightarrow (\neg N \wedge P)] \leftrightarrow$$
$$\neg[\neg((\neg B) \wedge A) \vee (\neg N \wedge P)] \leftrightarrow \neg[(B \vee \neg A) \vee (\neg N \wedge P)] \leftrightarrow$$
$$\neg(B \vee \neg A) \wedge \neg(\neg N \wedge P) \leftrightarrow \neg B \wedge A \wedge (N \vee \neg P) \leftrightarrow \neg B, A, N \vee \neg P$$

(3) 对全部子句集进行归结:

① 全部子句集为

$$\neg A \vee P, \quad \neg B \vee N, \quad \neg B, A, \quad \neg N, \quad P, \quad N \vee \neg P$$

② 归结过程

子句 $\neg A \vee P$ 与子句 A 归结为 P,它与子句 $N \vee \neg P$ 归结为 N,再和子句 $\neg N$ 归结为空子句,产生矛盾,故证明定理正确。

定理 2 对于两条同类规则

$$A \rightarrow P \tag{6.45}$$
$$C \wedge B \rightarrow P \tag{6.46}$$

若存在可拓变换 T_B

$$T_B(B) = A \tag{6.47}$$

则成立可拓变换规则知识

$$T_B(B) = A \rightarrow P \tag{6.48}$$

即

$$\text{if } T_B(B) = A \text{ then } P \tag{6.49}$$

该定理同样可用归结原理证明,在此省略。

2. 变换规则的知识挖掘过程

从变换规则的知识挖掘定理中,可以概括变换规则的知识挖掘过程如下:

(1) 对分类问题利用数据挖掘方法获得分类规则,即获得式(6.39)和式(6.40)的规则知识。

(2) 确定规则的前提中存在的变换以及结论中存在的变换,即找出满足式(6.41)和式(6.42)的变换。

(3) 利用定理 1 和定理 2 获得变换规则的知识式(6.43)或式(6.48)。

3. 变换规则的知识挖掘实例

对表 5.7 气候训练集而言,利用 ID3 方法得到决策树知识,可转换为规则知识(树中从根结点到叶结点的每一条路径构成一条知识)。

1）数据挖掘获取的规则知识

$$if \ 天气＝晴 \ and \ 湿度＝正常 \ then \ 类别＝P$$
$$if \ 天气＝多云 \ then \ 类别＝P$$
$$if \ 天气＝雨 \ and \ 风＝无风 \ then \ 类别＝P$$
$$if \ 天气＝晴 \ and \ 湿度＝高 \ then \ 类别＝N$$
$$if \ 天气＝雨 \ and \ 风＝有风 \ then \ 类别＝N$$

2）存在的变换

（1）条件变换：

$$T_1(天气＝晴)＝(天气＝多云)$$
$$T_2(天气＝晴)＝(天气＝雨)$$
$$T_3(天气＝雨)＝(天气＝多云)$$
$$T_4(天气＝多云)＝(天气＝晴)$$
$$T_5(天气＝雨)＝(天气＝晴)$$
$$T_6(天气＝多云)＝(天气＝雨)$$
$$T_7(湿度＝高)＝(湿度＝正常)$$
$$T_8(湿度＝正常)＝(湿度＝高)$$
$$T_9(风＝无风)＝(风＝有风)$$
$$T_{10}(风＝有风)＝(风＝无风)$$

（2）结论变换：

$$T(N)＝P$$
$$T(P)＝N$$

3）利用变换规则的知识挖掘的定理 1 和定理 2，可以得到变换规则知识

（1）类别发生变化的知识：

$$(天气＝晴) \ and \ (T_7(湿度＝高)＝(湿度＝正常)) \rightarrow T(N)＝P$$
$$(湿度＝高) \ and \ (T_1(天气＝晴)＝(天气＝多云)) \rightarrow T(N)＝P$$
$$(天气＝雨) \ and \ (T_{10}(风＝有风)＝(风＝无风)) \rightarrow T(N)＝P$$
$$(风＝有风) \ and \ (T_3(天气＝雨)＝(天气＝多云)) \rightarrow T(N)＝P$$
$$(天气＝晴) \ and \ (T_8(湿度＝正常)＝(湿度＝高)) \rightarrow T(P)＝N$$
$$(天气＝雨) \ and \ (T_9(风＝无风)＝(风＝有风)) \rightarrow T(P)＝N$$

（2）类别不发生变化的知识：

$$(湿度＝正常) \ and \ (T_1(天气＝晴)＝(天气＝多云)) \rightarrow 类别＝P$$
$$(风＝无风) \ and \ (T_3(天气＝雨)＝(天气＝多云)) \rightarrow 类别＝P$$
$$(风＝无风) \ and \ (T_6(天气＝多云)＝(天气＝雨)) \rightarrow 类别＝P$$
$$(湿度＝正常) \ and \ (T_4(天气＝多云)＝(天气＝晴)) \rightarrow 类别＝P$$

6.2.3 变换规则的知识推理

在智能科学中，知识推理采用了形式逻辑中的假言推理。变换规则知识的推理是对变换规则知识的假言推理。

1. 变换规则的知识推理式

定义 4　变换规则知识的假言推理表示为

$$(T_u u = u') \wedge [(T_u u = u') \to (T_v v = v')] \vdash (T_v v = v') \tag{6.50}$$

变换规则知识的推理是在知识推理的基础上,扩展为对变换规则知识的推理。下面证明变换规则知识推理式(6.50)是正确的。

证明:

(1) 将式(6.50)中推理(⊢)的左部写成等价的命题逻辑公式。

$$(\neg u \wedge u') \wedge [(\neg u \wedge u') \to (\neg v \wedge v')]$$

(2) 上式化为子句型。

$$(\neg u \wedge u') \wedge [(\neg u \wedge u') \to (\neg v \wedge v')] \leftrightarrow$$
$$(\neg u \wedge u') \wedge [\neg(\neg u \wedge u') \vee (\neg v \wedge v')] \leftrightarrow$$
$$(\neg u \wedge u') \wedge [(u \vee \neg u') \vee (\neg v \wedge v')] \leftrightarrow$$
$$(\neg u \wedge u') \wedge [(u \vee \neg u' \vee \neg v) \vee (u \vee \neg u' \vee v')] \leftrightarrow$$
$$(\neg u \wedge u') \wedge (u \vee \neg u' \vee \neg v) \wedge (u \vee \neg u' \vee v') \leftrightarrow$$
$$\neg u, u', (u \vee \neg u' \vee \neg v), (u \vee \neg u' \vee v')$$

(3) 将推理(⊢)的右部取非后,化为子句型。

$$\neg(Tv = v') \leftrightarrow \neg(\neg v \wedge v') \leftrightarrow v \vee \neg v'$$

(4) 归结过程。

子句 $v \vee \neg v'$ 与子句 $(u \vee \neg u' \vee \neg v)$ 归结为 $\neg v' \vee u \vee \neg u'$,它与子句 $\neg u$ 归结为 $\neg v' \vee \neg u'$,与 u' 归结为 $\neg v'$,再与子句 $(u \vee \neg u' \vee v')$ 归结为 $u \vee \neg u'$,与 $\neg u$ 归结为 $\neg u'$,再与 u' 归结为空子句。产生矛盾,证明可拓推理式(6.50)是正确的。

变换规则知识只表明存在对象变化的可能性。变换规则知识的推理表明实际对象变化的发生。在式(6.50)中,变换规则知识 $(T_u \to T_v)$ 只表明对 u 的变换 T_u 会引起对 v 的变换 T_v。在推理式中现已发生变换 T_u,按推理式的推理必然出现变换 T_v。

2. 变换规则的知识挖掘实例

在"脑血栓"与"脑出血"两类疾病的数据库中进行数据挖掘和变换规则的知识挖掘。

1) 在数据库中通过数据挖掘获取规则知识

从"脑出血"和"脑血栓"两种疾病的大量实例数据库中,通过数据挖掘的遗传算法可以获取两种疾病独立诊断的规则知识。获得的主要 7 条规则(具体数据挖掘过程从略)如下:

(1) (高血压=有)∧(瞳孔不等大=是)∧(膝腱反射=不活跃)→脑出血。

(2) (瞳孔不等大=是)∧(语言障碍=是)→脑出血。

(3) (高血压=有)∧(起病方式=快)∧(意识障碍=深度)→脑出血。

(4) (高血压=有)∧(病情发展=快)→脑出血。

(5) (高血压=有)∧(动脉硬化=有)∧(起病方式=慢)→脑血栓。

(6) (动脉硬化=有)∧(病情发展=慢)→脑血栓。

(7) (动脉硬化=有)∧(意识障碍=无)→脑血栓。

2）确定存在的条件变换和结论变换

在医疗中病人存在的条件变换有

$$T_{条件}(起病方式慢) = 起病方式快$$

$$T_{条件}(无意识障碍) = 深度意识障碍$$

也存在结论变换：

$$T_{结论}(脑血栓) = 脑出血$$

3）利用变换规则的知识挖掘理论获取变换规则知识

根据定理 1 得到变换规则知识为

$$T(有动脉硬化 \wedge 起病方式慢 \wedge 无意识障碍) = 起病方式快 \wedge 有深度意识障碍$$
$$\rightarrow T(脑血栓) = 脑出血 \qquad (6.51)$$

还可以得出其他变换规则知识。

4）变换规则知识的推理

变换规则知识中的前提一旦在现实中出现，就可以利用变换规则知识的推理判断变换规则知识中结论的出现。当发现某病人由"起病方式慢"变成"起病方式快"，同时"无意识障碍"变成"有深度意识障碍"，即变换规则知识式（6.51）的前提已经出现，利用变换规则知识的推理式（6.50）就可以判断变换规则知识式（6.51）的结论已经出现，即应该诊断该病人已经由"脑血栓"变成了"脑出血"。治疗方式就应改由"脑血栓"的治疗方法变成治疗"脑出血"的方法。

两种疾病的治疗方法是完全相反的，"脑血栓"的治疗方法是通血管，使血流通畅。而"脑出血"的治疗方法是堵血管，不让血流外溢。当"脑血栓"已变成了"脑出血"后，若仍然用"脑血栓"的治疗方法治疗"脑出血"，即继续通血管，这样只可能造成更大范围的脑出血，将会加重"脑出血"症状，甚至于导致死亡。这条变化知识对医生来讲是极其重要的。

可见，挖掘具有变化特点的变换规则的知识挖掘比挖掘静态知识的数据挖掘更有意义。

6.2.4　变换规则链的知识挖掘

1. 基于集合的变换规则知识

在集合论中有集合蕴含关系，定义如下：

定义 5　若集合 P 和 Q 存在关系 $P \subseteq Q$，则成立蕴含关系

$$P \rightarrow Q \qquad (6.52)$$

即集合 P 中的元素 x 一定属于集合 Q。由此定义，可以得到以下定理：

定理 3（基于集合的变换规则）　对于变换 $T_a a = b$ 和变换 $T_e e = f$，若存在集合关系 $a \subseteq e$，$b \subseteq f$，则存在变换规则知识：

$$T_a a = b \rightarrow T_e e = f \qquad (6.53)$$

简写为 $T_a \rightarrow T_e$，并称变换 T_a 与 T_e 是同类变换，即两个变换前的对象 $\{a, e\}$ 与两个变换后的对象 $\{b, f\}$ 均在各同类集合中。

证明：

（1）由于 $a \subseteq e$，由定义 5 可知，存在蕴含关系：

$$a \rightarrow e \qquad (6.54)$$

(2) 由于 $b \subseteq f$,同样存在蕴含关系:

$$b \rightarrow f \tag{6.55}$$

根据定理 1 可知,对于式(6.54)和式(6.55),存在可拓变换 $T_a a = b$ 和 $T_e e = f$,则存在变换规则知识:

$$T_a a = b \rightarrow T_e e = f \tag{6.56}$$

2. 基于本体的变换规则知识链

本体(Ontology)是目前研究最多的知识表示形式,本体是共享概念的规范化说明,本体在概念分类层次的基础上,加入了关系、公理、规则来表示概念之间的关系。

定义 6(本体) 本体由概念、关系、函数、公理和实例等 5 类基本元素构成,可表示为如下形式:

$$O = [C、R、F、A、I] \tag{6.57}$$

其中,C 为概念;R 为关系;F 为函数;A 为公理;I 为实例。关系 R 有 4 种:subclass-of(或 kind-of,子类)、part-of(部分)、instance-of(实例)和 attribute-of(属性)。

本体概念树的层次关系主要是 subclass-of 关系,即树的下层概念是上层概念的子集,如图 6.5 所示。

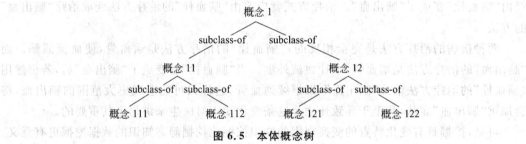

图 6.5 本体概念树

概念 11 是概念 1 的子集,而概念 111 是概念 11 的子集,等等。

根据本体概念树的特点和定理 3,可以得到如下定理。

定理 4 本体概念层次关系中,下层概念的变换 T_d 与上层概念的同类变换 T_u,存在变换规则:

$$T_d \rightarrow T_u \tag{6.58}$$

证明:本体概念层次关系中,下层概念集合 S_d 与上层概念集合 S_u 存在蕴含关系:$S_d \subseteq S_u$。

根据定理 4 可知,下层概念集合 S_d 中的变换 T_d 与上层概念集合 S_u 中的同类变换 T_u 存在变换规则的蕴含关系,即变换规则:

$$T_d \rightarrow T_u$$

定理 5(基于本体的变换规则链) 在本体概念树中,叶结点中的变换 T_0 与各级上层结点中的同类变换 T_i 之间形成了变换规则链,即

$$T_0 \rightarrow T_1 \rightarrow T_2 \rightarrow \cdots \rightarrow T_{\text{root}} \tag{6.59}$$

证明:由定理 4 可知,本体概念树的上、下两层的同类变换都存在蕴含关系(变换规则知识)。由本体概念树叶结点开始,逐层向上到本体概念树的根结点,将同类变换连接起来,

就形成式(6.59)的变换规则链。

3. 多维层次数据中原因分析的变换规则链获取实例

在我国航空公司数据仓库中，对发现的问题进行原因分析，从中获取变换规则链。数据仓库中的多维数据中含有层次粒度的大量数据，对发现的问题进行原因分析主要是通过进行多维数据的钻取操作。在每一次钻取中进行一次变换，获得出现问题原因的深层数据。数据仓库中的多维层次数据集合是符合本体概念树的层次关系。

我国航空公司的数据仓库的多维分析中发现了"北京到西南地区总周转量相对去年出现负增长"的问题，该问题的本体概念树如图 6.6 所示。

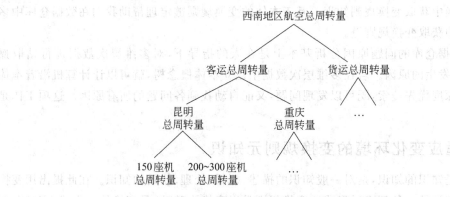

图 6.6　西南地区航空总周转量的本体概念树

该问题在本体树的根结点航空总周转量上的减变换表示为

$$T_{西南总量}（今年总周转量－去年总周转量）＝－19.9（负增长）$$

通过下钻到本体树下层，空运总周转量结点上的减变换为

$$T_{西南客运}（今年客运总周转量－去年客运总周转量）＝－19.4（负增长）$$

再下钻到昆明客运总周转量结点上的减变换为

$$T_{昆明客运}（今年总周转量－去年总周转量）＝－16.5（负增长）$$

再下钻到昆明座级为 150 座级与 200～300 座级机型的总周转量两个结点上的减变换分别为

$$T_{150座机}（今年总周转量－去年总周转量）＝－6.83（负增长）$$

$$T_{200～300座机}（今年总周转量－去年总周转量）＝－8.9（负增长）$$

根据定理 5，可得到变换规则链为

$$T_{150座机} \wedge T_{200～300座机} \rightarrow T_{昆明客运} \rightarrow T_{西南客运} \rightarrow T_{西南总量} \qquad (6.60)$$

该变换规则链说明：出现西南地区总周转量相对去年出现较大负增长，原因主要是昆明地区 150 座机和 200～300 座机型，相对去年出现较大负增长造成的。而该变换规则链的获得是从问题结论的减变换，（$T_{西南总量}$）出现负增长，通过多维数据钻取，逆向找它的前提减变换，再向下钻取，一直到最底层（叶结点）中的减变换，即（$T_{150座机}$ 及 $T_{200～300座机}$）出现大的负增长，该叶结点的减变换才是本体根结点问题的根本原因。

在向下钻取过程中，有时也能发现新问题，如在搜索货运总周转量时，发现东南地区出现了一个大负增长，这是除西南地区出现负增长外新发现的问题，可以在寻找西南地区航空总周转量的根本原因之后,再去寻找东南地区出现货运总周转量出现负增长的原因。

除了寻找负增长以外,还可以寻找正增长的原因。即从正负两个方面寻找问题产生的原因,这样可以得到更大的决策支持。

寻找问题原因让计算机自动完成,必须建立多维层次数据的本体概念树,并在树中进行深度优先搜索,来发现问题并找到所有原因。

4. 小结

数据挖掘是从数据中挖掘知识,变换规则的知识挖掘是在规则知识的基础上挖掘变换规则知识。知识是静态的,而变换规则是变化的知识。变换规则定理帮助我们从规则知识及相关的变换中获取变换规则知识。基于本体的变换规则链定理帮助我们在数据仓库中多维层次数据中获取变换规则链。

目前,数据仓库的问题原因分析基本上是在人的指导下,对多维层次数据进行钻取操作,找到问题发生的原因。若在多维层次数据中建立本体概念树,就可以让计算机沿着本体概念树进行深度优先搜索,既可以发现问题,又能自动找到各问题的所有原因。这项工作是很有意义的。

6.2.5　适应变化环境的变换规则元知识

元知识是知识的知识,是对一般知识的描述、概括、处理、使用的知识。在此提出用变换规则作为元知识的一种新表示形式。变换规则是以变换为基础,是变换的产生式,它具有变化的特点,适应变化的环境。这种新的元知识表示称为变换规则元知识。

1. 神经网络的变换规则元知识

神经网络模型是将人脑神经元组织结构用数学模型进行形式化表示。它利用了两个原理性的计算公式:一是神经网络模型的运行机制,由输入结点值,经过 MP 模型计算公式,计算出输出结点的值;二是利用输出结点值的误差,修正网络权值和阈值的计算公式(在 4.1.2 节中已说明)。此处利用变换规则作为元知识的表示形式,进行神经网络计算的概括。

1) 建立判别函数

给定一个小数 ε,利用误差函数

$$\delta_i = \sum_j |O_j^i - t_j^i|$$

式中,t_j^i 是给定样本 i 的输出结点 y_j^i 的实际值;O_j^i 是输出结点 y_j^i 的计算输出值。

建立判别函数值为 $K_i = \varepsilon - \delta_i$,$K_i < 0$ 表示神经网络未学会样本,$K_i \geq 0$ 表示神经网络学会样本。

2) 确定解决问题的变换

解决该问题需要引入 5 个变换,分别如下:

(1) 输入结点到输出结点的变换 T_{IO}。

利用 MP 模型,将输入结点值 $I = (x_1, x_2, \cdots, x_n)$,按神经网络公式计算,得出输出结点值:$O = (O_1, O_2, \cdots, O_m)$,其变换为

$$T_{IO}(I) = O$$

该变换的计算公式为

$$O_j = f\left(\sum_i w_{ij}x_i - \theta_j\right)$$

（2）输出结点的减变换 T_-。

将样本输出结点的计算值与实际值进行相减，得到误差，即

$$T_-(o) = \sum_j |o_j^i - t_j^i| = \delta_i$$

（3）网络权值的变换 T_w：

$$T_w(w_{ij}^{(k)}) = w_{ij}^{(k+1)}$$

该变换的计算公式为

$$w_{ij}^{(k+1)} = w_{ij}^{(k)} + \eta\delta_j x_i$$

（4）阈值的变换 T_θ：

$$T_\theta(\theta_j^{(k)}) = \theta_j^{(k+1)}$$

该变换的计算公式为

$$\theta_j^{(k+1)} = \theta_j^{(k)} + \eta\delta_j$$

（5）判别函数值的变换 T_k：

$$T_k(K_i) = K_{i+1}$$

3）神经网络学会样本的变换规则元知识表示

$$T_{\mathrm{IO}} \wedge T_- \wedge T_w \wedge T_\theta \rightarrow T_k \tag{6.61}$$

该变换规则表示，经过 4 个变换 T_{IO}、T_-、T_w、T_θ 将引起判别函数值的变换 T_k，使判别函数的值增加。

4）算法

（1）首先要给定神经网络上的网络初始权值和阈值（随机数），即 $W_{ij} = W_{ij}^{(0)}$，$\theta_i = \theta_i^{(0)}$。

（2）反复进行变换规则知识的计算，直到判别函数 $K_i \geqslant 0$ 为止。

（3）输出网络权值的结果：$W_{ij}^* = W_{ij}^{(n)}$，$\theta_i^* = \theta_i^{(n)}$。

2. 知识发现的变换规则元知识

在知识发现中，属性约简和数据挖掘是两个重要步骤，这里利用粗糙集理论，用变换规则元知识来高度概括这两个步骤的本质。

1）属性约简的变换规则元知识

属性约简问题是在数据库中保持分类效果不变的情况下，删除多余的属性。它的基础理论主要是粗糙集理论和信息论。按粗糙集理论，需要对数据库中的每个条件属性计算其重要度 SGF，为此引入计算重要度算子 A_{SGF}。对条件属性集 C 中的任一属性 C_i 相对决策属性 D，计算其重要度 $A_{\mathrm{SGF}}(C_i)$。

$A_{\mathrm{SGF}}(C_i)$ 算子计算过程如下：

（1）计算条件属性集 $(C-\{C_i\})$ 的等价集；

（2）计算决策属性的 D 等价集；

（3）计算正域 $\mathrm{POS}(C-\{C_i\}, D)$；

（4）计算依赖度 $\gamma(C-\{C_i\}, D)$；

（5）计算 C_i 的重要度 $\mathrm{SGF}(C-\{C_i\}, D)$。

在粗糙集属性约简中,若 $\mathrm{SGF}(C-\{C_i\},D)=0$,即 $A_{\mathrm{SGF}}(C_i)=0$。表示属性 C_i 关于 D 是可省略的,即可以对属性 C_i 进行约简,用下式表示属性约简变换:

$$T_{\mathrm{reduc}}(C) = (C-\{C_i\})$$

该约简变换 T_{reduc} 是在算子 $A_{\mathrm{SGF}}(C_i)$ 计算出 $A_{\mathrm{SGF}}(C_i)=0$ 时,才进行的变换。

算子 A_{SGF} 与约简变换 T_{reduc} 之间的因果关系可以表示为变换规则元知识:

$$A_{\mathrm{SGF}}(C_i) = 0 \rightarrow T_{\mathrm{reduc}}(C) = (C-\{C_i\}) \tag{6.62}$$

该元知识表示为:若算子 A_{SGF} 对 C_i 属性计算出重要度 $\mathrm{SGF}(C-\{C_i\},D)$ 为零时,进行对属性 C_i 的约简变换。

该变换规则元知识高度概括了属性约简的原理和本质。

2) 数据挖掘的变换规则元知识

数据挖掘是从大量数据中获取知识,这些知识实质上是这些数据的高度浓缩,仍保留了数据的本质。这里讨论基于粗糙集理论的数据挖掘方法的元知识。

该方法是通过条件属性集 E_i 与决策属性集 Y_j 之间的上下近似关系来获取知识。为此要建立一个求解两集合 E_i 和 Y_j 之间上下近似关系的算子 A_{updow}。

(1) $A_{\mathrm{updow}}(E_i,Y_j)$ 算子的计算过程。

① 求条件属性集 C 中的等价类 E_i;

② 求结论属性集 D 中的等价类 Y_j;

③ 求 E_i 和 Y_j 之间的交,分别有 3 种情况:

$$E_i \bigcap Y_j = E_i; \quad E_i \bigcap Y_j \neq E_i(\neq \varnothing); \quad E_i \bigcap Y_j = \varnothing$$

该算子对前两种情况能生成两类规则知识,它实际上是从数据库 D_{set} 中获取规则知识的数据挖掘变换,表示为

$$T_{\mathrm{DM}}(D_{\mathrm{set}}) = (E_i \rightarrow Y_j)$$

(2) 基于粗糙集的数据挖掘方法的变换规则元知识。

数据挖掘的变换 T_{DM} 是算子 $A_{\mathrm{updow}}(E_i,Y_j)$ 的计算结果引起的,从中可得到两条变换规则元知识:

$$(A_{\mathrm{updow}}(E_i,Y_j) = E_i) \rightarrow (T_{\mathrm{DM}}(D_{\mathrm{set}}) = (E_i \rightarrow Y_j)) \tag{6.63}$$

$$(A_{\mathrm{updow}}(E_i,Y_j) \neq E_i) \wedge (A_{\mathrm{updow}}(E_i,Y_j) \neq \varnothing)$$
$$\rightarrow T_{\mathrm{DM}}(D_{\mathrm{set}}) = ((E_i \rightarrow Y_j),\mathrm{Cf}) \tag{6.64}$$

式中,可信度 Cf 为 $\mathrm{Cf}=|E_i \bigcap Y_j|/|E_i|$。

这两条变换规则元知识高度概括了粗糙集获取知识的原理和本质。

3. 专家系统的变换规则元知识

专家系统中的元知识主要用来对专家系统运行的控制,用变换规则知识来表示控制专家系统运行的元知识是很合适的。专家系统一般采用逆向推理,它运行控制的元知识主要包括指定目标开始推理;检查当前变量是否处于推理树的叶结点,若是则进行提问;提问回答符合要求时,推理进行回溯;提问回答不符合要求时,继续提问;目标求出值后,停止推理或转向另一推理树的目标等。下面对其中部分元知识利用变换规则表示形式,更能体现变化的特点。

(1) 叶结点提问处理:当推理过程中发现当前结点 x 是叶结点 x_0 时,将叶结点变换成

给定叶结点的提问句,元知识表示为

$$\text{Compare}(x, x_0) = \text{yes} \rightarrow T_{\text{ques}}(x_0) = (\text{question}(x_0) = \text{“提问句”})$$

(2) 叶结点用户回答正确处理:当用户回答的值 $v(\text{user})$ 属于叶结点取值 $v(x_0)$ 的范围时,推理进行回溯,即将上层结点 x' 置换叶结点 x_0,元知识表示为

$$\text{Compare}(v(\text{user}), v(x_0)) = \text{yes} \rightarrow T_{\text{repl}}(x_0) = x'$$

(3) 叶结点用户回答不正确处理:当用户回答的值 $v(\text{user})$ 不属于叶结点取值 $v(x_0)$ 的范围时,则继续提问,元知识表示为

$$\text{Compare}(v(\text{user}), v(x_0)) = \text{no} \rightarrow T_{\text{ques}}(x_0) = (\text{question}(x_0) = \text{“提问句”})$$

(4) 单推理树推理控制:当目标结点 G 通过推理求出值 v_G 时,停止推理。元知识表示为

$$\text{Check}(v(G) = v_G) \rightarrow T_{\text{stop}}(x = G) = R_{\text{stop}}$$

(5) 多推理树推理控制:当一个推理树的目标结点 G 通过推理求出给定值 v_G^* 时,控制推理机从该推理树转向另一推理树 i 的目标结点 G_i,元知识表示为

$$\text{Check}(v(G) = v_G^*) \rightarrow T_{\text{repl}}(G) = G_i$$

用变换规则知识即变换产生式来表示专家系统中的元知识,比原来采用的元知识表示更能体现变化的特点,也便利专家系统程序容易控制专家系统有效运行。

4. 结束语

通过以上的研究可知,神经网络、知识发现都是一个过程,需要经过若个步骤来完成,用变换规则作为元知识来描述,既适应了求解过程的变化需求,又起到了把定量问题进行定性化描述,即浓缩了具体的定量计算过程的效果。在专家系统中的元知识用变换规则表示,更突出了运行专家系统的控制效果。

变换规则作为元知识的一种新的表示形式,是对元知识的扩充,既能有效地把握问题的本质,又能有效地起到指导和控制系统运行的效果。变换规则作为元知识的表示形式,能够适应变化的环境,具有广泛的应用前景。

习题 6

1. 数值计算的数据拟合与人工智能的公式发现有什么区别?
2. BACON 系统的启发式是什么?
3. 科学定律一般是采用什么方法发现的?
4. FDD.1 系统的启发式是什么? 它与 BACON 系统的启发式有什么不同?
5. FDD.2 发现导数公式的启发式是什么?
6. FDD.3 发现多维函数公式的启发式是什么?
7. 研究变换规则知识有什么价值?
8. 变换规则的知识挖掘过程是什么?
9. 在数据仓库中如何获取多种变换规则知识链?
10. 用变换规则作为元知识的表示形式比一般规则作为元知识的表示形式有什么好处?

第 7 章

知识管理与知识创造

7.1 知识经济与知识管理

7.1.1 知识经济与知识管理的形成

1. 知识经济

"知识经济"(knowledge economy)是1990年联合国研究机构首先提出的。1996年,经济合作与发展组织(OECD)首次在国际组织文件中使用"以知识为基础的经济"这一新概念。

知识经济是继农业经济和工业经济之后的第三个经济时代。农业经济是以土地和劳动力为经济增长的决定因素,而工业经济是以资本和资源(如石油、电力等)为经济增长的决定性因素。知识经济时代中的决定因素是对高新技术的掌握,以及隐藏在高新技术背后的知识创新。特别是由于网络技术的崛起,整个社会日益信息化,极大地改变了人类的运作生活方式,使经济的发展日益与信息技术的进步密不可分。

知识经济到来之前,彼得·德鲁克(Peter Drucker)在20世纪60年代,预言"知识将取代资本、机器、原料与劳动力等经济最重要的生产要素"。

1) 知识经济兴起的重要因素

信息化与全球化是知识经济得以兴起的两个重要因素。

(1) 信息化的影响。

信息技术是知识经济生存的基础。知识经济的来临,是在信息技术革命背景下产生的。计算机诞生以来,经过70多年的缓慢发展,终于开始进入一个爆炸性变革时期。计算机网络的发展,使得计算机与计算机之间得以互相传递信息。

对经济而言,互联网和信息技术深刻改变了传统的经济规则,而这种深远影响,可以通过著名的"摩尔定律"、"梅特卡夫定律"得以表现。

① 摩尔定律(moore rules)。

英特尔(Intel)公司的创办人戈登·摩尔(Gordon Moore)于20世纪60年代认为,半导体的集成度每18个月翻一番,而半导体的价格却保持不变。这就意味着,半导体的性能与容量将以指数级增长,并且这种增长趋势将继续延续下去,这就是著名的摩尔定律。摩尔定律揭示了半导体和计算机工业作为信息产业内部的动力,以指数形式实现持续变革的作用。

② 梅特卡夫定律(metcalf's law)。

以太网设计者罗伯·梅特卡夫(Robert Metcalf)认为,互联网不仅呈现了超乎寻常的指数增长趋势,而且爆炸性地向经济和社会各个领域进行广泛的渗透和扩张,计算机网络的价值等于其结点数目的平方。也就是说,计算机网络数目越多,对经济和社会的影响就越大。

梅特卡夫定律揭示了互联网价值随着用户数量的增长而呈算术级数增长,或方程式增长的规则。

计算机网络极大地改变了社会。例如,在通信业中,中国移动、中国联通一直在垄断中国的手机市场,现在却被一个发明"微信"的"腾讯"公司所超越,微信短短几年时间,用户超过 4 亿,微信不仅可以发短信,还能语音通话、收发图片和视频,而且还是免费的,只要能上网,完全可以替代中国移动、中国联通。

零售业中全球最大的零售商"沃尔玛",在中国有 5 万名员工,每年交易额过百亿元,这个巨无霸的公司似乎无人能及;然后中国的马云创办的"淘宝网",仅 3 年时间在网络上的交易额就是沃尔玛在华所有门店交易额的 3 倍,2012 年 11 月 11 日"光棍节"一天的交易额就有 350 亿;是沃尔玛在中国所有门店一年的交易额。2014 年"光棍节"当天,全国网络交易额达到 805 亿元。旅行业中的"携程网",一家没有一架飞机、没有一间酒店的公司,每天在网络上卖出的机票和开出的房间超过任何一家航空公司和酒店。

(2) 全球化的影响。

全球化是指世界经济一体化、市场的一体化,各国之间在经济上越来越多地相互依存。经济全球化是指以市场经济为基础,以先进科技和生产力为手段,以发达国家为主导,以最大利润和经济效益为目标,通过分工、贸易、投资、跨国公司和要素流动等,实现各国市场分工与协作,相互融合的过程。经济全球化有利于资源和生产要素在全球的合理配置,有利于资本和产品在全球性流动,有利于科技在全球性的扩张,有利于促进不发达地区经济的发展,是人类发展进步的表现,是世界经济发展的必然结果。

全球化的经济使知识成为最重要的资源,唯有有效管理与开发组织知识,企业才可能建立跨国竞争的核心优势,使得传统的工业经济向知识为基础的经济过渡。

2) 知识经济的含义

经济合作与发展组织(OECD)的"以知识为基础的经济"(The Knowledge-Based Economy)报告认为,以知识为核心的新经济将改变全球经济发展的形态,而知识经济具有这样两重含义:

(1) 知识经济是建立在知识和信息的产生、分配及使用上的经济。

(2) 以知识资源的拥有、配置、产生和使用为最重要的生产要素所形成的经济形态。

知识经济的主要特征如下:

(1) 科学和技术的研究与开发,日益成为知识经济的重要基础;

(2) 信息和通信技术在知识经济的发展过程中,处于中心地位;

(3) 服务业在知识经济中,扮演了主要角色;

(4) 人力的素质和技能成为知识经济实现的先决条件。

知识经济催生了企业的知识管理。企业需要提高员工整体的知识水平,并充分地利用知识提高企业的竞争力。

2. 知识管理的形成

"知识管理(knowledge management)"是 1986 年瑞典企业家与财经分析家卡尔·斯威

比(Karl Sveiby)提出的。他首先发现和定义了"知识型组织"这一知识经济时代最重要企业组织形态,并开创性地对知识型企业的组织特性、生命周期、治理结构和成功要素等进行了系统性研究。

企业在知识经济的形势下,要获得更强的竞争力,就要适应经济形势的发展,将自身向知识型企业方向发展。建立一个新型的以"知识管理"为核心的价值观和企业文化,确定公司需要的知识和技能,制定衡量长期与短期规划成果的标准竞争力来自企业创新以及自身经营效率的提升。

知识经济的发展依赖于对知识的有效管理。而知识管理正是通过对知识的开发过程,达到的目的是运用集体的智慧提高应变和创新能力,并进而推动整个社会知识经济的发展。可以说,知识管理是知识经济发展的重要动力。

知识经济时代,任何一家企业要适应时代的变化就必须加快企业知识管理建设,以期在知识经济时代发展壮大自己。可以说知识经济时代、知识管理决定企业的成败。

"知识管理"这个词的含义是对"知识的存储、共享、应用、更新和创造"的管理。

日本管理学教授野中郁次郎博士(Ikujiro Nonaka)深入研究了日本企业的知识创新经验,提出了著名的知识创造转化模型(1991 年,1995 年),这个模型已成为知识管理研究的经典基础理论。野中郁次郎特别强调隐性知识(tacit knowledge)和知识环境对于企业知识创造和共享的重要性。

斯威比(Sveiby)探讨过知识管理的起源,他认为知识管理有 3 个起源:美国的人工智能(信息)起源、日本的知识创造(创新)起源和瑞典的战略测评起源。

7.1.2　知识管理基本原理

知识管理的核心是知识,知识管理的对象是人和组织,知识管理的内容是知识的流程,知识管理的目标是提高组织和个人的竞争力,并做出更好地决策。

1. 知识概念与知识分类

1) 知识概念

世界银行 1998 年出版的《世界发展报告》以"知识和发展"为主题,对数据、信息和知识的定义为:数据是数字、词语、声音、图像;信息是以有意义的形式加以排列和处理的数据;知识是用于生产的有价值的信息。

更容易理解的定义是数据是数字、图像等的符号表示,信息是数据的含义,知识是有规律性的信息,而智慧是知识的有效应用和创新。

2) 知识的属性

(1) 知识具有价值。

培根说过"知识就是力量"。具体地讲有用的知识具有价值,太多的知识往往使人难以充分利用,这就要求引入知识管理,对知识进行有效的管理,使数据到信息再到知识不断深化,来指导公司战略决策和公司运营,并在实践中评价知识的价值。

(2) 知识具有积累性。

知识的积累性是知识的重要特性。知识是人们在社会实践活动中得来的,来源于数据和信息。人类社会在不断地发展,社会知识就在人类社会实践(劳动)过程中不断积累,并得以延续和更新。知识的积累是知识转移和知识共享的前提和基础。只有深厚的知识积累和沉淀，才能更好地知识创新。

（3）知识具有隐性和显性。

从知识存在的形态和知识转移方式来看，知识具有隐性知识和显性知识。隐性知识比显性知识更能创造价值，隐性知识的挖掘和利用能力，将成为个人和组织成功的关键。两者可以相互转换，通过运用提示、比喻、类比和模型，可以将存在于整个组织中有价值的隐性知识转化为容易传播的显性知识。显性知识也必须尽快地再转化为隐性知识，形成个人的技能。

（4）知识具有非消耗性。

物质资源是可以耗尽的，而知识则可以生生不息。取之不尽是知识重要的资源特征。知识在使用过程中不仅不会被消耗，而且还会产生增值。由于知识的这种特性，人类就可以摆脱种种自然资源条件的限制。人力资本理论和知识资本理论认为，决定人类前途是人的知识和能力。因为有了知识资源的可持续增长，才有经济、社会持续增长的可能性。

（5）知识具有共享性和独占性。

知识共享是知识的一个最为重要的属性，而且大部分的知识往往是被共享而不是由某个个人所独占的，知识可以让使用者共同拥有和利用，且知识共享并不消耗知识本身。知识一旦被发现并公开，就会被更多的人掌握和使用。知识的独占性是与知识共享性相对应的一个属性。个人或者组织一旦拥有某项新知识或是由于知识创新的新知识，知识拥有者为了回避风险、回收投资，自然就会对拥有的知识有意"垄断"，采取相应的机制或措施保护知识产权，如通过申请专利、保密和签合同等方式保护自己的知识。

如何解决个人知识与组织知识的关系，以及如何有效解决组织知识共享和独占的问题是知识管理的任务之一。

（6）知识具有创新性。

创新性是知识的基本性质之一，知识的创新性也集中体现了知识的价值。知识是人类在不同历史时期认识世界过程中逐渐积累起来的，它们是由无数的创新知识沉淀而成的。知识也因其有创新性才能够不断增长，知识的增长和积累是以知识的创新性为前提的。知识因具有创新性，人类社会的知识存量（某一时间上全社会所拥有的全部知识总量）才不断地增加。

3）知识分类

（1）科学知识的分类。

古希腊哲学家亚里士多德从哲学的角度，将科学知识分为 3 类，即理论哲学（数学、物理学、形而上学）、实践哲学（政治学、经济学、伦理学）、创造哲学（诗歌、艺术、讲演术）。

英国哲学家培根把人类科学知识分为 3 类：

① 记忆的科学，如历史学、语言学等；

② 想象的科学，如文学、艺术等；

③ 理智的科学，如哲学、自然科学等。

现代科学知识一般分为自然科学知识和社会科学知识两大类。哲学知识则是关于自然、社会知识的概括和总结。

（2）OECD 对知识的分类。

1996 年经济合作与发展组织（OECD）在"以知识为基础的经济"的报告中，从知识经济分析角度将知识分为 4 类：Know-What、Know-Why、Know-How 和 Know-Who。

Know-What 知识：知道是什么的知识，是指可以观察、感知的知识，即关于事实与现象的知识。这类知识包括传统上所说的自然科学知识和社会科学知识。

Know-Why 知识：知道为什么的知识，主要指科学理论与规律方面的知识，包括自然原理或法则的科学知识。对于企业而言，就是研发、生产、销售等的方法和规律。OECD 认为此类知识在多数产业中支撑技术的发展及产品和工艺的进步。

Know-How 知识：知道怎样做的知识，是关于技能和诀窍方面的知识。例如，研发人员解决问题的技巧和经验、有经验的维修工程师维修设备的经验和技术。企业判定一个新产品的市场前景或一个人事经理选择和培训员工都必须使用此类知识。

Know-Who 知识：知道是谁的知识，即人际间的交往知识。有了这种知识，员工在工作过程中出现问题时能够很快地知道应该请教谁。这是关于人力资源、人际关系及管理方面的知识。这类知识包含特定社会关系的形成。Know-Who 类知识对于其他类型的知识来说，属于企业内部知识。

在以上 4 类知识中，Know-What 和 Know-Why 知识是客观知识，也称显性知识，它可以进行编码；而 Know-How 和 Know-Who 知识属于隐性知识，不容易度量和编码。人们可以通过不同渠道学习以上 4 类知识，如通过读书、听演讲等获得客观知识，通过实践学习隐性知识。

查尔斯·萨维奇又增加了两种知识的分类，可以算得上是最好的补充：

Know-Where 知识，知道何地的知识，掌握做事的最佳场合（空间感）。

Know-When 知识，知道何时的知识，适时把握时机（时间感）。

企业经理们最需要的重要知识是判断性的知识，如 Know-When（知道何时）和 Know-Why（知道为何）。

OECD 关于知识的分类有以下特点：

① 继承和包含传统的知识概念。第一、二类知识是我们传统上认为的知识，因此，OECD 对知识的划分并没有抛弃与传统概念的联系，而是继承和吸收了它的内核。

② 将经验和能力请进了知识的殿堂，这是对传统知识范畴的突破。OECD 将经验和能力纳入知识的殿堂，确立其在知识系统中的地位，确实是一个创新。

③ 强化各类知识中经验、技巧和能力的重要性。第三类知识包括技术、技能、技巧、诀窍，它们能解决生产中的实际问题。第四类知识涉及人力资源状况。

（3）按知识的表现形式分类。

在知识管理领域，按知识的表现形式将知识分成显性知识（explicit knowledge）和隐性知识（tacit knowledge）。

显性知识就是"能用文字和数字表达出来，容易交流和共享"，这类知识一般存储在文档或多媒体等载体中。而"隐性知识"则是高度个性化而且难于格式化的知识，主观的理解、直觉和预感都属于这一类，有时把它理解为人的本能（习惯）。

我国学者王众托把"显性知识"称为"言传性知识"，"隐性知识"称为"意会性知识"。人们不可能把说得出来的都写出来，不可能把意会的东西都说出来。而这类说不出来的意会性的经验、体会就是隐性(意会性)知识。

英国哲学家迈克尔·波兰尼(Michael Polanyi)指出:"我们知道的比能说出来的多。"他认为隐性知识是个人技能的基础,只能在具体的实践尤其是失败中获得。因此隐性知识是在"干中学",通过试验、犯错、纠正的循环往复而从实践中形成的个人的处事习惯(有时是没有经过思考而能直接指导行动)。

显性知识能借助计算机进行处理,且容易在人们之中进行交流和共享。隐性知识难以表达,但这并不意味着它不是知识管理的对象,恰恰相反,隐性知识是知识管理的重要内容,知识管理的一个重要目的在于把隐性知识转变为显性知识。

(4) 按知识的共享程度分类。

① 个人知识——只有创造知识的人或将知识概念化的人才能掌握的知识。个人知识是指个人拥有的大量的、复杂的、来源于各种渠道所获取的知识,不仅包括个人学习的专业知识、还包括工作经验、工作技巧、诀窍、个人专利,甚至生活常识、思想体验、社交能力等,及其更高层次的价值观和思想。

② 组织共享知识——扩散至他人,常常通过与创造者的人际接触实现。包括企业内的规章制度、生产流程、作业指导书、产品知识等。

③ 组织受控知识——在一个组织内为部分人所知,但却受到保护,以防向外扩散,如专利或知识产权。在软件企业中计算机软件的源代码,麦当劳汉堡包的加工工艺、可口可乐的配方等都是典型的组织受控知识。

④ 社会公共知识——在开放的市场上随手可得。对于企业而言,社会知识就是外部知识。

通常隐性知识是企业最有价值的知识。它存在于雇员和老板,尤其是客户的头脑中。可是,一旦有人离职,也就带走了知识。所以知识管理策略中关键一点就是设法使个人的隐性知识转化成企业的知识。

2. 知识管理内容

知识管理内容包括知识获取、知识共享、知识交流、知识应用和知识创新。

1) 知识获取

知识管理的核心是知识,知识管理的对象是人和组织。如何使人和组织获取知识和利用知识是知识管理一项复杂而又艰难的工作。获取知识的主要方法是通过学习、实践来完成的。

企业为了获取知识通常采用兼并和租赁方式。企业间兼并的目的是要获取被兼并企业的知识和人才。租赁的常见方法是企业在经济上支持高校或研究机构,以获取知识的使用权等。这些都是企业获取知识的重要手段。采用知识融合的方法,即把不同专业背景、不同技能甚至不同价值观的人集合在一起,针对同一个问题或项目,通过彼此的讨论、冲突和碰撞,使得最终对问题产生一个共同的、具有创造性的解答,即通过协同方式产生具有创造性的知识。

个人获取知识方法是采用逻辑推理方法,即归纳方法、类比方法来得到新知识。归纳方法是从大量相类似的事例中总结出一致的规律知识。类比方法是从两个相似的事例中,从一个事例中的已知特性推出另一事例的相似的未知特性。这样得到的知识不一定正确,是不保真的推理,还需要对得到的知识经过验证。

人工智能的机器学习技术是以归纳学习和类比学习为主体,完成对大量事例的知识获取。一个典型的例子是,对医院中大量病例与诊断利用示例学习算法(如 AQ11、ID3、IBLE 等算法)能计算出对病症诊断的知识。

2) 知识共享

知识共享定义为:知识从一个人、群体或组织转移或传播到另一个人、群体或组织的活动。其实知识管理就是通过知识共享,运用集体的智慧提高组织的应变能力和创新能力,而知识共享是知识管理的核心。

(1) 知识共享的目的与意义。

① 知识在共享的状态下能够给组织和个人带来更大的益处,共享同时也是知识的存在方式。

② 知识共享打破知识垄断,促进个人知识和组织知识的增长。知识垄断是知识所有者独占自己拥有的知识,期望通过垄断获得更大的利益或超额利润。知识垄断是知识的不对称性或者称为知识的绝对缺乏性造成的。知识的不对称性是指知识在知识主体之间的分布不均衡,任何组织和个人都拥有一定的知识量和自己独特的知识结构,世界上不存在两个在知识量和知识结构上完全相同的知识主体,所以知识在知识主体间的分布是不对称的。同时,任何个人或者组织也不可能拥有关于某个领域的所有知识,这是知识的绝对缺乏性。按照行为障碍论的观点,知识的缺乏导致行为障碍,无论是组织整体,还是组织中的个人都不可能拥有所有需要的知识和信息,因此,为了更有效地开展各项活动,组织和个人都求助于自身之外的信息和知识源,在此背景下知识共享成为必然之选。

③ 知识共享架起知识和生产力的桥梁,实现知识增值。知识共享在知识经济中占有重要位置,通过知识开发→实施共享→生产力,将组织知识转化为生产力,指导组织的生产力变革,发挥组织知识的效用。

一个组织如果没有知识共享系统,将无法凝聚成员的创新力量,难以完成自身肩负的任务。就企业来说,其效能与其成员的学习能力、创新能力以及企业的知识共享水平成正比。这是因为,在信息社会和知识经济时代,靠专长单一的个体已难以应对现代社会的公共管理需要,而必须通过知识共享和协同工作,把每个人的知识特长聚集起来,转变成企业组织的整体能力。知识共享是学习型组织的重要特征,知识共享系统是学习型组织的重要支撑。

根据 IDC 公司的调查数据显示,全球财富 500 强企业中,由于缺乏足够的知识共享而导致的经济损失超过 300 亿美元,也就是平均达到 6000 万美元,这个数字已经抵得上国内一个大型企业一年的营业收入。

(2) 组织内知识共享策略。

① 创立组织知识共享的文化,在员工之间建立相互信任的关系。

人与人之间的交往和沟通、知识的交流和转移以相互信任为基础,正如 Putnam 所指出的那样:"一个普遍交往的社会要比相互间缺乏信任的社会更有效率,信任是社会生活的润滑剂。"一方面,从知识的转移来看,尤其是隐性知识,它很难通过正式的网络进行有效的转移,而只有通过紧密的、值得信赖和持续的直接交流等非正式网络才能实现隐性知识的传递。而知识有效转移的前提条件就是知识转移的双方必须相互信任;另一方面,人与人之间的相互信任能有效降低任何一方采取机会主义的可能性,从而提高人们合作的效率。但是,由于我国传统文化的影响,除血缘关系外,人与人之间的信任度比较低,因此,需要在组织中建立新型的组织文化。

组织文化是组织及其员工行为准则的判断标准和体系,它时刻指导着组织及其员工的行为。组织文化的核心是价值观,组织文化的建立应以有利于知识共享的价值观为指导,并使这样的价值观融合于组织和组织员工的价值观之中。

② 降低组织成员知识基础的差异性,减少由于员工对知识共享评价的差异性带来的损失。

人力资源管理部门应有计划性和前瞻性,在人员招聘、职责描述、帮助新成员内部化和人员匹配等环节中,明确职位对成员知识基础的要求,并努力了解员工完成工作所需的相关知识,确保员工具备完成职责所需的基础知识,使全体员工对本企业所需的各种知识有所了解。此外,组织在设计知识管理系统时,应设计合理的激励系统,促进并奖励知识共享,阻止并惩罚对可完整转移知识的隐藏行为。在考评员工时,要注意考虑他向同事转移了多少有用的知识、在团队工作中起到的作用及对企业知识创新的贡献等。企业制度应能让员工看到并享受到将自己的知识与他人共享带来的利益。

③ 设定原则,甄选具有潜在价值的共享知识。

知识管理的目标是实现组织总体的发展战略,因此知识共享的过程也必须以实现组织战略目标为前提。对共享知识的甄选非常复杂,可以通过以下几方面进行。

- 分析组织的长期规划和目标。通过组织战略目标和核心竞争力的分析,寻找为完成组织战略目标所必需的关键活动和关键业务,形成关键活动和业务的工作流程,以此作为甄选和评价具有潜在价值的知识的出发点。
- 对关键活动和业务流程进行分解,寻找为完成这些活动和业务所必须的知识,显示知识杠杆点。在企业关键业务活动中,能够利用知识带来效益,并对实现组织发展战略和长期规划有重要贡献的知识称为知识杠杆点。知识杠杆点是企业知识管理的重点,也是对企业今后发展具有重要作用的关键知识。
- 发现知识杠杆点中的有关人员。人员是知识共享的核心,也是知识共享和知识管理成功实现的保证。通过访谈相关人员,主要是独当一面的关键人员,获得组织知识库和知识专家的位置。
- 根据知识分类确认知识在组织中存在的形式和发挥作用的情况。对于显性知识,如技术文档、产品说明、市场规划等,指出其存在的位置、获取的方法、知识的简单描述等。对组织中的隐性知识要做出统计和描述,包括知识背景、知识网络、知识与组织之间的关系等,并分析这些知识在组织发挥作用的情况。

3）知识应用

（1）概述。

知识应用就是知识从理论到实践的转化过程。当企业面临新的问题时,借助企业所掌握的显性或隐性知识,应用到实践之中以解决问题,为企业创造价值。因此,知识应用是实现知识从知识形态本身到企业价值转化的拐点。知识应用过程中,要促使知识与实际环境相吻合,才能通过原有的知识或原有知识的组合创新来解决新遇到的问题。因此知识应用需要有一个快捷实时的知识检索系统。对于个人,人脑就是一个天然的功能强大的知识"自然检索系统",但作为个体的人所掌握的知识总是极其有限的。在企业所掌握的浩如烟海的知识中,个人所能熟练记忆和掌握的只是沧海一粟而已。所以,企业需要建立基于知识库的检索系统,以知识快捷实时地与检索者互动,提高应用的效率。

(2) 知识创造价值。

知识应用的根本目的在于为企业创造价值,实现从知识到价值的飞跃。应用是"知识创造价值"的直接体现。最常见的知识应用一种是直接把知识作为产品转让或者售卖,从而获得收益,实现知识价值;另一种为企业创造价值的方式是将知识内化为企业理念、文化、业务流程、经营管理和技术开发之中,以获得财务和非财务的收益,这是知识创造价值的最重要途径。因为从根本上来说,知识售卖所获得的价值,仍然依赖于知识的内化给企业带来价值的潜能,对出售方来说是售卖知识本身获得收益,而对购买方来说,仍是看重知识内化给企业带来价值的能力。

(3) 知识复用。

知识应用中还要解决知识的重复性使用问题。只有可重复使用的东西,才能产生稳定的效益,同样,知识重复应用的次数越多,效率就会越高,而且在重复使用中可以极大地促进知识的创新与进步。在知识复用中,一般的技术可以通过培训来实现重复使用,例如机械加工技术、打字技术、编程技术和会计技术等。但是,业务处理规则等隐性知识的重复使用却未能被许多企业认识到。例如,市场促销行为包括市场调研、产品现状分析、公司内部资源分析、竞争对手分析等,这样一个市场促销行为,如果可以重复使用,那么会比简单的技能重复带来更好的效果。在管理成熟、运作规范的国外公司,业务处理规则作为重要的知识,在推动复用中发挥了积极作用。

(4) 知识开发与应用的平衡。

在知识的应用过程中,会涉及大量的知识开发工作,开发包括重新获取、整理和保存等。从节约成本的观点出发,必须平衡知识投入与知识开发所创造的价值的财务关系,即平衡知识开发和知识应用的关系。知识开发过程中,尤其是核心技术和管理方法的研发成本是相当高的,所以企业对于知识的应用关键还要立足于现有知识的消化和吸收,不要将花了巨大成本开发出来的知识搁置不用而去舍近求远,应尽量使关键性知识的应用量近似于关键性知识的获取量,最有效地利用好现有知识,将实现知识产值的最大化。

4) 知识创新

知识创新是知识管理目标。

创新是向未知领域的拓展和开发,创造前人没有创造的业绩。知识创新就是用新的知识代替旧的知识。知识不仅包括科学技术知识,还包括人文社会知识、商务和经济知识以及工作中的经验知识等。知识创新追求新发展、探索新规律、创立新学说、积累新知识,并到实践中创造效益,促进科学和社会进步。

知识创新包括技术创新、制度创新和管理创新,其中技术创新实质是知识创新的核心基础,制度创新是知识创新的前提,管理创新实质是创新的保障。

技术创新体现在不断推出新的产品、新的服务、培植市场消费热点、引导社会消费潮流。

制度创新是通过调整和优化企业所有者、经营者和劳动者三者的关系,是各个方面的权利和利益得到充分的体现。通过调整组织机构,完善规章制度,使企业中各种要素合理配置,发挥最大限度的效能。制度创新是搞好企业各种管理的基础。适时的制度创新能够使企业站在发展的前沿;在知识经济时代,关键是人才的竞争,而发挥人才积极性的关键在于制度创新。

管理创新是建立适合自己企业发展的管理机制,充分发挥企业资源(物资、人力、信息、组织结构、决策过程等)的作用,提高生产效率、减少库存、降低成本、优化质量、扩大市场竞争优势。

约瑟夫·熊彼特首次提出了企业知识创新的概念,包括采用一种新的产品;采用一种新的生产方式;开辟一个新市场;使用新的原材料;实行新的企业组织形式等 5 个方面。

《实现知识创新:部分世界五百强企业发掘隐性知识掠影》一书提出了一种新的知识创新模式,包括:分享隐性知识,可通过直接观察、口授、模仿、体验和比较、共同操作等方法来实现。创新观念,使用隐喻、类比等方法。论证设想,由团体成员自己、部门领导、业务领导、上层管理人员、外部持股人等组成论证小组,进行科学论证。制造样品,样品是设想的有形形式,它是把现有的设想、产品、零部件、新设想的生产程序结合在一起而形成的。在这个阶段上,参与者不仅包括原来的小团体,而且包括来自销售、制造、维修和战略制定的各个功能部门的人员。交叉测评知识。野中郁次郎等提出的这种模式是对以前知识螺旋模型的一种发展,重点突出了如何具体发掘隐性知识,并通过有效的组织来实现创新。

野中郁次郎等还提出了 5 种知识创新方法。

(1) 具有知识眼光。知识眼光指对将来知识创新工作的预测,包括将要创新知识的形式和内容。它能够给企业成员指出明确的发展方向,为企业战略的制定奠定基础,是企业前进战略的灵魂所在。对于知识眼光,可通过 4 种方法实现:

① 自上而下的远见卓识,速度快、效率高,但可能忽略某些关键知识领域;

② 专家型的远见卓识,知识眼光会跟公司的研究专长、研究活动和核心技术紧密结合,但有可能过于狭小;

③ 撒手型的远见卓识,能够激发员工的积极性,但协调难度大;

④ 360 度的远见卓识,远见卓识者代表了一个公司整个(360 度)的知识圈子,各个层面和各个职能部门的人都应该投身到知识眼光的进程中来。当然,360 度的远见卓识是最为理想的。

(2) 驾驭谈话技巧。通过不同的人之间的面对面交流,个人的隐性知识可以得到有效的分享,因此有效的驾驭谈话技巧,有助于知识创新的实现。开展有益的谈话可以遵从 4 项指导原则:一是鼓励积极参与。管理人员必须为知识创新的谈话创造一种意识,管理人员能帮助制定鼓励参与谈话的礼仪规则。二是建立谈话的礼节。三是恰当地组织安排谈话。四是鼓励创新性的语言。

(3) 激励知识积极分子。在一个企业中,知识积极分子一般是某种类型的管理人员,他们在企业中扮演 3 种角色:知识创新的催化剂、知识创新主动性的协调人和有远见的商人。知识积极分子有助于创建实现知识创新的良好环境。

(4) 创造良好的环境。指利用组织机构调整和人员安排等形式来为知识创新提供相应环境。

(5) 本地知识的全球化。包括 3 个阶段:一是激发启动阶段,通过确认业务商机或需求来启动该进程,管理人员需要为启动知识交换找到成本低效益高的机制:公告牌、定期召开的知识讨论会和利用知识积极分子。二是包装和发送阶段,有关的管理人员必须对何种知识需要包装做出判断;发送的管理人员必须对货运物的发送次序做出决定;管理人员应指定当地的专家或代言人负责所发送知识的工作;管理人员应该对"储藏库"做出决定;管理人员能够提出知识交换的政策方针。三是再创新阶段。

野中郁次郎的观点首次将知识创新和战略管理联系了起来,颇具新意。

3．知识管理的效果

1) 安达信咨询公司提出的知识管理公式

安达信咨询公司提出了一个在知识管理领域里非常流行的公式:

$$KM = (P + K)^S$$

式中,KM = knowledge management; P = people; + = technology; K = knowledge; S = share。

这一公式的主要意义为,知识管理取决于:people(组织内拥有各种技能和知识的员工数量);knowledge(整个组织内存储的知识的丰富程度);technology(组织内支持知识创造、存储、传递的信息技术结构品质的优良程度);share(使员工之间的信息与知识达到共享的极大化程度)。

2) 夏敬华和金昕提出的知识管理公式

夏敬华和金昕在《知识管理》一书中提出的知识管理公式为

$$V(KM) = (K + P + T)C$$

式中,$V(KM)$ 表示知识管理的价值;K 表示知识管理的对象及知识内容;P 表示知识管理的过程;T 表示知识管理的技术;C 则表示知识管理的人/文化因素。

3) 评述

知识管理公式中主要的元素是人、知识和技术。其中,"技术"包括计算机的知识工程技术和个人开发知识的技能。知识工程技术包括知识获取(机器学习与数据挖掘)、知识利用(专家系统、决策支持系统、神经网络等)。个人开发知识的技能包括知识获取(知识交流、总结、归纳、类比等)、知识创造和创新。

知识管理公式表明,人和组织要充分利用"技术"获取知识,并最大地发挥知识的作用,达到提高竞争力,获取最大效益。

7.1.3　知识管理与学习型组织

1．学习型组织的定义

(1) 彼得·圣吉在《第五项修炼:学习型组织的艺术和实务》书中认为:"学习型组织是一个不断创新、进步的组织,在这个组织中,人们不断突破自己的能力上限,创造真心向往的结果,培养全新、前瞻而开阔的思考方式,全力实现共同的抱负,并不断一起研究如何共同学习。"他在全世界范围内引发了一场创建学习型组织的管理浪潮,他被称为"'学习型组织'理论之父"。

(2) 加尔文在《建立学习型组织》一文中指出:"学习型组织是善于创造、获取和传递知识,并以新知识、新见解为指导,勇于修正自身行为的一种组织。"这一定义将组织学习与知识管理融合起来。

知识管理的重点是知识的交流和知识创造,学习型组织正是完成这项任务的最好途径。

2．学习型组织与知识管理的整合

1) 学习与知识的关联性

任何一个组织只有通过学习新的东西才能取得进步。学习与知识是密切相关和不可分的。因为没有学习就没有知识。知识的来源有两个：一个是直接的知识；另一个是间接的知识。在人的一生中绝大多数的知识是间接知识，而间接知识是靠学习得到的。同时，知识也需要学习来扩散和创新。只有知识在被应用的过程中，才能被丰富和完善，并被创新。学习与知识联系密切，但并不是一个概念。

知识是结合某一定领域的技术和经验的载体，学习则是把知识结合起来并运用于工作中的一种能力。在现代企业中，知识成为第一资源，学习成为促进企业发展的第一手段，同时也成为知识沟通的第一要素。通过个人及组织的深入学习，才能促进知识的积累、共享和流动，为形成企业的知识体系创造条件。学习的目的是为了获取知识，学习是现代企业组织发展的重要手段。

一些学习研究者认为，学习是个人与组织进步的工具，它不仅包括正规的学校教育，还覆盖着非正规的校外教育和其他形式的培训。学习的过程也正是知识共享和管理的过程，一个基本的方法就是将隐性经验知识转化为可以理解和表述的显性知识，并重新应用到实践中。由于现代企业中学习的频繁进行，学习已成为企业的第一沟通手段。

2) 学习型组织与知识管理的互补性

学习型组织和知识管理中不同管理方式的比较如表 7.1 所示。

表 7.1　学习型组织和知识管理方式的比较

学习型组织	知识管理
自下而上的组织沟通	自下而上的知识流动
下层认同高层管理决策 （个人愿景对共同愿景的融入）	下层知识影响高层管理决策
强调成员间的心理相容性及认识的趋同性，即建立共同愿景	强调成员间知识的差异性，要求带来交换价值
个体对组织的主动投入和适应能带来个人愿景的实现	知识的分享能带来更大的回报，达到双赢

IBM 知识管理咨询公司负责人 Mark. W. McElroy 划分了"第一代知识管理"和"第二代知识管理"。第一代知识管理主要为"数据管理"和"信息管理"，较多地强调了整个组织内现有知识的共享。第二代知识管理则考虑了人力资源和过程的主动性，认为组织不仅拥有众多的知识，而且他们要学习，即组织学习。

由此可见，知识管理和学习型组织两种理论已经呈现融合的趋势。二者之间的相同之处使它们的整合成为可能，二者的不同和互补性使它们的整合成为必要。学习型组织理论和知识管理理论实际上是从两个不同的视角指向同一个目标：核心竞争力。前者侧重组织学习，后者侧重知识运营。

3) 创建基于知识管理的学习型组织

基于知识管理的企业学习型组织的创建过程可以分为起步阶段、发展阶段、成熟阶段和持续发展阶段 4 个阶段。

(1) 起步阶段。

在创建基于知识管理的企业学习型组织的进程中,这一时期组织的现状是:组织中的知识资源处于散乱、无序的状态,组织中的学习活动一般是自发的、不正规的,企业按照头痛医头,脚痛医脚的方式发展基本习惯和业务流程。于是组织内部需要进行知识管理和学习型组织在观念上的整合,重塑组织文化。

(2) 发展阶段。

传统的组织结构严重地阻碍了知识和信息在组织内部的有效沟通和流动,阻碍了组织成员之间的学习和知识共享,导致信息不对称、工作效率低下。于是组织进入了结构整合的过渡阶段,通过项目小组和工作团队等先进组织形式的建设,变传统的组织结构为扁平化、网络化、柔性化的全新组织结构。

(3) 成熟阶段。

开始了组织学习与知识流动的整合过程。组织开始把学习纳入日常工作中,设计合理的知识流程,并逐步研究组织学习与组织知识流动的最佳整合模式。这一阶段的实践活动也使组织前一阶段建立起来的新的组织结构在实际运作中不断修正不合理的地方,更加趋于完美。

(4) 持续发展阶段。

这时的组织战略就是围绕企业的经营目标,如何运用知识管理和组织学习来不断提升企业的核心竞争能力的战略体系。此外,企业考虑如何通过有效的检测和评估来维持组织的有效运作,并且能够通过有效的反馈机制来不断地自我净化与完善。

3. 学习型组织实例

微软公司为了建立学习型组织,微软提出了自己的学习理念,即"通过不断的自我批评、信息反馈和交流共享而力求进步"。这 3 个理念又化为 4 个原则。

1) 从过去和当前的工作中学习

(1) 事后回顾活动。

自从 20 世纪 80 年代后期以来,微软公司大约有一半或 2/3 的项目都写了事后回顾报告,其他项目也大多举行过类似的讨论会。事后回顾报告在自我批评方面非常坦率,这是微软文化的一部分,是对所作所为不能尽善尽美的永不妥协。事后回顾的研究结果由职能组开会讨论。这些研究结果得出的某些项目的技巧或经验教训,在全公司内广为宣传。

(2) 过程审计活动。

过程审计活动是微软公司引导学习过程,进行交流和反馈的重要活动。因为微软公司的项目开发是高科技性质的,项目开发过程中难免会遇到困难,面临危机,这种过程审计活动极有利于上下层的沟通,改变心智模式,达到团队学习的功效,引导团队朝着更好的做法迈进。如 Visual C++ 语言产品就是在过程审计的帮助下,克服了原有的危机,顺利推出的。

(3) 休假会活动。

微软公司对其主要成员每年至少组织一次休假会,目的是促成不同部门就手头工作交换信息,并解决一些工作中出现的难题。微软公司坚持每年就不同问题召集休假会,比如如何迎接挑战、改进相互配合、相互依赖等问题。休假会有助于发布信息,促进高层之间的信息沟通。

（4）非正式沟通。

微软公司鼓励中层经理和其他人员在不太正式的场合经常进行交流。某些小组的开发人员也定期聚会,比如 Excel 开发人员每周一次"自带酒食"午餐会,促进了相互之间的交流和互动。此外,人们还可以通过电子邮件进行联系。这些非正式沟通有利于组织成员之间的知识共享和思想碰撞。

（5）自食其果活动。

开发出来的新产品首先在自己组内使用。如果性能不好,构造者和其他组员将不得不"自食其果"。通过亲身体验,如同客户一样,并向相关小组不断反馈信息。要求开发人员应使用普通客户所用的计算机,而不用高性能计算机,这样才能真正反映客户所面临的情形。通过"自食其果"活动,可以在新产品正式推出前发现问题,降低返工率。

2）通过量化的内部标杆来学习

微软公司在产品开发管理活动中,创造了许多量化的测量标准和衡量基准,并把它作为一种信息反馈系统用以帮助项目组之间共享信息,达到共同学习的效果。微软公司的测量标准包括质量、产品和流程 3 大类。在每一个项目中,经理们会自始至终运用这些测量标准进行预测、过程控制及信息反馈。项目完成后,又用这些标准来进行评估,发现技术的有效性,发现可改进的机会。利用量化的测量标准,微软的经理们创造了一套全公司范围内通用的衡量基准（内部标杆）,以此确定最佳开发方案,便于各个团队展示各自的技巧并互相学习。

3）在客户服务中学习

（1）电话信息分析。

微软公司每天大约会收到 6000 个"故障"咨询,微软公司通过特意设计的 PSS 工作台,可以进行客户的电话分析,从而更好地改进公司产品和服务。为了尽量用好客户的信息反馈,微软成立了一个产品改进组,他们建立了两种客户信息分析机制:一种是建立电话分析月报,其中包括每种产品与全球各地的 PSS 联系的"十大"原因的一览表,并包括每种产品的主要 15 条建议,公司把电话分析通过电子邮件传送到各产品组的个人和经理那里,客户反映的问题和建议在公司内广为传看;另一种是建立独立的客户建议数据库,可供全公司使用,以便于开发人员对仍存在的问题加以解决。这些措施都促使进一步改进公司的产品质量和服务,提高顾客的满意度。

（2）"情景屋"电话会议。

开发人员在每推出一种新产品后,要花一些时间在 PSS 进行现场答疑。这既能培训和帮助 PSS 人员,也能使开发人员亲身接触到一些因受挫而给微软打电话的客户,从而获得第一手资料。微软公司每周两次把整个开发组的开发人员和测试员,以及不同支持领域的支持人员,都安置在 PSS 的热线电话旁,参加"情景屋"电话会议。公司还将会议记录分送到各个开发组,使他们也能从中得到反馈。

（3）最终用户满意度调查。

微软公司每年就产品支持服务和客户满意度开展市场研究。每年一次的最终用户满意度调查,覆盖面超过 1000 个用户,按微软公司用户和非微软公司用户粗略分成两组。对微软公司用户的问题是要分析他们对微软公司及微软产品支持的满意程度。另一个主要调查项目是关于向公司打来电话的用户的满意度调查。PSS人员请一小部分打进电话的人参加一个20分钟的调查会议,通过每月分析这些资料,观察趋势,从中反映微软公司产品在客户中满意的程度。

(4) 产品使用研究。

微软公司一直坚持就产品在客户中的使用情况进行研究,如20世纪90年代早期对Word加以改进时,公司挑出了200名客户,通过每月采访,对他们进行了一年的研究。微软还在美国经常地做"分割式研究",即从全国不同地区随机选择电话号码,挑出800名左右愿意回答20分钟调查问卷的用户,这可以就某种特定产品提供有关典型用户情况的信息。微软也研究过各种产品的用户登记库,营销部门还对特殊用户做详细的个案研究,从而收集用户需求方面的信息。

微软的可用性实验室为新产品的信息反馈提供了另一种渠道。任何人都有可能被请到可用性实验室来测试产品,比如用户组人员或从街上拉过来的人。PSS的数据表明,这种实验室在使新产品更易于使用方面收效显著。

4) 在团队间的知识共享中学习

如何使团队学习上升到组织学习,不同的产品组要学会如何作为一个完整的公司成员共享构件和一起工作。微软开发了"以构件为基础的整体化设计"方法。为了达到学习共享的目的,建立共同操作组。让独立应用软件组采用普通用户界面,然后在主要产品上使普通功能同一化。共同操作组从研究中发现,大约85%的用户操作集中在大约35种特性上,把这35种主要特性实行共享,则可使用户操作更为方便。微软推出的Office成套产品,就是共享性的主要应用软件的集成品,而这正是得益于各个开发组之间的资源共享。

7.2　知识创造

7.2.1　知识创造模型

隐性知识和显性知识的概念最早是Polanyi在1950年提出的,后来被Nonaka用于表达学习型组织的理论,他强调了隐性知识和显性知识之间的相互转化。日本知识管理专家野中郁次郎和竹内广孝将显性知识与隐性知识概念引入知识管理中,并由此极大地推动了知识管理的发展。

1. 知识转化模型

野中郁次郎于1991年提出的社会化或共同化(Socialization)、外化(Externalization)、组合化(Combination)和内化(Internalization)的4个显性知识和隐性知识相互转换的SECI过程。

根据这一模型,知识转化有4个过程,如图7.1所示,即

(1) 从隐性知识到隐性知识,这个过程称为社会化过程;

(2) 从隐性知识到显性知识,称为外化过程;

(3) 从显性知识到显性知识,称为组合化过程;

(4) 从显性知识到隐性知识,称为内化过程。

图7.1　知识转化过程

1）隐性知识到隐性知识的社会化过程

社会化是一个共同分享各人的经历、经验，转而创造新的隐性知识，如共享的心智模式、技能和诀窍的过程。隐性知识也是人头脑中思考的事物。实验或实践就是在获取隐性知识并检验其正确性。隐性知识能够支配人的行动。学徒与师父一同工作，不用语言而凭借观察、模仿和练习便可学得技艺。在商业场合下，在职培训基本上利用同样的道理。获得隐性知识的关键是体验。如果没有形成共有的体验的话，个体极难使自己置身于他人的思考过程之中。下述事例将解释日本企业是如何在产品开发中运用社会化过程的。

松下电器公司是位于大阪的公司，在开发家用自动烤面包机时遇到一个很大的难题：如何使揉面过程机器化。揉面过程基本上属于面包师隐性知识的范畴。为了获得揉面技能的隐性知识，她和几位管理人员自愿在大阪国际饭店烤制面包大师手下做学徒工。要想做出跟面包大师做的一样美味的面包绝非易事，没人能够说出其中的道理。一天，田中郁子注意到面包大师不仅拉伸而且还"搓捻"面团，这个过程就是制作可口面包的奥秘所在。因此，她透过观察、模仿和练习，经过"共同化"学到了面包大师的隐性知识。

2）隐性知识到显性知识的外化过程

把隐性知识显性化时要充分利用比喻、比较、概念、假设或模型等多种方法和工具，它是知识创造过程的精髓。当试图对一个意境进行概念化时，大多借助语言和书写方式将隐性知识转换为可以表述的显性知识，可是语言表达常常还是不适当、不一致和不充分的。但这对鼓励"反思"和个体之间的相互交流很有帮助。

知识转换的外化过程一般被视为创造概念的过程，而这个过程是由对话或集体反思所触发的。利用充满魅力的比喻和（或）类比，对创造性过程非常有效。领导者丰富的比喻语言和想象力是从员工中引出隐性知识的重要因素。

外化是从隐性知识中创造出新的显性知识，所以它对知识创造至关重要。将隐性知识转换为显性知识是使用比喻、类比和模型方法。比喻是一种借助象征性地想象另外一件事物来认识或直觉地理解该事物的方式。

"理论和实践"的关系是显性知识和隐性知识的关系。理论是人们把在实践中获得的认识和经验（隐性知识）加以概括和总结所形成的某一领域的知识体系（显性知识）。科学的理论（显性知识）是从客观实际中（隐性知识）抽象出来，又在客观实际中得到了证明的，正确地反映客观事物本质及其规律的理论。

理论必须和实践相结合，因为实践只有在科学理论的指导下，才能达到改造客观世界的目的；另外，理论只有同实践相结合，才能得到检验和发展，才能变为物质力量。再好的理论如果不和实践相结合，也是毫无意义的。

3）显性知识到显性知识的组合化过程

组合化是将各种显性知识综合为知识体系的过程。这种知识创造模式包括将不同的显性知识彼此结合，个体通过用文件、会议、电话交谈或计算机网络等媒体将知识连接在一起。通过对显性知识的整理、增添、结合和分类等方式，重新构造已有信息，可以催生新知识。在学校里，通过正规教育和培训的显性知识组合化过程，通常采用这种模式。

企业经营中，当中层管理人员在使用经过编辑的信息叙述企业规划或产品概念时，经常能够看到的是知识创造的组合化模式。组织的高层，在将各中层概念（比如产品概念）结合并整合为宏观概念（比如企业远景）以新的内涵时，是知识创造的再组合化过程。

在计算机中利用人工智能的机器学习方法,主要是采用归纳的方法获取知识。把机器学习方法延伸到数据挖掘时,是从大量数据中挖掘出知识。例如利用信息论原理建立决策树,利用集合论原理获取规则知识。它们都是从显性知识到显性知识的过程。

4) 显性知识到隐性知识的内化过程

内化过程实质上是一个实践过程或者是学习后的思考过程,在实践中取得隐性知识,个人把学习到的书面知识通过思考,内化为自身的体验。当通过社会化、外化、组合化获得的知识被内化成个人的隐性知识,形成一种共享的心智模式和技术诀窍的时候,它们才会变成有价值的资产。个人通过内化过程能不断积累和丰富自己的隐性知识。当这种心智模式被所有员工共同分享的时候,隐性知识也就变成了组织的文化。

企业知识管理的一个重要的任务,就是引导个人隐性知识显性化,使它从个人所有转变成组织所有,这是企业知识管理的核心内容。

"学习与思考"的关系就是显性知识和隐性知识的关系。学习(增加显性知识)的是从书本上或老师讲解中汲取间接经验。人非生而知之,只有不断学习前人的经验、成果,充实自己的头脑,才能进一步有所发现,有所创造。可见认真读书是成才所不可缺少的。

然而,学习本身并非目的,灵活运用知识才是真正的目的。为此,就必须发挥主观能动性,进行积极、认真的思考,思考就是在获取隐性知识。弄清"显性知识的来龙去脉以及它们的有机联系"以及"对显性知识的学习方法和技能"都是隐性知识。这些隐性知识能帮助人,有效理解和应用在学习中得到的显性知识。这些隐性知识也可以再外化成元知识,即利用已有知识的心得体会和学习方法,用显性知识表示出来。

孔子说过:学而不思则罔(迷惑不解)。爱因斯坦说过:学习知识要善于思考,再思考,再思考。这样才能真正掌握已学到的知识,用于实践。

2. 知识交流的"场"模型

1)"场"模型

"场"是知识交流与创造知识的地方。

在人类认知及行动方面,许多哲学家曾经讨论过场所的重要意义。柏拉图将存在(existence)的起源地点称为 Chora(场所),亚里士多德称事物实际存在的地方为 Topos(处所),海德格尔将人类存在的场所称为 Ort(地点)。为了将所有这些场所的概念概括起来,为知识创造所需要,在此引进"场"的概念,并将"场"定义为分享、创造及运用知识的动态的共有情境。"场"为进行个别知识转换过程及知识螺旋运动提供能量、质量及场所。换句话来说,"场"是知识以"含义流"(stream of meaning)形式不断涌现的场所。新知识是通过既有知识的含义和情境的改变所创造出来的。

"场"可以存在于个体、工作小组、项目团队、非正式团体、临时会议、虚拟空间之中以及与客户面对面接触之时。"场"是参与者共享情境,并通过互动创造新的含义的存在场所。"场"的参与者将自己的情境带进来,并通过与他人及环境的互动,"场"的情境、参与者及环境会发生变化。

2)鼓励创造知识的过程

为了鼓励在"场"内创造知识,需要客观地看待事物,不带任何主观臆断,或"让现实自然涌现"的方法可能会很有用。

（1）"场"的参与者可以搁置对事物的"客观"含义的判断（搁置法），这种方式称为还原方法。我们可以在没有受到任何先入为主想法妨碍的情况下分享并表述自己的高质量隐性知识。

（2）"场"的参与者对某件事进行反思，然后将其"含义"用语言表述出来。

（3）参与者反思这种"含义（实质）"是否可能被普遍地应用到其他事物方面（富有想象力的发挥）。

3）互联网是知识交流的"场"

目前，互联网就是知识交流与创造知识最有效的地方。在互联网上通过知识交流，共同创造知识的典范有维基百科和开源软件等。

维基百科（Wikipedia）是在互联网上，任何人都可以编辑维基百科中的任何条目。2013年，维基百科已经可以向用户提供 2500 万个词条内容。它已成为了互联网上可自由访问和编辑的多语言的"人民的百科全书"。

开源软件（Open Source Software）也是在互联网上，由散布在全世界的编程者共同开发的免费软件，即开放源代码可以免费下载和使用，也可以修改源代码并再在互联网上向外公布。目前开源软件的类型已经遍布操作系统、数据库、网络软件、桌面系统等方方面面。

3. 知识螺旋模型

野中郁次郎在 1994 年提出了基于"知识转化"的知识螺旋创造模型。他认为在个人、群体、组织及组织间均存在着知识转化，知识的创新是通过知识的社会化、外化、组合化及内化4 种方式实现的。

竹内弘高认为，知识只能由个体创造。没有个体，组织自身不能创造知识。因此，组织的角色是支援和激励个体的创造活动，或者说组织应该为个体提供适当的环境。这一点非常重要。组织的知识创造应该被理解为有"组织"地放大个人创造的知识，并且通过对话、讨论、分享经验、意会，或群体实践等形式将其"结晶"在组织层内。

个人是知识的"创造者"，而组织则是知识的"放大器"。在实际情况下，大多数知识转换发生在小组或团队层内。团队活动起着知识"综合体"的功用。团队自主、多元化及自组织程度越高，这种综合体作用越有效。

组织的知识创造是一个隐性知识到显性知识持续相互作用的动态过程。这种相互作用是由于知识转换的不同模式之间的转变所塑造的，而这些转变反过来又是由触发因素所诱发的。

个体的隐性知识是组织知识的基础。组织需要调动由个体所创造及积累的隐性知识。被调动出来的隐性知识，通过知识转换的 4 种模式"在组织层次上"得以放大，并固定下来。通常将这个过程称为"知识螺旋"。在知识螺旋的过程中，隐性知识到显性知识之间相互作用随着组织层级的上升，其幅度不断扩大。因此，组织的知识创造是一个螺旋的过程。它源自个体，并且随互动社群的扩大，超越团组、部门、事业部、组织的边界而不断往前推进，知识螺旋创造模型如图 7.2 所示。

原子能的发现和利用的过程体现了知识螺旋创造实例。

起因是迈克尔逊-莫雷实验，从高速运行的火车的车灯发出的灯光，其速度与观察者的参考系无关，与光源的速度（火车的速度）无关，测到的光速总是以同样的速度在运动着，这

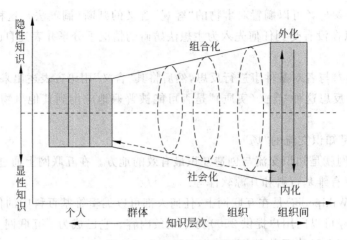

图7.2　知识螺旋创造模型

就是光速的绝对性原理(显性知识)。这个实验指出了两种科学体系(显性知识),即牛顿体系(经典力学的相对性原理)和麦克斯韦体系(电磁学的光速恒定原理)之间的矛盾(显性知识到显性知识的组合化)。

物理学家乔治·费兹杰拉德在学习了这两个显性知识后,经过认真的思考(隐性知识)认为,能解决牛顿与麦克斯韦之间冲突的唯一的假设是:"随着物体的运动,物体的尺寸会发生变化",这一想法告知别人时遭人"嘲讽"。另一个思想家亨德里克·洛伦兹,仔细考虑和分析(隐性知识)认为:随着物体的运动,物体的尺寸和时间都会发生变化。为了证明无论对于运动还是静止的观察者,光速均保持恒定,他把隐性知识外化成显性知识,提出了一组现在称为洛伦兹变换方程,可以解决牛顿和麦克斯韦理论间的矛盾。物体的尺寸和时间的修正因子为 $\sqrt{1-v^2/c^2}$。随着物体的运动速度增加,趋近光速时,修正因子就会显著增大,物体在运动方向上的尺寸缩小越明显,时钟也会变得更慢。

爱因斯坦在学习以上这些显性知识后,经过认真思考(隐性知识)认为,需要用到洛伦兹在物体运动时对空间和时间使用的修正因子。并对麦克斯韦基本方程相联系的相对性原理,认为物体的质量应该是其能量的度量,光也有质量。爱因斯坦把隐性知识外化成显性知识,1906 年提出了著名方程 $E=mc^2$,即质量-能量原理(公式中包含修正因子,在速度低时可省略)。它将两个长久以来被认为是完全不同的概念——能量和质量,联系在了一起:能量守恒原理是 19 世纪物理学上最耀眼的成就,而质量守恒定律则是 18 世纪科学上的耀眼成就。两者原来是可以相互转化。

英国物理学家科克罗夫特和沃尔顿于 1932 年做出的实验,发现了质量损失和能量增长的关系,在实验误差允许的范围内与爱因斯坦的质能方程完全吻合。惯性质量的减小量等于动能的增加量除以光速的平方。这是爱因斯坦的质能方程第一次被证实。从实验中得出结论,就是完成了从隐性知识外化成显性知识。

德国科学家弗里茨·斯特拉斯曼和里瑟·迈特纳,从用氦核轰击铀的实验中发现了分裂的原子核的裂变现象(从隐性知识外化成显性知识)。他们写成了一篇在核裂变方面具有里程碑意义的论文。这样,不少物理学家已经意识到按方程 $E=mc^2$ 的原理,即便只有很小的质量发生转化,都能产生极大的能量(隐性知识到隐性知识的社会化过程)。这促使了一些国家开始了原子弹的研制(如二战时的德国),但美国最早研制出来,并用于第二次世界大战中。后来,人们开始利用原子能来发电,造福于人类。这是理论指导实践的典型例子。

7.2.2 知识创造典范——开源软件

开源软件是在网络上互不相识的人们进行知识交流和共享,形成了大家共同协作创造知识的新潮流。它是知识管理中知识创造的典范。

1. 开源软件概念

1) 开源软件定义

开源软件(Open Source Software)就是源代码开放的软件。开放软件源码对普通人和企业都是免费的,但对所获取源码的使用却需要遵循该开源软件所做的许可声明。

由于开源思想源于计算机软件界,所以发展至今,计算机类开源产品的种类、数量都是很多的,使用也比较广泛。如在操作系统领域,Linux 在服务器市场就占据了相当大的份额,并持续扩张,IBM 公司销售的薄片式服务器中大约有 75% 就运行着 Linux 操作系统;Web 方面,全球有百分之五十以上的 Web 服务器在使用开源的 Apache 系统;数据库方面,有针对互联网应用的轻量级数据库 MySQL,也有针对大型应用的 PostgreSQL,中国最大的门户网站 Sina 的后端数据库就采用了开源的 MySQL 数据库软件。其他还有各种非常流行的软件,如 GNU 的编辑软件 Emacs、Linux 的图形处理界面 Xfree86、排版软件 TeX 等,都获得了广泛的应用。

2) 自由软件与开源软件

1983 年 Richard Stallman 提出了自由软件(Free Software)的概念,1998 年 Chris Peterson 提出了开源软件的概念,自由软件和开源软件有共性也有区别。

自由软件当然主张纯粹的"利他主义",即自由软件在演化过程中将始终保持其"自由性"。开源软件相对于自由软件有两点"发展":在一定程度上开源软件可与私有软件相连接;允许开源软件建立商业模式。

3) 开源文化

开放源码软件运动是计算机科学领域的一种文化现象,是计算机科学真正成为科学并能够与其他科学一起同步发展的手段。开源发展到今天,不仅仅有数以万计的黑客在积极地参与,像 IBM、HP、CA、SUN 等一些软硬件厂商也加大在开源方面的投入并积极向开源社区贡献优秀开源软件,因为开源催化了软件业快速向服务蜕变的速度,并为 IBM 这样的硬件和集成服务商提供了新的商机。

从 Linux 兴起到开源软件的广泛运用,过去 Windows(微软)的辉煌已经不复存在,一个新软件时代已经来临。

开源的成功在于对软件鼓励修改、再发布,倡导代码的可重用性,以及对于用户、开发人员的低门槛,这在一定程度上也能带动开源软件的大规模应用及新项目的兴起。

4) 开源社区

开源社区(open source community)又称开放源代码社区,一般由拥有共同兴趣爱好的人所组成,根据相应的开源软件许可证协议公布软件源代码的网络平台,同时也为网络成员提供一个自由学习交流的空间。由于开放源码软件主要被散布在全世界的编程者所开发,开源社区就成了他们沟通交流的必要途径,因此开源社区在推动开源软件发展的过程中起着巨大的作用。举例来说,Linux 不被任何个人或公司所拥有或控制,它由开放源代码社团进行维护。这个社团是由一群志在联合起来使 Linux 成为全球最开放操作系统的专业开发者组成的。

2. 开源软件发展的分析

1) 开源软件的反思

专利、版权、授权方案以及其他"保护"知识的手段可以用来确保革新者获得一定的经济收益,而且革新者可以按照比例分配收益。用户购买微软的 Windows,可以在计算机上使用,但却无法对它进行复制、修改、完善并将自己的 Windows 版本重新发布给其他人。就像可口可乐公司不会公布配方一样,微软以及其他私有软件创作者也不会公布源代码。

开源软件改变了这种基本原则。开源软件的本质就是源代码自由。也就是说,开源软件的源代码与软件一起发布,任何人只要愿意都可以自由使用。在这里,"自由"指自由权(不一定指售价为零)。源代码是开放、公开和非私有的。正如理查德·斯托尔曼指出的,自由权包括为任何目的运行程序的权利,研究程序工作原理以及按照自身需求进行改编的权利,将副本重新发布给其他人的权利,改进程序并将自己的改进之处与社区分享以便让所有人受益的权利。

这种新模式的核心体现在半官方"开源定义"的 3 个本质特性上:

(1) 源代码必须与软件一起发布或者能够以不超过发布成本的代价获得。

(2) 任何人都可以自由地重新发布软件,无须向作者支付版权费或者授权费。

(3) 任何人都可以修改软件或者从中衍生出其他软件,然后按照相同的条款发布经过修改的软件。

开源软件是一种真实而非边缘的现象,目前已成为信息技术经济的一个主流部分。作为一套电子邮件传递和管理的开源程序,Sendmail 被应用于全世界 80% 的邮件服务器。互联网上主要的寻址系统 BIND 也是一种开源程序。如果使用 Google 进行网络搜索,那么就正在使用一万台运行 Linux 的计算机组。而 Yahoo! 运行目录服务的 FreeBSD 则是另一种开源操作系统。

开源引发了 3 个有意思的政治经济学问题。

(1) 个人动机:在明知不会从该项目得到任何补偿的情况下,才华横溢的程序员们为什么要心甘情愿地花费大量的时间和精力在这样一个合作项目上呢?

(2) 协调:这些人是采用什么方式和基于何种原因围绕相同的关注点协同工作的呢?

在政治经济学中,高度分工和价格机制是协调的标准方式。但是,这两种方式在开源中都是无效的。取而代之的是,个人选择自己想做的事情。金钱并非该综合体的中心部分。任何人都可以自由地修改源代码并将修改过的版本重新发布给其他人。开源程序是如何突破分级体制以及市场机制的束缚,并维持大批贡献者之间的相互协作呢?

(3) 复杂性:软件是一种格外复杂的人工技术产品。弗雷德里克·布鲁克斯注意到,当你增加某个项目的程序员人数时,完成的工作量会呈直线上升。然而,复杂程度及出错率也呈几何级数增加。这一点被认为是分工原则固有的特征,称为"布鲁克斯定律"。

2) 成功的开源软件——Linux

(1) Linux 的兴起。

赫尔辛基大学一位名叫莱纳斯·托瓦尔德斯的计算机专业研究生为自己购买了一台个人计算机。他对在校期间学习的 UNIX 操作系统的技术方法情有独钟。但是,他不喜欢排长队去访问大学里运行 UNIX 的计算机,托瓦尔德斯听说过 Minix,这是一个经过简化的类似 UNIX 的系统,托瓦尔德斯在计算机上安装了该系统。他不久就开始按照 Minix 的框架创建自己的类似 UNIX 操作系统的核心程序。1991 年秋,他抛开 Minix 框架并在互联网的新闻组上发布了自己新操作系统核心程序的源代码,他将该系统命名为 Linux,并随附了以下的注释说明:

我愿意贡献它的源代码以便其在更广的范围内发布。……我很高兴这么做,有人可能会喜欢看看,甚至根据自己的需要进行修改。这个程序仍然小得足以理解、使用和修改。我期待着您可能做出的任何评论。我也有兴趣听到任何曾为 Minix 编写过实用/库功能的人员的反馈意见。

反响异常热烈。到 1991 年年底时,全世界将近 100 多人加入了新闻组。许多人参与了错误修改和代码改进,并给托瓦尔德斯的项目增加了新功能。1994 年,托瓦尔德斯发布了第一款正式的 Linux 版本 1.0。

到 20 世纪 90 年代末,Linux 成为一个主要的技术和市场现象。这是一套极为复杂和成熟的操作系统,其诞生归功于全世界成千上万开发人员的自发贡献。到 2000 年中,Linux 已在超过三分之一的网络服务器上运行。

突然之间,鲜为人知的操作系统及源代码主题从技术刊物转移到了《纽约时报》的头版。一时间,开源成为互联网社会的一种现代罗尔沙赫氏实验。

(2) 开发人员。

为 Linux 做出贡献的开发人员在地理上分布极广,国际化特别明显。几乎从项目一开始就是这样。第一份正式的“致谢名单”(该名单列出了项目的主要编程人员),于 1994 年 3 月随 Linux 1.0 版本发布,该名单包括来自 12 个国家的 78 位开发人员。

在 2.3.51 版本(2000 年 3 月)的致谢名单所列的主要开发人员之中,按人口基数平均计算芬兰是迄今最为积极的国家。涉及的国家共 31 个。做出更小一些贡献的开发人员至少有好几千人,甚至达到好几万。

调查公司发现,最多产的 10% 开发人员拥有大约 72% 的代码,第二个 10% 贡献了另外的 9%。实际上,排名前 10 位的作者负责完成了总代码的几乎 20%。作者们倾向于集中自己的精力:90% 左右的软件开发人员仅参加一两个独立项目;一小部分(大约 1.8%)人参与 6 个或以上的项目。

托瓦尔德斯非常倚重被许多程序员称为“核心集团”的一个副手团队。这核心开发人员基本上都各自承担子系统和组件的委托责任。一些副手进一步委托负有更小地区责任的区域负责人(有时称作“维护人员”)。组织的运作方式就像一种决策体系,其中责任和沟通途径的构成方式非常像一座金字塔。但是,没有文件或者组织结构图在任何时间详细说明他们的明确地位。几年来,所有人都知道,英国程序员艾伦·考克斯负责维护 Linux 核心程序的稳定版本(而托瓦尔德斯则花费更多的时间致力于下一个实验版本),而且托瓦尔德斯一般都会接受考克斯所做出的决定。这就使得考克斯的角色有点像 Linux 的副总裁。但是,托瓦尔德斯并没有亲自挑选或者正式指定考克斯的这个地位;随着在社区中专家地位的逐步确立,考克斯只是顺理成章地承担了这个责任。

(3) 协作方式。

开源过程的协作原则和机制有 3 个重要方面:网络技术、许可方案和社会组织。

① 网络技术。网络技术一直是开源开发过程的重要组成部分。在互联网上,代码共享成为一个无缝的过程。随着带宽的增加,互联网上也能实现对共享技术工具的轻松访问,如程序错误数据库、代码版本系统和缺陷跟踪系统。这就进一步降低了用户兼程序员的进入门槛。

② 许可方案。开源知识产权体系就是一套用标准法律语言撰写的"许可"。许可方案实际上就是开源的主要社会体制形式。开源许可方案的特点如下:

- 通过保证用户获得源代码来实现授权。
- 将关于代码使用的大部分权利转给用户,而非保留给作者。用户获得的权利包括复制、重新发布、使用、为个人用途修改以及重新发布软件的修改版本。
- 不允许用户以违背初衷的方式为其他用户(现在和将来)设置限制。

③ 社会组织。在软件开发过程中,组织之间的关系是由人们试图协作的交流需求促成的。开源的组织是自发的开源社区,其中大多数通常是非正式的。关于特定组织社区的连接和管理的方式,开源开发人员经常说,"让代码来决定"。表明有关软件发展方向的最重要的技术决定就是那些对开发过程具有长期价值的决定。

3. 开源软件成功的基础

史蒂文·韦伯在《开源的成功之路》一书中对开源软件进行了详细分析,并讨论了取得成功的多方面原因。在此做一个概括性的归纳。

1) 调查情况

2000 年,3 位基尔大学的研究人员开展了一次大规模的早期调研,试图研究开源软件 Linux 的开发人员的参与动机。一张粗略的动机描述图是:典型的 Linux 开发人员看起来就是那种感觉自己就是技术社区一部分的人,他们专心致力于提高编程技能,通过更好的软件促进工作,并在这个过程中享受到乐趣。这种人承认存在开源编程的机会成本(在时间和金钱两方面的损失),但是却并不在意。实际上,他们对时间的关心程度有时更甚于金钱。他们对未来比较乐观,期望在未来增加一些优势,减少一些损失。个人学习、工作效率以及乐趣是他们选择在将来贡献更多时间和心血的主要原因(注:这是把参与开源软件作为自身需求的主人观,并期望增强自己的能力)。

波士顿咨询集团 2001 年实施的一项调查获得了一些深入的了解:将开发人员的反应划分成 4 种典型的类别,大约 1/3 的回答者属于"信仰者",他们说自己是受到了源代码应该开放这一信仰的强烈驱使才参加到开源运动之中的。大约 1/5 的回答者属于"专业人士",他们从事开源的原因是其有助于自己的工作。1/4 属于"寻找乐趣的人",他们的主要动机是追求智力的刺激。还有 1/5 属于"技能提高者",他们强调从开源编程过程中所获得的学习机会和经验。该调查还发现,开源程序员似乎主要集中在 22～37 岁之间年龄段(占 70.4%)。大约 14% 的人要么年轻一些,要么年长一些。他们大部分都不是新手:超过一半的人是专业程序员、系统管理员或者 IT 经理(只有 20% 自称为学生)。

2）动机分析

（1）编程是乐趣。

解决有意思的编程问题带来的乐趣、享受和艺术性强烈地激励着开源软件开发人员。谈及代码编写时，他们不仅是将其作为一种工程问题，而且作为一种美学追求，一种使编码变成自我表达行为的时尚、高雅的事情。

托瓦尔德斯一直说，他从事 Linux 工作的主要动机就是"编程的乐趣"，他经常把它跟艺术创造相提并论。

开源开发人员自愿选择要解决的问题，并将结果显示给所有的人。在个人意义上，这是一种高利害关系的职业，因为自由选择使努力的付出比业余爱好或工作显得更加自觉自愿。

开源为你向全世界展示你的丰富创造力提供了一个机会。与锁在地下室相比，这相当于将你的最佳作品展示在国家美术馆。

开源进程利用了富有创意的个人展示其才能并分享其工作成果的冲动，作为内在的艺术努力。当然，提供代码供所有人查看也可能成为一种让人感到羞愧的经历，这一点与艺术批评经常碰到的情况类似。

（2）共享与互赢。

创造一流或没有错误的代码是程序员职业体验的一部分。编写代码是为了"满足自我需求"的想法是关键性的，因为这是大多数软件工程师标准工作的一部分。使某个东西为己所用是一种实际的利益。与他人分享解决方案并帮助他们也实现系统的正常工作经常带来额外的满足感，特别是当共享成本接近于零时。如果这里有一种共同的流行情绪，那就是一种共享的观念。

代码应该开放在实质上并不是因为道德原因，而是因为围绕开源代码建立的开发过程可以产生更好的软件。在波士顿咨询集团的调研中，41.5％的人强烈赞同、42％的人相当赞同如下叙述，即普遍的互惠是组织成员坚信的约定，贡献代码和帮助他人是积极尊重社会系统的一种标志。

（3）反对共同敌人。

对于许多开源开发人员来说，这种体验内含在一场正在进行的反对共同敌人的斗争之中。微软是显而易见的罪魁祸首，微软成为典型的原因就在于，这家公司被视为牺牲技术上的审美观来达到旨在获取市场份额和利润的无情商业实践。"敌人"并非意识形态上的祸首，而是一种技术和商业实践中的祸首，而这正是冲突的所在。

（4）自我提升和成功的满足感。

个人的自我提升对于开源开发人员来说是一种强大的推动力。对于开发人员的自我认同感，不同调查的结果是一致的，即在开源环境里，编程的挑战就是满足感的源泉（在波士顿咨询集团的调查中，63％的回答者谈到开源工作时说，"这个项目和我做过的任何事情一样富有创意"）。在社区内，利己主义作为一种驱动力被公开地承认和接受。作为伟大的程序员，在尝试创建留给后人遗赠的过程中，很多开发人员深信，相比金融上的成功，"技术"的成功将更胜一筹，并能够更加持久。

根据勒纳和蒂罗尔的描述，程序员在从事一种简单而有益的成本利润分析，过程如下：

自我满足比较重要，因为它来源于同伴的认可。同伴的认可比较重要，这是因为它形成一种声誉。作为伟大程序员的声誉比较有价值，这是因为它能够在商业环境中转化成金钱，其形式包括工作机会、风险资金的获取特权以及吸引其他伟大程序员开展合作的能力。

软件用户通过开源不仅可以看到一个程序的执行状况,而且还能够看出基础代码的聪明和精彩之处,这是衡量程序员素质的一种更为细致的办法。而且,由于没有任何人是在强迫之下解决特定的开源问题,所以,工作成果可以被视为程序员的一种自愿行为。

行动刺激观点可能也有助于解释为什么开源能吸引一批才华横溢、富有创意的开发人员加盟,显而易见,正是最优秀的程序员才具有最强列的愿望来向其他人展示自己的出色才能。假如你是一名普通的程序员,你最不愿意看到的事情就是有人查阅你的源代码。

4. 开源软件的成本

开源软件由于历史的原因,或多或少在可用性方面有所欠缺。也许这要归因于开发人员常常更加热衷于强化技术层面,而不是改良用户使用层面。这使开源软件存在难学难用,这是大多数人的共识。

开源软件是可以免费获取。但是使用开源软件会产生各类成本,包括部署和迁移、人员和培训、管理维护和技术支持等方面的成本。最典型的比如关系型数据库,假设从微软的SQL Server 迁移到 MySQL,其中可能产生的问题有数据完整性的检查、所有应用程序的修正和覆盖测试,就可能让人头疼了。

开源软件的安装和配置相对很多商业软件来说会比较困难一点。对于开源软件,谁来提供支持、解决千千万万用户在软件使用中遇到的问题呢? 如果系统出了问题、造成损失,谁来负责? 很少有这样免费的服务。

7.3　大数据与关联知识

7.3.1　从数据到决策的大数据时代

1. 大数据时代的来临

2012 年,“大数据”(big data)一词是个热门词汇。《纽约时报》称,“大数据”时代已经降临,在商业、经济及其他领域中,决策将日益基于数据和分析,而非基于经验和直觉。

奥巴马政府于 2012 年 3 月 29 日发布了《大数据研究和发展计划》,从国家战略层面提出要收集庞大而复杂的数字资料,并从中获得知识和洞见,以提升决策能力。美军应对大数据的基本策略,是不断提高“从数据到决策的能力”,实现由数据优势向决策优势的转化。

联合国也在 2012 年发布了大数据政务白皮书,指出大数据对于联合国和各国政府来说是一个历史性的机遇,人们如今可以使用极为丰富的数据资源,来对社会经济进行前所未有的实时分析,帮助政府更好地响应社会和经济运行。

大数据的主要来源是社交网络数据、遥测数据、传感器数据、监控通信数据、全球定位系统(GPS)的时间数据与位置数据、网络上的文本数据(电子邮件、短信、微博等)。这些数据来源都是信息化过程,即数字设备的进步(如传感器、GPS 和手机等)以及数据的多元化(各种渠道)形成的。

王俊(英国《自然》杂志 2012 年评出的对世界科学影响最大的十大年度人物之一,

2012—2013 年"影响世界华人大奖"获得者)说：生命本身是数字化的，基因传代的过程是数字化的过程，弄懂基因系列，通过基因排序知道哪个基因出了问题，对症下药。他领导的全球最大基因测序机构，每天产出的数据排名世界第一，他说医学健康产业未来就是大数据产业。

人类有个重要发现：2010—2012 年的 3 年信息数据总量超过以往 400 年。截止到 2014 年，数据量已经从 TB(1024GB＝1TB)级别跃升到 PB、EB 乃至 ZB 级别。

可以概括地认为：

大数据＝海量数据＋复杂类型数据

大数据具有 4 个基本特征：一是数据量巨大。有资料证实，到目前为止，人类生产的所有印刷材料的数据量为 200PB。二是数据类型多样。现在的数据类型不仅是文本形式，更多的是图片、视频、音频、地理位置信息等多类型的数据，个性化数据占绝对多数。三是处理速度快，时效性要求高。从各种类型的数据中快速获得有价值的信息。四是价值密度低。以视频为例，一小时的视频，在不间断的监控过程中，可能有用的数据仅仅只有一两秒。概括大数据用四个 V 表示为海量数据(volume)、数据多样性(variety)、处理速度快(velocity)、价值密度低(value)。

大数据的意义并不仅仅是通信，其本质是人们可以从大量的信息(数据的含义)中学习到从较少量的信息中无法获取的东西。人们将利用越来越多的数据来理解事情和做出决策。

大数据将带来的变化：

(1) 从掌握局部数据变为掌握全部数据。

(2) 从纯净数据变为凌乱数据，我们可能会发现生活的许多层面是随机的，而不是确定的。

(3) 从探求因果关系到掌握事物的相关关系。以前总是试图了解世界运转方式背后深层原因，转变为弄清现象之间的联系，以便利用这些信息来解决问题。

数据是现实世界的记录，数据反映了现实世界的现状(大数据时代"数据"不是简单的符号，也包含它的含义，这就是"信息"的概念了)。数据中包含着自然界的规律，也包含着人类社会的人的行为。在数据中找出这些自然规律和人的特定行为，用于决策将会取得显著的效果。

大数据主要是回答"是什么"，而不是直接回答"为什么"的问题。通常有这样的回答就足够了。如何分析这些数据？如何利用这些数据来改变业务？数据的威力体现在如何处理这些数据上。

大数据也存在着缺陷，在大数据中有大量的真实数据，但也存在假数据(人造数据)，还存在遗漏数据。这会使数据分析造成错误或偏差，从而造成决策的错误或偏差。这是值得注意的问题。

"大数据"带来新一轮信息化革命。"大数据"时代，即将带来新的思维变革、商业变革和管理变革。未来，数据将会像土地、石油和资本一样，成为经济运行中的根本性资源。

人类社会发展的核心驱动力，已由"动力驱动"转变为"数据驱动"；经济活动重点，已从"材料"的使用转移到"大数据"的使用。2013 年已成为了"大数据元年"。

2．从数据到决策

1）利用即时数据的决策

大数据时代一个显著特点是利用即时数据的决策。

国际商用机器公司(IBM)认为，"数据"值钱的地方主要在于时效。对于片刻便能定输赢的华尔街，这一时效至关重要。华尔街的敛财高手们却正在挖掘这些互联网的"数据财富"，先人一步用其预判市场走势，而且取得了不俗的收益。他们利用数据都在干什么？

(1) 华尔街根据民众情绪抛售股票；

(2) 对冲基金依据购物网站的顾客评论，分析企业产品销售状况；

(3) 银行根据求职网站的岗位数量，推断就业率；

(4) 搜集并分析上市企业声明，从中寻找破产的蛛丝马迹；

(5) 分析全球范围内流感等病疫的传播状况；

(6) 依据选民的微博，实时分析选民对总统竞选人的喜好。

即时数据的有效决策大致归纳为：跟着当前潮流走，或者跟着新趋势走，或者不满足于现状逆着潮流走，或者从差距中找商机，或者从搜索信息中做决策，等等。

(1) 跟着潮流走。

跟着潮流走的典型实例是："德温特资本市场"公司首席执行官保罗·霍廷每天的工作之一，就是利用计算机程序分析全球 3～4 亿微博账户的留言，进而判断民众情绪，再以 1～50 进行打分。根据打分结果，霍廷再决定如何处理手中数以百万美元计的股票。霍廷的判断原则很简单：如果所有人似乎都高兴，那就买入；如果大家的焦虑情绪上升，那就抛售。这一招收效显著，当年第一季度，霍廷的公司获得了 7% 的收益率。

(2) 逆着潮流走。

2013 年 6 月 9 日，美国国家安全局承包商 29 岁的爱德华·斯诺登，披露了美国国家安全局一项代号为"棱镜"的计划的细节。斯诺登说："国家安全局打造了一个系统可截获几乎所有信息。有了这种能力，该机构可自动收集绝大多数人的通信内容。如果我想查看你的电子邮件或你妻子的电话，我只需使用截获功能。你的电子邮件、密码、电话记录和信用卡信息就都在我手上了。"斯诺登对《卫报》记者说："我不想生活在一个我的一言一行都被记录在案的世界里。我不愿支持这种事，也不愿生活在这样的控制下。"

2010 年，驻守伊拉克的 22 岁陆军情报分析员布拉德利·曼宁，向维基揭秘网发送了几十万份机密文件后，他写信给一位黑客朋友说："我希望人们看到真相，因为如果不知情，公众就不可能做出明智的决定。"

他们知道披露美国国家安全局这样势力强大情报机关的秘密是非常危险的。他们究竟是英雄，还是叛徒？他们是逆着潮流走的典型！

(3) 跟着新观念走。

跟着新观念走的典型实例是：IBM 公司在上一个十年，他们抛弃了个人计算机 PC(这是他们公司的首创)，成功转向了软件和服务，而这次将远离服务与咨询，更多地专注于因大数据分析软件而带来的全新业务增长点。IBM 执行总裁罗睿兰认为，"数据将成为一切行业当中决定胜负的根本因素，最终数据将成为人类至关重要的自然资源。"

在个人决定前途时的选择，跟着新观念走的实例是：海事大学信息科学技术学院某副院长说,他在完成学业以后,选择个人今后发展方向时,他看到我在《计算机世界报》上,首次向国内介绍"数据挖掘"新技术后,决定今后就选择"数据挖掘"作为方向,从而形成了他的人生新轨迹。

(4) 互联网络上搜索获取知识。

在互联网络上进行知识搜索,即"知识在于搜索"形成了当今获取知识的新趋势。它是"知识在于学习"和"知识在于积累"的传统模式的新发展。这也造就了 Google、百度等搜索公司的辉煌成就。

决策和创新的基础,首先是在自己希望有所建树的领域里,利用"知识在于学习"和"知识在于积累"的方法,在人的大脑中打下坚实的事实性知识基础。在进行决策和创新时,需要在网络上利用"知识在于搜索",得到相关知识和最新的知识,在我们的头脑中进行融合和再创造,进行决策。

"知识在于搜索"能解决信息不对称现象。"信息不对称"现象普遍存在社会,特别在市场经济活动中,各类人员对有关信息的了解存在很大的差异。掌握信息多的人处于有利的地位,而信息贫乏的人,则处于不利的地位(信息不对称理论是由三位美国经济学家——乔·阿克尔洛夫、迈·斯彭斯和约·斯蒂格利茨提出的,从而获得 2001 年诺贝尔经济学奖)。

例如,在识别流感疫情时,谷歌比疾病控制和预防中心更有效掌握疫情,由于谷歌利用监测无数个搜索词(比如"最好的咳嗽药")并加入详细地址的追踪,从而有效掌握疫情区域。搜索当前信息后做决策,已经成为即时决策的新趋势。

(5) 开源软件和维基百科激发了人的创造热情。

开源软件是在开源网站上交流,相互之间激发出的创新热情! 利用自己的智慧,在别人的研究基础上,增加更有用的或更有效果的功能,共同开发出免费的软件。

维基百科也是任何人都可以编辑任何条目,在互联网上共同撰写百科全书。

(6) 制造假信息和病毒数据。

制造虚假信息进行恐吓,让受骗者做愚蠢的决策,送钱或银行账号及密码给骗子。这些受骗者都是严重的信息缺乏者。

制造病毒数据,破坏网络系统或者是个人计算机。各国之间的隐形战争就是制造病毒破坏敌方的网络系统。

(7) 大数据时代的小数据。

什么是小数据? 小数据就是个体化的数据,是我们每个个体的数字化信息。

人们爱说,大数据将改变当代医学,例如基因组学、蛋白质组学、代谢组学等。不过由个人数字跟踪驱动的小数据,也将有可能为个人医疗带来变革。特别是当可穿戴设备更成熟后,移动技术将可以连续、安全、私人地收集并分析你的数据,这可能包括你的工作、购物、睡觉、吃饭、锻炼和通信,追踪这些数据将得到一幅只属于你的健康自画像。

药物说明书上会有一个用药指导,但那个数值是基于大量病人的海量数据统计分析得来的,它适不适合此时此刻的你呢? 于是,你就需要了解关于你自己的小数据。所以,对许多患者用同一个治疗方法是不可能成功的。个性化或者说层次式的药物治疗是要按照特定患者的条件开出药方——不是"对症下药",而是"对人下药"。这些个性化的治疗都需要记录和分析个人行为随时间变化的规律。这就是小数据的意义。

从大数据中得到规律,再用小数据去匹配个人。这使得大数据时代的小数据能改变人生。

(8) 网络丰富了个人生活。

个人上网可以在自己喜欢的网站上阅读信息;下载音乐、电影;和友人通信、交谈等,极大地丰富了个人的生活。个人想从事学术研究或者商业活动,都可以在网络上找到自己所需要的信息。个人已经享受到了大数据时代好处,大数据时代也支持个人决策。

大数据时代突出了即时决策,既支持领导者的决策,也使个人决策有了信息支持。可以说,大数据时代也开创了个人决策的信息支持。

支持领导者的决策,利用的是粗粒度数据。支持个人决策是利用的是细粒度数据,他们都是利用数据之间的对比来发现问题并做决策。

2) 利用统计方法的辅助决策

分析数据离不开统计。在统计学中用总量、平均数、百分比、比率等数值,建立起对大数据的概括认识。用同类单位的比较或者用自己的历史数据比较,来发现问题和找出差距,为辅助决策提供依据。

在统计和对比中得出结论的实例有国外统计公司 2013 年 2 月分析中国的情况是:

中国的国土面积仅占世界总面积的 6.6%,但其公路的长度却占世界总长度的 60.7%。中国的人均土地面积比世界平均水平少 70.4%,农业用地少 60%,森林面积少 78.5%,淡水资源少 72%。

尽管中国的煤炭产量和人均煤炭消耗量比世界其他国家和地区高出 290%,但其已探明的煤炭储量却比世界平均水平低 35.8%。中国已探明的天然气储量比世界平均水平低 93.6%,天然气产量低 86.9%,天然气消耗量低 85.1%。

在解释这些数据和反常现象时得出结论是,中国下一轮城市化的速度"在公共福利方面的支出将增加,而在实体产业方面的投入将减少"。

这个例子说明,统计数据以及指标的对比是决策的依据。

统计语言学成功地实现了计算机上的自然语言处理。自然语言属于上下文有关文法,一个单词有多个解释,对于比较复杂的句子,用语法规则来理解遇到了困难(基于规则的自然语言处理)。以前花了很大的代价一直在用语法规则进行自然语言处理,但进展不大。

利用统计语言模型有效地解决了自然语言处理,即一个句子 s(它由一串特定顺序排列的词 $w_1, w_2, \cdots, w_n$ 组成)是否合理,就看它的可能性(概率 $P(s)$)大小。统计语言模型给出了计算概率 $P(s)$ 的公式为

$$P(s) = P(w_1 w_2 \cdots w_n) = P(w_1) \cdot P(w_2 \mid w_1) \cdot P(w_3 \mid w_2) \cdot \cdots \cdot P(w_n \mid w_{n-1})$$

公式中反映了单词的上下文关系,如 w_2 与 w_1 之间的条件概率等,故用这种方法有效地判断了句子 s 的合理性。

统计学还有很多方法用于数据分析达到辅助决策效果,如回归分析是研究一个变量与其他多个变量之间的关系,建立回归方程;假设检验是根据样本对关于总体所提出的假设做出是接受还是拒绝该假设的判断;聚类分析是将样品或变量进行聚类的方法;主成分分析是把多个变量化为少数的几个综合变量等。

3) 从数据中归纳出数学模型

自然科学发展的最重要方法是从数据中归纳出规律,用数学模型(公式或方程)这种数量形式描述。例如,牛顿的运动三大定律、牛顿的万有引力定律、开普勒的行星运动三大定

律、麦克斯韦的电磁方程组、爱因斯坦质能方程、纳维-斯托克流体力学方程、薛定谔量子方程等。下面具体用 3 个典型例子说明。

（1）开普勒的行星运动三大定律的发现过程。

天文学家开普勒是利用他老师第谷一生观察的天文数据，自己也用了一生来归纳总结出行星运动的三大定律。

开普勒先从火星的观测数据中，想找出它的运动规律，试探把它用一条曲线表示出来。起先他按传统观念，认为行星做匀速圆周运动。为此，他采用传统的偏心圆轨道方程来试探计算。但是经过反复推算发现，不能算出同第谷的观测相符的结果。经过大约 70 次试探后，他找到的最佳方案还差 8 弧分。

开普勒深信老师第谷的数据是精确可靠的，自己的计算没有问题，这个 8 分差异不应该有。开普勒开始大胆设想，火星可能不是作圆周运动。他改用各种不同的几何曲线方程来表示火星的运动轨迹，经过多年的艰苦计算，终于发现了火星沿椭圆轨道绕太阳运行，太阳处于焦点之一的位置这一规律。开普勒又研究了第谷观察的数据中其他几个行星的运动，证明它们的运动轨道都是椭圆，这就推翻了天体必然作匀速圆周运动的传统偏见，得到行星运动的第一定律（椭圆轨道定律）。

当时的天文学还不知道行星与太阳之间的实际距离，只知道各个行星距离的比例，而各行星公转的周期是大家所熟悉的。

经过了 9 年的苦战，开普勒终于得出了行星公转周期的平方与它距太阳的距离的立方成正比的结论（$p^2/d^3＝$ 常数）。这就是著名的开普勒行星运动第三定律。这 3 个定律是开普勒的科学思辨和第谷的精确观测数据相结合的产物。

（2）微软的世界杯预测模型。

微软的世界杯模型成功地预测出 2014 年 7 月世界杯最后阶段的比赛结果。德国在世界杯赛中战胜阿根廷，这不仅仅是德国国家队的胜利，也是微软大数据团队的胜利。在世界杯淘汰赛阶段，微软正确预测了赛事最后几轮每场比赛的结果，包括预测德国将最终获胜。

微软的经济学家、世界杯模型的设计者戴维·罗思柴尔德说："我设计世界杯模型的方法与设计其他事件的模型相同。诀窍就是在预测中去除主观性，让数据说话。"罗思柴尔德掌握了有关球员和球队表现的足够信息，这让他可以适当校准模型并调整对接下来比赛的预测。其他世界杯模型仍固定于赛前数据，但罗思柴尔德的模型随着每场比赛不断更新。在这个时代，数据分析能力终于开始赶上数据收集能力。分析师不仅有比以往更多的信息可用于构建模型，也拥有在短时间内通过计算将信息转化为相关数据的技术。罗思柴尔德回忆说："几年前，我得等每场比赛结束以后才能获取所有数据。现在，数据是自动实时发送的，这让我们的模型能获得更好的调整且更准确。"

（3）欧拉常数和公式以及陈文伟常数和公式的发现。

斯坦福大学教授德福林说："联系、结合在一起的事物比相互分开的事物更为重要、更有价值，也更加绚丽多姿。"

欧拉在研究调和级数与 ln n 之间，在 n 越大时，它们之间的差接近一个常数，最后他在求证它们之间的差的极限后，他得到了如下公式和值，该数称为欧拉常数：

$$\gamma = \lim_{n \to \infty} \left(\sum_{k=1}^{n} \frac{1}{k} - \ln n \right) = 0.577\ 215\ 664\ 901\ 532\ 860\ 606\ 51\cdots$$

欧拉在研究虚数 $i(\sqrt{-1})$ 的用途时发现,正弦函数 $\sin x$ 和余弦函数 $\cos x$ 以及指数函数 e^x 的密级数公式,三者之间存在关系: $e^{ix}=\cos x+i\sin x$。

当 x 取 π 值时,就得到有名的欧拉公式: $e^{i\pi}+1=0$。

欧拉公式把 3 个毫不相关的数(自然对数的底 e、圆周率 π、虚数 i)联系在一起。

陈文伟研究了调和级数公式:

$$\sum_{k=1}^{n}\frac{1}{k}=\gamma+\ln n+\frac{1}{2n}-\sum_{k=2}^{\infty}\frac{A_k}{n(n+1)\cdots(n+k-1)},$$

$$A_k=\frac{1}{k}\int_0^1 x(1-x)(2-x)\cdots(k-1-x)\mathrm{d}x$$

令尾项为

$$\varepsilon_n=\sum_{k=2}^{\infty}\frac{A_k}{n(n+1)\cdots(n+k-1)}$$

尾项 ε_n 的级数和收敛为一个常数,定义常数为 μ,它的计算公式为

$$\mu=\sum_{n=1}^{\infty}\left(\gamma+\ln n+\frac{1}{2n}-\sum_{k=1}^{n}\frac{1}{k}\right)$$

它的值为 $\mu=0.130\,330\,700\,753\,906\,311\,477\,07\cdots$,这是一个新常数。

陈文伟再利用阿贝尔求和公式:

$$\sum_{k=1}^{n}a_kb_k=\sum_{k=1}^{n-1}S_k\Delta b_k+S_nb_n \text{ 中,令 } a_k=\frac{1}{k},b_k=k$$

证明了自然对数的底 e、圆周率 π 和新常数 θ 三者存在一个新公式: $\pi=1/2e^{\theta}$。

其中

$$\theta=1+\gamma+2\mu=1.837\,877\,066\,409\,345\,483\,560\,65\cdots$$

以上两个公式均把两个著名常数 π 和 e 紧密联系起来。它们都是精美的形式化公式。欧拉公式表明了 π 和 e 之间的虚数关系,而陈文伟公式表明了 π 和 e 之间的实数关系。

自然界中,电和磁;质量和能量;圆周率 π 和自然对数的底 e;它们都是不同概念,把它们联系起来既开阔了人们的视野,也开辟了科学的新天地。可以说,包含不同概念的简洁公式反映了科学的本质,也体现了自然之美。

(4) 计算机上利用数据归纳出数学模型的方法是数据挖掘的公式发现。

典型的方法有 Pat Langley 研制的 BACON 系统;陈文伟研制的 FDD 系统。

4) 从数据中获取知识

在计算机中,知识属于定性的,一般表示为规则形式。从数据中获取知识主要是利用数据挖掘技术。典型的数据挖掘方法大的分类有属性约简方法、信息论挖掘方法、集合论挖掘方法、Web 挖掘、流数据挖掘等。

定性知识一般比定量知识更宏观一些。但定量知识如数学模型,它比定性知识更精确一些。第 5 章做了详细说明。

7.3.2　大数据型科学研究新范式

随着大数据时代的到来,科学研究的方法推进到了第四范式。

1. 科学研究范式

关于范式的概念和理论，美国哲学家托马斯·库恩在《科学革命的结构》中称：范式是一种公认的模式，是从事科学研究中共同遵守的世界观和行为方式。科学范式的价值不仅在于它描述了科学研究已有的习惯、传统和模式。科学的发展是靠范式的转换完成的。

第一范式产生于几千年前，描述自然现象是以观察和实验为依据的研究，即实验型科研（experimental science）方法，通过实验来获得新知识，例如，法拉第的电磁感应效应（相互转换）实验、爱迪生留声机实验、波波夫的电报实验等，从实验中发现新事物，称为实验型范式。

第二范式产生于几百年前，是以归纳和推理为基础的理论型科研（theoretical science）方法，从实验数据中总结出了各种定律和定理，比如天文学的开普勒定律、运动力学的牛顿运动定律、电磁原理的麦克斯韦方程等，用这些原理来解释各种自然现象，一个显著的特点是从定律中说明"自然界的因果关系"。这种理论分析范式，称为理论型范式。

第三范式产生于几十年前，是以模拟复杂现象为基础的计算型科研（computational science）方法，用计算机对自然界中各种原理的数学方程进行数值求解，这样就可以用"计算"代替了"实验"。例如，对飞机模型解流体力学的纳维-斯托克方程，来代替风洞实验，这样可以大大地节省经费和时间。这种计算科学范式，称为计算型范式。

2. 第四范式

2007 年，吉姆·格雷（Jim Gray）描绘了数据密集型科研"第四范式"（the fourth paradigm）的愿景。微软公司于 2009 年 10 月发布了《e-Science：科学研究的第四种范式》论文集，首次全面地描述了快速兴起的数据密集型科学研究。

针对海量数据问题，一种科研新模式产生了：大量产生的数据，以及得到信息或知识存储在计算机中，我们只需从这些计算机中查找数据，就可以进行分析研究。将大数据科学从第三范式（计算机模拟）中分离出来单独作为一种科研范式，是因为其研究方式不同于基于数学模型的传统研究方式，也称为大数据型科研范式。它是对大数据的进行采集、管理和分析，一个显著的特点是从数据分析中找出"事物中相互关系"。

PB（peta byte）级的数据使我们可以做到没有模型和假设就可以分析数据。大量数据进入计算机中，只要有相互关系的数据，统计分析算法可以发现过去的科学方法发现不了的新模式、新知识甚至新规律。国外不少学者认为数据科学的主要任务就是搞清楚数据背后的"关系网络"。

3. 大数据型科学研究方法

过去几个世纪主宰科学研究的方法一直是"还原论"（reductionism），将世界万物不断分解到最小的单元。作为一种科研范式已经快走到尽头。对单个人、单个基因、单个原子等了解越多，我们对整个社会、整个生命系统、物质系统的理解并没有增加很多，有时可能离开理解整个系统的真谛更远。基于大数据对复杂社会系统进行整体性的研究，也许将为研究复杂系统提供新的途径。从这种意义上看，"数据网络科学"是从整体上研究复杂系统（社会）的一门科学。

目前,大数据研究主要是作为一种研究方法或一种发现新知识的工具,不是把数据本身当成研究目标。作为一种研究方法,它与数据仓库、数据挖掘、统计分析、机器学习等人工智能方法有密切联系。大数据研究应该是上述几种方法的集成。

获取大数据本身不是我们的目的,能用"小数据"解决的问题绝不要故意增大数据量。当年牛顿发现力学三大定律,现在看来都是基于小数据。我们也应从通过"小数据"获取知识的案例中得到启发,比如人脑就是小样本学习的典型。2~3岁的小孩看少量图片就能正确区分马与狗、汽车与火车,似乎人类具有与生俱来的知识抽象能力。我们不能迷信大数据,从少量数据中如何高效抽取概念和知识是值得深入研究的方向。

数据无处不在,但许多数据是重复的或者没有价值,未来的任务主要不是获取越来越多的数据,而是数据的去冗分类、去粗取精,从数据中挖掘知识。几百年来,科学研究一直在做"从薄到厚"的事情,把"小数据"变成"大数据",现在要做的事情是"从厚到薄",要把大数据变成小数据。

4. 第四范式的特点

第四范式是从数据中获取知识,既不能像理论推导和模拟计算那样在一定程度上告诉你"为什么",更不能像实验那样明确地告诉你"是什么"。海量数据分析,只能告诉你"大概是什么"。其精髓就是"客观",利用计算机从海量的数据中发现模式,体现了数据中的共性和客观性。

像个人计算机的出现,使计算机从"面向政府和企业"走向"面向家庭"一样,大数据使决策从"支持政府和企业"走向"支持个人"。

7.3.3　从关联分析中创造新知识

从大量科学发现的实例中,可以归结出利用关联分析方法,创造新知识。关联分析法中包含了多种不同的关联关系。现把几种典型的关联关系,通过实例进行说明。

1. 零和关系

零和关系是两者之间生与死存亡斗争的关系。下面用青霉素的发现例子说明。

亚历山大·弗莱明曾从病人的脓中提取葡萄球菌,放在盛有果子冻的玻璃器皿中培养,繁殖起来的金黄色葡萄球菌——他称为"金妖精",这"金妖精"使人生疖,长痈、患骨髓炎,引起食物中毒,很难对付。他培养它,就是为了找到能杀死它的方法。经过一个暑假,他看到玻璃器皿里有一个地方粘上绿色的霉,开始向器皿四周蔓延,他惊叫起来。弗莱明发现了一个奇特的现象:在青绿色霉花的周围出现一圈空白——原来生长旺盛的"金妖精"不见了!他兴奋地迅速从培养器皿中刮出一点霉菌,小心翼翼地放在显微镜下观察。他终于发现这种能杀死"金妖精"的青绿色霉菌是青霉菌。

弗莱明把过滤过的培养液滴到"金妖精"中去。奇迹出现了——几小时之内"金妖精"全部死亡。他又把培养液稀释 1/2、1/4……直到 1/800,分别滴到"金妖精"中。结果,他发现"金妖精"们全部"死光光"。他还发现,青绿色霉花还能杀灭白喉菌、炭疽菌、链球菌和肺炎球菌等。青霉菌具有高强而广泛的杀菌作用被类似的实验证实了。弗莱明对它取名"青霉素",在 1929 年提交了论文《青霉素——它的实际应用》。

后来,弗莱明制取了少量青霉素结晶,请医生临床试用于人体,但多次遭到拒绝。就这样,青霉素被打入冷宫。被打入冷宫还有另一个重要原因,就是提取青霉素太困难了。

青霉素和葡萄球菌或白喉菌或炭疽菌等是生与死的零和关系。

2. 扶植关系

一个事物帮助另一个事物发展,称两者之间是扶植关系。下面用青霉素的培养物的发现例子进行说明。

沃尔特·弗洛里和鲍里斯·钱恩在查寻资料时,发现了 10 年前弗莱明的论文《青霉素——它的实际应用》。1941 年 2 月,弗洛里等终于从发霉的肉汤里,提取出了一小撮比黄金还贵重的青霉素。1941 年 5 月,为一个受葡萄球菌严重感染,被认为已无法医治的 15 岁少年挽回了生命。这个少年成为第一个被青霉素救活的人。但是,当他们把它介绍给医生的时候,却得到"不!"的回答。

他们来到美国,终于找到最爱吃玉米的 832 绿霉菌种,而美国正好是玉米生产大国。这样,大批量生产的青霉素终于在世界各地的大医院成功用于临床。1944 年 6 月,青霉素在英美联军的诺曼底登陆作战中挽救了无数伤员。

如果没有弗洛里和钱恩在检索资料中的偶然发现,青霉素不可能在弗莱明发现之后 14 年大放异彩,而是会被推迟! 他们三人在青霉素大量投产的 1945 年,荣获诺贝尔医学和生理学奖。玉米对大批量生产青霉素是扶植关系。

后来,英国分析化学家马丁和英国生物化学家赛恩其,发明了分离复杂化学物质的技术——"分配色层分析法"。用这种方法就能顺利提炼青霉素。两人因此荣获 1952 年诺贝尔化学奖。分配色层分析法对大批量生产青霉素也是扶植关系。

3. 化学关系

两个物体在一起发生了化学变化,称它们之间关系是化学关系。用下面用碘和溴的发现进行说明。

一只猫把装浓硫酸的瓶子碰倒了,浓硫酸正好倒在装有海草灰提取硝石后的剩液瓶中。在这一偶然事件中,一个奇怪的现象发生了:瓶中冉冉腾起一股淡淡的紫色蒸气,慢慢充满房间,使他闻到一股刺鼻的臭味,而且蒸气接触冷物体的时候不呈液态,而是呈固态黑色结晶。库尔特瓦立即进一步研究剩液。他把剩液水分蒸发,结果得到一种紫黑色的晶体。在 1814 年,盖·吕萨克把它命名为碘(Iodine,意为"紫色")。

硫酸和硝石之间起了化学作用,产生新物质"碘",硫酸和硝石之间是化学关系。

法国青年化学家巴拉尔用海藻提取碘。他先将海藻烧成灰,用热水浸泡,再往里通入氯气,其中的碘就被还原出来。1826 年的一天,巴拉尔偶然发现,在剩余的残渣底部,有一层褐色的沉淀,散发出一股刺鼻的臭味。这一奇怪的现象引起了巴拉尔的注意。他经过深入的研究后确定,这是一种新元素——溴(Bromos,意为"恶臭")。他为此写出《海藻中的新元素》这一论文,发表在刊物《理化会志》上。

碘和氯之间起了化学作用,产生新物质"溴",碘和氯之间是化学关系。

4. 物理关系

两个物体在一起,虽然各自不发生任何质的变化,但相互间在物理上出现了新现象,称它们之间关系是物理关系。下面用微生物的发现例子来说明。

荷兰科学家安东尼·万·列文虎克是磨制显微镜的实践者,他把显微镜的放大倍数提高到 270 倍以上。1675 年 9 月的一天,列文虎克把花园水池中雨水的一个"清洁"水滴放在显微镜下观察。一看,他大吃一惊:各种各样"非常小的动物"在水中不停地扭动。这就是列文虎克偶然发现的"微生物世界",水滴内是一个完全意想不到富有生命的"小人国"。他还观察到几乎任何地方都有这种小动物,在污水中、在肠道中……为此,列文虎克撰写了关于微生物的最早专著——《列文虎克发现的自然界的秘密》。他还描述了细菌的三种类型:杆菌(bacilli)、球菌(cocci)和螺旋菌(spirilla)。

微生物的发现,是列文虎克对人类的又一重大贡献。对后来的生物学的发展产生了巨大的影响。在《历史上最有影响的 100 人》一书中,列文虎克排在第 39 位。显微镜在列文虎克之前几十年就诞生了,但是这几十年内别人并没有做出相同或类似的发现。

显微镜和雨水或食物等之间关系是物理关系。

5. 类比法

类比是人们知识发现的重要方法。下面用威尔逊发明云室的例子来说明。

1894 年的一天,威尔逊登上了涅维斯山,进行气象观测,他登上山顶之后,偶然看到太阳照耀在山顶的云雾层上,产生了一个光环——所谓的"佛光"。这使他觉得很奇怪:如果没有阳光,看不到光环;如果没有云雾,只有阳光,也看不到光环。为什么"看不见"的阳光会在云雾中形成"看得见"的光环呢?经过分析,他得知,这是由于"看不见"的光遇上云雾这些微粒的缘故。他由此联想:在原子物理中,一些小的微粒看不见,如果遇上云雾这些微粒不就可以看得见么?这给他研制云室以极大的启迪。

1911 年,威尔逊终于在云室的照片中找到了 α 射线粒子的径迹,宣告云室(云雾室)正式诞生。它的工作原理是,云室内储有清洁的空气、饱和的水及酒精蒸汽,将云室里的活塞迅速下拉时,室内气体体积骤胀而温度降低,此时室内的蒸汽由饱和变为过饱和,这时有射线粒子(如 α、β、γ 粒子)从中经过,就使气体分子电离而形成以这些离子为核心的雾迹。这一雾迹,就是粒子运动的轨迹。这样,"看不见"的粒子运动的轨迹就"看得见"了。因为发明了云室这一探测微观粒子的重要仪器,威尔逊荣获 1927 年诺贝尔物理学奖。

佛光产生的现象和云室中看见粒子轨迹现象是通过类比方法得到的。

6. 其他关联关系

有很多关联关系,如归纳法、演绎法、和(and)关系、或(or)关系、蕴含(→)关系等,都是创造新知识的有效方法。

在人工智能的机器学习及数据挖掘中,对于分类问题,基本上是采用归纳方法,即从大量数据中归纳(多个相同的关联)出少量的知识。知识一般用蕴含(→)关系(即规则)表示,即"条件→结论"形式。条件中各属性之间是 and(和)关系,而各条知识之间是 or(或)关系。

在人工智能的专家系统中,是采用演绎(条件关联)方法,即利用大量知识来解决个别的实际问题。

"从关联关系中创造新知识"是值得我们认真研究的,还有很多其他关联关系,值得去研究。

7.3.4 大数据的决策支持

到了大数据时代,除了为高层领导者提供决策支持外,更多的是面向基层的个人的决策提供决策支持。高层领导者和个人所需要的数据是不一样的,高层领导者所需要的数据是经过综合的粗(大)粒度数据,而个人所需要的数据是细(小)粒度数据。不同的决策者虽然使用不同粒度数据,但都是通过对数据的对比来发现问题。

所有的决策者要解决的根本问题是搜集和掌握全面的信息,这就是说要实现信息平衡(信息对称),使你掌握的信息真实地反映现实的情况,不存在信息的缺失或不对称。要做到信息平衡,就需要去实地调研,在网络时代就是上网搜索信息,真正做到信息平衡是很难的,追求信息平衡应该是目标。谁掌握的信息越接近信息平衡,谁的决策就越准确。大数据为实现信息平衡提供了基础。

大数据既为领导者提供决策支持,也为个人的决策提供了决策支持。具体的决策支持方式和特点如下:

(1) 采用商务智能(基于数据仓库的决策支持系统)和智能决策支持系统为领导者提供决策支持。在云计算环境中,存在大量的数据仓库群、数据库群,也存在各种类型的知识资源和模型资源,利用这些资源建立各种类型的决策支持系统,以决策问题方案的形式支持领导者的决策。

(2) 各类网站、微博和数字图书馆等为个人提供了网络查询或网络交互的平台,个人能利用网络获取所需的信息和知识,达到有效的支持个人决策。

(3) 大数据为即时决策提供了强有力的支持。大数据涉及的范围很宽,即时数据的传播很快,这为即时决策提供了基础。

(4) 在大数据中寻求相互关系成为分析数据的首要任务。人们的大多数决策是利用相互关系来完成的。寻求原因关系需要更广泛的数据或者粒度更细的数据,再经过深入的分析来完成,这种决策需求相对较少,成为次要任务。大数据的关联分析支持领导者的决策。

(5) 在大数据的小数据中,利用关联关系,能找到支持个人决策的信息。

(6) 从大数据中挖掘各类知识,能有效地利用知识辅助决策。这是大数据分析的一个重要的任务。

(7) 从大数据中归纳出数学模型,这是研究学者们要做的事情。数学模型能有效地反映社会现象或者是自然界的规律,它的影响更深远。历届诺贝尔经济学奖的获得者中,不少是建立经济学的数学模型,有效地解析了社会中重大的经济学现象。

大数据的决策支持的面是很宽的。大数据对各类人员都将带来有效的决策支持。

习题 7

1. 知识管理的内容和目标是什么? 如何完成?
2. 利用知识工程能完成知识管理哪些工作?

3. 知识管理中的知识与知识工程中的知识有哪些不同？

4. 如何解决知识共享与知识私有的矛盾？

5. 如何理解隐性知识和显性知识的转换在知识创造中的作用？

6. 学习型组织是如何促进知识管理的？

7. 微软如何实现"通过不断的自我批评、信息反馈和交流共享而力求进步"这三个理念？

8. 开源软件成功的基础是什么？

9. 你根据自己的体会说明关联关系创造新知识的例子。

10. 数据的关联分析与原因分析有什么区别和联系？

11. 大数据时代如何实现从数据到决策的？

12. 说明从知识经济到信息社会再到大数据时代的区别与联系。

第 8 章

计算机进化规律的发掘

8.1 计算机软件进化规律的发掘

计算机虽然是非生物,但在人的帮助下,它解决问题的能力完全体现了由简单到复杂、由低级到高级这种进化过程。这种进化过程的结果,使计算机逐渐在向人靠拢,逐步在代替人的智力工作。找出计算机进化的规律,一是为了提升我们利用计算机解决问题的能力,二是为了促进计算机进一步的进化。

计算机软件的进化主要经历了:数值计算的进化;计算机程序的进化;数据存储的进化;知识推理的进化等。

8.1.1 数值计算的进化

数值计算的进化体现在从"算术运算"到"微积分运算"再到"解方程"的发展过程。

1. 数值计算能力的进化

数值计算能力的进化概括为(注:→表示进化,← 表示回归):

$$+ \rightarrow \pm \times \div \rightarrow 初等函数 \rightarrow 微积分 \rightarrow 解方程$$

即+运算是数值运算的根本。

1) 算术运算

算术运算包括+-×÷。在计算机中它们都要回归到加(+)运算上来,具体做法是:

(1) 加(+)是最基本运算。

(2) 减(-)是利用减数的补数(求反加 1),变减为加。

(3) 乘(×)是把乘变成累加,如 5×3=5+5+5,即 5 加 3 次。

(4) 除(÷)是把除变成累减的次数,如 6÷3 为 6-3-3=0,减了 2 次,即商为 2。

2) 初等函数和复合函数

初等函数的定义不是算术运算,为了让计算机计算,需要利用初等函数的幂级数公式来计算,即回归到加减乘除运算。如三角函数和指数函数的幂级数公式为

$$\sin x = \frac{x}{1!} - \frac{x^3}{3!} + \frac{x^5}{5!} - \frac{x^7}{7!} + \cdots$$

$$e^x = 1 + \frac{x}{1!} + \frac{x^2}{2!} + \frac{x^3}{3!} + \cdots$$

级数取足够多的项就能满足误差精度。复合函数求解时,是采取两次套用幂级数公式来计算的。

3) 微积分运算

微分和积分的定义也不是算术运算,是极限运算。为了让计算机进行数值计算,需要取消极限。

(1) 微分运算的差分化:

$$f'(x) = \lim_{\Delta x \to 0} \frac{f(x) - f(x_0)}{x - x_0}$$

变换成

$$f'(x) \approx \frac{f(x) - f(x_0)}{x - x_0}$$

即导数的极限运算变成近似的差分求商,也就是回到了加、减、乘、除运算。

(2) 积分运算的求和运算:

$$\int_a^b f(x)\,\mathrm{d}x = \lim_{\Delta x \to 0} \sum_{k=1}^n f(x_k)\Delta x$$

变成

$$\int_a^b f(x)\,\mathrm{d}x \approx \sum_{k=1}^n f(x_k)\Delta x$$

即积分的极限运算变成近似的求和运算,也回到了加、减、乘、除运算。取 Δx 尽量小,就能满足误差精度。

(3) 二阶导数的差分方程:

$$\frac{\mathrm{d}^2 f(x)}{\mathrm{d}x^2} = \frac{\mathrm{d}}{\mathrm{d}x}\left(\frac{\mathrm{d}f(x)}{\mathrm{d}x}\right) \approx \frac{f(x_2) - 2f(x_1) + f(x_0)}{\Delta x^2}$$

一阶导数和二阶导数的结点关系如图 8.1 所示。

高阶导数类似处理。

(4) 偏微分方程的差分方程:

$$\frac{\partial u}{\partial y} + \frac{\partial^2 u}{\partial x^2} \approx \frac{u_j^{n+1} - u_j^n}{\Delta y} + \frac{u_{j+1}^n - 2u_j^n + u_{j-1}^n}{\Delta x^2}$$

说明: n 表示 y 方向的增长, j 表示 x 方向的增长。偏导数结点关系如图 8.2 所示。

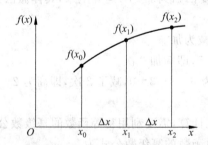

图 8.1　一阶导数和二阶导数的结点关系

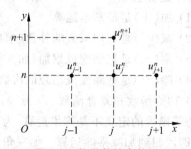

图 8.2　偏导数结点关系

4) 解方程

方程的求解有直接求解法和迭代求解法两种方法。

(1) 方程的直接求解。

① 线代数方程组的直接求解。

线代数方程组的结构形式一般表示(人理解的方程形式)为

$$a_{11}x_1 + a_{12}x_2 + \cdots + a_{1n}x_n = b_1$$
$$a_{21}x_1 + a_{22}x_2 + \cdots + a_{2n}x_n = b_2$$
$$\vdots$$
$$a_{n1}x_1 + a_{n2}x_2 + \cdots + a_{nn}x_n = b_n$$

在计算机中,方程组用矩阵(数组)形式表示为

$$
\begin{bmatrix}
a_{11} & a_{12} & \cdots & a_{1n} \\
a_{21} & a_{22} & \cdots & a_{2n} \\
\vdots & \vdots & & \vdots \\
a_{n1} & a_{n2} & \cdots & a_{nn}
\end{bmatrix},
\begin{bmatrix}
x_1 \\ x_2 \\ \vdots \\ x_n
\end{bmatrix},
\begin{bmatrix}
b_1 \\ b_2 \\ \vdots \\ b_n
\end{bmatrix}
$$

说明:计算机中并不存储方程的结构形式,分别用三个数组表示,它们可以存放在计算机中不同的地方。这种表示把运算符(×、+、=)都隐藏起来,这便利同类数据集中存储,具体的运算将体现在指令操作中。即计算机程序把数据和运算符分开了,这是计算机程序的重要特点。

解方程时只对三个数组进行处理,最后得出 x_i 值。

线代数方程组的高斯主元素消去法(加减乘除):系数矩阵消元成单位矩阵后,右端数值就是未知数 x_i 值。

$$
\begin{bmatrix}
1 & 0 & \cdots & 0 \\
0 & 1 & \cdots & 0 \\
\vdots & \vdots & & \vdots \\
0 & 0 & \cdots & 1
\end{bmatrix},
\begin{bmatrix}
x_1 \\ x_2 \\ \vdots \\ x_n
\end{bmatrix},
\begin{bmatrix}
b_1' \\ b_2' \\ \vdots \\ b_n'
\end{bmatrix}
$$

② 偏微分方程边值问题的求解。

偏微分方程边值问题的求解一般是在一个区域内进行,区域中的点是未知数,区域边界点是已知数。例如,汽轮机转子进行热传导偏微分方程(如上面的偏微分方程)的计算,其网络划分如图 8.3 所示。

偏微分方程差分化后,经过整理就变成了以区域中的点为未知数,区域边界点是已知数的线代数方程组。

偏微分方程的求解就变成了线代数方程组的求解,即回到了加、减、乘、除的运算。

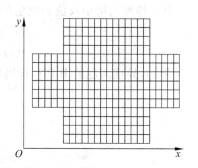

图 8.3　汽轮机转子的网络划分

③ 微分方程数值计算的价值。

传统的数学分析解方程的方法是通过推演得到解析解,即用表达式形式表示的解。求方程的解析解只能解决少数的较简单的和典型的微分方程的求解。大多数的微分方程求不出方程的解析解。

但是,微分方程的数值计算方法,无论是常系数还是变系数,是线性还是非线性,都能得到解决。解决的手段是对微分方程差分化,得到差分方程,让计算机来解差分方程(加、减、乘、除)得到数值解。

(2) 方程的迭代求解。

① 迭代法的思想。

将方程 $f(x)=0$ 变换成 $x=\varphi(x)$

建立迭代法方程：

$$x_{n+1} = \varphi(x_n) \quad n = 1, 2, \cdots, \infty$$

初值 x_1 任意选定,经过无限次迭代后,使

$$|x_{n+1} - x_n| \leqslant \varepsilon$$

这时, x_n 就是原方程的解：

$$f(x_n) = 0$$

典型的牛顿迭代公式是

$$x_{n+1} = x_n - \frac{f(x_n)}{f'(x_n)} \quad n = 1, 2, \cdots, \infty$$

牛顿迭代公式中的导数是切线,经过多次迭代,能很快求得方程的解 x_n。

② 迭代方法适合于计算机求解。

用迭代方法求解方程使解方程更简单和容易,省去了烦琐的步骤,思路简单。迭代方法很适合让计算机来完成。因为迭代次数一多,人就做不到。计算机来做就不成问题。计算机运算速度很快,适合重复性的计算。

计算机为迭代方法求解方程开辟了新路。

③ 迭代公式的讨论。

迭代公式的计算结果有两种可能：收敛(求得结果)和发散。

当发散时需要构造反函数,才能使迭代收敛。即

$$x = \varphi^{-1}(x)$$

按以上思路,可以先将原方程构造迭代公式,不行时就构造反函数。

④ 迭代法的典型实例。

B-P 神经网络中权值和阈值的求解就是采用迭代法,具体公式为

$$W_{ij}(k+1) = W_{ij}(k) + \eta'\delta_i'x_j$$
$$\theta_i(k+1) = \theta_i(k) + \eta'\delta_i'$$

例如,异或问题的 B-P 神经网络,如图 8.4 所示。

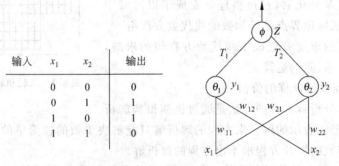

图 8.4　异或问题的 B-P 神经网络

计算机运行结果：迭代次数为 16 745 次;总误差为 0.05。

隐层网络权值和阈值：

$w_{11} = 5.24$，　$w_{12} = 5.23$，　$w_{21} = 6.68$，　$w_{22} = 6.64$，　$\theta_1 = 8.01$，　$\theta_2 = 2.98$

输出层网络权值和阈值：

$$T_1 = -10, \quad T_2 = 10, \quad \phi = 4.79$$

2．数值计算进化小结

1）数值计算进化的意义

（1）数值计算进化的创新。

现代数学在解方程时,经常有求不出解析解的矛盾问题。在求解方法上,把求解析解变换成求数值解,就不存在不能求解的问题。这种计算方法的改变用创新变换表示为

$$T_I（现代数学的解析求解）= 计算数学的数值求解$$

例如,微分方程的求解,无论是常系数还是变系数,是线性还是非线性,用数值求解方法,它们都能求出解。

计算机进行数值求解是数学史上一次最大的一次进化过程。

（2）数值计算进化中的回归变换。

数值计算进化的创新主要是在扩大计算机的计算能力,把不能在计算机上的运算变换成能在计算机上运算。进化过程就是创新过程。数值计算的回归变换是把数学中的函数、微积分、方程求解等非算术运算都要变换成算术运算的加减乘除。具体表示为

$$T_R（非算术运算的数学计算）= 加减乘除运算$$

加减乘除运算又回归到加法运算。在计算机硬件中,用加法器来完成加法运算。

这是一种逆向的回归变换,化繁杂为简单、化困难为容易,使计算机能够有效地计算。

2）数值计算的误差问题

数值计算存在的一个不可忽视的问题是,数值计算的误差在积累到一定程度上,会引起结果的错误。例如,计算结果应该是正数的,但计算出来的是负数。为了使误差积累不产生错误的结果,需要:

（1）原始数据的有效位数要比结果数据有效位数多出 1～2 位。

（2）使用不很合理的公式时,要检查可能出现错误的地方,增加判别公式,限制错误发生。

8.1.2　计算机程序的进化

计算机程序的进化可以概括为

$$二进制程序 \rightarrow 汇编程序 \rightarrow 高级语言程序 \rightarrow 程序生成$$

1．二进制程序

采用二进制并把程序存入计算机中,这是冯·诺依曼的贡献。目前计算机也称为存储程序式计算机,原因在此。二进制程序也称机器语言程序,可直接在计算机上运行,它由一串机器指令组成。机器指令含操作码和地址码,操作码表示对数据运算和对程序控制的动作,地址码表示数据存放的地址或程序指令的存放地址。它们均用二进制数据表示,书写时用八进制(可以直接转换成二进制)。例如,

操作码：02　加法　　　数据地址码：1001　x

　　　　05　取数　　　　　　　　　1002　y

　　　　06　送数　　　　　　　　　　　1003　空

完成 $x+y$ 的计算程序为

　　　3001　05　1001　　取 x

　　　3002　02　1002　　加 y

　　　3003　06　1003　　送结果

其中 3001～3003 是存储程序的地址。这里程序中的操作码和地址码都是二进制表示的,这样程序就完全用二进制形式存入计算机中。

　　机器语言程序有两个重要特点:

　　(1) 在地址码中只存放数据,不存放运算符。运算符都存放在操作码中,即运算和数据是分开的;

　　(2) 操作码中的指令是对变量的地址进行操作,而不是直接对变量的操作。这是一种间接操作,这适合机器的运算。

　　因为在对变量的运算之前,先要对变量进行存储,即把变量放入某个地址单元中,要进行运算就必须从地址单元中取出变量,再进行计算,指令对地址进行操作,就是完成这些动作,这就形成了间接操作。

　　间接操作的好处在于:

　　(1) 对于不同数据的相同操作,只需把不同数据放入相同地址单元中,程序不用变化。间接操作为程序的通用性带来了好处。它区别于人对变量的直接操作。人操作时,不需要把数据放入某个地址单元这个动作;

　　(2) 编程序时,不要求先把数据都准备好后再编程序,但要求把数据的存放地址都分配好后就可以编程序。

　　我国 20 世纪 60 年代的第一台计算机(电子管)103 型(仿前苏联的 M3),以及后来的 104 型、109 型等多台计算机,提供的都是机器语言(二进制)。

2. 汇编程序

　　汇编程序是将二进制(或八进制、十六进制)程序中的数字用字母符号(助记符)代替。使用汇编程序简化了烦琐的数字。

　　上例程序的汇编程序为

　　LDA　x　取 x

　　ADD　y　加 y

　　STA　r　送结果

　　汇编程序便于书写,虽然程序中书写是变量 x、y,但是,汇编程序运行时还是要返回二进制程序。程序中的变量仍然要用它的地址单元来表示。这时,变量的地址单元是由机器的解释程序来分配的。它不同于人编制的二进制程序,其变量的地址单元是程序员分配的。

　　汇编程序通过解释程序返回到二进制程序。解释程序很简单,只需要两张对照表即可,一个是指令操作码的二进制对照表;另一个是数据地址的二进制对照表。

3. 高级语言程序及编译

1) 高级语言程序

高级语言程序是用接近自然语言和数学语言编写的程序,接近人们的习惯,便于非专业人员编写。高级语言程序种类很多,完成数值计算的高级语言有 C、Pascal、ADA 等;完成数据库操作的高级语言有 FoxPro、Oracle、Sybase 等;完成知识推理的高级语言有 Prolog、Lisp 等。高级语言程序需要先对所有的数据元素(变量、数组等)指定清楚,便于编译程序分配地址单元,即高级语言程序仍然是对数据的间接操作。

2) 高级语言的程序结构

高级语言的程序结构归纳为 3 种基本结构的组合,这 3 种基本结构是顺序、选择、循环。任何复杂的程序都是这 3 个基本结构的嵌套组合,这种程序设计思想称为结构化程序设计。它使程序的运算能力提高了一大步。其进化过程表示为

$$\text{“顺序、选择、循环”结构} \rightarrow \text{任何复杂的程序}$$

这种程序结构保证了程序的正确性。这在"程序设计方法学"中给出了正确性的证明。它克服了 20 世纪 60 年代的软件危机。

在机器语言的指令集中,有比较和转移(Go To)指令,也能完成选择和循环的运算,但当时程序员有一种追求编写精巧程序的愿望,大量使用 Go To 语句。对于一个精巧的小程序,它是一个艺术品。对于一个大程序,在大量使用 Go To 语句以后,发生错误的概率将大大增加,这就成了灾难,形成了软件危机。当时,不少人提出取消 Go To 语句。最后,由于提出了结构化程序设计思想才解决了这场软件危机。使大型程序的正确性得到了极大的提高。

3) 高级语言程序的编译

(1) 编译程序的思想。

高级语言程序同样要返回到二进制程序,这就是编译程序。

编译程序包括词法分析、语法分析、代码生成。它的技术原理与人工智能中的专家系统相同。即利用文法(知识)对程序中的语句进行归约(反向推理)或推导(正向推理),既要检查语句是否符合文法,又要将语句编译成中间语言或机器语言。

计算机程序的本质还是二进制程序。

转换过程如下:

$$\text{源程序} \rightarrow \text{(编译程序)} \rightarrow \text{二进制程序(目标程序)}$$

用回归变换表示为

$$T_R(\text{源程序}) = \text{二进制程序}$$

(2) 表达式的编译。

表达式的编译是编译程序中最复杂的部分。人进行表达式计算时要按照符号优先级规定进行:先乘除,后加减,括号优先。计算机对表达式的计算,不能按此规定进行,因为这不能用"顺序、选择、循环"结构的方式编制程序来适应这种规定。

表达式的编译采用了波兰逻辑学家 J. Lukasiewicz 1951 年提出的逻辑运算无括号的记法:前缀表达式——波兰式;后缀表达式——逆波兰式。

即将人习惯的中缀表达式变成后缀表达的逆波兰式,逆波兰式把表达式中的括号去掉

了,把加、减、乘、除的优先级别变成了前后顺序关系,这就适合计算机的顺序处理。例如:

$$u * v + p/q \rightarrow uv * pq/+$$
$$a * (b+c) \rightarrow a\ b\ c+*$$

在《编译原理》一书中,如何将中缀表达式变成后缀表达的逆波兰式,占了很大的篇幅。一般采用递归子程序的方法或者利用一个符号栈来完成这种转变。

4. 计算机程序进化小结

计算机程序的进化主要是从二进制程序到高级语言程序。高级语言的效果体现在:

(1) 高级语言便利了程序的编写。

(2) 高级语言的功能更强了,高级语言的程序结构采用“顺序、选择、循环”作为基本结构,既规范了计算机程序的设计思想,又保证了程序的正确性。

(3) 将很多标准的程序(如初等函数子程序等),通过连接程序直接嵌入用户程序中,极大地简化了编程的烦琐工作,也扩充了计算机的应用范围。

(4) 高级语言的应用促进了新语言的出现:面向对象语言、数据库语言、网络编程语言以及第四代语言(程序生成)等陆续出现。

计算机程序的进化采用了回归变换,具体表示为

T_{R1}(对数据的操作)=对数据的地址操作

T_{R2}(高级语言程序)=二进制程序

T_{R3}(任何复杂的程序)=顺序、选择、循环的嵌套组合

T_{R4}(中缀表达式)=逆波兰式

这些回归变换也是化繁为简、化难为易的逆向变换。计算机程序的原理仍然很简单,但其功能却极大地提高了。

8.1.3　数据存储的进化

数据有结构化和非结构化两种。结构化数据即十进制数据,需要将十进制转换成二进制数据,就可以在计算机中存储和运行。非结构化数据如汉字、图像、声音、视频等其本身是不能在计算机中存储的。这样非结构化数据需要转换。

计算机只能采用二进制。在使用计算机进行数值计算时,虽然我们输入的数是十进制数,但在计算机内有一个子程序(类似于初等函数子程序)会把数据转换成二进制。

1. 结构化数据存储的进化

结构化数据存储的进化可以概括为

变量→数组→线性表→堆栈和队列→数据库→数据仓库

1) 变量→线性表

(1) 变量:计算公式中的基本元素,分配一个存储地址。

(2) 数组:相同类型的一维、二维数据集合,存储地址是连续的。

(3) 线性表:不同类型数据的集中存储,如学生表中含姓名、性别、年龄等不同类型数据集合。

2）堆栈和队列

它用于特殊运算而暂时存放的数组或线性表。

（1）堆栈：对进栈的数据采用后进先出的处理方式，如对急诊病人的处理，后来的先看病。

（2）队列：对进队的数据采用先进先出的处理方式，如对一般病人的处理，按排队先后顺序看病。

3）数据库

这是通过数据库管理系统管理的数据文件。

数据库管理系统（数据库语言）的主要功能如下：

（1）建立数据库。描述数据库的结构并输入数据。

（2）管理数据库。包括控制数据库系统的运行，进行数据的检索、插入、删除和修改的操作。

（3）维护数据库。包括修改、更新数据库，恢复故障的数据库。

（4）数据通信。完成数据的传输。

（5）数据安全。设置一些限制，保证数据的安全。

数据库存储结构不同于数组，数据库的存储结构由文件头部分和记录正文部分两大部分组成。

文件头部分包括数据库记录信息和各字段的说明。数据库记录信息是由年月日、记录数、文件头长度和记录长度等信息组成。0DH 和 00H 两字节为文件头的结尾，如图 8.5 所示。

数据库记录信息 (32B)	
字段说明　　　　(32B)	
...	
0DH	00H
记录正文部分	
...	
...	
...	

图 8.5　数据库的存储结构

记录正文部分的存储结构如图 8.6 所示。

	删除标志 (1b)	第 1 字段内容	...	第 N 字段内容
记录 1				
记录 2	...			...
记录 3	...			...

图 8.6　记录正文部分的存储结构

每个记录增加一个删除标志在于删除该记录时只做删除标志，并没有真正抹去该记录。这样使记录的索引不发生变化，不影响整个数据库的其他操作。增加删除标志，多了冗余，但便于数据库的操作。

数据库的数据存储量大小不一，一般在 100MB 左右。

4）数据仓库

数据仓库是大量数据库（二维）集成为多维数据的集合，如图 8.7 所示的示意图。

数据仓库中的数据分为多个层次，包括当前基本数据层、历史数据层、轻度综合数据层、高度综合数据层、元数据。数据仓库结构如图 8.8 所示。

由于数据仓库的数据是多维数据，数据仓库的存储结构采用了"星状模型"。星状模型是由"事实表"（大表）以及多个"维表"（小表）所组成。"事实表"中存放大量关于企业的事实数据。"维表"（相当于多维坐标系中的坐标维的数据）中存放坐标维的描述性数据，维表是围绕事实表建立的较小的表。每个表均采用关系数据库的存储结构形式。

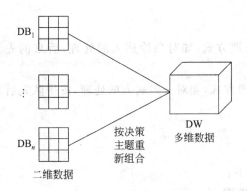

图 8.7 由数据库形成数据仓库的示意图

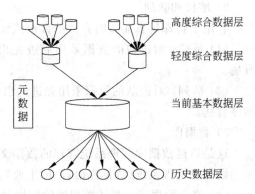

图 8.8 数据仓库中的数据层次结构

一个星状模型数据的实例如图 8.9 所示。

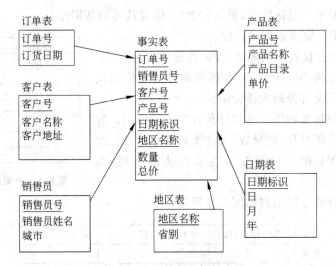

图 8.9 星状模型数据的实例

数据仓库的数据存储量一般在 10GB 左右,它相当于数据库的数据存储量的 100 倍。大型数据仓库的数据存储量达到了 TB(1000GB)级。这种数量级的数据存储,只有在计算机发展到今天的水平,存储量飞速的剧增才能实现。

(1) 用于管理的数据库

数据库一般只存储当前的现状数据,用于管理业务(商务计算)。数据库的特点是:

① 不同的业务(人事、财务、设备等)需要建立不同的数据库。

② 随时间、业务的变化随时修改数据。

③ 数据库是共享的数据。

由于数据库的出现,使计算机走向了社会。现在,社会中的各行各业已经离不开数据库了。数据库已成为各行各业现代化管理的基础设施。

(2) 用于决策的数据仓库

决策需要大量的数据。有了数据仓库以后,计算机利用数据辅助决策成为现实。由于数据仓库中存储了当前数据、历史数据和汇总数据。辅助决策的方式主要有:

① 历史数据用于预测。

② 从汇总数据的比较(不同角度)中发现问题。

③ 从详细数据中找出原因。

2. 非结构化数据(多媒体)的转变

非结构化数据(多媒体)本身是不能存入计算机的。为了把它变成结构化数据存入计算机,需要对它作一个变换。这就必须把多媒体数据二值化。

最早把计算机程序存入计算机中,就是把计算程序用二进制程序来表示。后来为解决汉字和多媒体如何存入计算机的矛盾问题,再次采用了用二值数据表示汉字和多媒体,这是计算机的大进化,使计算机进入了多媒体时代。

1) 汉字表示

(1) 英文字母、数字、标点符号等用 ASCII 码值表示,如 A 的码值 65,数字 0 的码值 48。

(2) 汉字编码。

一个汉字用 4 位十进制数字编码,前两位是区号,后两位是位号。一个汉字在计算机中的内码占两个字节,第一个字节用于区号,第二个字节用于位号。

汉字的形状是方块体的多笔画的字,采用了二值数据的点阵形式来表示。这使计算机就能存储汉字,并能处理汉字。这使计算机的处理能力上升了一步。

2) 图像的表示

图像看成点(像素)的集合,每个像素的颜色用三个字节(24 位)表示。任何颜色由红、绿、蓝三色混合而成,三色各占一个字节,一个字节中各位的 0 或 1 的不同表示,构成了不同的颜色浓度。一幅图像在计算机中表示为一个长度惊人的 0、1(二值数据)串。图像用点阵数据表示,使计算机就能存储图像,并能处理图像,从而使计算机进入了多媒体时代。

3) 视频的表示

视频是连续播放一系列图像。每幅图像称为帧。每秒播出帧的数目在 24～30 幅图像时,就是像电影一样的视频。

由于视频数据量太大,一般采取 MPEG 压缩技术,相邻帧只记录前面帧的变化部分。不记录前面帧的重复部分,就可以节省大量的存储空间。

4) 非结构化数据进化的回归变换

非结构化数据存入计算机是一个矛盾问题。只有通过二值化才能变成结构化数据存入计算机。非结构化数据进化过程概括为:

$$二进制程序 \rightarrow 汉字的二值化 \rightarrow 图像、声音、视频的二值化$$

非结构化数据进化的回归变换表示为:

$$T_R(多媒体数据) = 二值数据$$

这种变换也是逆向回归变换。解决了多媒体数据存入计算机的矛盾问题,使计算机进入多媒体时代。其进化过程用创新变换表示为:

$$T_I(黑白计算机时代) = 多媒体计算机时代$$

这种变换是正向变换。

3. 数据处理的"比较"操作

变量、数组、线性表及文件中的数据主要是用于数值计算。数值计算中的关系运算($\leqslant$

＜＝＞≥≠等)完全是"比较"操作。

数据库中的数据主要用于管理业务,对数据的操作主要是查询、增加、删除、修改,这些操作都是以"比较"操作为基础,即首先要找到所指定的记录,这就需要比较。

数据仓库中的数据用于决策支持,对数据的操作主要是多维数据分析,即在切片和切块中通过比较来发现问题,在钻取操作中通过比较来确定钻取方向,最后找出问题原因。

可以说,数据处理中对数据的操作是以"比较"操作为基础的。

4. 数据存储进化的小结

结构化数据(十进制)的进化从变量到数组,到文件,到数据库,到数据仓库。它的进化特点是数据量越来越大,数据类型也更多。但是,它们都要回归到二进制数据在计算机中运行。

非结构化数据(程序、汉字、多媒体等)在用了二值数据(0、1)表示后,才能在计算机中运行。多媒体数据的应用,使计算机从黑白计算机进化到了多媒体计算机,极大地丰富了计算机的应用范围,也使计算机处理问题的能力更强。

数据是计算机解决实际问题的基础。数据存储是计算机重要组成部分,数据存储的进化是计算机进化的一个大方面。

8.1.4 知识推理的进化

知识推理是非数值计算,属于符号处理。它是由数值计算进化而来。其进化过程就是不断地扩大计算机的应用范围,也是软件的创新过程,表示为:

数值计算→信息处理(数据库应用)→知识推理

知识推理包括的内容较多,其基本的进化过程可以概括为

知识表示与知识推理→专家系统→知识发现与数据挖掘

1. 知识表示与知识推理

1) 知识表示

知识在计算机中的存储和使用的形式,典型的知识表示有:产生式规则($A \rightarrow B$)、谓词$P(x, y)$等。

2) 知识推理

知识推理是从已知条件利用知识推出结果。

规则的推理:假言推理 $p \rightarrow q, p \vdash q$

谓词的推理:归结原理(反证法)

3) 谓词推理

谓词逻辑是用谓词公式表示文本内容。

例如,每个储蓄的人都获得利息。表示成谓词公式为

$$\forall x[(\exists y)(S(x, y)) \wedge M(y)] \rightarrow [(\exists y)(I(y) \wedge E(x, y))]$$

其中,x表示人;y表示钱;$S()$表示储蓄;$M()$表示有钱;$I()$表示利息;$E()$表示获得。

谓词的推理分两部分:一是把谓词公式化简成只含∨的子句(包括～);二是归结。

谓词公式中包含所有逻辑运算符,即∧、∨、～、→、↔、∃和∀。化简过程主要有:

(1) 消去,如→、∃∀;

(2) 把谓词公式化为合取范式,如$(A \lor B) \land (C \lor D)$;

(3) 分解合取范式为只含$\lor$的子句。上面的子句变为$A \lor B$、$C \lor D$。

上面谓词公式的子句为

① $\sim S(x,y) \lor \sim M(y) \lor I(f(x))$

② $\sim S(x,y) \lor \sim M(y) \lor E(x,f(x))$

对于谓词逻辑推理的归结原理(反证法)是利用前提谓词公式证明结论谓词公式:

(1) 把前提谓词公式化简成子句。

(2) 把结论谓词公式取非后,化简成子句。

(3) 归结时,消去两个子句中正负谓词后,合并为一个子句。

(4) 归结的最后为空子句(产生矛盾),就证明了结论谓词公式的正确性。

谓词推理实例在第 1 章知识表示中谓词逻辑的内容中有说明。

4) 知识推理不同于数值计算

知识推理使计算机进入符号处理的新领域。这种符号处理是建立在逻辑运算的基础上,逻辑运算符号有多个。在谓词逻辑中,谓词的归结原理是,对谓词公式要化简成只含$\lor$的子句(包括$\sim$)。在归结中需要找正负子句进行合一,并消除它们。其中寻找正负子句就需要对一个个子句进行"比较"操作。

可以看出,"比较"操作是逻辑运算的基础。

2. 专家系统

专家系统已经在第 2 章中做了详细说明。这里要说明的是,对规则知识的逆向推理中,并没有将所有的规则都连接成一棵知识推理树,进行深度优先搜索;而是利用规则栈,反复地搜索知识库中的知识,通过知识的进栈和出栈,达到推理树的深度优先搜索。为什么要这样做?

理由有两个:一是将规则知识连接成知识推理树并不好做,因为树的分支个数是不固定形式的,用指针链表难于设计;二是在规则栈中从栈顶规则知识找到和它连接的知识,需要在知识库中从头到尾搜索一遍知识库,才能找到所要的知识。同样,继续找下一个连接的知识,又得在知识库中从头到尾搜索一遍知识库,才能找到所要的知识。这种反复搜索知识库中的知识,对计算机程序而言是很容易的,即利用循环来完成。

很自然,知识推理采用规则栈的方式是合适的。这是用耗费计算机的计算时间(反复搜索知识库)来完成知识的推理。

知识库中搜索找到所要的知识,也是一个"比较"操作。可见,"比较"操作对于规则知识的推理和谓词推理的归结都是基础。可以归纳出,"比较"操作是符号处理的基础。

3. 知识发现与数据挖掘

知识发现与数据挖掘已经在第 5 章中做了详细说明。这里只讨论粗糙集方法的属性约简和分类知识的获取的逻辑计算基础。

粗糙集以等价关系(不可分辨关系)为基础,用于分类问题。等价关系定义为,不同元组(对象)x 和 y 对属性 a 的等价关系是它们的属性值相同。等价类是所有具有等价关系的对象的集合。粗糙集定义了上下近似两个集合来逼近任意一个集合 X。上近似定义为,等价类中元素 x 都属于 X。下近似定义为,等价类中元素 x 可能属于 X,也可能不属于 X。

1) 粗糙集的属性约简方法

粗糙集的属性约简原理是:在条件属性集 C 中去掉一个条件属性 c 后,相对于决策属性 D 的正域,与去掉属性 c 前的正域相同,该属性 c 可约简。

计算正域时需要进行等价类计算,等价类的计算就是要对属性值进行比较操作,检查是否相同。

可见,"比较"操作是属性约简方法的基础。

2) 分类知识的获取

粗糙集的分类知识获取原理是依据集合的蕴含关系,当条件属性集中的等价类蕴含于决策属性的等价类,则存在它们之间的分类规则知识。这种蕴含关系若是上近似,则分类规则知识的可信度为 1。蕴含关系若是下近似,则分类规则知识的可信度小于 1。

蕴含关系的计算涉及集合域的比较,即条件属性集中的等价类与决策属性的等价类的比较。

可见,"比较"操作也是分类知识获取方法的基础。

知识发现与数据挖掘的其他方法中的逻辑计算都是以"比较"操作作为基础。

4. 知识推理进化小结

知识推理进化的创新体现在,人工智能领域的发展,除了专家系统、知识发现与数据挖掘外,还有神经网络、遗传算法、自然语言理解、计算机博弈、机器人等都得到了发展。但是,知识推理进化的回归变换为

$$T_R(逻辑运算) = "比较"操作$$

这种回归变换简化了逻辑运算。

8.1.5 软件进化规律

1. 计算机的原始本能

通过以上分析,首先要总结一下计算机的原始本能。它主要是如下 3 点。

1) 数值计算的加法

任何复杂的运算只要能化简成算术运算(加、减、乘、除),它就能在计算机中进行运算,如微积分计算、解方程等都要化简成算术运算。算术运算又可归结为加法运算。

2) 二值数据

计算机程序是最先用二进制数据表示并存储到计算机中。后来发展到高级语言,也要通过编译程序把它变换成二进制程序,完成在计算机中的存储和运行。

十进制数据要转换二进制数据,在计算机中的存储和运行。对于汉字和多媒体这些非结构化数据,是在用二值数据表示后,它们才能在计算机中存储和处理。

可见,二值数据是计算机程序和数据存储的基础。

3) 逻辑运算的比较

数值计算、信息处理、知识推理等中间的关系运算和逻辑运算的本质是"比较"操作,数

值计算中的关系运算（＜＝＞等）是比较大小，信息处理（数据库应用）中的查询和排序要利用比较操作，知识推理中的搜索加匹配也要利用比较操作。对符号的比较在于检查是否相同。计算机程序中的"顺序、选择、循环"结构，它的运行基础也是"比较"操作。

可见，比较操作是计算机的重要基础。

2. 计算机的优势和不足

1）计算机的优势

（1）计算机的存储量很大。

计算机的飞速发展使计算机的存储量越来越大。这样，使汉字、多媒体是以大量的二值数据（没有进位操作）存入计算机中。用二进制数据（有进位操作）使计算机能够求解未知数达到上万个的方程组。

（2）计算机的计算速度很快。

计算机的飞速发展同样使计算机的运算速度越来越快。这样，使大量未知数的迭代方程能快速完成。智能推理的大面积搜索能迅速实现。

2）计算机的不足

（1）计算机不能做随机的跳转（计算机程序无法编制），只能机械地顺序执行，或固定地跳转。

（2）计算机不能对按指数增长的大数量的结点进行搜索（计算机运行时间太长、跟不上需求）。

3. 复杂问题的解决途径

复杂问题的求解需要把问题进行化解到计算机的本能所能解决的手段上来。即表示为

$$复杂问题求解＝计算机的本能＋问题化解后求解$$

4. 问题化解方法

1）复杂问题的化解原则

（1）所有的复杂数值运算，经过化简都回归到＋、－、×、÷。

（2）所有的复杂问题的运行结构都可用"顺序、选择、循环"3 种基本结构的嵌套组合来完成。

（3）任何媒体数字化（二值化）后，就可以存入计算机并进行处理。

（4）充分利用大量的存储空间和计算机的快速运算，把复杂的物体在空间上细化（如用二值数据表示、未知数结点增加），或使计算循环重复（如迭代、搜索），即充分发挥计算机的优势。

2）表达式的化解原则

化解原则是将人为的规定变成顺序步骤。

（1）编译原理中把算术运算表达式（中缀）变成逆波兰式（后缀）。

（2）函数微分表达式的运算中，求微分的顺序是先低级（＋、－）后高级（×、÷）的原则，需要把表达式（中缀）变成波兰式（前缀）。同样改变成为前后顺序关系。导数求解时，每次就很自然地按前缀表达式的顺序套用的微分公式，计算机就能顺利地求出此函数的导数。

这样,导数自动求解系统就能作为高等数学课程的辅助答疑系统。

3) 采用间接运算方法

计算机程序的机器语言中用操作码代表实际的动作,对数据的运算变为对数据地址的运算,这就是间接运算。计算机的这种间接运算,是一种很有效的方法。采用间接运算还有:

(1) 专家系统工具的研制。在知识库还是空时,只要规定知识的结构形式,就可以编制推理机程序。推理机程序是对知识结构进行操作(在目标程序中仍然是对存放知识地址的操作),包括对知识的搜索、进栈、退栈、提问、解释等。编制推理机程序就是采用间接运算的方法。

(2) 遗传算法。遗传算法是对个体编码的操作,而不是对参数本身的操作。这是它的重要特点,这也是典型的间接运算。

(3) 采用间接运算方法解决方程随机求解的问题。对于不能编制程序完成的随机求解的过程,可以采用间接运算方法,即

$$随机求解过程＝间接运算＋循环运算$$

例如,在运输问题的位势方程求解过程中,是一个随机求解过程。例如,有如下位势方程:

$$c_1+d_4=7, \quad c_2+d_2=2, \quad c_2+d_4=6$$
$$c_3+d_1=9, \quad c_3+d_3=4, \quad c_3+d_4=8$$

以上 6 个方程 7 个未知数,在给定 $c_1=0$ 后,求解其他 c_i 和 d_j。这 6 个方程的求解顺序是跳跃式的。因为在方程中,只能在两个未知数中,有一个已求出、另一个未求出时,该方程才能求解。其他情况都不能求解。对于这样的随机求解过程,程序是无法编制的。

为此,采用间接运算方法,即对每个未知数设计一个是否求出的标志位,顺序搜索每个方程,检查未知数的标志位是否符合求解要求,不符合时跳过该方程,符合时再检查未知数的标志位中哪个已求出(设为 1)、哪个未求出(设为 0),再求未求出的未知数的值。这样,把随机求解过程变成顺序求解过程。这种求解过程要循环多数才能完成。具体求解过程说明如下:

循环第一次位势方程的求解:第一个方程可求解(c_1 标志位改为 1,d_4 的标志位为 0),求得解为 $d_4=7$,d_4 的标志位改为 1。第二个方程检查两个未知数的标志位均为 0,不能求解,跳过该方程。第三个方程检查两个未知数的标志位,c_2 标志位为 0,d_4 的标志位为 1,能求解,求得解为 $c_2=-1$,c_2 标志位改为 1。第四个方程检查两个未知数的标志位均为 0,不能求解,跳过该方程。第五个方程检查两个未知数的标志位均为 0,不能求解,跳过该方程。第六个方程检查两个未知数的标志位,c_3 标志位为 0,d_4 的标志位为 1,能求解,求得解为 $c_3=1$。第一次循环结束,通过这次循环,求出的未知数 d_4、c_2、c_3 的值。

按上述方法再循环求解,经过多次循环求解就能够把其他未知数都求出解。这种间接运算方法把随机求解变成了"顺序＋循环"求解。

4) 有效使用标准程序工具

成熟的程序已经以工具的形式提供服务。例如:

- 成熟的程序(如初等函数、绘图、数据库接口、网络应用等计算)作为标准的子程序放入程序库中,通过连接并入应用程序中。

- 统计标准程序的工具,如 SAS、SPSS 等系统。

有效地使用标准程序工具将简化实际系统的编程。

5) 多资源组合形成解决问题的方案

决策资源有数据、模型、知识,有效地组合这些资源成为解决问题的方案,这就是决策支持系统,它就能有效辅助决策。组合的方法是编制这个方案的总控制程序,通过调用这些资源的接口,按照程序的顺序、选择、循环的基本结构形式进行嵌套组合,形成该方案的决策支持系统(详见第 3 章内容)。

马丁·卡普拉斯等 3 位科学家因在 20 世纪 70 年代开发出"复杂化学系统的多尺度模型"而摘得了 2013 年诺贝尔奖化学奖桂冠。他们将量子力学和经典力学计算相结合,用量子化学模型计算小区间的化学反应,用经典力学模型处理小区间外的环境(大区间)的影响,弥补了经典力学无法模拟小区间的化学反应过程及量子化学无法完成大区间环境的海量计算的缺陷。这是组合模型形成方案的经典范例。

5. 利用计算机的优势

1) 扩大存储量

(1) 代数方程或微分方程的未知数已扩大到上万个,大面积的物理方程(天气预报等)的求解成为可能。

(2) 用大量点阵数据表示声音、图像,开始了多媒体的处理(20 世纪 80 年代兴起)。

(3) 数据库(二维)扩充为数据仓库(多维),存放大量数据的数据仓库为辅助决策开辟了新方向(20 世纪 90 年代兴起)。

2) 不惜计算时间

(1) 数值计算的迭代法。

数值计算的迭代法就是不惜计算时间,进行重复计算,来求得方程的解,迭代次数可以是几万次或更多,只要是收敛的,总能够得到满足精度的解。

(2) 用循环的顺序计算代替随机跳跃的计算。

例如,上面提到的运输问题的位势方程求解,它是随机求解过程,我们利用了间接运算方法,循环进行求解,这是利用多花计算时间来代替随机求解过程的编程困难。

(3) 知识推理中的知识搜索。

在知识推理中对知识库中知识的多次反复搜索,完成了知识树的逆向推理。这也是不惜计算时间,简化了编程。

(4) 人机博弈中走棋路径的搜索。

人机博弈中,计算机的走步是计算对抗双方所有的棋子的走棋路径,通过棋局的静态估计函数,选择最佳走棋路径。这是典型的不惜计算时间,达到人难以思考的深度,即计算机计算对抗中,双方一人一步对抗的回合数能够多于人,从而战胜人。例如五子棋,计算机计算对抗双方一人一步的回合数,可以计算到最后的终止局面。人若犯一个错误,就将输给计算机。

若棋子多,双方对抗的回合次数又多,所有走棋路径将成指数次方的数量增长。要搜索所有走棋路径,一般用亿次机来计算。

国际象棋、中国象棋等的比赛中,计算机均战胜过人类高手。但是,围棋所有走棋路径按指数次方的数量增长,数量太大,计算机还无法完成。

6. 软件进化总结

软件的进化在于,计算机解决问题的能力在向人靠拢,逐步代理人的工作,可以用"万能"二字来形容。但是,进化的实现方法,却是回归变换(逆向),使任意复杂问题都回归到计算机的原始本能上。计算机本能的原理却很简单。

软件的进化规律的回归变换可以表示为

$$T_R(任何复杂运算) = 计算机原始本能$$

这是一个逆向变换。

认识软件的进化规律,我们就能更清楚地认识如何提高计算机解决问题的能力,这也提高了我们自己利用计算机的水平。这是个有意义的研究课题,它可以帮助加速计算机的进化,使计算机解决问题的能力进一步提升。

8.2　计算机硬件进化规律的发掘

计算机的体系结构中,计算处理器、存储设备、输入输出设备等硬件设备在集成度、处理速度、存储量、人机友好性等方面的发展也是由简单到复杂、由低级到高级这种进化过程。硬件进化过程概括为

基本门电路→电子管→晶体管→集成电路→大规模集成电路→量子计算机

8.2.1　计算机硬件的理论基础

硬件作为计算的物理实现装置,实现计算机的＋、－、×、÷ 四则运算。其基本原理是通过二进制和布尔逻辑的引入,将四则运算最终在计算机上都转化为二进制加法,并以数字逻辑的"与、或、非"来完成,并最终由基本门电路实现。实现基本门电路可以是古老的电子管或晶体管,而现在是以集成电路形式集成在硅片表面的半导体。

1. 二进制和布尔逻辑

二进制和布尔逻辑是实现计算的基础:

(1) 二进制解决了计数和基本运算的问题,也便于用电压的高低(或电路的通断)来表示。

(2) 布尔逻辑更是创造性地将数学运算和逻辑运算连接在一起,更明确地说是将二进制加法转化为基本的"与、或、非"二值逻辑运算。

(3) "与、或、非"逻辑是由基本门电路实现的。由于门电路中处理的是高低电压信号,这种二值的信号也称为数字信号。处理数字信号的门电路也称为数字电子电路。

布尔逻辑将二进制加法转化为"与、或、非"3 种基本二值逻辑运算;门电路(与门、或门、非门)是以数字电路的方式实现基本二值逻辑;半导体(晶体管,以硅为基本材料)是门电路实现的基本组件和物质材料;集成电路是在硅表面将越来越多的晶体管集成在一起,实现更复杂的控制、运算功能或存储能力。

简而言之,计算最终是在大量的晶体管中以电压的高低(或电路的通断)来实现的。

1）布尔逻辑

布尔代数是表示二值逻辑函数的数学表示法。所谓二值函数,指在布尔代数的运算式中,变量和函数的值只是 0 和 1。由于 1 和 0 可代表电压有高低或有无,因此布尔代数的表达式也是演示电路活动非常好的方式。布尔代数特有的运算和属性能方便地使用数学符号定义和操作电路逻辑。

每个布尔函数有其对应的真值表,列出所有可能的变量值和相关的输出值。

(1)"非"函数 $Not(x)$ 是单目函数;

(2)"与"函数 $And(x,y)$ 是双目函数;

(3)"或"函数 $Or(x,y)$;

(4)"异或"函数 $Xor(x,y)$;

(5)"与非"函数 $Nand(x,y)$;

(6)"或非"函数 $Nor(x,y)$。

布尔函数真值表如表 8.1 所示。

表 8.1　布尔函数真值表

X	Y	$Not(x)$	$And(x,y)$	$Or(x,y)$	$Xor(x,y)$	$Nand(x,y)$	$Nor(x,y)$
0	0	1	0	0	0	1	1
0	1	1	0	1	1	1	0
1	0	0	0	1	1	1	0
1	1	0	1	1	0	0	0

"与非"函数 $Nand(x,y)$ 和"或非"函数 $Nor(x,y)$,它们分别是与函数和或函数再次取非而成。

布尔函数可以用代数式或真值表来表示。无论多么复杂的布尔函数,都可以列出其真值表,也都可以由最基础的与、或、非来组合形成,布尔函数的这种构成特性也是数字逻辑中组合电路的理论基础。

2）二进制加法运算和布尔逻辑之间的关系

表 8.2 说明了二进制加法的运算法则。

表 8.2　加法的运算法则

x	y	进位 carry	和 sum
0	0	0	0
0	1	0	1
1	0	0	1
1	1	1	0

从表 8.2 中可以看出,二进制加法运算中的"和"是一个布尔逻辑中的"异或"运算,二进制加法运算中的"进位"是一个布尔逻辑中的"与"运算。

加法可以由布尔逻辑来实现。换句话说,布尔逻辑为最基础的计算电路(二进制的加法器)提供了基础部件。

2. 门电路与逻辑电路

门电路是布尔逻辑的具体电路实现。门电路可以通过很多不同原材料和制造工艺来实现,但是其逻辑行为在所有的计算机中都是一致的。在计算机的史前阶段和早期阶段,科研人员曾使用闸刀开关、电子管、继电器等机械和电子装置作为门电路实现过计算装置。此后,随着固体物理科学的进展和计算机科学家的创造性研究,晶体管或称半导体成为门电路的构成要素,而数字电路设计和制造工艺的突破使得更多的晶体管得以被集成在一个芯片上。

晶体管取代电子管实现数字电子电路是计算机硬件史上一次跨时代的变化,将计算机的体积、耗电、稳定性提高到一个新的高度。而将越来越多的晶体管集成到一块芯片上,也即以集成电路的形式取代分离的晶体管及其连接电路,以集成电路实现计算机的各种硬件设备,这是计算机硬件史上另一次跨时代的进步。

1) 基本门电路

门(gate)是对电信号进行基础运算的电路设备,接收一个或多个输入信号,生成一个输出信号。计算机中的门又称为逻辑门,每个门都执行一个逻辑函数,该门电路的输入是该逻辑函数的自变量,输出是逻辑函数的变量。由于计算机处理的是二进制信息,每个输入和输出值只能是 0(对应低电压信号)或 1(对应高电压信号)。门的类型和输入值决定了输出值。

与基本的布尔逻辑函数相对应,我们可以定义以下基本逻辑门。

(1) 非(Not)门:接收一个输入值,生成一个输出值。根据非函数的定义,如果非门的输入值是 0,则输出值是 1;如果输入值是 1,则输出值是 0。非门又称为反相器。

(2) 与(And)门:接收两个输入值,生成一个输出值。根据与函数的定义,如果与门的两个输入值都是 1,则输出值是 1;否则,输出值是 0。

(3) 或(Or)门:接收两个输入值,生成一个输出值。根据或函数的定义,如果或门的两个输入值都是 0,则输出值是 0;否则,输出值是 1。

(4) 异或(Xor)门:接收两个输入值,生成一个输出值。根据异或函数的定义,如果两个输入值相同,则输出值是 0;否则,输出值是 1。

(5) 与非(Nand)门。

(6) 或非(Nor)门。

与非门和或非门都是接收两个输入值。与非门是与门的对立门,或非门是或门的对立门。让与门的输出接入一个非门,得到的最终输出和与非门的输出相同。或非门也是如此。

每种基本的逻辑门都可以由一个特定的图形符号表示。由于异或、与非、或非门可以由与、或、非门组合而成,也可将与、或、非门视为原子性逻辑门,其常见图形符号如图 8.10所示。

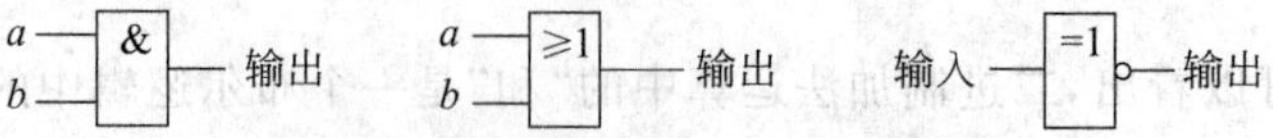

图 8.10　与、或、非门图形符号

异或门可由与、或、非门组合,通常把异或门的符号"打开",其一种可能的实现方式如图 8.11 所示。

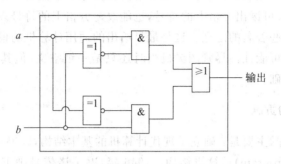

Xor (a,b)=Or(And(a,Not(b)),And(Not(a),b))

图 8.11 异或门的内部实现

用这些基本门连接(组合)在一起,可以执行数学运算。例如,一个加法器可以由一个异或门和一个与门来实现。更复杂的计算也都可以转为布尔逻辑函数,并由复杂的逻辑门实现。

2) 逻辑电路

与、或、非门可以组成计算机的各种不同功能的逻辑线路。例如,用两个"或非门"或两个"与非门"可以组成一个触发器,可作为一位二进制码的存储单元;多个触发器并列且与相应的输入输出控制门连接,可组成能存储一个字(二值数串表示的数据)的寄存器。还可以用基本逻辑电路组成加法器、译码器、编码器、时序信号发生器、分频器、移位寄存器等。计算机的各主要部件,如 CPU、MM、外围接口等极其复杂的线路,也都是由简单的基本逻辑电路加上一些辅助电路所组成。

任何复杂的逻辑电路都可以转化为基本门电路来实现。

8.2.2 计算机的体系结构

现代计算机是指采用先进的电子技术来代替陈旧落后的机械或继电器技术。现代计算机与其他所有类型的机器的区别在于,作为一个由有限硬件组成的计算设备,它可以执行无限的任务队列,包括科学计算、信息处理、交互式游戏和字处理等,这背后是由计算机的基本结构来支撑的。

现代计算机经历了半个多世纪的发展,在这一发展的历史中两个杰出的人物为现代计算机的体系结构奠定了良好的基础:英国科学家阿兰·图灵(Alan Turing)和美籍匈牙利科学家冯·诺依曼(John von Neumann)。

1. 图灵的贡献

图灵的贡献主要是:建立了图灵机的理论模型,发展了可计算性理论;提出了定义机器智能的图灵测试。1936 年,图灵在其著名的论文"论可计算数在判定问题中的应用"一文中,以布尔代数为基础,将逻辑中的任意命题(即可用数学符号)用一种通用的机器来表示和完成,并能按照一定的规则推导出结论。这篇论文被誉为现代计算机原理开山之作,它描述了一种假想的可实现通用计算的机器,后人称为"图灵机"。这种假想的机器由一个控制器和一个两端无限长的工作带组成。工作带被划分成一个个大小相同的方格,方格内记载着给定字母表上的符号。控制器带有读写头并且能在工作带上按要求左右移动。随着控制器的移动,其上的读写头可读出方格上的符号,也能改写方格上的符号。这种机器能进行多种运算并可用于证明一些著名的定理。这是最早给出的通用计算机的模型。图灵还从理论上证明了这种假想机的可能性。尽管图灵机当时还只是一纸空文,但其思想奠定了整个现代计算机发展的理论基础。

2. 冯·诺依曼的贡献

冯·诺依曼的贡献主要是:确立了现代计算机的基本结构,即冯·诺依曼结构,又称为"存储程序"(stored program)计算机结构。1946 年,冯·诺依曼把 EDVAC 计算机的设计结果写成一份报告"关于 EDVAC 报告的初稿",第一次提出了存储程序原理,论述了存储程序计算机的基本概念,完整地给出了关于存储程序计算机的逻辑上的系统描述。

存储程序概念的要点为指令与数据均存储在主存储器中;在 CPU 的控制器中,设置一个程序计数器 PC,其初始值置为程序的第一条指令所在存储单元的地址。计算机一旦被启动,控制器就会自动按 PC 的当前值所指,从主存储器读出指令,予以解释、执行。同时,PC 自动加 1,指向顺序执行的下一条指令。执行每条指令所涉及的操作数,则按指令中的操作数地址所指,从主存储器读取或向主存储器写入。

计算机基于固定的硬件平台,能够执行固定的指令集。这些指令集能够被当成构件模块,组成任意程序。这些程序逻辑并不是嵌入或固化在硬件中,而是被存储到计算机的存储设备(memory)中,跟数据一样,称为"软件(software)"。因为计算机载入不同的程序时,同样的硬件平台可以实现不同的功能。

冯·诺依曼提出的计算机体系结构如图 8.12 所示。

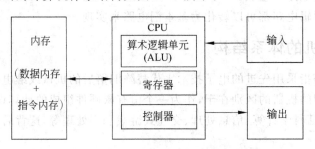

图 8.12　冯·诺依曼的计算机体系结构

处于体系结构中心位置的是中央处理单元(Central Processing Unit,CPU),包括控制单元(control)和算术逻辑单元(Arithmetic Logic Unit,ALU),它与内存进行交互,负责从输入设备(input device)接收数据,向输出设备(output device)发送数据。这个体系结构的核心是存储程序的概念:计算机内存中不仅存储着要进行操作的数据(data),还存储着指示计算机运行的指令(instructions)。这两种信息都以二进制数据形式存储在内存中。

CPU 是计算机体系的核心,负责执行已被加载的指令。CPU 通过 3 个主要的硬件要素来执行任务,包括上面提到的算术逻辑单元和控制单元,另一个就是寄存器(register,位于 CPU 芯片内部的高速存储单元,用于临时性存储数据、地址和作为程序计数器)。算术逻辑单元负责执行计算机中所有底层的算术操作和逻辑操作,典型的操作包括将两个数相加,检查是否为整数,在一个数字中进行位操作等。控制单元负责对二进制表示的指令进行解码,按已预定好的指令含义向不同的硬件设备(ALU、寄存器、内存)发送信号,指使它们如何执行指令。

冯·诺依曼体系结构中 CPU 操作可以理解为一个重复的循环:从内存中取一条指令(字),将其解码,执行该指令;取下一条指令;如此反复循环。指令的执行过程中可能包含下面一些子任务:让 ALU 计算一些值,控制内部寄存器,从存储设备中读取一个字,或向存储设备写入一个字。在执行这些任务的过程中,CPU 也会计算出下一步该读取并执行哪一条指令。

如上文所介绍,指令和数据都是存储在内存中。内存是具有通用结构的随机存储器中,可以理解为一个连续的固定宽度的单元阵列,也称为字或存储单元,每个单元都有一个独立的地址。

冯·诺依曼体系也存在着明显的问题。一个简单的例子就是:在冯·诺依曼体系结构中,数据和程序在内存中是没有区别的,它们都是内存中的数据,指令和数据都可以送到运算器进行运算,即由指令组成的程序是可以修改的。一旦存储在内存中的指令和数据受到意外的改变,程序执行时将产生不可控制的结果。当程序计数指针指向哪里,CPU 就加载相应内存中的数据作为指令来运行;如果是不正确的指令格式,CPU 就会发生错误中断。当然,现代 CPU 的保护模式中,每个内存段都有其描述符,这个描述符记录着这个内存段的访问权限(可读、可写、可执行)。其实这也就变相指定了哪些内存位置中存储的是指令,哪些是数据。

输入部件使外界的数据和程序进入计算机。最早的输入部件是拨位开关,随后是纸带和打孔卡阅读器,现代的输入设备包括键盘、鼠标、扫描器等。输出部件是使外界使用存储在计算机上的结果的设备,最常用的输出设备是视频显示终端和打印机。

此外,为了把程序和数据在非加电的情况下保存起来,还需要如磁带、磁盘、光盘等外部存储设备。

传统的冯·诺依曼型计算机从本质上讲是采取串行顺序处理的工作机制,即使有关数据已经准备好,也必须逐条执行指令序列。

8.2.3　计算机硬件的进化

1. 电子器件的进化

从 20 世纪 50 年代开始到现在,计算机的体系结构并没有质的变化,但是计算机硬件因其所采用的电子器件的进化,即"电子管→晶体管→集成电路→超大规模集成电路"的进化,使计算机划分为 4 代。量子计算机是计算机发展的新方向。

1) 第一代(1951—1959)电子管计算机

在这之前的计算机,都是基于机械运行方式,尽管有个别产品开始引入一些电学内容,却都是从属于机械的,还没有进入计算机的灵活逻辑运算领域。而在这之后,随着电子技术的飞速发展,计算机就开始了由机械向电子时代的过渡,电子越来越成为计算机的主体,机械越来越成为从属,二者的地位发生了变化,计算机也开始了质的转变。

第一代计算机使用电子管(真空管)构成运算装置和存储信息。但由于电子管工作过程中会产生大量的热进而带来可靠性降低,而且由于真空管体积大,由此构成的计算机要占用非常大的空间。这一代计算的主存储器是在"读写"臂下旋转的磁鼓。当被访问的存储器单元旋转到"读写"臂之下时,数据将被读出或写入这个单元(访问磁鼓上的信息时,CPU 必须等待"读写"臂旋转到正确的位置)。输入设备是读卡机,读出卡片上的孔。输出设备是穿孔卡片或行式打印机。在这一时代的晚期,出现了磁带驱动器,它比读卡机快得多。磁带是顺序存储设备,必须按线性顺序访问磁带上的数据。

到 1956 年,全世界已经生产了几千台以真空管为主要组件的大型电子计算机,其中有的运算速度已经高达每秒几万次。利用这一代电子计算机,人们将人造卫星送上了天。

2) 第二代(1959—1965)晶体管计算机

晶体管的出现和在计算机中的使用标志着第二代计算机的诞生,晶体管的发明人巴丁(John Bardeen)、布莱顿(Walter H. Brattain)和肖克利(William B. Shockley)为此获得 1956 年诺贝尔奖。晶体管代替电子管成为计算机硬件的主要部分,它比电子管更小、更可靠、寿命更长也更便宜。

第二代计算机中还出现了随机存取存储器——磁芯存储器,这是一种微小的环形设备,每个磁芯可以存储一位(bit)信息,这些磁芯由电线排成一列,构成存储单元,存储单元组合在一起构成存储单位。由于设备是静止不动的,而且是由电力访问,所以可以随机实时访问信息。外存方面,磁盘也出现在这个时代。磁盘比磁带快,磁盘驱动器可以将读写头直接定位到磁盘上存储所需信息的特定位置。

至 20 世纪 60 年代,世界上已产了 3 万多台晶体管计算器,运算速度达到了每秒 300 万次。

3) 第三代(1965—1971)集成电路计算机

集成电路(integrated circuit,IC)是由晶体管器件、其他电子器件和连线经过平面工艺加工制造在半导体(硅片)表面上制作形成的集成化电路。

集成电路制备的基础材料是硅,更准确地说是单晶硅。硅质材料通过转化提纯和生长形成单晶硅棒,并被切割成称为晶圆的薄片。目前主流的晶圆的尺寸(直径)是 12 英寸(30cm)。在一个晶圆上通常可制成 200~300 个同样的器件,也可以更多。器件被切割并封装后,形成我们今天看到的一块块集成电路。

集成电路技术的进步主要体现在两类工艺水平的提高:以更小尺寸来制造器件和电路,使之具有更高的密度、更多数量和更高的可靠性;新器件设计上的发明使电路的性能更好,实现更佳的能耗控制和更高的可靠性。2009 年最先进的技术应该是在 $0.045\mu m$,也就是 45nm。

集成电路技术并没有改变电子运算的性质,但它在集成度、可靠性方面将运算装置的性能大幅提高。

1962 年,德克萨斯仪器公司(TI)与美国空军合作,以集成电路为计算器的基本电子组件,制成了一台实验性的样机。在这一时期,运算速度达到了每秒 4000 万次。1965 年开始,集成电路被广泛用于计算机制造。习惯上认为小规模集成电路是集成度小于 10 个门电路或集成元件数少于 100 个元件的集成电路。

这一阶段,晶体管也被应用在存储器的构造中,每个晶体管表示一位信息。集成电路技术允许用晶体管建造存储芯片板。

以键盘和屏幕作为输入输出设备也是在这一代计算机中出现的,键盘使用户可以直接访问计算机,屏幕则可以提供立即响应。

这一阶段,集成电路上集成度不断提高,Intel 公司的摩尔(Gordon Moore)提出了著名的摩尔定律:集成电路可容纳的晶体管数目每 18 个月增加一倍,性能也提升一倍。

4) 第四代(1971—　)大规模集成电路计算机

大规模集成化是第四代计算机的特征。20 世纪 70 年代早期,一个硅片上可以集成数千个晶体管,而 20 世纪 80 年代中期,一个硅片上可以容纳整个微型计算机。集成电路(IC)的载体称为芯片(chip)。主存储器设备仍然依赖芯片技术。大规模集成电路是集成度在100 个门电路以上或集成元件数在 1000 个元件以上的集成电路。超大规模集成电路一般指集成度达 1 万个门电路或集成元件数在 10 万个元件以上的大规模集成电路。巨型机的运算速度已达到每秒几亿次。

1971 年,Intel 公司的工程师霍夫(Marcian E. Hoff)发明了第一块集成电路微处理器——Intel 4004,这是一块字长 4 位,集成了约 2300 个晶体管,以 750kHz 主频工作的CPU。在这之前,计算机技术主要集中在大型机和小型机领域发展,但随着超大规模集成电路和微处理器技术的进步,计算机进入寻常百姓家的技术障碍已层层突破。

特别是从 Intel 发布其面向个人计算机的 8 位微处理器 8080 之后,计算机已成为最为普及的家用电子设备之一。在此时段,互联网技术、多媒体技术也得到了空前的发展,计算机真正开始改变人们的生活。

5) 量子计算机

在传统计算机中,采用的是二进制 0 和 1 比特物理逻辑门技术来处理信息,而在量子计算机中,采用的则是量子逻辑门技术来处理数据。“比如,一个简单的单一量子比特门,可以从 0 转换成 1,也可以从 1 转换成为 0。”这种转换就使得计算机存储能力是以数倍级增加。

2012 年,美国国家标准技术研究院的科学家们已经研制出一台可处理 2 量子比特数据的量子计算机。在可编程量子计算机中,制造一个量子逻辑门的方法是,先设计一系列激光脉冲来操纵铍离子进行数据处理,然后再利用另一个激光脉冲来读取计算结果。

量子计算机是在量子比特(qubit)上运算,即可以计算 0 和 1 之间的数值。从数学抽象上看,量子计算机执行以集合为运算单元的计算,普通计算机执行以元素为运算单元的计算(如果集合中只有一个元素,量子计算与经典计算没有区别)。

以函数 $y=f(x),x\in A$ 为例。量子计算的输入参数是定义域 A,一步到位得到输出值域 B,即 $B=f(A)$;经典计算的输入参数是 x,得到输出值 y,要多次计算才能得到值域 B,即 $y=f(x),x\in A,y\in B$。

由于量子比特可以同时代表 0 和 1(这是量子处于叠加状态),与比传统计算机中的 0或 1 比特不同,它可以同时代表许多值,因此量子计算机的运行效率和功能将会极大地超过传统计算机。由于量子比特置于纠缠态(叠加态)一直极不稳定,故使其保持稳定是关键。

2013 年 6 月 8 日,由中国科学技术大学潘建伟院士的研究小组,在国际上首次成功实现了用量子计算机求解一个 2×2 线性方程组的量子线路,首次从原理上证明了这一算法的可行性。

假使要求解一个亿亿亿变量的方程组,用现在世界上最快的超级计算机至少需要几百年。借助量子计算求解,利用 GHz 时钟频率量级的量子计算机将只需要 10 秒钟的计算时间。

2014 年 1 月 3 日,美国国家安全局(NSA)正在研发一款用于破解加密技术的量子计算机,希望破解几乎所有类型的加密技术。

2015 年 3 月 4 日报道,美国加利福尼亚大学巴巴拉分校和谷歌公司成功创建了一种让 9 个量子比特的脆弱序列保持稳定的纠错系统。他们证明纠错系统能让更多的量子比特相关联时保持稳定。

2. 计算机微型化与超级化

随着微处理器的出现和发展使计算机多样化,出现了微型计算机、小型计算机、大型计算机和超级计算机。典型的是微型计算机和超级计算机。

1) 微处理器

微处理器(microprocessor)是用一片或少数几片大规模集成电路组成的中央处理器 (CPU)。它的基本组成部分包括运算部件、寄存器组、控制部件以及由数据线、地址线和控制信号线组成的内部总线。微处理器能够完成取指令、指令译码、取操作数、执行指令、传送结果等操作,以及按状态字执行特定操作,如处理异常事件、执行与外围设备交换信息的操作等。

CPU 可以集成在一个半导体芯片上,这种具有中央处理器功能的大规模集成电路器件,统称为微处理器。微处理器本身并不等于微型计算机,仅仅是微型计算机的中央处理器。

2011 年推出了含有 10 亿个晶体管,每秒钟可执行 1000 亿条指令的芯片,主频(CPU 时钟频率)高达 2GHz。

微处理器已经无处不在,无论是录像机、智能洗衣机、移动电话等家电产品,还是汽车引擎控制,以及数控机床、导弹精确制导等都要嵌入各类不同的微处理器。微处理器不仅是微型计算机的核心部件,也是各种数字化智能设备的关键部件。国际上的超级计算机等高端计算系统也都采用大量的通用高性能微处理器来建造。

2) 微型计算机

微型计算机(microcomputer)是由大规模集成电路组成的以微处理器为基础,配以内存储器及输入输出(I/O)接口电路等组成的电子计算机。它体积较小、灵活性大、价格便宜、使用方便。

微型计算机简称微机,俗称电脑,其准确的称谓应该是微型计算机系统。它是由微型计算机硬件系统和软件系统构成的实体。硬件系统由运算器、控制器、存储器(含内存、外存和缓存)、各种输入输出设备组成,采用"指令驱动"方式工作。软件系统可分为系统软件和应用软件。系统软件是指管理、监控和维护计算机资源(包括硬件和软件)的软件。它主要包括操作系统、各种语言编译程序、数据库管理系统以及各种工具软件等。

应用最广、产量最高的两种微型计算机是个人计算机和单片机。

个人计算机除了处理数据、文字外,还可成为处理图形、图像、语音和声音的多媒体计算机。个人计算机和通信更紧密地结合并作为网络的终端机是微型计算机的一个重要发展趋势。使多台微型计算机并行工作,可以实现性能价格比高的高性能计算机系统。

微型计算机集成在一个芯片上即构成单片微型计算机(single chip microcomputer)。

单片机已经广泛用于家电、生活用具和仪器仪表,正在向智能化发展。

3) 超级计算机

超级计算机(supercomputer)是计算机中功能最强、运算速度最快、存储容量最大的一类计算机,它是国家安全、经济和社会发展及综合国力的重要标志。超级计算机运算速度要求达到每秒万亿(trillion)次以上。

每秒千万亿次以及亿亿次运算的超级计算机已经成为现实。1993 年开始,对全球超级计算机 500 强进行排名,排行榜每半年公布一次。

我国国防科技大学研制的"天河一号"每秒 2.507 千万亿次超级计算机,在 2010 年 11 月 14 日公布的全球超级计算机 500 强排行榜中排名第一。

2013 年 6 月 17 日公布的全球超级计算机 500 强排行榜中,我国国防科技大学研制成功的"天河二号"又成为全球最快超级计算机。浮点计算性能已达到每秒 3.386 亿亿次。在 2015 年 7 月 3 日公布的全球超级计算机 500 强榜单中,中国"天河二号"以比第二名美国"泰坦"(每秒 1.76 亿亿次)快近一倍的速度,连续第五次获得冠军。而"天河一号"排名居第十位。

天河二号运算 1 小时,相当于 13 亿人同时用计算器计算一千年,其存储总容量相当于存储每册 10 万字的图书 600 亿册。

超级计算机用于大范围天气预报,生命科学的基因分析、整理卫星照片,原子核物理的探索,研究洲际导弹、宇宙飞船,制定国民经济的发展计划等大数据分析。

3. 应用型计算机的多元化

随着计算机应用领域不断扩大,不同应用的计算机也随之产生,除通用计算机外,典型的类型有过程控制计算机和嵌入式计算机等。

1) 过程控制计算机

过程控制计算机(process-control computer)是接收来自受控过程的信息,按一定的控制算法进行处理,及时地作用于过程,使过程得以正常进行的计算机。这里,受控过程主要指的是诸如炼油、化工、造纸、水泥、电力、冶金、纺织等连续性生产过程以及船舶、飞机的航行过程等。

过程控制计算机区别于常规通用计算机的特点,主要有以下几方面:

(1) 总线结构。过程控制计算机面向不同行业的受控过程,需要具有良好的兼容性和可配置性,通常采用标准总线。

(2) 过程输入输出通道。为了实现对过程控制,需要将过程的各种物理参数送入计算机处理并根据控制命令再作用于过程。所以,必须设置过程输入输出通道,如模拟量输入输出通道、开关量输入输出通道等。

(3) 人机接口技术。尽管是在计算机控制下运行,操作人员仍需要根据受控过程的状况及时地向计算机发出各种指令,而计算机也需要实时地显示受控过程状况和操作结果等信息。

(4) 可靠性技术。过程控制计算机必须强化抗干扰措施,以保证在复杂现场环境中能正常运行。

(5) 控制算法及其参数选择和工程实现。按偏差的比例(P)、积分(I)和微分(D)进行控制的 PID 控制是应用最广泛的常规控制算法。

(6) 系统软件技术。过程控制计算机是伴随着受控过程不间断地进行检测、监控,必须配备实时操作系统,还应有各种针对性的中断处理程序。

2) 嵌入式计算机

嵌入式计算机(embedded computer)是一种以应用为中心、以微处理器为基础,软硬件可裁剪的,适应应用系统对功能、可靠性、成本、体积、功耗等综合性严格要求的专用计算机系统。它一般由嵌入式微处理器、外围硬件设备、嵌入式操作系统以及用户的应用程序等四部分组成。

嵌入式计算机具有如下特征:

(1) 在功能和形体结构上都嵌入于应用系统之中;

(2) 高可靠性,嵌入式计算机一般不进行日常检修;

(3) 实时性,嵌入式计算机运行时有很强的实时性约束;

(4) 专用性,在一个特定的应用系统中,嵌入式计算机往往承担固定不变的专用任务;

(5) 软件固化,嵌入式计算机软件在某一特定的应用系统中往往固定不变,虽然可以修改和扩充,但一旦投入使用,将长时间不变,所以嵌入式计算机的软件常被固化。

嵌入式计算机是计算机市场中增长最快的领域,也是种类繁多,形态多种多样的计算机系统。嵌入式系统几乎包括生活中的所有电器设备,如计算器、电视机顶盒、手机、数字电视、多媒体播放器、汽车、微波炉、数码相机、家庭自动化系统、电梯、空调、安全系统、自动售货机、蜂窝式电话、消费电子设备、工业自动化仪表与医疗仪器等。

8.2.4　计算机硬件进化规律

从计算机硬件进化来看,其发展轨迹是计算速度越来越快、存储量越来越大、性能越来越稳定、使用越来越方便、成本越来越低、应用范围越来越广。计算机硬件进化有如下的规律。

1. 计算机硬件基础相对稳定

1) 基本门电路支持了计算机的计算本能

基本门电路(与门、或门、非门)是以数字电路的方式实现基本二值逻辑。它可以组成计算机的各种不同功能的逻辑线路,可以用基本逻辑电路组成加法器、译码器、编码器、移位寄存器等。

基本门电路支持了算术运算的加、减、乘、除和逻辑运算的"比较"操作,即支持计算机的原始计算本能。

计算机的各主要部件,如中央处理器(CPU)、主存储器(MM),外围接口等极其复杂的线路,也都是由简单的基本逻辑电路加上一些辅助电路所组成。

2) 计算机体系结构的稳定性

计算机早期确立的"冯·诺依曼的计算机体系结构"已经有七十年的历史,其结构中各个组成部件都有了巨大的发展,但计算机基本的体系结构至今并没有大的变化,这为计算机硬件技术的发展打下了一个稳定的基础框架,也为计算机软件技术的发展提供了一个稳定的平台。

　　计算机体系结构不变的稳定性使集成电路制成的微处理器成为计算机的基本单元。计算机体系结构的稳定性也促进了软件的进化。软件的进化又是围绕计算机的原始计算本能（二值数据存储、加法运算和比较操作）而产生的，即计算机体系结构的稳定性有利于软件的进化。

2．计算机硬件的高速进化

　　1）晶体管与集成电路的快速发展，极大地促进了计算机的进化

　　计算机的进化主要体现在计算机硬件的进化。计算机的电子器件走过了四代的进化过程。计算机硬件技术发生质的变化在于晶体管出现与集成电路的高速发展。计算机硬件按摩尔定律的速度发展，主要体现在快速提高集成电路的运算速度和增大存储量上，使计算机的体积越来越小，而功能越来越强。

　　用集成电路制造处理器的性能不断提高的因素主要有两个：半导体工艺技术的飞速进步和硬件体系结构的不断发展。这两个因素相互影响，相互促进。一般来说，工艺和电路技术的发展使得处理器性能提高约 20 倍，硬件体系结构（包括内存与 I/O 设备交互、流水线操作、指令级并行化等技术）的发展使得处理器性能提高约 4 倍，编译技术的发展使得处理器性能提高约 1.4 倍。

　　可以说，集成电路的进化成为计算机进化的关键因素。计算机的高速运算和海量存储又为软件的进化提供了强大的物质基础。

　　2）以微处理器为基础结合应用领域，促进了计算机的多元化格局

　　微处理器性能的不断提高，使得微处理器已应用各个领域，这样计算机既走向微型化，又走向超级化，而且产生了多元化的应用型计算机。

　　计算机和各行业的过程控制的结合产生了过程控制计算机，计算机和各行业的具体应用结合产生了嵌入式计算机，计算机和各行业的管理相结合产生了微型计算机，计算机和大型的科学计算相结合产生了超级计算机，应用于恶劣环境的抗恶劣环境计算机，在网络上提供服务计算机是服务器，工作站是一种高于微型计算机的多功能计算机，物联网是通过网络把嵌入了微处理器的物与物之间相连，等等。

　　这种多元化的应用型计算机极大地促进了社会各行业的发展，从而加快了信息化社会的步伐。

8.3　计算机网络进化规律的发掘

8.3.1　计算机网络的进化

　　计算机网络是现代计算机技术和通信技术密切结合的产物，是随着对信息共享和信息传输的要求而发展起来的。计算机网络系统就是利用通信设备和线路将地理位置不同的、功能独立的多个计算机系统相互连起来，以功能完善的网络软件（如网络通信协议、信息交换方式以及网络操作系统等）来实现网络中信息传输和资源共享的系统。

　　计算机网络进化过程概括为：

　　早期 ARPA 网→互联网（因特网）→万维网（WWW）→基于 Web Service 网络→物联

网→移动互联网→基于云计算的网络

1. 计算机网络技术的发展

1) 早期 ARPA 网

在建立 ARPA 网络之前,是建立分时联机系统,即以一台中心主计算机连接大量在地理上处于分散位置的终端。随着调制解调器的出现,通过电话线进行远程连接成为可能。终端、调制解调器、前端处理机、通信控制器和远程计算机等共同构成了远程联机系统。

20 世纪 60 年代,由美国国防部发起建立的远程分组交换网 ARPANET,第一次实现了由通信网络和资源网络复合构成计算机网络系统,标志计算机网络的真正产生。这个网络满足了如下的基本要求:

(1) 用于计算机之间的数据传送;

(2) 能连接不同类型的计算机;

(3) 所有的网络结点都同等重要;

(4) 计算机在通信时有迂回路由,使通信能自动地找到合适的路由。

20 世纪 60 年代末,ARPANET 初建时有 4 个结点,到了 1975 年,随着大学和主要国防研究机构连接到网络上,ARPANET 的规模超过 100 个结点。

2) 互联网(因特网)

互联网(Internet)又称因特网,即广域网、城域网、局域网及单机按照 TCP/IP 通信协议组成的国际计算机网络。互联网始于 1969 年的美国,是指将两台计算机或者是两台以上的计算机终端、客户端、服务器通过计算机信息技术的手段互相联系起来的结果,人们可以与远在千里之外的朋友相互发送邮件、共同完成一项工作、共同娱乐。

互联网受欢迎的根本原因在于它的成本低,使用的信息价值超高。互联网的优点有以下几方面:

(1) 互联网能够不受空间限制来进行信息交换;

(2) 信息交换具有时域性(更新速度快);

(3) 交换信息具有互动性(人与人、人与信息之间可以互动交流);

(4) 信息交换的使用成本低(通过信息交换,代替实物交换);

(5) 信息交换趋向于个性化发展(容易满足每个人的个性化需求);

(6) 有价值的信息被资源整合,信息存储量大;

(7) 信息交换能以多种形式存在(视频、图片、文章等)。

局域网(LAN)是在局部地区范围内的网络,它所覆盖的地区范围较小,是应用最广的一种网络。城域网(MAN)是在一个城市,但不在同一地理小区范围内的计算机互联。这种网络的连接距离可以在 10～100km。广域网(WAN)也称为远程网,它一般是在不同城市之间的 LAN 或者 MAN 网络互联,地理范围可从几百公里到几千公里。

互联网需要所有主机都必须遵守的交往规则(即 TCP/IP 协议),否则就不可能建立起全球所有不同的计算机、不同的操作系统都能够通用的互联网。

3) 万维网

万维网(World Wide Web,WWW),是一个由许多互相链接的超文本(hypertext)组成的系统,通过互联网访问。在这个系统中,每个有用的事物,称为一样"资源";并且由一个全局"统一资源标识符"(Uniform Resource Locator,URL)标识;这些资源通过超文本传输协议(Hypertext Transfer Protocol,HTTP)传送给用户,用户通过"浏览器"单击链接"服务器"来获得资源。

若要进入万维网上一个"网页",通常用户需要在浏览器上输入想访问网页的统一资源标识符(URL)。经过分布于全球的"域名系统"的互联网数据库解析,决定进入哪一个 IP 地址(IP address)。接下来的步骤是为所要访问的网页,向在那个 IP 地址工作的服务器发送一个 HTTP 请求。在通常情况下,超文本标记语言(HTML)文本、图片和构成该网页的一切其他文件很快会被逐一请求并发送回用户。用户浏览器接下来的是把 HTML 文件所描述的内容,加上图像、链接和其他必需的资源,显示给用户。这些就构成了用户所看到的"网页"。

万维网使得全世界的人们以史无前例的巨大规模相互交流。相距遥远的人们,甚至是不同年代的人们可以通过网络进行思想交流,甚至改变他们对待事物的态度。

万维网和互联网的结合,使人们的情感经历、政治观点、文化习惯、表达方式、商业建议、艺术、摄影、文学等,实现了以人类历史上从来没有过的低投入实现数据共享。这是一场信息革命。

World Wide Web 称为"万维网",这是其中文名称汉语拼音也是以 WWW 开头的。

4) 基于 Web services 网络

Web Services 的主要目标是在现有各种异构软件和硬件平台的基础上,构建一个通用的与平台无关、语言无关的技术层,各种平台上的应用依靠这个技术层来实施彼此之间的连接和集成,彻底解决以往由于开发语言差异、部署平台差异、通信协议差异和数据表示差异所带来的高代价的系统集成问题。传统的 Web 应用技术解决的问题是如何让人来使用 Web 应用所提供的服务,而 Web Services 则要解决如何让计算机系统来使用 Web 应用所提供的服务。

Web Services 是以 Microsoft、IBM 等为首的计算机业巨头成立的 WS-I 组织(Web Services Interoperability Organization)等共同提出的开放性技术标准。

Web Services 技术架构由服务提供者(service provider)、服务注册中心(UDDI registry)和服务请求者(service requestor)三种角色构成,其体系结构基于这些角色之间的交互,具体涉及发布、查找和绑定操作。这些角色和操作一起作用于 Web Services 构件: Web Services 软件模块及其描述。

服务提供者提供可通过网络访问的一个 Web Services 服务,定义 Web Services 的服务描述,并发布到服务注册中心和服务请求者。

服务注册中心是可搜索的服务目录索引中心,服务提供者在此发布服务的信息,包括服务提供者的信息和访问服务的网络地址等。在静态绑定开发或动态绑定执行期间,服务请求者查找服务并获得包含在服务描述中的绑定信息。

服务请求者从本地或注册中心搜索服务描述,然后使用这些描述对服务进行绑定,并调用相应的 Web Services 服务。

基于 Web services 网络保证了网络上现有各种异构软件和硬件平台的 Web Services 的服务。

5) 物联网

物联网(The Internet of things)是物物相连的互联网。物联网把传感器、控制器、机器、人员和物等通过互联网联系在一起,形成人与物(Human to Thing,H2T)、物与物(Thing to Thing,T2T),实现信息化、远程管理控制和智能化的网络。这有两层意思:其一,物联网的核心和基础仍然是互联网,是在互联网基础上的延伸和扩展的网络;其二,其用户端延伸和扩展到了任何物品与物品之间,进行信息交换和通信。

物联网应用中有以下 3 项关键技术。

(1) 传感器技术:这也是计算机应用中的关键技术。大家都知道,到目前为止绝大部分计算机处理的都是数字信号。自从有计算机以来就需要传感器把模拟信号转换成数字信号计算机才能处理。

(2) RFID 标签:也是一种传感器技术,RFID 技术是融合了无线射频技术和嵌入式技术为一体的综合技术,RFID 在自动识别、物品物流管理有着广阔的应用前景。

(3) 嵌入式系统技术:是综合了计算机软硬件、传感器技术、集成电路技术、电子应用技术为一体的复杂技术。经过几十年的演变,以嵌入式系统为特征的智能终端产品随处可见。如果把物联网用人体做一个简单比喻,传感器相当于人的眼睛、鼻子、皮肤等感官,网络就是神经系统用来传递信息,嵌入式系统则是人的大脑,在接收到信息后要进行分类处理。

物联网是互联网的应用拓展,与其说物联网是网络,不如说物联网是业务和应用。在2011 年的产业规模超过 2600 亿元人民币。

6) 移动互联网

移动互联网(Mobile Internet,MI)是移动通信和互联网二者融合成为一体。继承了移动通信的随时随地随身的特点和互联网的共享、开放、互动的特点,整合了二者的优势形成的下一代互联网。它包含终端、软件和应用三个层面。终端层包括智能手机、平板电脑、电子书、MID 等;软件包括操作系统、中间件、数据库和安全软件等;应用层包括休闲娱乐类、工具媒体类、商务财经类等不同应用与服务。

随着宽带无线接入技术和移动终端技术的飞速发展,移动互联网应运而生并迅猛发展。移动互联网这个概念从 2010 年开始,已经彻底从“神坛”走向了生活。

截至 2014 年 4 月,我国移动互联网用户总数达 8.48 亿户,手机网民规模达 5 亿,占总网民数的八成多,手机保持第一大上网终端地位。在美国,智能手机用户数量已经是计算机用户数量的四倍。91%美国人无时无刻无论去哪,都随身带着移动设备。

7) 基于云计算的网络

云计算(cloud computing)是利用远处的数据中心,通过互联网向客户提供软件、存储、计算能力和其他服务。云计算的方式就是将分散的各企业的数据中心,变成租用云计算环境中的集中式的数据中心。这样各企业就不再去关心投资软硬件建设,只需关心自身的业务处理过程了。

云计算＝互联网上的资源(云)＋分散的信息处理(计算)

“云”指互联网上提供服务的资源池。也就是说,要构建一定规模的集群,并且对该集群统一管理,形成“资源池”,才能满足云计算的需求。让软件和硬件都隐没于云端,云端的供应商们拥有诸多计算机来替你进行庞大的信息处理。今后用户只需购买服务,如计算能力的服务、软件功能的服务、存储服务等,云端会把用户的服务请求或计算结果通过互联网提供给你。

云计算的典型特征是信息技术（Information Technology，IT）服务化，也就是将传统的 IT 产品通过互联网以服务的形式交付给用户，对应于传统 IT 中的"硬件"、"平台"和"（应用）软件"，云计算中有 IaaS、PaaS 和 SaaS，Amazon、Google、Salesforce 分别在 IaaS、PaaS 和 SaaS 领域占据主导地位。

(1) IaaS（Infrastructure-as-a-Service）：基础设施即服务。消费者通过 Internet 可以从完善的计算机基础设施获得服务。IaaS 通过网络向用户提供计算机（物理机和虚拟机）、存储空间、网络连接、负载均衡和防火墙等基本硬件资源；用户在此基础上部署和运行各种软件，包括操作系统和应用程序。

(2) PaaS（Platform-as-a-Service）：平台即服务。PaaS 实际上是指将软件研发的平台作为一种服务，以 SaaS 的模式提交给用户。

(3) SaaS（Software-as-a-Service）：软件即服务。它是一种通过 Internet 提供软件的模式，用户无须购买软件，而是向提供商租用基于 Web 的软件，来管理企业经营活动。

云计算是第三次 IT 革命。第一次 IT 革命是个人计算机的出现，第二次 IT 革命是互联网技术的广泛应用。

2. 计算机网络的关键技术

1）分组交换技术

20 世纪 60 年代早期，计算机网络的研究人员建立了分布式网络和分组交换的理论基础。

分布式通信网络的概念：分布式网络和传统通信网络不同，信息可以沿着许多不同的可能途径发送。这个概念也称为冗余路由，这是后来互联网发展中一个关键要素。

分组交换的概念：将需要传送的信息分割成一段段较短的单位，每一段信息加上必要的呼叫控制信息和差错控制信息等，按一定的格式排列，称为一个"报文分组"，也称"包"。

在分布式网络中，整个传送的数据信息以包为单位发送，各个包之间没有任何联系，可以断续地传送，也可以经由不同的路径传送。在分组传输的路径中，每一个中间结点都是采取"存储-转发"的机制，也即会完整地接收到该分组，然后把它保存起来，再将它转发出去。

2）网络体系结构

计算机网络体系结构定义为计算机网络层次模型和各层协议的集合。1984 年 ISO 正式颁布了一个开放系统互连参考模型的国际标准 OSI7498，计算机网络正式进入体系结构标准化时代，即正式步入网络标准化时代。模型分为 7 个层次，包括应用层、表示层、会话层、传输层、网络层、数据链路层、物理层，因此也称为 ISO/OSI 7 层参考模型。

其中传输层完成数据传送服务，上面三层面向用户。对于每一层，至少制定两项标准：服务定义和协议规范。前者给出了该层所提供服务的准确定义，后者详细描述了该协议的动作和各种有关规程，以保证服务的提供。

层次化的网络体系结构的建立为网络产品提供了统一的标准。在分层的方法中，通信问题被划分为许多个子问题，然后每个子问题由单独的协议来解决。分层的方法也增加了网络中的灵活性，同时，每个协议的设计、分析、编码和测试都比较容易。

3) 网络协议

网络协议是为计算机网络中进行数据交换而建立的规则、标准或约定的集合。例如,网络中一个微机用户和一个大型主机的操作员进行通信,由于这两个数据终端所用字符集不同,因此操作员所输入的命令彼此不认识。为了能进行通信,规定每个终端都要将各自字符集中的字符先变换为标准字符集的字符后,才进入网络传送,到达目的终端之后,再变换为该终端字符集的字符。

典型的网络协议有 TCP/IP 协议、HTTP 协议和 SOAP 协议。

(1) TCP/IP 协议。

TCP/IP(Transmission Control Protocol/Internet Protocol,传输控制协议/Internet 协议) 协议中,IP 协议主要解决网络结点的编址和在传送过程中的路由,TCP 主要解决端到端的可靠传输。由于 TCP/IP 协议非常可靠且解决了许多早期网络协议中的许多问题,而且它是以开放标准的形式实现的,它的完整描述和实现版本都可以很方便地获取。

TCP/IP 协议是互联网上广泛使用的一种协议,它是互联网的基础,它提供了在广域网内的路由功能,而且使互联网上的不同主机可以互联。

(2) HTTP 协议。

HTTP(Hypertext Transfer Protocol,超文本传输协议)是用来在互联网上传送超文本的传送协议。它是运行在 TCP/IP 协议族之上的 HTTP 应用协议,它可以使浏览器更加高效,使网络传输减少。任何服务器除了包括 HTML 文件以外,还有一个 HTTP 驻留程序,用于响应用户请求。用户的浏览器是 HTTP 客户,向服务器发送请求,当浏览器中输入一个开始文件或单击了一个超链接时,浏览器就向服务器发送了 HTTP 请求,此请求被送往由 IP 地址指定的 URL。驻留程序接收到请求,在进行必要的操作后回送所要求的文件。

(3) SOAP 协议。

SOAP(Simple Object Access Protocol,简单对象访问协议)协议是 Web Services 技术采用的基于 XML 消息的协议。

Web Services 技术有 3 要素: SOAP、WSDL (Web Services Description Language,描述语言)、UDDI(Universal Description Discovery and Integration,统一描述、发现与集成)。

SOAP 用来传递信息,即标识出"将调用哪一个操作",以"采用 XML 定义完成的数据"传输该操作的输入以及该操作的运算结果。WSDL 用来描述如何访问具体的接口,UDDI 用来管理,分发,查询 Web Services 服务。

SOAP 协议保证了 Web Services 技术的实现。

4) 无线通信与光纤通信技术

无线通信是以空气为介质,而光纤通信是以光缆为介质,它们都不同于以电线为传输介质的通信。它们扩大通信的范围,提高了通信的速度,使通信发生了质的变化。

(1) 无线通信技术。

无线通信技术和计算机网络结合发展了无线网络。无线通信技术位于网络体系结构中物理层和数据链路层技术。无线通信技术解决的两个关键问题是: 通过无线链路进行通信,解决移动用户变化位置情况下的网络接入。计算机网络中无线通信研究的内容包括在数据链路层通过随机访问和冲突回避等技术解决对信道的访问,以高速数据传输为主要目的,兼顾移动性。

智能手机是指像个人计算机一样，具有独立的操作系统，可以由用户自行安装软件，并通过移动通信网络实现无线网络接入的手机。它除了具备手机的通话功能外，还具备了个人信息管理以及基于无线数据通信的浏览器，GPS 和电子邮件等功能。

智能手机极大地推动了无线网络的应用。2012 年 10 月，全球智能手机用户总数已经突破了 10 亿大关。

(2) 光纤通信技术。

电通信是以电作为信息载体实现的通信，而光通信则是以光作为信息载体而实现的通信。所谓光纤通信，就是利用光纤来传输携带信息的光波以达到通信的目的。光纤通信的原理是：在发送端首先要把传送的信息（如话音）变成电信号，然后调制到激光器发出的激光束上，使光的强度随电信号的幅度（频率）变化而变化，并通过光纤发送出去；在接收端，检测器收到光信号后把它变换成电信号，经解调后恢复原信息。

光纤通信的优点是：

(1) 通信容量大、传输距离远；一根光纤的潜在带宽可达 20THz。采用这样的带宽，只需一秒钟左右，即可将人类古今中外全部文字资料传送完毕。

(2) 信号干扰小、保密性能好。

(3) 抗电磁干扰、传输质量佳，电通信不能解决各种电磁干扰问题，唯有光纤通信不受各种电磁干扰。

(4) 光纤尺寸小、重量轻，便于铺设和运输。

(5) 材料来源丰富，环境保护好，有利于节约有色金属铜。

(6) 无辐射，难于窃听，因为光纤传输的光波不能跑出光纤以外。

(7) 光缆适应性强，寿命长，等等。

光纤通信作为一门技术，其出现、发展的历史至今不过 30～40 年，但它已经给世界通信的面貌带来了巨大的变化，起深刻而长远的影响恐怕还在后头。

8.3.2　计算机网络的进化规律

计算机网络使全网范围内实现了硬件资源共享（处理资源、存储资源、输入输出资源等）、软件资源共享（各类大型数据库、应用软件等）和用户间信息交换（传送电子邮件、发布新闻消息和进行电子商务活动等）。

1. 计算机网络体系结构的标准化奠定了基础，网络协议的发展促进了计算机网络的进化

计算机网络由多个互连的结点组成，结点之间要不断地交换数据和控制信息，要做到有条不紊地交换数据，每个结点就必须遵守一整套合理而严谨的结构化管理体系。

计算机分层网络体系结构，一方面简化了通信的复杂性；另一方面为技术发展提供了标准化的支撑，使计算机网络技术在统一的技术架构下不断进化。

计算机网络的进化可以概括为：

数据传输→信息资源共享→信息交流→异构计算机互联→人对物的智能控制→计算机软硬件服务

计算机网络最开始是完成数据传输(电子邮件)和信息资源(图书、图像、视频、音乐等)的共享和人际间的交流(社交网站),由于网络协议的不断发展,从 TCP/IP 协议到 HTTP 协议,使互联网得到极大的普及。由于 SOAP 协议,使异构计算机之间能够互联(Web Services 技术)。互联网与传感器技术和嵌入式系统结合,产生的物联网,实现了人对物的智能控制。

由于云计算的出现,使用户在计算机网络上,只需要购买服务,如计算能力的服务、软件功能的服务、存储服务等,云端会把用户的服务请求或计算结果通过互联网提供给你。这样,极大地改变了社会。

计算机网络现在已迅速成为覆盖全球的最大的一张综合性信息网络,而且它的深度和广度还在不断地推广。

2. 无线通信和光纤通信技术以及协议集高速化等带动了计算机网络的宽带化和高速化

在计算机网络技术发展的历程中,由于网络承载的信息从普通文本数据逐渐向包括图形图像、话音和实时视频在内的多媒体方向变化,对网络传输能力的要求越来越高,呈现不断向宽带化和高速化方向发展的趋势。网络宽带化和高速化主要体现在 3 个方面:线路通信速率呈数量级增高、协议集向高速化方向变化以及高性能交换机/路由器不断出现。

(1) 网络干线的数据吞吐率每 5～10 年都有跨数量级的增加,以光通信为基础的干线通信速率已从 20 世纪 90 年代 Gbps 数量级向 Tbps 数量级迈进。

(2) 协议集向高速化方向发展,计算机网络的高速信息交换能力的实现必须由网络结构和网络协议共同完成。网络协议自身的高速化可以从两方面进行:简化协议头和简化协议控制。

(3) 交换机/路由器设备的高速化,交换技术和路由芯片技术等,使转发速率不断提高。

3. 计算机的信息综合处理统一了信息网络,使计算机网络应用综合化

网络的综合化主要表现在从现有多种业务网络并存,向统一网络平台方向过渡。互联网、电信网(无线网)、广播电视网的"三网合一"是发展趋势。智能手机就是代表。这类移动智能终端的出现改变了很多人的生活方式及对传统通信工具的需求,智能手机以其便携、智能等的特点,使其在娱乐、商务、时讯及服务等应用功能上能更好地满足消费者对移动互联的体验。

计算机网络的发展目标是将各网融通,形成统一信息网络。计算机网络的发展和与其他各类业务网提供业务互相渗透、交融,进而为信息应用提供统一的业务平台。

8.4　计算机技术发展趋势

计算机应用领域随着技术的进步逐步扩大。可以概括为:

计算机领域→自然科学领域→社会各行业→社会的信息化

8.4.1　计算机软件发展趋势

1. 计算机领域

(1) 数值计算：解更大的方程组，解决更多的科学与工程中的难题。

(2) 知识处理：人工智能在向人的智慧靠拢，使计算机的能力逐步代替人的工作。

(3) 提高计算机软件能力：适应广大社会的应用需求。

2. 自然科学领域

(1) 数值计算：如天气预报、地质勘探、建筑设计等更准确。

(2) 知识处理：如农业专家系统、模式识别、自动控制等人工智能技术与应用领域更有效地结合。

(3) 人脑模拟以及基因工程：计算机和生物工程的结合，从而探索人类奥秘。

3. 社会各行业工作

(1) 管理工作：建立更多行业的数据库，并进行信息处理（商务计算），建立行业的管理信息系统和办公自动化系统。进一步提高管理的科学化。

(2) 辅助决策：建立各行业的决策支持系统（利用模型、数据、知识等资源）和建立更多的数据仓库等提高科学决策能力。

(3) 大数据的关联分析：信息化促成了大数据时代的来临，在大数据中进行关联分析将极大地提高人的正确决策能力。

8.4.2　计算机硬件与网络的发展趋势

计算机硬件和网络的发展，促使了它们更紧密的结合。下面从宏观、中观、微观和信息物理融合系统 4 方面给予说明。

1. 宏观层面

随着计算、存储和通信普遍服务于各种应用领域，由超级计算机和计算机群构成的远程后台计算资源可以被使用者根据需要随时使用，计算能力和存储能力变成如水、电、气一样的基础设施。宏观上的发展趋势是"移动互联网"、"物联网"、"云计算"。

"移动互联网"是下一代互联网。移动互联网随着智能手机的广泛使用，得到了异常迅猛的发展，极大地改变了人们的生活方式。

"物联网"随着无线连接从智能手机和计算机扩散到众多其他类型的设备，连接互联网的设备数量将从当前时约 100 亿迅速增加到 2020 年的 300 亿，但预计产品和服务提供商业营销收入增加 3090 亿美元，同时因成本节省、生产率提高和其他因素将给经济造成的影响总计达 1.9 亿美元。它大大促进了社会和经济的发展。

"云"是由成千上万的计算机和服务器组成，通过互联网实现计算资源的网络服务。计算资源包括了计算机硬件资源和软件资源。

2．中观层面

冯·诺依曼体系结构仍然是现代计算机的基础,对于计算机体系结构的发展将会有两个方面的发展趋势,一是在传统的冯·诺依曼型计算机结构上进一步发展;二是创新出新的计算机体系结构,实现对多维并行处理等问题的根本性改变。

目前在体系结构创新方面已经有了一定的进展,如数据流计算机、量子计算机、生物(DNA)计算机等非冯·诺依曼计算机体系结构。例如,采用数据流驱动工作方式的数据流计算机,只要数据已经准备好,有关的指令就可并行地执行,从根本上改变冯·诺依曼机的控制流驱动方式。但以上这些体系结构由于控制的复杂性,仍处于实验探索之中。

3．微观层面

目前芯片技术发展在微观层面上有两大类的发展方向:以多核处理品代替单核处理品,用新的纳米材料来代替硅材料。

多内核是指在单个处理器中集成两个或多个完整的计算引擎(内核)。由于提高单核芯片的集成度的技术路线将由于材料的原因越走越窄,多核技术是处理器发展的必然。一个重要的原因是:特征尺寸的减小使各个半导体器件越来越近,由于漏电流和过热等问题将使器件性能不稳定。

多核处理器比单核处理器具有性能和效率优势,多核处理器将会成为被广泛采用的计算模型。从单核到双核,再到多核的发展,在芯片发展历史上是速度最快的性能提升过程。

纳米计算机指将纳米技术运用于计算机领域所研制出的一种新型计算机。纳米是长度计量单位,1nm 等于 10^{-9}m。说明芯片技术进入分子大小的电路。

2013 年 9 月 26 日斯坦福大学宣布,人类首台基于碳纳米晶体管技术的计算机已成功测试运行。该项实验的成功证明了人类有望在不远的将来,摆脱当前硅晶体技术以生产新型计算机设备。

采用纳米技术生产芯片成本十分低廉,只要在实验室里将设计好的分子合在一起,就可以造出芯片,大大降低了生产成本。

4．信息物理融合系统

信息物理融合系统(cyber-physical system,CPS),是一个综合计算、网络和物理环境的多维复杂系统,即它是计算过程和物理过程的集成系统。人类通过 CPS 系统包含的数字世界和机械设备与物理世界进行交互,这种交互的主体是人类自身,作用的客体是真实世界的各方面:自然环境、建筑、机器等。

CPS 的概念最早是由美国国家基金委员会在 2006 年提出,被认为有望成为继计算机、互联网之后世界信息技术的第三次浪潮。2010 年开始了 CPS 时代。

CPS 系统通过 3C(计算 Computation、通信 Communication、控制 Control)技术的有机融合与深度协作,深深地嵌入实物过程中,使之与实物过程密切互动,实现大型工程系统的实时感知、动态控制和信息服务,从而给实物系统添加新的能力。

CPS 系统小如集成电路、心脏起搏器等,大如国家电网。CPS 的研究与应用将会改变了人类与自然物理世界的交互方式,在健康医疗设备与辅助生活、智能交通控制与安全、先进汽车系统、能源储备、环境监控、防御系统、基础设施建设、加工制造与工业过程控制、智能建筑等领域均有着广泛的应用前景。CPS 系统具有巨大的经济影响力。

信息物理融合系统是最近几年提出的,但是人的智慧与实物世界的结合在人类历史上,早就有很多成功案例。简单地说就是:把知识变成力量,即利用知识把物体的力量发挥出来。这比"知识就是力量"说法更确切一些。

三国时期的诸葛亮曾有一番关于用兵的宏论:在战场上,除了看得见的手持兵器的士兵外,其他气候、地理、万物万象等客观条件,通过指挥员的主观筹谋,都可以作为一种无形的甚至是至关重要的制胜因素,能动地运用于作战中,最终达到制胜之目的。他在赤壁之战中借东风(当时战场有东风出现,这是诸葛亮掌握的知识)火烧曹营(利用风和火的物理力量),大败曹操,就是典型的用人的智慧与实物世界(东风和火)的结合形成强大的战斗力量,击败对方的成功战例。

1937 年,我八路军 115 师平型关战役,一举歼灭日军精锐板垣师团 1000 多人,其中重要的一条原因就是借助了战场有利于我的特定环境(地势),使我军居高临下,两侧夹击,而日军处于两侧均为高约百米以上的峡谷之中,毫无回旋之地,只能被动挨打。这是用人的智慧(日军要经过这峡谷的机遇)与实物世界(地势帮助我军埋伏)的结合形成的战斗力量,击败对方的成功战例。

反之,人的想法(作战知识)与实物世界背道而行,实物世界将帮助对方损害自己。1949 年我军实施的金门岛登陆作战,由于没有准确把握潮汐规律,致使输送第一梯队的船只搁浅,无法返回接运第二梯队,使我军遭受重大伤亡,登岛失利。由此可见,实物世界(潮汐规律)反而帮助了对方。

可见,实物世界是真正发挥出力量之所在。信息和知识能否和物理融合形成系统,是发挥物理力量的关键所在。

习题 8

1. 计算机的计算过程与人的计算过程有什么不同?
2. 自己总结所有的数值计算都要回到"加、减、乘、除"上来。
3. 说明计算机的本质是什么?它的进化体现在哪里?
4. 如何理解比较操作是计算机的本质之一?
5. 在知识推理中是如何进行大规模的知识搜索的?
6. 说明芯片和集成电路的区别,微处理器与微计算机的区别。
7. 计算机硬件进化中,它的基础是什么?它的进化体现在哪里?
8. 计算机网络进化中,它的基础是什么?它的进化体现在哪里?
9. 说明信息技术的内涵。
10. 人工智能会超过人脑吗?

附录 A

部分思考题参考答案

习题 1

1. 知识工程与人工智能的关系是什么？研究意义是什么？

回答：知识工程是利用人工智能技术去开发知识系统。知识工程比人工智能具有更强的实用性。知识系统包括专家系统、知识库系统、智能决策系统等。

正是由于知识工程的实用性，对知识工程的研究价值就很大。有不少人是追求了解人工智能的原理，而忽视了具体开发知识系统的技术，没有亲自去开发一个实际的哪怕是一个简单的专家系统。这样往往使人处在半空中，对人工智能只是一知半解，很快他会忘记人工智能这个推动人类进步的新技术。

2. 从人工智能的发展中如何理解人工智能？

回答：人工智能的发展从概念的提出到重视推理（定理证明），再到重视知识（专家系统），才完成了符号推理的进程（20 世纪 70 年代）。由于神经网络和遗传算法的兴起，进入仿生物的计算智能（20 世纪 80 年代）。符号推理和计算智能虽然思路不同，但都是向人的智能方向靠拢。人工智能和其他领域结合，推动了人工智能的广泛应用。社会在向信息化迈进的同时，提出了智能化的目标。可见人工智能的潜力所在。由于智能机器人的快速发展，出现了智能机器人将超过人类的担心。这取决于人脑的机理是否真正能被破译，进行形式化，让计算机像人一样思维和自主行动。这一点，看来路程很遥远，计算机永远是人的工具。

4. 为何要研究知识表示？人对知识的利用与计算机对知识的利用的区别是什么？

回答：知识工程研究的知识表示，在于让计算机能存储知识和运行知识。人类的知识主要是文本知识，人能理解它，也能按文本知识的内容去行动。计算机虽然能存储文本知识，但是它不能理解文本知识的内容，自然就不可能去按文本知识的内容去运行。计算机是一个非生物的机器。要让计算机理解文本知识，就必须让计算机按自然语言的文法去分析。这是人工智能中的"自然语言理解"的任务。在自然语言中存在二义性以及情感等，这对自然语言理解带来了极大的困难。

目前，只能简化自然语言，用不具有二义性和情感的 2 型文法（上下文无关文法）和 3 型文法的计算机语言。对于知识也只能采用数理逻辑、产生式规则等几种知识表示。在知识工程中对知识的利用是采取知识推理来完成的。这不同于人对知识的利用是人按文本的要求去思考和行动。

5. 从知识管理的现状来说明研究知识管理的意义。

回答：目前大多数企业还没有真正开展知识管理工作，没有实现知识共享、知识交流，更没有进行知识的创造。要想提高企业的竞争力，开展知识管理工作意义很大。

知识管理的应用技术知识工程，在不少的企业中已经开展了。知识必须从个人私有到知识共享，这要通过知识交流来实现。更重要的一点是实现知识创造，通过企业员工共同来创造新知识，才能使企业适应不断变化的环境。

8. 说明知识工程与知识管理的不同与关系。

回答：知识工程与知识管理两者是处于不同的层次。知识工程是在计算机上完成知识获取、知识存储（知识库）和知识的应用（知识推理）。而知识管理是在社会中组织和个人完成知识获取、知识交流、知识利用和知识创造。知识管理能充分利用知识工程的技术来完成知识获取、知识存储和共享以及知识利用。但是知识创造只能由人和组织来完成。

当人和组织在完成知识利用过程中，逐步标准化后，再利用形式化和数字化的手段，变成计算机中知识工程的技术。这样可以扩大知识利用的应用范围。专家系统和基于案例推理（CBR）就是范例。

习题 2

1. 专家系统如何体现人工智能？

回答：人工智能的特点是，用知识经过推理解决随机出现的问题。专家系统正是利用知识经过推理解决知识库范围内的随机问题。专家系统中的知识库是专家总结的知识，比一般专业人员有更丰富的知识，故它解决问题的能力超出了一般专业人员解决问题的能力。

值得说明的是，专家系统不能解决知识库范围外的问题，这是专家系统的不足。这种情况要求人去发现和创造解决新问题的新知识。这超出了计算机能力的范围。

3. 研究推理树（知识树）的意义是什么？

回答：推理树（知识树）是知识库中知识的直观表示，它反映了各条知识之间的联系。这便利人对知识的容易理解。推理树的宽度反映了知识库中知识面的宽度。推理树的深度反映了知识库中知识解决问题的难度大小。对推理树的深度优先搜索反映了知识的逆向推理过程。

值得说明的是，在计算机中建推理树是很麻烦的，一般不采用推理树来进行逆向推理。而是采用规则栈来完成逆向推理，在规则栈中对规则的进栈就是对推理树向前搜索，对规则的退栈就是对推理树的回溯。这样编推理机程序很容易。

7. 研究解释机制的作用是什么？

回答：计算机是无生命的机器。用计算机解决问题，特别是看病，病人会不相信计算机专家系统会为人看病。解释机制就是为了解除这个顾虑的。专家系统每走一步，解释机制都显示出来，说明利用哪条知识进行推理和提问。

解释机制也为人理解专家系统原理带来方便。你能看懂解释机制的解释过程，你就能利用规则栈编制专家系统推理机程序。解释机制的烦琐，正体现了计算机程序的严谨。

习题 3

2. 说明数据、模型、知识的区别及辅助决策的效果。

回答：数据是对客观事物的符号表示；模型描述了客观事物中的影响因素及相互关系；知识是对客观世界规律性的认识。

数据一般是通过统计方法或数学模型加工后的结果来辅助决策的。统计方法是找出大量数据中规律，如总数、平均数、百分比等。

模型中数学模型辅助决策效果最明显。数学模型是通过事物中影响因子的相互关系求出某个决策目标的值，如最优值、最短路径等。

知识中用得最多的是规则知识。知识通过推理，产生一个从已知概念到目标概念的概念链条，如从病人的症状(咳嗽)推理得到所得的病名(肺炎)，再推理得到所用药(消炎药)。达到治病效果。

数据和模型结合得很紧密，这体现了定量辅助决策的效果。知识加推理体现了定性辅助决策的效果。

数据库中的一个记录，表示了一个事实，如一个人的姓名、性别、年龄、工资等。它是一条知识，称为事实性知识。

数学模型一般用方程形式或求解过程来说明，这也是一种知识，称为过程性知识。

可见，从广义上讲，它们都可以看成是知识，不过表现形式和辅助决策的效果不一样而已。

3. 从决策支持系统的开发流程来说明它是如何细化智能决策支持系统结构的。

回答：智能决策支持系统结构是由综合部件、模型部件、数据部件和知识部件 4 个部件组成。它们有不同的功能，共同组成系统。每个部件如何开发以及如何组成系统，就由决策支持系统的开发流程给予了详细说明。

数据部件是由数据文件和数据库组成，数据文件不是共享数据，只为专用程序使用。数据库属于共享数据，不同模型都可以使用。数据库中的数据，由数据库管理系统来建立、使用和修改。数据库管理系统有商品软件，可以购买或者采用开源数据库。

模型部件中的模型库，由模型库管理系统来建立、使用和修改。模型库管理系统没有商品软件，一般由开发者自行开发。若模型不多，就交由操作系统管理，模型的算法由开发者自行编写或者利用成熟的工具。

知识部件中的知识库，由知识系统工具来建立、使用和修改。知识系统工具中包含推理机。若自行开发也不困难，推理机用一个规则栈来完成知识的搜索和回溯。本书中已做了详细说明。知识库中的知识，用文件形式存储即可。

综合部件是决策支持系统开发的核心，它要组合模型部件、数据部件和知识部件，它需要利用集成语言来开发。简单的方法是采用功能较强的 C++ 语言和数据库接口语言作为集成语言，用它按决策方案来组合模型、数据和知识 3 个部件，写成总控程序。

总控程序(综合部件)把模型、数据和知识 3 个部件联系起来，就形成了决策支持系统的方案。通过计算机的计算，就可以得出决策方案的结果。如果不满意，再来修改此方案，修改 4 个部件中的任一部件，形成新方案。

6. 单机的数据库系统与数据库服务器有什么本质区别?

回答:单机的数据库系统只能在这台计算机上为单个用户服务;而数据库服务器是在计算机网络上,它可以同时为多个用户服务。另外,网络上的用户与服务器之间可以在相隔遥远的地方,这样极大地提高了数据库的服务范围和应用效果。

目前,互联网上的网站都是以服务器形式,提供给网络上大量的个人浏览器或客户端对它进行查寻和调用。

7. 网络环境是如何提高决策支持系统的开发和应用效果的?

回答:计算机网络的初期主要是实现远距离的数据传输。现在的计算机网络除了实现数据传输外,主要是能够提供网络上的大量的共享资源,为用户服务。这样决策资源(数据、模型、知识等)在网络上,可以不必自己来开发,而是利用网络上已经有的决策资源来开发决策支持系统,这就简化和方便开发决策支持系统。

数据资源往往与实际问题有密切联系,在开发决策支持系统时,不能利用公共资源,需要开发者自己准备,数据资源也不难准备。

模型资源大多利用已经成熟的数学模型,如优化模型。这种资源可以在网上找到,有时利用开源软件,不用开发者自己准备。在决策支持系统中,由于模型库管理系统没有商业软件,极大地阻碍了决策支持系统的开发。在网络上若能找到所需的模型,模型库管理系统也就用不着了。这就极大地简化和方便了决策支持系统的开发。

知识资源与实际问题也有密切联系,若没有公共资源,就得自己开发。单纯建一个知识库就不必建知识库管理系统。对于推理机用一个规则栈来完成知识的搜索和回溯,这是不难完成的。

这里要说明一点的是,自己做一个模型库管理系统和知识库管理系统,都是不容易的。建一个库管理系统,是需要设计一套计算机语言,通过语言的编译或者是解释,来完成对库的增加、删除、修改、查寻等管理功能。没有学过编译方法课程的人,是做不了这项工作的。有了网络资源,就可以省去这项技术含量较高的工作。尤其到了"云计算时代",决策支持系统的开发就更简单了。

9. 数据仓库、联机分析处理与数据挖掘的组合是如何实现商务智能的?

回答:数据仓库集成了大量的数据,这为决策提供了依据,实现了信息共享。通过联机分析处理中的切片、切块后,就能在数据项的比较中发现问题,通过向下钻取就可以找出问题的原因,实现即时决策。数据挖掘从大量数据中获取知识,这是智能的基础,通过知识的利用,帮助企业领导者针对市场变化的环境,做出快速、准确的决策。

习题 4

1. 计算智能与人工智能和商务智能有什么区别?如何理解计算机智能的含义?

回答:计算智能是模仿生物的行为。神经网络是模拟人的思维中信息传递过程(MP模型)和学习功能(Hebb 规则)。遗传算法是模拟生物的遗传过程。模糊数学是模拟人对事物的大致的、笼统的认识。由于它们都是采用计算的方法,称它为计算思维。

人工智能是采用符号逻辑和知识推理的形式解决问题。这样,它的能力受限于知识库中知识的范围。但是,它完全能解决目前各领域中常态的各种逻辑思维的问题。

商务智能是以数据仓库为基础。数据仓库中存储了大量的数据,它为决策提供了依据。对数据仓库的多维数据分析能够发现问题和找出原因。利用数据挖掘能够获取知识,针对变化的情况,即时支持决策。

这3个计算机智能帮助了人们常用的脑力劳动的工作。可以概括为计算机智能帮助和代替(部分)了人的逻辑思维、计算思维、获取知识和支持决策。

2. 计算机智能与人类智能有什么差别?

回答:计算机智能实现了人类智能中的逻辑思维和计算思维的能力,是一个很大的进步。但是人类智能中还有形象思维、联想、情感和顿悟这几个极为重要的智能行为,计算机是难做到的。形象思维给人一种宏观的认识,带来一种整体的观念。联想是事物相关性的思维。情感使人产生诗歌、小说和文学,把人间的事情再深化一下。顿悟是一种瞬间的相关性联系,解决长期困惑疑虑。顿悟往往是创造知识的典型表现。

3. 神经网络的几何意义是什么?说明下列样本是什么类型样本,为什么?

回答:神经网络从几何角度来看,一个神经元就是一个超平面。若是二维,它代表直线。若是三维,它代表平面。若是四维以上,它代表超平面。

(1) 该样本三个点都在一条直线上:$x_2 - x_1 = 0$;而三个点属于两个类别(0类和1类)。这样无法找到一条直线把这两类分开。故此样本是非线性的。

(2) 该样本中,0类两个点$(0,0)$和$(1,1)$是一条直线($x_2 - x_1 = 0$)上。而1类一个点$(0.5,0)$在x_1轴线上。这样很容易找到一条线把它们分开。直线($x_2 - x_1 = 0$)就把它们分开了。故此样本是线性的。

9. 神经网络的解是否无穷多个?

回答:从神经网络的几何意义中可知,一个神经元相当于一个超平面,它起到分割两类样本的效果。从超平面位置可知,它可以在两类样本中任意移动,都可以分割两类样本。超平面位置就是神经网络的解。这就说明了神经网络可以有无穷多个解。

10. 在模糊推理中不同的模糊关系会计算出不同的结果,你如何理解?

回答:用隶属函数定义的模糊命题本身就带来数值上很大的变化范围。不同的模糊关系的定义又会使模糊关系中的数值相差很大。在模糊推理中不同的模糊关系推出的结果,只能是一个模糊参考值(计算出数值不同的结果)。

应该认为这是模糊关系和模糊推理中的不足。究竟我们是在"模糊"的范围内进行演算。寻找一个比较合理的模糊关系定义,能够增加一些模糊推理的合理性。

11. 对比遗传算法和爬山法的不同。

回答:遗传算法是利用群体向目标进行搜索前进,而爬山法是个体向目标进行搜索前进。在搜索空间中,若存在局部最优的小山头时,而爬山法中的个体又是在小山头范围内,它只能得到局部最优解。遗传算法中群体的分布中,可能有部分个体落入小山头范围,但是还有其他个体不会在小山头范围。这样,当落入小山头范围的个体到达局部最优解时,其他个体的解会超过这个局部最优解。此时,通过遗传算子,就会把到达局部最优解的个体淘汰掉。最终得到全局最优解。

13. 优化模型的遗传算法与基于遗传算法的分类学习系统有什么不同?

回答:遗传算法主要是解决优化问题的。优化模型的目标函数一般是取最大值或最小值。这需要将目标函数转换成遗传算法要求的取最大值的适应值函数。

　　对于分类学习问题,其适应值函数就变成了"获取的规则知识(规则中含♯号通配符)覆盖个体数目尽量最大"。从个体(既含条件属性也含结论属性)变为知识时,就是在个体中将某个属性值从具体数值改为通配符♯号(实质上,使这个属性不起作用,即它可以取任意值),再看它能覆盖个体多少。能够覆盖个体数目较多者保留下来(去除最没有用属性),继续抹去更多的、无用的条件属性,最后就获取了覆盖个体数目最多的规则知识(几个最有用的条件属性的"与"关系形成的规则)。

习题 5

　　1. 机器学习、知识发现、数据挖掘的概念与关系是什么?

　　回答:机器学习是让计算机自动获取知识。而知识发现是强调在数据库中获取知识。它们两者都是获取知识,但是机器学习获取知识的范围就比知识发现的范围更宽。这样,机器学习中涉及数据库的学习方法都放入了知识发现中。

　　从历史来看,机器学习开始于 20 世纪 50 年代,以神经网络的感知机模型为代表。知识发现是 1989 年在 KDD 专题讨论会上提出的。在 1996 年知识发现和数据挖掘国际学术大会上提出了数据挖掘概念,并明确了数据挖掘是知识发现过程中的一个重要步骤。数据挖掘是利用一系列算法,从数据中获取知识。

　　有不少人把知识发现和数据挖掘看成是一回事。从宏观来说,可以这样理解。但是,从学术上来说,知识发现是发现知识的总概念,数据挖掘是利用具体算法获取知识的方法。概念越清晰,对于学术的进步更有利。

　　2. 聚类与分类有什么不同?

　　回答:聚类与分类在数据挖掘中是不同的任务。聚类是在没有类的数据中,按"距离"概念聚集成若干类。分类是在聚类的基础上,对已确定的类找出该类别的概念描述。这两个概念是很明确的。

　　值得指出的是,在汉语中很容易把这两个概念搞混,把聚类看成是分类。在这里一定要把这两个概念分清楚。

　　4. 基于信息论的学习方法中都用了哪些信息论原理?

　　回答:信息论方法主要是计算信息量。典型的信息论方法有 ID3、C4.5、IBLE 方法。

　　(1) ID3 方法。它是计算每个条件属性相对于结论属性的互信息(在 ID3 方法中称为信息增益),从中选择互信息最大的条件属性作为决策树的根结点,以属性的取值作为分支。对于各分支余下的数据,继续计算其他条件属性相对于结论属性的互信息,再从中选择互信息最大的条件属性作为子树的根结点。这样一直进行到各分支余下的数据属于同一个类型为止,标记该分支为所属类别。

　　互信息是由结论属性(类别)的不确定性(信息熵)减去条件属性相对于结论属性的不确定性(条件熵)。互信息正是从不确定性的减少中得到了信息。

　　ID3 方法思想明确,计算简单,效果明显,得到广泛应用。

　　(2) C4.5 方法。它是在 ID3 方法基础上,用信息增益率(互信息除以条件属性的信息熵)最大的属性作为决策树的根结点。这样,提高了决策树的分类效果。

　　(3) IBLE 方法。一是用信道容量作为选择属性的标准。信道容量是最大的互信息,它不受数据中例子数的影响。二是一次选择多个信道容量大的属性建立规则结点。这样建立的是决策规则树。三是树的分支是用各属性的权和值与阈值的比较来决定的。

IBLE 方法的识别效果高于 ID3 方法 10 个百分点。

7. 基于集合论的归纳学习方法中都用了哪些集合论原理？

回答：集合论方法主要是讨论集合的覆盖关系，即集合的蕴含关系和集合的交集关系。

(1) 粗糙集。它研究等价集的上下近似关系就是集合的覆盖关系。下近似(A_-)和正域(POS)的概念就是蕴含关系。上近似(A^-)是交集关系，它由下近似(A_-)加上边界(BND)组成。

① 属性约简。要求条件属性集(C)相对于决策属性集的正域 $POS_C(D)$，和删除一个条件属性$\{c\}$后的条件属性集($C-\{c\}$)相对于决策属性集的正域 $POS_{(C-\{c\})}(D)$相等，此条件属性$\{c\}$可删除。

② 规则获取。当条件属性的等价集与决策属性集的等价集之间的交集非空时，就存在规则。当条件属性的等价集是决策属性集的等价集的下近似时是可信度为 1 的规则；当条件属性的等价集是决策属性集的等价集的上近似时是可信度小于 1 的规则。可信度大小由交集部分的元组个数与条件属性集的等价集元组个数之比来定义的。

(2) 关联规则挖掘。它要找出两个商品相关的频繁项集就是要计算：

① 两个商品同时出现次数相对于所有商品出现次数的概率大于最小支持度。

② 两个商品同时出现次数相对于其中一个商品出现次数的条件概率大于最小信任度。满足以上两条件就可以构成关联规则。计算概率就是要算集合中个数。这仍然是一个覆盖问题，概率是蕴含关系，条件概率是交集关系。

12. 人工智能、计算智能和商务智能三者各自实用技术的代表是什么？彼此之间的关系是什么？

回答：人工智能实用技术的代表是专家系统和机器学习。计算智能实用技术的代表是神经网络和遗传算法。商务智能实用技术的代表是数据挖掘和多维数据分析。

其中，数据挖掘已经把机器学习的主要方法(归纳学习的 ID3 方法和 AQ11 方法等)包括进来，也把计算智能的仿生物技术(神经网络和遗传算法等)包括进来。后来又把新发展起来的粗糙集方法和关联规则挖掘方法等也包括进来。这样，数据挖掘基本上就成为了一个独立的学科方向，作为获取知识的计算机技术。"数据挖掘"这个词比"机器学习"这个词更形象，得到人们的认可，现在已成为计算机获取知识的代名词。

习题 6

1. 数值计算的数据拟合与人工智能的公式发现有什么区别？

回答：数值计算的数据拟合与人工智能的公式发现都是将大量数据浓缩成计算公式，其计算误差都满足要求。其本质的不同在于生成公式的方法不一样。

数值计算的数据拟合是利用最小二乘法原理，建立多项式表达式。而人工智能的公式发现是利用启发式方法，对变量组合成公式。这种公式就不是多项式形式。

多项式表达式的缺点在于：

(1) 变量之间的关系不直观；

(2) 多项式的次数越高以后,曲线会产生波动,随之误差增大。

变量组合成的公式的优点在于:

(1) 变量之间的关系很直观;

(2) 公式短小精练。

3. 科学定律一般是采用什么方法发现的?

回答:科学定律的发现一般是采用试探法。例如开普勒定律的发现就是在不断地试探中发现的。开普勒根据他老师第谷观测天体行星的位置,开始想到用圆曲线来逼近,但有误差。开普勒深信第谷的数据是准确的,他开始想到是否应该是椭圆?用椭圆曲线来计算第谷的数据,得出完全符合的结论。这个试探过程与人工智能的公式发现的思想是一致的。

不少物理学定律都是试探出来的,不是数学推导出来的。这可以从它们的发明故事中看出。爱因斯坦在 1905 年从理论分析中,提出了质量与能量转换公式 $E = mc^2$,但直到1932 年才由两个英国人科克罗夫特和沃尔顿从实验中证实该公式的正确性。

数学中的著名公式是经过数学严格推导出来的,但在现实中不一定有实际意义,如欧拉公式 $e^{i\pi} + 1 = 0$,有人称为"上帝的公式",非常完美但没有实际意义。

7. 研究变换规则知识有什么价值?

回答:变换规则知识中含有变换,变换是把一个对象变成另一个对象,这是一个动作。这样规则中就含有变化的内容。而一般的规则知识只表示为两个事实之间的条件(原因)与结果的关系,是一种静态的关系。可见,变换规则知识是一般规则知识的发展。这种新知识能适应具有变化的情况,适应范围更宽。

在现实中,变化一直存在。变换规则知识与一般的规则知识的结合能解决更广范围的问题。从数据挖掘到变换规则知识挖掘就是典型实例。

变换规则知识更适合作为元知识的表示形式。因为元知识中有很多具有控制性的动作要说明。用一般规则知识表示就有欠缺,用变换规则知识表示就很合适。

9. 在数据仓库中如何获取多种变换规则知识链?

回答:数据仓库中的数据有详细数据层、轻度综合数据层和高度综合数据层,它们构成了层次粒度数据。如果对这些层次数据建立起本体概念树,就可以对树根的数据在对比中发现的问题,通过深度优先搜索,利用变换规则知识链定理,找出这些问题的原因。

对树根数据进行不同对比方法发现的不同问题,利用变换规则知识链定理,可以找出不同问题的原因。这样可以极大提高利用数据仓库中数据辅助决策的效果。

这是提高利用数据仓库中数据辅助决策的一种新途径。

习题 7

1. 利用知识工程能完成知识管理哪些工作?

回答:知识管理的主要元素是人、知识和技术。其中"技术"可以利用知识工程技术,如知识获取可以利用机器学习与数据挖掘技术,知识利用可以利用专家系统、决策支持系统、神经网络等人工智能技术。可以说,知识工程是知识管理中对知识获取和知识利用的技术基础。

2. 知识管理中的知识与知识工程中的知识有哪些不同?

回答：知识管理中的知识主要是人的知识，其表现形式主要是文本。通过教育，人能容易理解文本的含义，并能够按文本的内容去做事。

知识工程中的知识是计算机中能运行的知识，其中主要是产生式规则、数理逻辑、语义网络、剧本、本体等。这些知识有各自的推理方式，完成知识的利用，解决实际问题。文本不是知识工程中的知识，它虽然可以存储在计算机中，但计算机不能理解文本的内容。理解文本的内容是计算机中"自然语言理解"的任务，需要对文本中句子经过语法分析来理解语义。这条路还很长。

3. 如何解决知识共享与知识私有的矛盾？

回答：人获取知识往往会花一些代价，人的私有性是可以理解的。但在一个组织(如企业)中，提高组织整体人员的知识水平对于提高组织的竞争力至关重要。这样就要求所有人的知识能共享。应该告知所有人，每个人除了贡献你个人知识外，你还将获得别人的知识，也提高了自己的知识水平。个人和组织都有好处。

5. 如何理解隐性知识和显性知识的转换在知识创造中的作用？

回答：隐性知识和显性知识的转换可以用"学习与思考"两者关系来解释好理解些。学习就是显性知识到显性知识的转换。思考可以认为是显性知识到隐性知识的转换，深度思考可以认为是隐性知识到隐性知识的转换。从思考中得出新的观念，可以认为是隐性知识到显性知识的转换。从而完成知识的创造。

孔子说："学而不思则罔(迷惑不解)。"爱因斯坦说："学习知识要善于思考，再思考，再思考。"这就是很好的概括。

6. 学习型组织是如何促进知识管理的？

回答：知识管理是使组织和个人具有更强的竞争实力，能做出更好的决策。学习型组织是以组织的形式构建组织内成员主动学习的氛围，使成员善于获取、交流知识，并鼓励创新。学习型组织能使知识达到高度的交流和共享，这会提高组织和个人的整体知识水平。

知识管理的重点是知识的交流和知识创造，知识创造需要人的智慧。人在有"自我实现"的需要时，会在他的工作中充分发挥自己的积极性，能够发挥出自己的能力的 $80\%\sim90\%$。这样既为企业创造价值，又能实现个人抱负。

可见，学习型组织是促进知识管理极其重要的方面。

10. 数据的关联分析与原因分析方法有什么区别？

回答：关联关系与原因关系都是事物之间的相互关系。关联关系更普遍些，也更容易找到。原因关系更深入些，它可能就是一个关联关系，也可能是多个关联关系所组成。

在数据挖掘中关联分析方法是找出两事物之间的关系。当两事物同时出现的概率大于支持度，且两事物间的条件概率大于信任度时，就可以判定两事物之间是关联的。

在数据挖掘中的分类知识挖掘中，得到由条件属性的取值判定结论属性取值的规则知识，这属于原因分析方法。

在数据仓库中的多维数据分析中的向下钻取，即从粗粒度数据(综合数据)向细粒度数据(详细数据)钻取，得到细粒度数据的变化就是引起粗粒度数据变化的原因。

在 7.3.3 节中，科学发现的例子，都是科学家们寻找两事物之间的关联性。

12. 说明从知识经济到信息社会再到大数据时代的区别与联系。

回答：知识经济是 1990 年联合国提出的；信息社会是 2006 年联合国确定的；大数据时

代是 2012 年联合国开始重视的。它们都是用来对当时社会的概括。为什么分别用知识、信息、数据三个词汇来描述当时社会呢？

　　首先要明确数据、信息和知识的区别与联系。数据是对事物的记录，表现为符号形式。信息是赋予数据的含义，它比数据更有用。信息的数量就比数据的量来得少。古代人做的很多记录符号，现代人有很多不理解，说明信息量比数据量少。而知识是对信息的归纳和概括，这样，知识比信息更精练、更有用。这说明知识的数量比信息的量来得少。可见，数据量最大，信息量次之，知识量最少。从使用价值来说，知识最有用，"知识就是力量"这句名言，说明知识的重要价值。信息是事物的说明，它的价值是低于知识的。数据是事物的记录符号，它的价值更是低于信息。人们往往只关心所需要的数据外，更多的其他数据往往是不过问的。

　　联合国提出"知识经济"概念，是说明知识经济是继农业经济（以土地和劳动力为经济增长的决定因素）和工业经济（以资本和机器等资源为经济增长的决定因素）之后的第三个经济时代（知识将取代土地、劳动力以及资本、机器等资源成为经济增长的决定因素）。

　　知识如何获得呢？由于知识是对信息的归纳和概括，可见知识来源于信息。那么，信息又从哪里来？这就需要信息化过程。

　　信息社会也称信息化社会。信息化过程是在信息设备和信息技术飞速发展的情况下，人们大量产生了信息，通过信息不但改造和提升了工农业、服务业等产业的能力，也促进人类生活方式、社会体系发生了深刻变革。2006 年联合国大会通过决议，确定每年 5 月 17 日为"世界信息社会日"。信息越来越多，这为提取知识创造了更有利的条件。

　　信息化也催生了大数据时代。信息和数据是同源的，为什么"大数据时代"不叫"大信息时代"呢？主要是各人对数据的要求是不一样的，对不需要的数据何必去追求它的含义！不需要的数据，你就把它看成是记录符号而已，可见，用"大数据时代"这个词汇更合适。

　　大数据时代的特点是实现对大数据的分析，从数据到决策。这样，要充分利用统计方法、关联分析方法、从数据中归纳出模型或者从数据中挖掘出知识，采用不同粒度的数据对比或者建立决策支持系统，达到辅助决策。

习题 8

　　1. 计算机的计算过程与人的计算过程有什么不同？

　　回答：人的计算过程是直接对数进行操作的过程。例如，人用算盘或计算器进行算术操作（＋、－、×、÷），是直接对数据进行操作，而对数据的操作过程（计算过程）是在人的头脑中。

　　计算机的计算过程是通过程序来完成的，而计算机程序是对数据的存储地址的操作，再通过地址进行对数据的操作，这是一种间接操作过程。这种间接操作的好处是：

　　(1) 计算机程序很简单，程序由一串机器指令组成。机器指令含操作码和地址码，操作码（＋、－、×、÷等的代码）是对数据地址的操作。这样，程序就免除了对不同数据类型的直接操作，程序就简单化了。这样就便利程序放入计算机中。把计算机称为存储程序计算机就是这个道理。

　　(2) 在计算机程序不变的情况下，地址中存放不同的数据，可以完成不同数据的相同操作。这也是间接操作的好处,体现了计算机程序的很大的优点。

(3) 冯·诺依曼的计算机体系结构是对应计算机程序的执行过程而设计的,两者的有效配合,保证了计算机程序的有效执行。

4. 如何理解比较操作是计算机的本质之一?

回答:数值数据的关系运算($\leqslant$、$<$、$=$、$>$、$\geqslant$)是数值大小的比较。在信息处理中,除了数值数据比较(如排序)以外,一项重要的工作是数据库检索操作,通过索引再对库中的记录编号进行比较。

知识推理中的逻辑关系($\land$、$\lor$、$\sim$、$\rightarrow$、$\leftrightarrow$),对不同的关系符号分别处理。在数理逻辑中,通过归纳原理进行化简,把句子中的逻辑符号在化成子句后,只保留了 $\lor$ 和 $\sim$ 两个符号,在合一运算时,对正负两个子句进行符号的比较,这是看两个字符是否相同。在规则知识的推理中,需要对知识库中知识的搜索,是按顺序对每条知识的搜索,并利用假言推理。对规则中把 $\rightarrow$ 符号的前提与结论分开处理,前提中只保留 $\land$ 关系,对 $\lor$ 关系拆开成多条规则。推理时是对规则前提的匹配,即对符号的比较,看两个字符是否相同。

在计算机程序中,语句的选择和循环都有比较操作。可见,比较操作是计算机的本质之一。

9. 说明信息技术的内含。

回答:信息技术(Information Technology)是以电子计算机和现代通信为主要手段,实现信息的获取、加工、传递和利用等功能的技术总和。它是实现信息化的核心手段。

信息技术分为以下几方面:

(1) 传感技术。信息的采集技术。

(2) 通信技术。信息的传递技术。

(3) 计算机技术。信息的处理和存储技术。计算机信息处理技术包括对信息的编码、压缩、加密和再生等技术。计算机存储技术主要包括计算机存储器的读写速度、存储容量及稳定性的内存储技术和外存储技术。

(4) 控制技术。信息的使用技术。

传感技术、通信技术、计算机技术和控制技术是信息技术的四大基本技术,其主要支柱是通信(communication)技术、计算机(computer)技术和控制(control)技术,即 3C 技术。

10. 人工智能会超过人脑吗?

回答:物理学家斯蒂芬·霍金认为,技术的发展速度要快于生物的进化速度。一旦诞生了真正的人工智能——即人类思想的全数字化版本——它"将开始自主迅速发展,并以越来越快的速度重新设计自己,而受限于缓慢生物进化的人类无法与之竞争,将被取代"。

因患运动神经元病而几近全身瘫痪的霍金还谈道,使他能与人交流的计算机软件(英特尔公司设计的)刚接受了一次"改变生活的升级":一个与霍金的眼镜相连接的红外线传感器使他能够通过运动脸部肌肉来进行操作。在选择一些字母后,系统预测的文本能够为他提供完整的单词以供选择,从而加快输入过程。利用这种文本预测功能,霍金现在打完一份文件只需要输入其中 15%~20% 的文字,这使得他的打字速度提高了一倍。而发送电子邮件的速度是以前的十倍。这使他对智能技术的进步深信不疑。

微软创始人比尔·盖茨说:"如果我们能够很好地驾驭,机器能够为人类造福,但如果若干年后机器发展得足够智能,就将成为人类的心头大患。"

　　2015 年 1 月 29 日报道：美联社的"机器人记者"现在可独自撰写稿件。美联社半年前开始使用这一系统，目前每季度播发类似稿件 3000 篇。你不一定能看出这是机器人写的文章。它是一篇略显枯燥的标准美联社新闻稿。直到文章结尾出现"本文由自动化洞察力软件编写"，人们才恍然大悟。

　　美国波士顿咨询公司预测，到 2025 年年底，在韩国机器人能将劳动力开销降低 33%，在日本为 25%，在加拿大为 24%，在美国和台湾地区则为 22%（目前，在所有可自动化的工作岗位中，只有 10% 实现了自动化）。可见，机器智能在快速地代替人的工作。

　　人工智能近年来受到关注的很重要因素，是与深度学习技术的进步有关。深度学习属于神经网络，"深"字意味着神经网络的结构深，由很多层组成。反向传播模型和支持向量机都是三层神经网络，属于浅层结构。多层神经网络中的特征（隐层数以及结点含义等）是从大数据中自动学习中获得的，深度学习已在语音识别、图像分类等领域取得巨大成功。随着深度学习的进步，使人类看到，当机器按照人脑的机理工作时，就产生了智能机器超越人脑的推理。

　　中科院计算所研究员陈熙霖认为，机器智慧很难超越人类，也许更像永远处在逼近的过程中。对于如何衡量智慧，如果仅仅是从记忆能力上看，或者计算能力上看，今天的计算机已经远远把人的能力甩在后面了。但从人类的智力活动来看，人类包括记忆、联想、归纳、演绎、判断、思考、顿悟、甚至做梦等诸多智力活动，人类的智力还与情感有关，从这个意义上看机器智慧很难超越人类。

附 录 B

部分计算题答案

习题 2

6. 请证明式(2.2)的两个性质:

(1) $\mathrm{CF}(H) \geqslant \mathrm{CF}_1(H)$, $\mathrm{CF}(H) \geqslant \mathrm{CF}_2(H)$

(2) $\mathrm{CF}(H) \leqslant 1$

回答:(1)的证明: $\mathrm{CF}(H) = \mathrm{CF}_1(H) + \mathrm{CF}_2(H) - \mathrm{CF}_1(H) \times \mathrm{CF}_2(H) = \mathrm{CF}_1(H) + \mathrm{CF}_2(H) \times (1 - \mathrm{CF}_1(H))$

由于 $\mathrm{CF}_2(H) \geqslant 0$, $(1 - \mathrm{CF}_1(H)) \geqslant 0$, 故 $\mathrm{CF}_2(H) \times (1 - \mathrm{CF}_1(H)) \geqslant 0$。故在上公式中除去 $\geqslant 0$ 的项后,有 $\mathrm{CF}(H) \geqslant \mathrm{CF}_1(H)$。同理可证明 $\mathrm{CF}(H) \geqslant \mathrm{CF}_2(H)$。

(2)的证明: $\mathrm{CF}_1(H) \leqslant 1$, 由于 $(1 - \mathrm{CF}_2(H)) \geqslant 0$, 用此式同乘前式两边有。

$\mathrm{CF}_1(H) \times (1 - \mathrm{CF}_2(H)) \leqslant (1 - \mathrm{CF}_2(H))$, 即 $\mathrm{CF}_1(H) - \mathrm{CF}_1(H) \times \mathrm{CF}_2(H) \leqslant (1 - \mathrm{CF}_2(H))$, 将不等式两边同时加 $\mathrm{CF}_2(H)$, 这得到 $\mathrm{CF}_1(H) + \mathrm{CF}_2(H) - \mathrm{CF}_1(H) \times \mathrm{CF}_2(H) \leqslant 1$, 即 $\mathrm{CF}(H) \leqslant 1$。

此题意义在于:第(1)条说明合并后的可信度 $\mathrm{CF}(H)$ 大于合并前的可信度 $\mathrm{CF}_1(H)$ 和 $\mathrm{CF}_2(H)$。第(2)条说明合并后的可信度 $\mathrm{CF}(H)$ 永远不会大于1。这说明了公式的合理性。

9. 已知如下规则集和可信度

$R_1: A \wedge B \rightarrow G$ 0.9

$R_2: C \vee D \vee E \rightarrow A$ 0.8

$R_3: F \wedge H \rightarrow B$ 0.8

$R_4: I \rightarrow D$ 0.7

$R_5: K \rightarrow H$ 0.9

已知事实及可信度为 $C(0.8)$, $I(0.9)$, $E(0.7)$, $F(0.8)$, $K(0.6)$, 请用逆向推理过程, 计算结论 G 的可信度。并给出动态数据库的详细内容。

回答:(1)在规则集中把含或($\vee$)的规则分解,得到如下规则。

$R_1: A \wedge B \rightarrow G$ 0.9

$R_{21}: C \rightarrow A$ 0.8

$R_{22}: D \rightarrow A$ 0.8

$R_{23}: E \rightarrow A$ 0.8

$R_3: F \wedge H \rightarrow B$ 0.8

$R_4: I \rightarrow D$ 0.7

$R_5: K \rightarrow H$ 0.9

（2）逆向推理的解释过程，从目标 G 开始推理搜索。

引用 R_1 规则，求 A

引用 R_{21} 规则，求 C

C 是叶结点，提问 C？回答 Yes，CF(0.8)

计算 A 的可信度为

$$CF(A_1) = 0.8 \times 0.8 = 0.64$$

引用 R_{22} 规则，求 D

引用 R_4 规则，求 I

I 是叶结点，提问 I？回答 Yes，CF(0.9)

计算 D 的可信度为

$$CR(D) = 0.7 \times 0.9 = 0.63$$

回溯到 R_{22} 规则，再次计算 A 的可信度为

$$CF(A_2) = 0.8 \times 0.63 = 0.504$$

合并 A 的可信度为

$$CF(A_{12}) = 0.64 + 0.504 - 0.64 \times 0.504 = 0.818$$

引用 R_{23} 规则，求 E

E 是叶结点，提问 E？回答 Yes，CF(0.7)

再次计算 A 的可信度为

$$CF(A_3) = 0.8 \times 0.7 = 0.56$$

再次合并 A 的可信度为

$$CF(A_{123}) = 0.818 + 0.56 - 0.818 \times 0.56 = 0.92$$

回溯到 R_1 规则，求 B

引用 R_3 规则，求 F

F 是叶结点，提问 F？回答 Yes，CF(0.8)

回溯到 R_3 规则，求 H

引用 R_5 规则，求 K

K 是叶结点，提问 K？回答 Yes，CF(0.6)

计算 H 的可信度为

$$CF(H) = 0.6 \times 0.9 = 0.54$$

回溯到 R_3 规则，计算 B 的可信度为

$$CF(B) = 0.8 \times \min(0.54, 0.8) = 0.432$$

回溯到 R_1 规则，计算 G 的可信度为

$$CR(G) = 0.9 \times \min(0.92, 0.432) = 0.389$$

结论：目标 G 的可信度是 0.389。

说明：此题的回答要求这么烦琐在于，编制计算机程序时，以上说明要在屏幕上显示给用户，这是解释程序的工作。懂得以上的细节，编制简单的专家系统就不难了。

（3）动态数据库的详细内容。

事　　实	Y_n 值	规　则　号	可　信　度
C	y	0	0.8
A	y	R_{21},R_{22},R_{23}	0.92
I	y	0	0.9
D	y	R_5	0.63
E	y	0	0.7
F	y	0	0.8
K	y	0	0.6
H	y	R_6	0.54
B	y	R_3	0.432
G	y	R_1	0.389

13. 请按逆向推理方式形成推理树的思想,向专家进行启发式提问,从问题的总目标结点开始,逐层向下扩展树的分支和下层结点,从中提取规则知识的方法,编制知识获取程序(用弹簧振动建模专家系统的知识为例)。

回答:这是知识工程师(K)向专家(E)获取知识的有效方法。弹簧振动建模专家系统的知识获取的具体做法如下(此处省略了变量 A,B,C 等的具体含义)。

K 提问:总目标是什么? E 回答:总目标是振动模型(M)。

K 建立总目标元事实:GOAL=M。

提问:总目标(M)的取值是什么? 回答:总目标(M)的取值有 16 个模型。

K 建立总目标(M)取多值和合法值的元事实:MULTIVALUED(M)和 LEGALVALS(M)=
"M_1,M_2,$\cdots$,M_{16}"。

K 提问:对于"$M=M_1$"这个目标值,它的前提条件变量有哪些?

E 回答:它的前提条件变量有 A、B、C、D。

K 提问:各变量的取值是什么? E 回答:它们的取值都是 Y(yes)、N(no)。

K 建立各变量的元事实:

$$\text{LEGALVALS}(A)=\text{"Y,N"}$$
$$\text{LEGALVALS}(B)=\text{"Y,N"}$$
$$\text{LEGALVALS}(C)=\text{"Y,N"}$$
$$\text{LEGALVALS}(D)=\text{"Y,N"}$$

K 提问:变量有 A、B、C、D 之间是"与"关系还是"或"关系?

E 回答:是"与"关系。

K 建立知识:R_1:$A \wedge B \wedge C \wedge D \rightarrow M=M_1$

K 提问:变量 A 是其他变量产生的结果吗? 若是,其前提变量是什么?

E 回答:变量 A 的前提变量是 A_1。

K 提问:变量 A_1 的取值是什么?

E 回答:变量 A_1 的取值是 Y(yes)、N(no)。

K 建立变量 A_1 取值的元事实:LEGALVALS(A_1)="Y,N"。并建立知识:

$$R_2:A_1 \rightarrow A$$

K 提问:变量 A_1 是其他变量产生的结果吗? 若是,其前提变量是什么?

E 回答：变量 A_1 的前提变量是 A_{11} 和 A_{12}。

K 提问：变量 A_{11} 和 A_{12} 的取值是什么？它们之间是"与"关系还是"或"关系？

E 回答：变量 A_{11} 和 A_{12} 的取值都是 Y(yes)、N(no)，它们之间是"或"关系。

K 建立变量 A_{11} 和 A_{12} 取值的元事实：

$$\text{LEGALVALS}(A_{11}) = \text{"Y,N"}$$
$$\text{LEGALVALS}(A_{12}) = \text{"Y,N"}$$

并建立知识：

$$R_3: A_{11} \rightarrow A_1$$
$$R4: A_{12} \rightarrow A_1$$

K 提问：变量 A_{11} 是其他变量产生的结果吗？若是，其前提变量是什么？

E 回答：不是。

K 明白 A_{11} 是叶结点。建立提问句：

$$\text{QUESTION}(A_{11}) = \text{"}A_{11}\text{ 的取值是 Y(yes)还是 N(no)？"}$$

K 提问：变量 A_{12} 是其他变量产生的结果吗？若是，其前提变量是什么？

E 回答：不是。

K 明白 A_{12} 是叶结点。建立提问句：

$$\text{QUESTION}(A_{12}) = \text{"}A_{12}\text{ 的取值是 Y(yes)还是 N(no)？"}$$

（到此，已完成了对变量 A 的推理树分支的扩展。同理，将开展对变量 B、变量 C、变量 D 的推理树分支的扩展。在完成变量 A、B、C、D 推理树分支的扩展后，就完成了 $M = M_1$ 的推理树分支）。

当完成 $M = M_1$ 这个目标值的知识获取后，继续完成 $M = M_2$ 目标值的知识获取。直到 $M = M_{16}$ 目标值的知识获取。读者可以按这个思路，继续完成全部推理树的扩展。

最后，知识库的内容（部分）是：

$$\text{GOAL} = M$$
$$\text{MULTIVALUED}(M)$$
$$\text{LEGALVALS}(M) = \text{"}M_1, M_2, \cdots, M_{16}\text{"}$$
$$R_1: A \wedge B \wedge C \wedge D \rightarrow M = M_1$$
$$\text{LEGALVALS}(A) = \text{"Y,N"}$$
$$\text{LEGALVALS}(B) = \text{"Y,N"}$$
$$\text{LEGALVALS}(C) = \text{"Y,N"}$$
$$\text{LEGALVALS}(D) = \text{"Y,N"}$$
$$R_2: A_1 \rightarrow A$$
$$\text{LEGALVALS}(A_1) = \text{"Y,N"}$$
$$R_3: A_{11} \rightarrow A_1$$
$$R_4: A_{12} \rightarrow A1$$
$$\text{LEGALVALS}(A_{11}) = \text{"Y,N"}$$
$$\text{LEGALVALS}(A_{12}) = \text{"Y,N"}$$
$$\text{QUESTION}(A_{11}) = \text{"}A_{11}\text{ 的取值是 Y(yes)还是 N(no)？"}$$
$$\text{QUESTION}(A_{12}) = \text{"}A_{12}\text{ 的取值是 Y(yes)还是 N(no)？"}$$
$$\vdots$$

以上才是完整知识库的内容。知识库中既有领域规则知识：$R_1, R_2, \cdots$

也有元事实：GOAL $= M$；MULTIVALUED(M)；LEGALVALS(M) $=$ "$M_1, M_2, \cdots,$
M_{16}" $\cdots\cdots$ QUESTION(A_{11}) $=$ "A_{11} 的取值是 Y(yes)还是 N(no)？"；等等。这些元事实是用
来控制推理机运行的。

希望读者利用以上知识获取过程，能够编写出计算机程序。

习题 4

4. 用感知机模型对异或样本进行学习，通过计算说明是否能求出满足样本的权值？
样本：

输入	x_1	x_2	输出 d
	0	0	0
	0	1	1
	1	0	1
	1	1	0

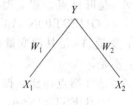

感知机模型计算公式为：

$$y = f(w_1 x_1 + w_2 x_2)$$

作用函数为阶梯函数：

$$f(x \leqslant 0) = 0, \quad f(x > 0) = 1$$

权值修正公式：

$$W_i(k+1) = W_i(k) + (d-y)X_i, \quad i = 1, 2$$

权值的初值为：

$$W_1(0) = 0, \quad W_2(0) = 0$$

回答：

(1) 对第 1 个样本学习

$$Y(1) = f(0 \times 0 + 0 \times 0) = f(0) = 0$$
$$W_1(1) = W_1(0) + (0-0) \times x_1 = 0 + 0 \times 0 = 0$$
$$W_2(1) = W_2(0) + (0-0) \times x_2 = 0 + 0 \times 0 = 0$$

(2) 对第 2 个样本学习

$$Y(2) = f(0 \times 0 + 0 \times 1) = f(0) = 0$$
$$W_1(2) = W_1(1) + (1-0) \times x_1 = 0 + 1 \times 0 = 0$$
$$W_2(2) = W_2(1) + (1-0) \times x_2 = 0 + 1 \times 1 = 1$$

(3) 对第 3 个样本学习

$$Y(3) = f(0 \times 1 + 1 \times 0) = f(0) = 0$$
$$W_1(3) = W_1(2) + (1-0) \times x_1 = 0 + 1 \times 1 = 1$$
$$W_2(3) = W_2(2) + (1-0) \times x_2 = 1 + 1 \times 0 = 1$$

(4) 对第 4 个样本学习

$$Y(4) = f(1 \times 1 + 1 \times 1) = f(2) = 1$$
$$W_1(4) = W_1(3) + (0-1) \times x_1 = 1 + (-1) \times 1 = 0$$
$$W_2(4) = W_2(3) + (0-1) \times x_2 = 1 + (-1) \times 1 = 0$$

经过 4 个样本的学习,权值由初值为 $W_1(0)=0, W_2(0)=0$;在第 2 个样本学习后变为 $W_1(2)=0, W_2(2)=1$;第 3 个样本学习后变为 $W_1(3)=1, W_2(3)=1$;第 4 个样本学习后变为 $W_1(4)=0, W_2(4)=0$;又回到了初值。

再往下学习,只可能无限循环,不能收敛。

注:1969 年 M. Minsky 就是根据这个例子的计算结果来否定感知机模型的,异或样本是一个非线性样本。

5. 函数型网络是在感知机模型上对样本增加一个新变量 x_3,它由变量 x_1 和 x_2 内积产生,仍用感知机模型计算公式进行网络计算和权值修正。现对改造后的异或样本,计算出满足新样本的权值。

样本:

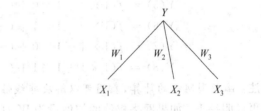

输入	x_1	x_2	x_3	输出 d
	0	0	0	0
	0	1	0	1
	1	0	0	1
	1	1	1	0

计算公式为:

$$z = f(w_1 x_1 + w_2 x_2 + w_3 x_3)$$

作用函数为阶梯函数:

$$f(x \leqslant 0) = 0, \quad f(x > 0) = 1$$

权值修正公式:

$$W_i(k+1) = W_i(k) + (d-y)X_i, \quad i = 1, 2, 3$$

权值的初值为:

$$W_1(0) = 0, \quad W_2(0) = 0, \quad W_3(0) = (-2)$$

解答:

(1) 对第 1 个样本学习

$$Y(1) = f(0 \times 0 + 0 \times 0 + (-2) \times 0) = f(0) = 0$$
$$W_1(1) = W_1(0) + (0-0) \times x_1 = 0 + 0 \times 0 = 0$$
$$W_2(1) = W_2(0) + (0-0) \times x_2 = 0 + 0 \times 0 = 0$$
$$W_3(1) = W_3(0) + (0-0) \times x_3 = (-2) + (-2) \times 0 = (-2)$$

(2) 再对第 2 个样本学习

$$Y(2) = f(0 \times 0 + 0 \times 1 + (-2) \times 0) = f(0) = 0$$
$$W_1(2) = W_1(1) + (1-0) \times x_1 = 0 + 0 \times 0 = 0$$
$$W_2(2) = W_2(1) + (1-0) \times x_2 = 0 + 1 \times 1 = 1$$

$$W_3(2) = W_3(1) + (1-0) \times x_3 = (-2) + 0 \times 0 = (-2)$$

(3) 再对第 3 个样本学习

$$Y(3) = f(0 \times 1 + 1 \times 0 + (-2) \times 0) = f(0) = 0$$

$$W_1(3) = W_1(2) + (1-0) \times x_1 = 0 + 1 \times 1 = 1$$

$$W_2(3) = W_2(2) + (1-0) \times x_2 = 1 + 1 \times 0 = 1$$

$$W_3(3) = W_3(2) + (1-0) \times x_3 = (-2) + 1 \times 0 = (-2)$$

(4) 再对第 4 个样本学习

$$Y(4) = f(1 \times 1 + 1 \times 1 + (-2) \times 1) = f(0) = 0$$

$$W_1(4) = W_1(3) + (0-0) \times x_1 = 1 + 0 \times 1 = 1$$

$$W_2(4) = W_2(3) + (0-0) \times x_2 = 1 + 0 \times 1 = 1$$

$$W_3(4) = W_3(3) + (0-0) \times x_3 = (-2) + 0 \times 1 = (-2)$$

对 4 个样本循环了一遍,权值的结果是:

变成了 $W_1(4) = 1, w_2(4) = 1, w_3(4) = (-2)$。

这时的网络权值已经能适应 4 个样本,各样本计算结果如下:

$$Y(5) = f(1 \times 0 + 1 \times 0 + (-2) \times 0) = f(0) = 0$$

$$Y(6) = f(1 \times 0 + 1 \times 1 + (-2) \times 0) = f(1) = 1$$

$$Y(7) = f(1 \times 1 + 1 \times 0 + (-2) \times 0) = f(1) = 1$$

$$Y(8) = f(1 \times 1 + 1 \times 1 + (-2) \times 1) = f(0) = 0$$

注:函数型网络的计算,表明可以解决非线性样本问题。

再说明一下:如果网络权值的初值设为 $W_1(0) = 0, W_2(0) = 0, W_3(0) = 0$。则要进行 3 遍对 4 个样本的学习。

6. 利用以下 BP 神经网络的结构和权值及阈值,计算神经元 y_i 和 z 的 4 个例子的输出值。其中作用函数简化(便利手算)为:

$$f(x) = \begin{cases} 1, & x \geqslant 0.5 \\ x + 0.5, & -0.5 < x < 0.5 \\ 0, & x \leqslant -0.5 \end{cases}$$

例子:

X_1	X_2	Z
0	0	?
0	1	?
1	0	?
1	1	?

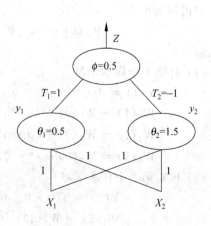

回答:

(1) 计算公式为

$$y_i = f\left(\sum_j W_{ij} X_j - \theta_i\right)$$

$$z = f\left(\sum_i T_i y_i - \phi\right)$$

(2) 4 个例子的计算值为:

(例 1)

$$x = (x_1, x_2) = (0 \quad 0)$$
$$y_1 = f(0 + 0 - 0.5) = f(-0.5) = 0$$
$$y_2 = f(0 + 0 - 1.5) = f(-1.5) = 0$$
$$z = f(0 + 0 - 0.5) = f(-0.5) = 0$$

(例 2)

$$x = (x_1, x_2) = (0 \quad 1)$$
$$y_1 = f(0 + 1 - 0.5) = f(0.5) = 1$$
$$y_2 = f(0 + 1 - 1.5) = f(-0.5) = 0$$
$$z = f(1 + 0 - 0.5) = f(0.5) = 1$$

(例 3)

$$x = (x_1, x_2) = (1 \quad 0)$$
$$y_1 = f(1 + 0 - 0.5) = f(0.5) = 1$$
$$y_2 = f(1 + 0 - 1.5) = f(-0.5) = 0$$
$$z = f(1 + 0 - 0.5) = f(0.5) = 1$$

(例 4)

$$x = (x_1, x_2) = (1 \quad 1)$$
$$y_1 = f(1 + 1 - 0.5) = f(1.5) = 1$$
$$y_2 = f(1 + 1 - 1.5) = f(0.5) = 1$$
$$z = f(1 - 1 - 0.5) = f(-0.5) = 0$$

8. 对以下 BP 神经网络,按它的计算公式(含学习公式),并对其初始权值以及样本 $x_1 = 1, x_2 = 0, d = 1$ 进行一次神经网络计算和学习(系数 $\eta = 1$,各点阈值为 0),即算出修改一次后的网络权值。

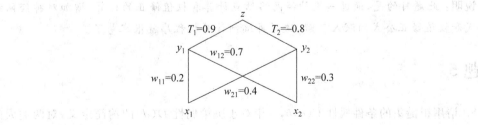

作用函数简化为

$$f(x) = \begin{cases} 1, & x \geqslant 0.5 \\ x+0.5, & -0.5 < x < 0.5 \\ 0, & x \leqslant -0.5 \end{cases}$$

回答:

(1) 网络对样本的信息处理。

$$y_1 = f(\sum_i w_{ij}x_i) = f(0.2+0) = 0.7$$

$$y_2 = f(\sum_i w_{ij}x_i) = f(0.4+0) = 0.9$$

$$y_3 = f(\sum_i T_{ij}y_i) = f(0.7 \times 0.9 + 0.9 \times (-0.8)) = 0.41$$

(2) 权值修正。

① 输出层。

Z 的误差:

$$\delta^{(2)} = z(1-z)(d-z) = 0.41 \times (1-0.41) \times (1-0.41) = 0.143$$

输出层权值修正:

$$\begin{bmatrix} T_1 \\ T_2 \end{bmatrix}^{(1)} = \begin{bmatrix} T_1 \\ T_2 \end{bmatrix}^{(0)} + \delta^{(2)} \begin{bmatrix} y_1 \\ y_2 \end{bmatrix} = \begin{bmatrix} 0.9 \\ -0.8 \end{bmatrix} + 0.143 \times \begin{bmatrix} 0.7 \\ 0.9 \end{bmatrix} = \begin{bmatrix} 1.0 \\ -0.67 \end{bmatrix}$$

② 隐结点层。

隐结点误差:

$$\delta^{(1)}_{y1} = 0.7 \times (1-0.7) \times 0.143 \times 1 = 0.03$$

$$\delta^{(1)}_{y2} = 0.9 \times (1-0.9) \times 0.143 \times (-0.7) \approx -0.01$$

隐结点权值修正:

$$\begin{bmatrix} w_{11} \\ w_{12} \end{bmatrix}^{(1)} = \begin{bmatrix} w_{11} \\ w_{12} \end{bmatrix}^{(0)} + \delta^{(1)}_{y1} \begin{bmatrix} x_1 \\ x_2 \end{bmatrix} = \begin{bmatrix} 0.2 \\ 0.7 \end{bmatrix} + 0.03 \times \begin{bmatrix} 1 \\ 0 \end{bmatrix} = \begin{bmatrix} 0.23 \\ 0.7 \end{bmatrix}$$

$$\begin{bmatrix} w_{21} \\ w_{22} \end{bmatrix}^{(1)} = \begin{bmatrix} w_{21} \\ w_{22} \end{bmatrix}^{(0)} + \delta^{(1)}_{y2} \begin{bmatrix} x_1 \\ x_2 \end{bmatrix} = \begin{bmatrix} 0.4 \\ 0.3 \end{bmatrix} - 0.01 \times \begin{bmatrix} 1 \\ 0 \end{bmatrix} = \begin{bmatrix} 0.39 \\ 0.3 \end{bmatrix}$$

(3) 一次神经网络计算和权值修正后的网络权值。

$$T_1 = 1, \quad T_2 = -0.67$$

$$w_{11} = 0.23, \quad w_{12} = 0.7, \quad w_{21} = 0.39, \quad w_{22} = 0.3$$

说明:此题目的是,通过一次神经网络结点计算和权值修正的计算,增加对神经网络计算公式和权值修正公式的深入了解,这样再编制计算机程序就很容易了。

习题 5

8. 请用粗糙集的条件属性 $C(a,b,c)$ 相对于决策属性 $D(d)$ 的约简定义,对两类人的数据表进行属性约简计算。

No	身高 a	头发 b	眼睛 c	类别 d
1	矮	金色	蓝色	1
2	高	红色	蓝色	1
3	高	金色	蓝色	1
4	矮	金色	灰色	1
5	高	金色	黑色	2
6	矮	黑色	蓝色	2
7	高	黑色	蓝色	2
8	高	黑色	灰色	2
9	矮	金色	黑色	2

回答：

(1) 计算条件属性 C 与决策属性 D 的等价类。

$$\text{IND}(C) = \{(1),(2),(3),(4),(5),(6),(7),(8),(9)\}$$
$$\text{IND}(D) = \{(1,2,3,4),(5,6,7,8,9)\}$$

(2) 计算条件属性 C 去掉一个属性与决策属性 D 的等价类。

$$\text{IND}(C-\{a\}) = \{(1,3),(2),(4),(5,9),(6,7),(8)\}$$
$$\text{IND}(C-\{b\}) = \{(1,6),(2,3,7),(4),(5),(8),(9)\}$$
$$\text{IND}(C-\{c\}) = \{(1,4,9),(2),(3,5),(6),(7,8)\}$$

(3) 计算各条件属性 C 与决策属性 D 的正域。

$$\text{Poc}_C(D) = \{(1),(2),(3),(4),(5),(6),(7),(8),(9)\} = U$$
$$\text{Poc}_{C-\{a\}}(D) = \{(1,3),(2),(4),(5,9),(6,7),(8)\} = U$$
$$\text{Poc}_{C-\{b\}}(D) = \{(4),(5),(8),(9)\} \neq U$$
$$\text{Poc}_{C-\{c\}}(D) = \{(2),(6),(7,8)\} \neq U$$

(4) 结论。

由于 $\text{Poc}_C(D) = \text{Poc}_{C-\{a\}}(D) = U$ 故可以省略属性 $\{a\}$。

约简集是 $\{b,c\}$。

(5) 删除属性 $\{a\}$ 后，再合并相同的记录，数据表如下：

No	头发 b	眼睛 c	类别 d
1	金色	蓝色	1
2	红色	蓝色	1
3	金色	灰色	1
4	金色	黑色	2
5	黑色	蓝色	2
6	黑色	灰色	2

(6) 知识获取。

条件属性不存在等价类,等价集为

$$\{1\},\{2\},\{3\},\{4\},\{5\},\{6\}$$

决策属性有两个等价集为

$$\{1,2,3\},\{4,5,6\}$$

由于条件属性的等价集分别是决策属性两个等价集的下近似,故可以获取规则如下:

$$头发=金色 \wedge 眼睛=蓝色 \rightarrow 第一类人$$
$$头发=红色 \wedge 眼睛=蓝色 \rightarrow 第一类人$$
$$头发=金色 \wedge 眼睛=灰色 \rightarrow 第一类人$$
$$头发=金色 \wedge 眼睛=黑色 \rightarrow 第二类人$$
$$头发=黑色 \wedge 眼睛=蓝色 \rightarrow 第二类人$$
$$头发=黑色 \wedge 眼睛=灰色 \rightarrow 第二类人$$

11. 自学基于 FP-树的关联规则挖掘算法,以表 5.19 事务数据库为例进行计算。

回答:算法 FP_growth 分为以下两步:构造频繁模式树 FP-树,挖掘出所有的频繁项目集。在 FP-树中,每个结点由 3 个域组成:项目名称 item_name、结点计数 count 和结点链(指针)。另外,为了方便树的遍历,利用频繁项集 L_1(1-项集),并增加"结点链",通过结点链指向该项目在树中的出现,即结点链头 head,指向 FP-树中与之名称相同的第一个结点。

事务数据库说明 FP-树的构造过程和频繁模式挖掘过程如下:

事务 ID	事务的项目集	事务 ID	事务的项目集
T_1	A,B,E	T_6	B,C
T_2	B,D	T_7	A,C
T_3	B,C	T_8	A,B,C,E
T_4	A,B,D	T_9	A,B,C
T_5	A,C		

(1) FP-树构造过程。

数据库的第一次扫描与 Apriori 相同,它导出频繁项(1-项集)的集合,并得到它们的支持度计数。设最小支持度为 2,频繁项的集合按支持度计数的递减顺序排序,结果表记作 L。这样有:

$$L=\{B:7,A:6,C:6,D:2,E:2\}$$

FP-树构造如下:首先,创建树的根结点,用 null 标记。第二次扫描事务数据库。每个事务中的项按 L 中的次序处理(即按递减支持度计数排序)并对每个事务创建一个分支。

第一个事务"$T_1:A,B,E$",按 L 的次序包括 3 个项$\{B,A,E\}$,导致构造树的第一个分支 $<B:1,A:1,E:1>$,该分支具有 3 个结点,其中 B 作根结点的子链接,A 链接到 B,E 链接到 A。从 L 表中结点链中,项 B、A、E 的指针分别指向树中 B、A、E 结点。

第二个事务"$T_2:B,D$"按 L 的次序也是$\{B,D\}$仍以 B 开头,这样在 B 结点中产生一个分支,该分支与 T_1 项集存在路径共享前缀 B。这样,将结点 B 的计数增加1,即$(B:2)$,并创造一个 D 的新结点$(D:1)$,作为$(B:2)$的子链接。

　　⋮

　　第九个事务"$T_9:A,B,C$",按 L 表的次序为$\{B,A,C\}$,同第八个事务,分支 B-A-C 方向,且已有结点,分别对 B、A、C 3 个结点计数增加1,变为$(B:7)$,$(A:4)$,$(C:2)$。最终的 FP-树如图 5.17 所示。

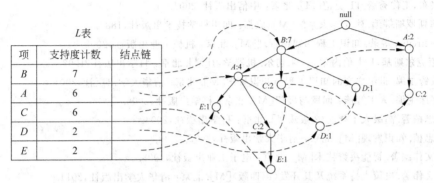

图 5.17　表 5.19 事务数据库的 FP-树

　　从 FP-树可以看出,从 L 表的结点连的指针开始,指向 B 结点,它的计数器为7,指向 A 结点,共有两个 A 结点,累加计数为6;指向 C 结点,共有 3 个 C 结点,累加计数为6;指向 D 结点,共有两个 D 结点,累加计数为2;指向 E 结点,共有两个 E 结点,累加计数为2。这样,频繁模式都在 FP-树中表现出来。

　　(2) 频繁模式挖掘过程。

　　从 FP-树中来挖掘频繁模式,先从 L 表中最后一项开始。E 在 FP-树有两个分支,路径为<$BAE:1$>和<$BACE:1$>。以 E 为后缀,它的两个对应前缀路径是$(BA:1)$和$(BAC:1)$,它们形成 E 的条件模式基。它的条件 FP-树只包含单个路径<$B:2,A:2$>;不包含 C,因为它的支持度计数为1,小于最小支持度计数。该单个路径产生频繁模式的所有组合:$\{BE:2,AE:2,BAE:2\}$。

　　对于 D,它的两个前缀形成条件模式基$\{(BA:1),(B:1)\}$,产生一个单结点的条件 FP-树$(B:2)$,并导出一个频繁模式$\{BD:2\}$。

　　对于 C,它的条件模式基是$\{(BA:2),(B:2),(A:2)\}$,它的条件 FP-树有两个分支$(B:4,A:2)$和$(A:2)$。它的频繁模式集为$\{BC:4,AC:4,BAC:2\}$。

　　对于 A,它的条件模式基是$\{(B:4)\}$,它的 FP-树只包含一个结点$(B:4)$,产生一个频繁模式$\{BA:4\}$,利用 FP-树挖掘频繁模式如下:

项	条件模式基	条件 FP-树	频 繁 模 式
E	$BA:1,BAC:1$	$(B:2,A:2)$	$BE:2,AE:2,BAE:2$
D	$BA:1,B:1$	$(B:2)$	$BD:2$
C	$BA:2,B:2,A:2$	$(B:4,A:2)(A:2)$	$BC:4,AC:4,BAC:2$
A	$B:4$	$(B:4)$	$BA:4$

参 考 文 献

[1] 张效祥主编.计算机科学技术百科全书(第二版)[M].北京:清华大学出版社,2005.

[2] 宋健主编.中国大百科全书——电子学与计算机[M].北京:中国大百科全书出版社,1986.

[3] 王树林主编.人工智能辞典[M].北京:人民邮电出版社,1992.

[4] 方兴东,王俊秀著.IT史记[M].北京:中信出版社,2004.

[5] F.海斯罗斯等编.建立专家系统[M].成都:四川科学技术出版社,1886.

[6] G.Schreiber等著.知识工程和知识管理[M].北京:机械工业出版社,2003.

[7] R.迈克尔斯基,J.卡伯内尔,T.米切尔.机器学习[M].北京:科学出版社,1992.

[8] 陆汝钤主编.世纪之交的知识工程与知识科学[M].北京:清华大学出版社,2001.

[9] 涂序彦主编.人工智能:回顾与展望[M].北京:科学出版社,2006.

[10] 史忠植著.高级人工智能(2版)[M].北京:科学出版社,2006.

[11] 史忠植.知识发现[M].北京:清华大学出版社,2002.

[12] 陈文伟编著.智能决策技术[M].北京:电子工业出版社,1998.

[13] 陈文伟著.决策支持系统及其开发(第四版)[M].北京:清华大学出版社,2014.

[14] 陈文伟编著.决策支持系统教程(第二版)[M].北京:清华大学出版社,2010.

[15] 陈文伟,黄金才,赵新昱著.数据挖掘技术[M].北京:北京工业大学出版社,2002.

[16] 陈文伟,黄金才编著.数据仓库与数据挖掘[M].北京:人民邮电出版社,2004.

[17] 陈文伟编著.数据仓库与数据挖掘教程(第二版)[M].北京:清华大学出版社,2011.

[18] 陈文伟,陈晟编著.知识工程和知识管理[M].北京:清华大学出版社,2010.

[19] 陈世福,陈兆乾等编著.人工智能与知识工程[M].南京大学出版社,1997.

[20] 管纪文,刘大有等著.知识工程原理[M].吉林:吉林大学出版社,1988.

[21] 蔡自兴,徐光祐编著.人工智能及其应用(3版)[M].北京:清华大学出版社,2004.

[22] 王万森编著.人工智能原理及其应用[M].北京:电子工业出版社,2000.

[23] 杨善林,倪志伟著.机器学习与智能决策支持系统[M].北京:科学出版社,2004.

[24] J Han,M Kamber.数据挖掘概念与技术[M].北京:机械工业出版社,2001.

[25] 徐立本主编.机器学习引论[M].吉林:吉林工业大学出版社,1992.

[26] 洪家荣著.归纳学习——算法、理论、应用[M].北京:科学出版社,1997.

[27] 竹内弘高,野中郁次郎著.知识创造的螺旋[M].北京:知识产权出版社,2006.

[28] 柯平主编.知识管理学[M].北京:科学出版社,2007.

[29] 徐向艺,辛杰主编.企业知识管理[M].山东:山东人民出版社,2008.

[30] 宋克振,张凯等编著.信息管理导论[M].北京:清华大学出版社,2005.

[31] 何斌,张立厚主编.信息管理:原理与方法[M].北京:清华大学出版社,2006.

[32] Viktor Mayer-Schonberger,Kenneth Cukier.大数据时代[M].浙江:浙江人民出版社,2013.

[33] 雷葆华等著.云计算解码(第2版)[M].北京:电子工业出版社,2012.

[34] B Liautand & M Hammond.商务智能[M].北京:电子工业出版社,2002.

[35] W Steven著.开源的成功之路[M].北京:外语教学与研究出版社,2007.

[36] N Nisan,S Schocken著.计算机系统要素:从零开始构建现代计算机[M].北京:电子工业出版社,2007.

[37] 陈文伟编著.人工智能技术与发展[M].国防科技大学教材,1994.

[38] 徐立本,陈文伟主编.机器学习论文集[J].国防科技大学学报,Vol.17增刊.1995.

[39]　陈文伟主编.信息系统开发技术论文集.国防科技参考,Vol.14,No.2,1993.

[40]　陈文伟主编.数据开采与数据仓库论文集.信息与决策系统,Vol.3,No.1,1998.

[41]　陈文伟,陆飙,杨桂聪.GFKD-DSS 决策支持系统开发工具[J].计算机学报,Vol.14,No.4,1991.

[42]　陈文伟,黄金才等.决策支持系统新结构体系[J].管理科学学报,1998.9.

[43]　钟鸣,陈文伟.示例学习的抽象信道模型及其应用[J].计算机研究与发展,Vol.29,No.1,1992.

[44]　钟鸣,陈文伟.示例学习算法 IBLE 和 ID3 的比较研究[J].计算机研究与发展,Vol.30,No.1,1993.

[45]　钟鸣,陈文伟.一个基于信息论的示例学习方法[J].软件学报,Vol.4,No.4,1993.

[46]　陈晟等.优化的 R-树缓冲管理算法[J].计算机学报,Vol.22,No.5,1999.

[47]　李京等.模型库管理系统的设计和实现[J].软件学报,Vol.9,No.8,1998.

[48]　黄金才,陈文伟等.决策支持系统可视化快速集成环境[J].国防科技大学学报,Vol.22,No.3,2003.

[49]　黄金才,陈文伟等.C/S 模式下一种决策支持系统集成语言的开发[J].计算机工程与科学,Vol.22,No.5,2000.

[50]　徐振宁,陈文伟等.基于 MAS 的群决策支持系统研究[J].管理科学学报,Vol.5,No.1,2002.

[51]　赵新昱,陈文伟等.DSS 中广义模型服务器规范化研究与实现[J].小型微型计算机系统,Vol.21,No.6,2000.

[52]　陈文伟等.数据开采技术研究[J].清华大学学报(自然科学版),Vol.38,No.s2,1998.

[53]　马建军,陈文伟.关于集合理论的 KDD 方法[J].计算机应用研究,Vol.14,No.3,1997.

[54]　陈文伟,黄金才.基于神经网络的模糊推理[J].模糊系统与数学,No.4,1996.

[55]　陈文伟,赵东升等.医疗事故(事件)辅助鉴定与管理系统[J].计算机工程与应用,No.7,1999.

[56]　赵新昱,陈文伟,何义.基于算子空间的公式发现算法研究[J].国防科技大学学报,Vol.22,No.4,2000.4.

[57]　赵新昱,陈文伟.基于遗传建模的公式发现研究[J].计算机工程与科学,Vol.22,No.5,2000.

[58]　赛英,陈文伟等.从数据库中发现知识的方法研究与应用[J].管理科学学报,1999.9.

[59]　陈文伟,张帅.经验公式发现系统 FDD[J].小型微型计算机系统,1999.6.

[60]　陈文伟,陈亮,张明安.专家系统工具 TOES 及其应用[J].计算机技术,1990.4.

[61]　陈文伟,杨桂聪.PROLOG 程序产生器 P3[J].计算机技术,No 4,1992.

[62]　陈文伟.挖掘变化知识的可拓数据挖掘研究[J].中国工程科学,Vol.8,No.11,2006:70-73.

[63]　陈文伟,杨春燕,黄金才.可拓知识与可拓知识推理[J].哈尔滨工业大学学报,Vol.38,No.7,2006:1094-1096.

[64]　陈文伟.基于本体的可拓知识链获取[J].智能系统学报,Vol.2,No.6,2007:68-71.

[65]　陈文伟,黄金才.从数据挖掘到可拓数据挖掘[J].智能技术学报,2006,Vol.1,No.2,2006:50-52.

[66]　陈文伟.可拓学与智能科学、信息科学[J].香山科学会议第 271 次学术会议"可拓学的科学意义与未来发展",2005:47-50.

[67]　陈文伟.数据挖掘的可拓知识与元知识[J].中国人工智能进展,2007:942-946.

[68]　陈文伟等.数据仓库的可拓决策分析工具[J].中国人工智能进展,2001:1085-1088.

[69]　陈文伟等.适应变化环境的元知识的研究[J].智能系统学报,Vol.4,No.4,2009:331-334.

[70]　陈文伟,黄金才.属性约简与数据挖掘的可拓变换与可拓知识的表示[J].重庆工学院学报,Vol.21,No.7,2007:1-4.

[71]　陈文伟等.解决矛盾问题的可拓模型与可拓知识的研究[J].数学的实践与认识,Vol.39,No.4,2009:168-172.

[72]　陈文伟等.数学进化中的知识发现方法[J].智能系统学报,Vol.6,No.5,2011:391-395.

[73]　陈文伟,陈晟.计算机软件进化中的创新变换和回归变换[J].广东工业大学学报,Vol.29,No.4,2012:1-6.

[74]　陈文伟,陈晟.从数据到决策的大数据时代[J].吉首大学学报(自然科学版),Vol.35,No.3,2014: 31-36.

[75]　陈文伟.论新常数 μ、θ 和新公式 $\pi=1/2e^\theta$.高等数学研究[J].Vol.4,No.4,2009: 2-6.

[76]　陈文伟,王朝霞.神经元网络专家系统中学习算法[C].中国机器学习 91' 论文集,1991.

[77]　陈文伟等.示例学习的信息理论以及逻辑公式的生成(CMLW'93,中国机器学习 93)[M].北京:电 子工业出版社,1993.

[78]　陈文伟等.可视化机器发现的研究.国防科技大学学报[J].Vol.17,增刊,1995.

[79]　陈文伟,杨桂聪.NEEST 神经元网络专家系统工具[C].神经网络 1991 年学术大会论文集,1991.

[80]　陈文伟.决策支持系统语言的设计和开发[C].全国程序设计语言发展与教学会议论文集,1993.

[81]　邹雯,陈文伟.一种新的遗传分类器学习系统(GCLS).96' 人工智能进展,1996.

[82]　廖建文,陈文伟等.基于 XML 的知识表示和知识推理[J].中国人工智能进展,2003.

[83]　王长缨,陈文伟等.一种多 Agent 协作的强化学习方法[J].中国人工智能进展,2003.

[84]　任培,陈文伟等.多变量决策树挖掘方法的研究[J].中国人工智能进展,2003.

[85]　黄金才,陈文伟等.超曲面神经网络的原理及其学习方法.南京大学学报(自然科学)[J].Vol.36, 2000.11.

[86]　毕季明,陈文伟等.进化神经网络在舰船雷达目标识别中的应用.南京大学学报(自然科学)[J]. Vol.38,2002.11.

[87]　施平安,陈文伟.基于权值重要度的神经网络规则抽取南京大学学报(自然科学)[J].Vol.38, 2002.11.

[88]　黄玉章,陈文伟.基于 FCM 与 SOM 的聚类算法.南京大学学报(自然科学)[J].Vol.38,2002.11.

[89]　王珊,罗立.从数据库到数据仓库[J].计算机世界专题综述,1996.

[90]　王珊.数据仓库、联机分析处理、数据挖掘——基于数据仓库技术的 DSS 解决方案[J].计算机世 界,1997.

[91]　陈文伟等.数据开采与知识发现综述[J].计算机世界专题综述,1997.

[92]　陈文伟,钟鸣.数据开采的决策树方法[J].计算机世界专题综述,1997.

[93]　马建军,陈文伟.数据开采的集合论方法[J].计算机世界专题综述,1997.

[94]　邹雯,陈文伟.数据开采中的遗传算法[J].计算机世界专题综述,1997.

[95]　陈文伟等.数据仓库与决策支持系统[J].计算机世界专题论文,1998.

[96]　高人伯,陈文伟.数据仓库和 OLAP 的数据组织[J].计算机世界专题论文,1998.

[97]　黄金才,陈文伟,陈元.数据仓库中的元数据[J].计算机世界专题论文,1998.

[98]　陈元,陈文伟.OLAP 的多维数据分析[J].计算机世界专题论文,1998.

[99]　陈文伟等.综合决策支持系统[J].计算机世界专题论文,1998.

[100]　陈文伟等.分布式多媒体智能决策支持系统平台(DM-IDSSP)技术报告[R].国防科技大学,1995.

[101]　陈文伟,阎守邕,黄金才,等.空间决策支持系统开发平台技术报告[R].中国科学院遥感应用研究 所,国防科技大学,1999.

[102]　黄金才.网络环境下决策资源共享与决策支持系统快速开发环境研究[D].国防科技大学博士学位 论文,2001.

[103]　赵新昱.模型规范化与多主体域组织模型研究[D].国防科技大学博士学位论文,2001.

[104]　陈元.基于分类模型的知识发现过程研究[D].国防科技大学博士学位论文,2002.

[105]　赛英.粗糙集扩展模型及其在数据挖掘中的应用研究[D].国防科技大学博士学位论文,2002.

[106]　徐振宁.基于本体的 Web 数据语义信息的表示与处理方法研究[D].国防科技大学博士学位论 文,2002.

[107]　戴超凡.数据仓库中数据志跟踪的理论与方法研究[D].国防科技大学博士学位论文,2002.

[108]　王长缨. 多 Agent 协作团队的学习方法研究[D]. 国防科技大学博士学位论文,2004.

[109]　R S Michalski,et al. Machine Learning an artificial intelligence approachn[M]. Morgan Kaufmenn Publishers,1986.

[110]　J R Quinlan. Induction of Decision Trees[J]. Machine Learning Vol. 1,No. 1,1986.

[111]　J R Quinlan. C4. 5：Program for Machine Learning[M]. Morgan Kaunfmenn Publishers,1993.

[112]　P Adriaans,D Zantinge. Data Mining[M]. Addison-Wesley,1996.

[113]　U Fayyad,G Pietetsky-Shapiro,P Smyth. From Data Mining to Knowledge Discovery in Database [M]. AAAI Press,0738-4602,1996.

[114]　U Fayyad,R Uthurusamy. Proc. of the First Int. Conf. on Knowledge Discovery and Data Mining [M]. AAAI Press,1995.

[115]　Zou Wen,Chen Wenwei. A New Genetic Classifier Learning System [M]（GCLS）. Genetic Programming Conference(GP'97),1997.

[116]　Shi Zhongzhi,Principles of Machine Learning. International Academic Publishers,1992.

[117]　U Fayyad,G Piatetsky-Shapiro,Advances in Knowledge Discovery and Data Mining[M]. AAAI Press,1996.

[118]　U Fayyad,R Uthurusamy. Data Mining and Knowledge Discovery in Database[J]. Communications of the ACM,Vol. 39,NO. 11,1996.

[119]　R H Sprague. A Framework for the Development of Decision Systems [M]. MIS QUARTERLY,1980.

[120]　R H Bonczek,et al. Foundation of decision support systems[M]. Academic Press,1981.

[121]　P Harmon. Expert systems-Artificial intelligence in business[M]. John Wiley & Sons,Inc,1985.

[122]　W H Inmon. Building the Data Warehouse[M]. John Wiley & Sons,Inc,1993.

[123]　W H Inmon,R D Hackathorn. Using the Data Warehouse[M]. John Wiley & Sons,Inc,1994.

[124]　Chen Wenwei. Two new constants μ,θ and a new formula $\pi=1/2e^{\theta}$ [J]. Octogon Mathematical Magazine Vol. 20,No. 2 October 2012,pp 472-480.

[125]　Wen Cai. et al. Extenics and Innovation Methods[M]. CRC Press,2013,89-94.